Damrath/Cord-Landwehr
Wasserversorgung

Bearbeitet von
Prof. Dr.-Ing. Klaus Cord-Landwehr

Fachhochschule Nordostniedersachsen
Fachbereich Bauingenieurwesen
(Wasserwirtschaft und Kulturtechnik)
Suderburg

10., neubearbeitete und erweiterte Auflage
Mit 216 Bildern, 54 Tafeln und zahlreichen Beispielen

B. G. Teubner Stuttgart 1992

Die Deutsche Bibliothek − CIP-Einheitsaufnahme

Damrath, Helmut:
Wasserversorgung : mit 54 Tafeln und zahlreichen Beispielen /
Damrath ; Cord-Landwehr. − 10., neubearb. und erw. Aufl. /
bearb. von Klaus Cord-Landwehr. − Stuttgart : Teubner, 1992
 Bis 9. Aufl. u.d.T.: Dahlhaus, Carl: Wasserversorgung
 ISBN 978-3-519-05249-4 ISBN 978-3-322-94741-3 (eBook)
 DOI 10.1007/978-3-322-94741-3

NE: Cord-Landwehr, Klaus [Bearb.]

Gesamtherstellung: Allgäuer Zeitungsverlag GmbH, Kempten
Umschlaggestaltung: P. P. K, S-Konzepte T. Koch,
Ostfildern/Stuttgart

Vorwort zur 10. Auflage

„Das Wasser ist das Beste", stellt schon der griechische Philosoph Pindar (um 500 v. Chr.) fest, und in der Europäischen Wasser-Charta ist verankert: „Jeder Mensch gebraucht Wasser und hat deshalb Rücksicht zu nehmen auf die anderen Wasserbenutzer."

Global gesehen haben wir Wasser im Überfluß, denn etwa zwei Drittel der Erde sind mit Wasser bedeckt. Aber davon sind mehr als 97% salziges Meerwasser, und nur 0,6% (ca. 8,8 Millionen Kubikkilometer) bilden das in Oberflächengewässern und im Grundwasser vorhandene Süßwasserreservoir. Wasser, als nicht ersetzbares Lebensmittel lebensnotwendig – der Mensch kann nur wenige Tage ohne Wasser überleben –, wird in zunehmendem Maße die Ursache für internationale Konflikte. Auf der Erde gibt es große Wassermangelgebiete, und aufgrund der Bevölkerungsentwicklung ist ein „Trinkwassernotstand" unvermeidbar. Die Trinkwasserversorgung der Dritten Welt ist daher eine der größten Zukunftsaufgaben. Deutschland liegt in der gemäßigten Klimazone und hat daher ein ausreichendes Wasserdargebot. Es gibt zwar lokale Wassermangelgebiete, diese können aber über Fernversorgungsleitungen einwandfreies Wasser erhalten. Im Bundesgebiet gibt es eigentlich keine Mengenprobleme, es fehlt aber vielfach aus lokalen Gründen die Einsicht, daß ein Ausgleich zwischen Wasserüberschuß- und -mangelgebieten unabdingbar ist. Die moderne Landwirtschaft benötigt z. B. erhebliche Beregnungsmengen, vielfach die 10fache Menge des Trinkwasserbedarfs einer Region. Obwohl beide aufeinander angewiesen sind, kann es so zum Konflikt zwischen Stadt und Land kommen.

Der Rohstoff für das Lebensmittel Nr. 1, mit der einfachen Formel H_2O, ist in die öffentliche Kritik geraten. Anthropogene Einflüsse, wie sie durch Altlasten in der Abfall- und Abwasserbeseitigung hervorgerufen werden, der Transport gefährlicher Güter und Flüssigkeiten, die intensive Landwirtschaft mit starkem Dünge- und Pestizideinsatz, die Luftverschmutzung etc. gefährden den Rohstoff Wasser. Trotz aller Anstrengungen im Umweltschutz zeigen unsere Wasserrohstoffquellen (Grund-, Quell- und Oberflächenwasser) steigende Belastung. Mit der modernen Meßtechnik ist es möglich, Inhaltsstoffe im Nanogrammbereich festzustellen, dies entspricht einem Milliardstel Gramm. In Gesetzen und Verordnungen werden für Wasserinhaltsstoffe Grenzwerte festgelegt. Die stürmische Entwicklung in der Technik, die neuen gesetzlichen Regelungen und vor allem das gestärkte Umweltbewußtsein der Bevölkerung stellen höchste Anforderungen an die Bereitstellung von Trinkwasser. Die Wasserversorgungsunternehmen investieren mehr als 2 Milliarden DM jährlich, und durch die neuen Bundesländer wird dieser Trend noch steigen. Die vielfältigen Aufgaben von der Gewinnung über die Aufbereitung bis hin zur Verteilung werden von einem Team unterschiedlicher Fachleute gelöst. Diese müssen dialogfähig sein und bleiben. Ein nach den neuesten rechtlichen und technischen Regeln aufgebautes Fachbuch ist daher wichtig und hilfreich.

Bei der neuen Ausgabe des seit Jahren eingeführten Fachbuches für Ingenieure und Techniker wurde der bewährte Aufbau des Buches vom Vorgänger übernommen. Eigene mehrjährige praktische Erfahrungen in der Wasserwirtschaftsverwaltung und im Ausland haben gezeigt, daß vor allem die naturwissenschaftlichen Grundlagen eine wesentliche Voraussetzung für eine erfolgreiche Arbeit auf dem Trinkwassersektor sind. Daher wurde ein neues Kapitel „Chemische, physikalische und biologische Beschaffenheit des Wassers" hinzugefügt. Alle Kapitel wurden den neuesten technischen Regeln, DIN-Vorschriften, dem DVGW-Regelwerk, den FIGAWA- und BGW-Mitteilungen, den neuen Rechtsvorschriften etc. angepaßt und grundlegend überarbeitet, da sich in den letzten Jahren zahlreiche Veränderungen ergeben haben.

Um dem Benutzer die Möglichkeit zu geben, die alten und neuen Fachbegriffe miteinander verbinden zu können, werden beide parallel aufgeführt. Hierdurch wird es möglich, alte und bewährte Bemessungsansätze mit neueren Berechnungen zu vergleichen. Durch vereinfachte und übersichtliche Berechnungsbeispiele wird die Umsetzung der theoretischen Ansätze in Bemessungsansätzen aufgezeigt. Ziel des Buches ist es, sowohl den an den wissenschaftlichen und fachlichen Hochschulen Studierenden als auch den jungen Praktikern die Hauptaufgaben der Wasserversorgung darzulegen und somit einen Gesamtüberblick des Fachgebietes zu geben. Damit ist er in der Lage, die Standardaufgaben besser zu lösen. Sicherlich wird auch der erfahrene Kollege hilfreiche Hinweise finden.

Zur Abrundung wurde ein Kapitel „Wasserrecht" angefügt, in dem die für die Wasserversorgung relevanten Rechtsquellen und die Gesellschaftsformen der Versorgungsunternehmen dargelegt werden.

Der anstehende europäische Markt wird sicherlich weitere Neuerungen bringen.

Für Hinweise und Anregungen sind der Verlag und Autor dankbar.

Suderburg, im Sommer 1992   Klaus Cord-Landwehr

Inhalt

DIN-Normen. Für dieses Buch einschlägige Normen sind entsprechend dem Entwicklungsstande ausgewertet worden, den sie bei Abschluß des Manuskripts erreicht hatten. Maßgebend sind die jeweils neuesten Ausgaben der Normblätter des DIN Deutsches Institut für Normung e. V., die durch den Beuth-Verlag, Berlin und Köln, zu beziehen sind. Sinngemäß gilt das gleiche für alle sonstigen angezogenen amtlichen Richtlinien, Bestimmungen, Verordnungen usw.

Maßeinheiten (GW 110). Verwendet wurden die durch das „Gesetz über Einheiten im Meßwesen" vom 2. 7. 1969 und seiner „Ausführungsverordnung" vom 26. 6. 1970 eingeführten Einheiten.

Hinweise zur Umrechnung von „alten" in „neue" Einheiten und umgekehrt. Ab 1. 1. 1978 sind nur noch diese SI-Einheiten für den Gebrauch im Bauwesen zugelassen.

Bezeichnungen	Neue gesetzliche Einheiten	Alte Einheiten
Belastungen, Kraft	1 N (Newton) 10 N 1 kN (Kilonewton) 10 kN 1 MN (Meganewton)	0,1 kp*) 1 kp 100 kp 1 Mp 100 Mp
Spannungen, Festigkeiten	0,1 N/mm^2 1 $N/mm^2 = 1\ MN/m^2$ 1 $MN/m^2 = 10^6 N/10^6 mm^2 = 1\ N/mm^2$ 1 Pa (Pascal) $= 1\ N/m^2$ 1 $MPa = 1\ MN/m^2 = 1\ N/mm^2$	1 kp/cm^2 10 kp/cm^2
Moment	1 Nm 10 Nm 10 kNm	0,1 kpm*) 1 kpm 1 Mpm
Energie, Arbeit, Wärmemenge	1 J (Joule) $= 1\ Nm$ 1 kJ (Kilojoule) 1 W (Watt) $= 1\ Nm/s = 1\ J/s$ 1 $J = 1\ Ws$	0,1 kpm
Sonstige gebräuchliche Maßeinheiten: Thermodynamische Temperatur T Celsiustemperatur t Druck p Dichte Masse	1 K (Kelvin) °C 1 Pa (Pascal) 1 bar $= 10^5\ Pa = 0,1\ MPa$ $= 10^5 N/m^2$ kg/m^3 kg	 grd ~ 1 at $(= 1\ kp/cm^2)$ ~ 10 mWS

*) Hinreichende Genauigkeit in der Praxis

Umrechnung von kcal/h in Watt (W):

1 W = 0,86 kcal/h   1 kcal/h   = 1,16 W
z. B. Wärmeleitzahl λ: 1 kcal/m h K   = 1,16 W/m K

1 Grundlagen einer Wasserversorgung

1.1 Bestandteile und Begriffe der Wasserversorgung

Die Wasserversorgung dient der Deckung des Wasserbedarfs der Wohn- und Arbeitsstätten der menschlichen Gesellschaft. Die wesentlichen Fachbegriffe sind in der DIN 4046 festgelegt. Sie besteht aus der öffentlichen und der Eigenwasserversorgung. Werden mehrere Verbraucher über ein Rohrnetz versorgt, so spricht man von zentraler Wasserversorgung. Die zentrale Versorgung kann als Gruppen- oder als Verbundwasserversorgung erfolgen.

Das für den menschlichen Gebrauch und Genuß bestimmte Trinkwasser unterliegt strengen gesetzlichen Vorschriften. Für den Bau und Betrieb von Trinkwasserversorgungsanlagen sind hygienische Belange von großer Bedeutung. Die Hauptanlagenteile einer Wasserversorgung bestehen aus der Wassergewinnung, der Wasseraufbereitung, den Förderanlagen, der Speicherung und dem Wassertransport und -verteilungssystem (**1.1**). Der Aufbau der Anlagenteile hängt u. a.

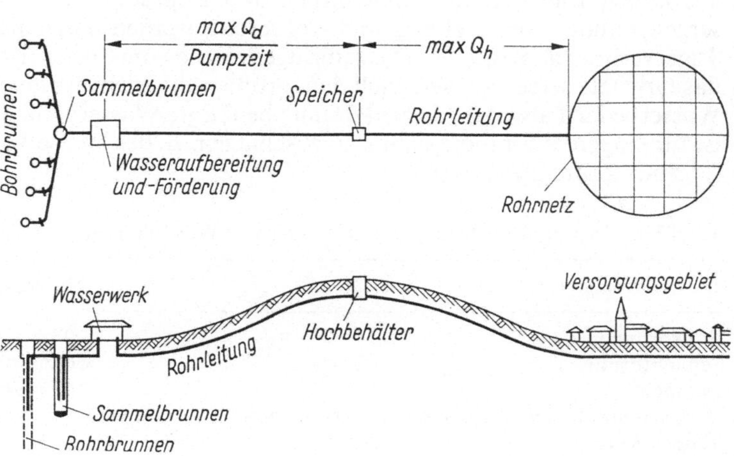

1.1 Aufbau einer Wasserversorgung

von den örtlichen Gegebenheiten, dem Wasservorkommen und seiner Beschaffenheit und dem Wasserverbrauchsverhalten ab. In günstigen Fällen können Hauptbestandteile ganz entfallen. So kann z. B. bei Grundwasser häufig eine Desinfektionsanlage entfallen.

Folgende Hauptelemente können in einem Versorgungssystem installiert sein:

Wasserfassung: Quellfassung, Brunnen (vertikal oder horizontal), Entnahmebauwerke für Fluß-, See-, Talsperrenwasser, Sickerleitung, Zisterne

Wasseraufbereitung: Begasung, Belüftung, Bioverfahren, Desinfektion, Enthärtung, Fällung, Flockung, Filtration, Ionenaustausch, Sedimentation, Siebung, Sorption, Umkehrosmose

Wasserförderung: Druckerhöhungsanlagen (DEA), Pumpenaggregate und deren Antriebsmaschinen

Wasserspeicherung: Hochbehälter als Erdbehälter oder Wasserturm, Tiefbehälter

Transportleitungen: Rohwasserleitung, Fernleitung, Zubringerleitung

Rohrnetz: Zubringerleitung, Hauptleitung, Versorgungsleitung, Anschlußleitung, Armaturen

Hausinstallation: Verbrauchsleitungssysteme, alle Anlagenteile nach der Übergabestelle (i. d. R. ist dies der Wasserzähler)

Beim Bau von Wasserversorgungsanlagen ist zu berücksichtigen, daß die Anlagenteile einerseits eine unterschiedliche Lebensdauer haben und andererseits, einmal eingebaut, nur noch mit großem Kostenaufwand erneuert und erweitert werden können.

Die Größe der Anlagen richtet sich nach der Wassermenge, die gefördert, aufbereitet und transportiert werden muß. Die Speicher gleichen im allgemeinen die Verbrauchsschwankungen im Rohrnetz über 24 Stunden aus. Alle Teile der Wassergewinnung, -aufbereitung und -förderung werden daher nach dem größten Tagesverbrauch bemessen. Die Zubringerleitung vom Speicher zum Ortsnetz und das Ortsnetz selber werden nach dem größten Stundenverbrauch bemessen. Der Wasserbedarf, also das für die Planung benötigte Wasservolumen (s. Abschn. 2), ist für längere Zeiträume schwer abzuschätzen. In der Wasserversorgung werden folgende Zeitmaße verwendet:

Tafel **1.1**   Durchschnittliche Nutzungsdauer von Wasserversorgungsanlagen [54]

Art der Anlage	Nutzungsdauer (Jahre)
Bohrbrunnen	20 bis 40
Schachtbrunnen	50 bis 70
Pumpen	15 bis 20
(Kreisel- und Unterwasserpumpen niedrigere, Kolbenpumpen höhere Werte)	
Elektrische Anlagen, Notstromaggregate, Steuergeräte, Maschinenanlagen	15 bis 20
Wasseraufbereitungsanlagen je nach System	20 bis 30
Wasserbehälter, Hochbehälter	50
Hochbehälterausrüstung	25 bis 30
Verteilungsleitungen	40 bis 60
Wasserzähler	15 bis 20
Betriebsgebäude	50

1 Jahr = 1 a = 12 Monate = 52 Wochen = 365 d (Tage) = 8760 h (Stunden);
1 d = 24 h; 1 h = 60 min = 3600 s (Sekunden).

Als Planungszeitraum für Anlagen, die leicht austauschbar sind (z. B. Pumpen), empfiehlt W 403 10 Jahre, schwer austauschbare Anlagenteile (z. B. Wassertürme) > 30 Jahre. Längere Bedarfsschätzungen sind mit zu vielen Unsicherheiten verbunden.

Für die Bemessung ist die wirtschaftliche Nutzungsdauer und nicht die Lebensdauer einer Anlage ausschlaggebend. Für Kostenvergleichsrechnungen empfiehlt der LAWA-Arbeitskreis (Länderarbeitsgemeinschaft Wasser) Nutzen-Kosten-Untersuchungen [54] die durchschnittlichen Nutzungsdauern der Tafel **1**.1. Für die Kostenoptimierung ist die Wassermengendauerlinie wichtig (**1.2**). Die Werte

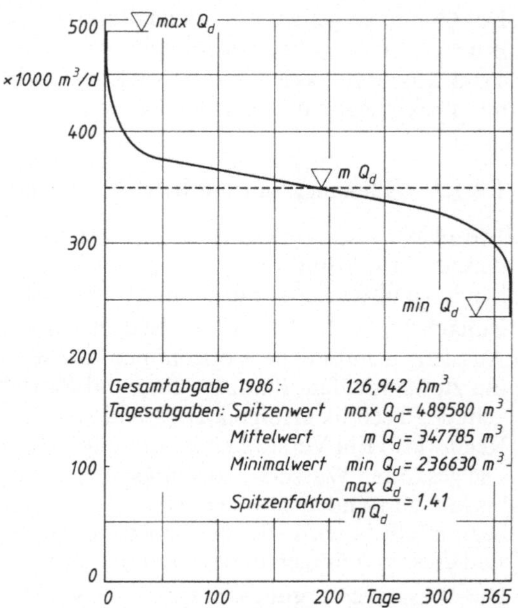

1.2   Wassermengendauerlinie für die Reinwasserlieferung der Bodensee-Wasserversorgung [110]

von max Q_d und min Q_d treten nur an wenigen Tagen im Jahr auf. Die Hauptfördermenge liegt mit ca. 250 d/a in der Nähe von m Q_d. Auf diese Menge muß das System optimiert werden, wobei max Q_d auch förderbar sein muß.

1.2   Anforderungen an eine Wasserversorgung

1.2.1   Leitsätze für die zentrale Trinkwasserversorgung (nach DIN 2000)

1.2.1.1   Anforderungen an Trinkwasser

Trinkwasser ist ein wichtiges, nicht ersetzbares Lebensmittel.

Trinkwasser muß frei von Krankheitserregern sein, darf keine gesundheitsschädlichen Stoffe enthalten und muß keimarm sein.

Trinkwasser soll zum Genuß anregen, es soll daher farblos, klar, kühl und geruchlos sein und gut schmecken.

Der Gehalt an gelösten Stoffen (Mangan-, Stickstoff-, Eisen-, Metall-Verbindungen etc.) soll so gering wie möglich sein.

Trinkwasser soll keine Korrosion hervorrufen. Es soll stets in genügender Menge mit ausreichendem Druck verfügbar sein.

1.2.1.2   Planung, Bau und Betrieb von zentralen Trinkwasserversorgungsanlagen

Jedes Wasservorkommen hat seine spezifischen Eigenschaften. Aus diesem Grund sind die Planung, der Bau und der Betrieb nur erfahrenen Fachleuten zu übertragen. Für Sonderfragen sind Sachverständige heranzuziehen.

Zunächst sind der Bedarf, die Bedarfsspitzen, die Bedarfsentwicklung und das in Aussicht genommene Vorkommen auf seine Quantitäts- und Qualitätseignung hin zu überprüfen. Planung, Bau und Betrieb müssen nach den anerkannten Regeln der Technik erfolgen. Dies sind z. B. die DIN-Vorschriften und das DVGW-Regelwerk. Ein Verstoß gegen diese Regeln bedeutet grobe Fahrlässigkeit.

Die gesamten Wasserversorgungsanlagen von der Fassung über die Aufbereitung bis hin zum Endverbraucher sind so zu gestalten, daß das Wasser nicht nachteilig beeinträchtigt wird. Bei der Inbetriebnahme neuer oder reparierter Anlagenteile sind diese zu reinigen und zu desinfizieren.

Die Wasserversorgungsanlagen sind so zu betreiben, daß die Forderungen der Trinkwasserverordnung (TVO) [98] erfüllt werden.

1.2.1.3   Werkseigene Überwachung von zentralen Trinkwasserversorgungsanlagen

Die fehlerfreie Funktion der Anlagenteile ist regelmäßig zu überwachen. Die Vorschriften des Arbeits- und Gesundheitsschutzes sind zu beachten.

Zur Überwachung der gesamten Wasserversorgungsanlagen sind Wasserproben auf der Rohwasserseite und auf der Verbraucherseite zu entnehmen. Die Probenahme und die Analysen erfolgen nach festgelegten Vorschriften. Der Untersuchungsumfang ist in der Anlage 5 zur TVO [98] geregelt. Bei komplexen Aufbereitungssystemen ist ein eigenes Werkslabor und eine regelmäßige Eigenüberwachung unumgänglich. Für die Einzel-Trinkwasserversorgung gilt die DIN 2001, die Forderungen entsprechen im wesentlichen den Grundsätzen der DIN 2000.

1.2.2 Trinkwasser

Trinkwasser ist ein wichtiges Lebensmittel und unterliegt daher dem Lebensmittelgesetz [52] und dem Bundesseuchengesetz [11]. Im § 11 Abs. 1 des Bundesseuchengesetzes ist verankert: „Trinkwasser sowie Betriebswasser für Betriebe, in denen Lebensmittel gewerbemäßig hergestellt oder behandelt werden …, muß so beschaffen sein, daß durch seinen Genuß oder Gebrauch die menschliche Gesundheit, insbesondere durch Krankheitserreger, nicht geschädigt werden kann."

Aufgrund beider Gesetze hat der Bundesminister für Jugend, Familie und Gesundheit am 5. 12. 1990 die Verordnung über Trinkwasser und Wasser für Lebensmittelbetriebe (Trinkwasserverordnung oder kurz TVO) neu gefaßt (s. Abschn. 9.3) [98]. Nach § 1 dieser VO dürfen Krankheitserreger nicht im Trinkwasser vorhanden sein. Dieses Erfordernis gilt als nicht erfüllt, wenn Trinkwasser in 100 ml E.-coli (Escherichia coli) enthält. E.-coli dient als Indikatorbakterium und gibt einen Hinweis auf fäkale Verunreinigung. Auch coliforme Keime dürfen in 100 ml nicht enthalten sein. Auf dem Wasserpfad können Krankheitserreger, z. B. für Typhus, Ruhr, Cholera, Hepatitis u. a. übertragen werden [51] [89].

Neben diesen hygienischen Belangen enthält die TVO in den Anlagen 2, 3 und 4 weitere Grenzwerte und Kenngrößen, die im Trinkwasser nicht überschritten werden dürfen (s. Abschn. 4). Diese Stoffe kann man aufgrund ihrer unterschiedlichen Auswirkung in zwei Hauptgruppen unterteilen:

− Stoffe mit toxischer Wirkung
− Stoffe mit störender Wirkung

Stoffe mit toxischer Wirkung können lebensbedrohend sein. So können z. B. Schwermetalle, in höherer Dosis aufgenommen, zum Tod führen. Bekannte Beispiele sind die „Itai-Itai-Krankheit", hervorgerufen durch Cadmiumaufnahme, und die „Minamata-Krankheit", die in Japan durch hohe Quecksilberaufnahme entstanden ist [27]. Polycyclische aromatische Kohlenwasserstoffe, Pestizide, Nitrat/Nitrit gelten als krebsverdächtig (cancerogen).

Die störenden Stoffe sind sensorische Kenngrößen, d. h. sie werden durch die Sinnesorgane Augen, Nase und Mund wahrgenommen. Eine geringe Trübung, entstanden durch feinen Sand, Lehm und Tonteilchen, kann technisch mit Hilfe von Absetzbecken und Filter entfernt werden.

Die Temperatur darf 25 °C nicht übersteigen, sonst schmeckt Wasser fade. Im Grundwasser schwankt die Temperatur bei einer Entnahmetiefe > 12 m nur wenig, die mittlere Jahrestemperatur beträgt in dieser Tiefe ca. 8 bis 10 °C. In der Hausinstallation muß die Warmwasserversorgung gut isoliert werden, da sich sonst das Kaltwasser in der häufig parallel laufenden Leitung erwärmt.

Fremdartiger Geschmack und Geruch wird durch eine Reihe von Stoffen hervorgerufen. Die Geruchsschwellkonzentration (GSK) ist die Konzentration in mg/l, bei der der Geruch gerade noch wahrnehmbar ist, sie liegt z. B. bei Chlorphenol bei 0,001 mg/l und bei Mineralölen bei 1 mg/l [40]. Chlorphenole können durch die Zugabe von freiem Chlor entstehen, das zur Entkeimung zudosiert wird. Huminstoffe geben dem Wasser einen muffigen Geruch und führen zu moorigem Geschmack. Ein Teil dieser „organischen Verbindungen" kann durch eine Aktivkohle-Filtration entfernt werden. Auch Salze können einen unangenehmen Geschmack hervorrufen. Eisen- und Manganverbindungen ergeben einen tintenartigen Geschmack und färben das Wasser tief dunkel. Diese Stoffe führen auch zu technischen Störungen im Wasserversorgungssystem, da sie zu Inkrustationen führen können. Sie müssen daher durch Belüftung und Filtration entfernt werden. Bei gleichzeitiger Anwesenheit von Huminstoffen wird die Entfernung dieser Verbindungen recht komplex.

Auch die Härte des Wassers, ausgedrückt als „Summe der Erdalkalien" in mol/m^3 (s. Abschn. 4.3.1), beeinflußt den Geschmack. Wasser mit mittlerer und höherer Härte schmeckt besser als sehr weiches Talsperren- oder Regenwasser.

In der Natur findet man leider kaum Wässer, die für eine Trinkwasserversorgung ohne Wasseraufbereitung verwendet werden können. Bei der Erschließung neuer Wasservorkommen sollte man aber bestrebt sein, möglichst keimfreies oder keimarmes und von toxischen Stoffen freies Wasser zu gewinnen. Für die technisch störenden Stoffe ist eine möglichst geringe Konzentration anzustreben.

Jedes Wasser ist aber ein „Individuum" für sich, es gibt somit kein allgemeingültiges Rezept für die Aufbereitung. In Abschn. 5 werden zwar die grundlegenden Aufbereitungs-Verfahren für bestimmte Wasservorkommen beschrieben, vielfach sind aber langjährige Vorversuche unumgänglich. Nur so lassen sich Fehlinvestitionen vermeiden.

1.2.3   Wasser für gewerbliche und industrielle Zwecke

Die gewerbliche und industrielle Produktion setzt Wasser unterschiedlich ein. Wasser wird als Rohstoff (z. B. Brauereiwasser), als Transportwasser (z. B. hydraulische Förderung von Mineralstoffen) oder als Hilfsstoff zum Lösen, Kühlen, Waschen usw. verwendet [60]. Gegenüber der Einfachnutzung gewinnt die Mehrfach-, Kaskaden- und Kreislaufnutzung immer größere Bedeutung. Mit ca. 30% ist die chemische Industrie der größte industrielle Wassernutzer. Die jährliche Wachstumsrate der gesamten Industrie, ohne Elektrizitätswirtschaft, wird auf etwa 2,2% geschätzt. Für das Jahr 2010 wird ein Wasserbedarf von 66,3 Mrd. m^3/a prognostiziert [59].

An die Qualität des Wassers für wirtschaftliche Zwecke werden häufig andere Anforderungen gestellt als an die öffentliche Wasserversorgung. Betriebswasser kann Trinkwassereigenschaften einschließen, muß dies aber nicht zwangsläufig. In der Industrie wird vielfach salzarmes und enthärtetes Betriebswasser benötigt. Unter Enthärtung wird die Entfernung der Härtebildner Calcium und Magnesium verstanden. Werden auch die Hydrogencarbonationen entfernt, spricht man von Entkarbonisierung [22].

Zum Waschen ist hartes Wasser wenig brauchbar, weil die Calcium- und Magnesiumsalze mit den Fettsäuren der Seifen unlösliche Verbindungen eingehen. In den Textilien kommt es daher zur Ablagerung von Kalkseife, die Wäsche wird hart. 1 °dH (deutsche Härte) entspricht 0,179 mmol/l [20]. Für Wäschereien soll die Härte daher < 0,7 mmol/l liegen. Für die öffentliche Wasserversorgung wird eine zentrale Enthärtung ab 3,8 mmol/l empfohlen [31]. Im Gegensatz zu Nordamerika ist es bei uns bisher nicht üblich, das gesamte Wasser einer Stadt zu enthärten.

Besonders hohe Anforderungen werden an Kesselspeisewasser und Kühlwasser gestellt. Insbesondere die Hochleistungskessel der Kraftwerke müssen vor einer Verstopfung und vor Korrosion geschützt werden. Sie werden daher mit sehr reinem Wasser gespeist, das enthärtet, entsalzt und entgast ist, da freier Sauerstoff und Kohlensäure zu Korrosionen führt. Da die öffentliche Wasserversorgung diesen Spezialanforderungen nicht entsprechen kann, müssen viele Betriebe ihr Wasser selbst aufbereiten.

2 Wasserbedarf

Der planende Ingenieur muß für die Bemessung der einzelnen Anlagenteile wissen, wie groß der Wasserbedarf gegenwärtig ist und zukünftig sein wird.

Wasser ist für folgende Zwecke bereitzustellen: Versorgung der Bevölkerung, Viehhaltung, für Gewerbe und Industrie, für öffentliche Zwecke (z. B. Straßenreinigung, Schulen, Brunnen) und den Feuerschutz. Die benötigte Wassermenge hängt ab von der Einwohnerzahl, dem spezifischen Verbrauch pro Einwohner und der Art und Größe der Betriebe. Der Einzelverbrauch wiederum wird von klimatischen Verhältnissen, von der Jahreszeit, vom Lebensstandard der Einwohner, vom Wasserpreis, von der technischen Ausstattung der Gebäude und von weiteren Faktoren bestimmt. In Tafel **2.**1 sind einige spezifische Verbrauchswerte angegeben. Die niedrigen Zahlenwerte können als Jahresdurchschnittswerte angesehen werden. Weitere Zahlen finden sich in W 410 sowie in [9] [74].

Wasserbedarf (DIN 4046) ist das benötigte Wasservolumen für einen bestimmten Planungszeitraum, z. B. der Haushaltswasserbedarf in m^3/d. Die nutzbare Wasserabgabe ist die tatsächliche gemessene oder geschätzte Netzeinspeisung abzüglich Eigenverbrauch und Verlusten. Eigenverbrauch ist der betriebsinterne Wasserverbrauch innerhalb der Versorgungsanlagen, wie z. B. Filterspülung, Rohrnetzspülung etc. Wasserverluste sind der Teil der ins Netz eingespeisten Wassermenge, dessen Verbleib einzeln nicht erfaßt werden kann.

2.1 Eigenbedarf und Wasserverluste

Der Bedarf an Filterrückspülwasser kann auf ca. 1% der Fördermenge beschränkt werden, da für größere Wasserwerke Rückgewinnungsanlagen zu bauen sind. Für die Rohrnetzspülung liegen die Werte bei 1,0 bis 1,5% der Fördermenge. Bei vielen Endsträngen im System und bei Neuanlagen können höhere Werte auftreten.

Die Wasserverluste haben eine große wirtschaftliche und ökologische Bedeutung. Die jährlichen Verluste werden auf ca. 500 Mio. m^3 in den alten Bundesländern geschätzt [8]. Bei den Verlusten wird unterschieden zwischen echten Verlusten durch Rohrbrüche, undichte Rohrverbindungen bzw. Armaturen, Behälterverluste etc. und den scheinbaren Verlusten, entstanden durch Meßfehler und Schleichverluste in der Mengenmessung (W 391).

Die prozentuale Angabe der Verlustwerte, bezogen auf die Abgabemenge, die für Neuanlagen < 5% und ältere Anlagen < 10% der Abgabemenge betragen soll, ist für Sanierungszwecke zu ungenau, da die Bodenart und die Rohrnetzlänge nicht berücksichtigt werden. W 391 geht daher von einem spezifischen Verlust-

Tafel **2**.1 Auswahl von Verbrauchswerten in Liter pro Tag (min/max) nach [9] [74] und W 410

Haushalt
(mittl. ca.-Verbrauch pro Einwohner einschl. Kleingewerbe)

	min	max.
Trinken/Kochen	3	
Körperpflege	9	
Geschirrspülen	12	
Wäschewaschen	21	
Toilettenspülung	42	
Baden/Duschen	39	
Autowäsche	3	
Hausgartenbewässerung	6	
Sonstiges	10	
	145	
Gewerbe ca.	50	
Summe	195	

Landwirtschaft

	min	max.
Großvieh (GVE) (Pferd, Rind)		
mit Güllewirtschaft je Stck.	150	200
ohne Gülle je Stck.	50	100
Kleinvieh (KVE) (Kalb, Schwein, Ziege, Schaf)		
mit Gülle je Stck.	30	40
ohne Gülle je Stck.	10	20
1 GVE ≈ 250 Stck. Geflügel		

Gewerbe und Industrie

	min	max.
Bäcker je Beschäftigten	150	250
Fleischer je Beschäftigten	250	400
Zuckerherstellung je t Rüben	10 000	20 000
Wollwäscherei je t Wolle	20 000	70 000
Glasherstellung je t Glas	3 000	28 000
Molkerei je 1000 l Milch	4 000	6 000
Molkerei mit Butter- oder Käseherstellung	< 10 000	
Schlachthof je Stck. Großvieh (1 GVE ≈ 2,5 KVE)	300	400
Betriebe mit geringem Wasserverbrauch	0,5 bis 1,0 l/s ha	
Betriebe mit mittlerem Wasserverbrauch	1,0 bis 1,5 l/s ha	
Betriebe mit großem Wasserverbrauch	1,5 bis 3,0 l/s ha	

Allgemeiner Verbrauch

	min	max.
Büro-Verwaltungsgebäude je Beschäftigten	40	60
Schule je Schüler	10	15
Schule mit Duschanlagen je Schüler	≈ 26	
Kino je Platz	≈ 5	
Campingplatz je Standplatz	≈ 200	
Krankenhaus je Bett	300	600
Hotel je Bett	150	600
Freibäder je m^2 Wasserfläche	< 500	
Hallenbäder je m^2 Wasserfläche	< 1000	

wert aus. Dieser berücksichtigt die Rohrnetzlänge und das Verlustvolumen aus der Mengenbilanz. Je nach Bodenart (sandig/felsig/klüftig) werden obere Richtwerte von 0,15 bis 0,60 $m^3/(km \cdot h)$ genannt. Der systematischen und auch PC-gesteuerten Lecksuche kommt daher große Bedeutung zu. In der Praxis konnten z. B. spezifische Verluste innerhalb von 6 Jahren von 1,13 $m^3/(km \cdot h)$ auf 0,13 gesenkt werden. Die Rohrnetzlänge betrug 70 km. Die wirtschaftlichen Vorteile der Sanierung sind beachtlich [8] [100] [36].

2.2   Verbrauchswerte

Nach der BGW-Statistik für das Jahr 1988 [102] schwankt der spezifische Wasserverbrauch in Liter je Einwohner und Tag in den einzelnen Bundesländern für den Gesamtverbrauch zwischen 159 und 242 $l/(E \cdot d)$. Für die Haushalte ein-

Tafel **2.**2   Spezifischer Wasserverbrauch je Einwohner [102]

Land	Anzahl der Unternehmen		Einwohner im Versorgungsgebiet in 10^3	Spezifischer Wasserverbrauch in Liter je Einwohner und Tag (Verbraucher insgesamt)	Spezifischer Wasserverbrauch in Liter je Einwohner und Tag (Haushalte[1])
	mit Abgabe an Verbraucher	mit Abgabe an Haushalte			
(1)	(2)	(3)	(4)	(5)	(6)
Schleswig-Holstein	77	76	2 106	189	155
Hamburg	1	1	1 880	191	171
Niedersachsen	179	176	6 872	187	138
Bremen	2	2	674	178	144
Nordrhein-Westfalen	275	274	17 332	199	144
Hessen	183	181	4 473	192	146
Rheinland-Pfalz	178	176	3 589	166	137
Baden-Württemberg	228	224	5 863	188	139
Bayern	213	210	6 322	209	156
Saarland	44	44	1 071	159	124
Berlin (West)	1	1	2 014	242	161
1988	1381	1365	52 196	194	145
1987	1367	1353	51 937	193	144

[1]) Abgabe an den Sektor „Haushalt und Kleingewerbe".

schließlich Kleingewerbe liegen die Zahlen zwischen 124 und 171 l/(E·d) (Tafel **2.**2). Die Industrie bezieht aber nur einen geringen Teil über die öffentlichen Wasserversorgungsunternehmen (WVU). Für Niedersachsen ergeben sich für 1983 folgende gerundete Zahlen für die Wassergewinnung [103]:

	Mio. m³/a
öffentliche WVU	565
Hausbrunnen-Eigengewinnung	15
Industrie-Eigengewinnung	680
Landwirtschaft	180
Wärmekraftwerke	4370

Diese Aufstellung macht deutlich, daß bei Neuplanungen und Erweiterungen eine genaue Analyse der Industrie und der großen Gewerbebetriebe erforderlich ist und eine Detailplanung mit den Werten der Tafel **2.**1 oder durch eine Befragung unumgänglich ist.

Der Wasserverbrauch nach seiner Verwendungsart ist in den einzelnen Ländern sehr unterschiedlich (**2.**1). Der auf den Einwohner bezogene Bedarf kann regional stark schwanken. So haben z.B. in Niedersachsen Fremdenverkehrsorte einen höheren Verbrauch als die Großstädte (**2.**2). Werte über die Wasserförderung in einzelnen Versorgungsunternehmen sind in der Tafel **2.**3 aufgeführt.

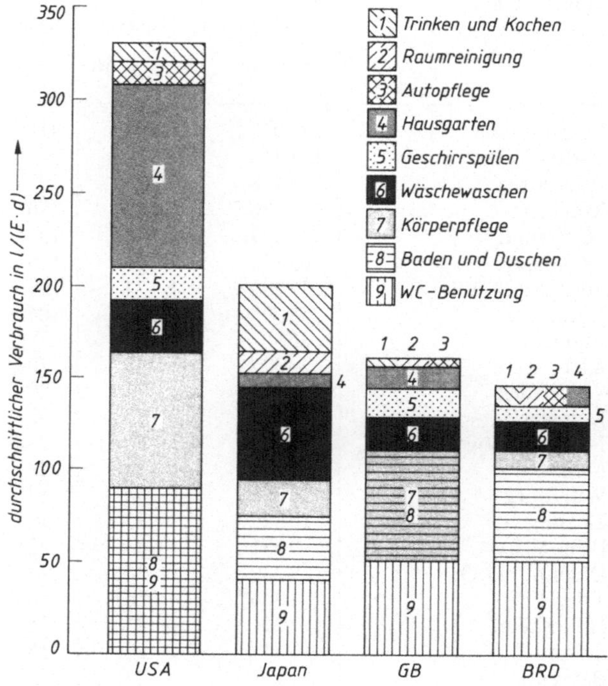

2.1   Wasserverbrauch im Haushalt nach Verbrauchsarten in unterschiedlichen Ländern [59]

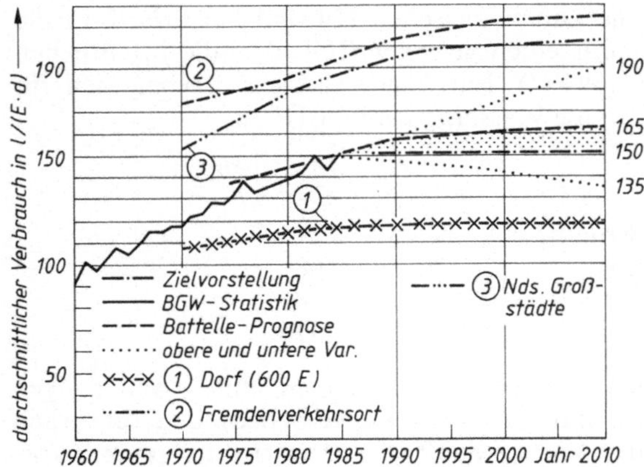

2.2   Entwicklung des einwohnerbezogenen Wasserbedarfs in Niedersachsen, modifiziert nach [63] [103]

Tafel **2.3**   Wasserförderung einiger Wasserversorgungsunternehmen, BGW-Wasserstatistik 1988 [102]

Wasserversorgungs-unternehmen	gesamtes Jahres-aufkommen in $10^3\,m^3$	Reinwasserlieferung in das Rohrnetz			Einwohner-zahl im Versor-gungsgebiet in 10^3
		max	min	mittel	
		in $10^3\,m^3/d$			
Gelsenwasser AG	231057	804	415	631	1548
Berlin-West	181755	918	348	497	2014
Hamburg	145468	487	292	377	1880
München	142436	463	270	389	1328
Dortmund	79307	274	158	217	601
Düsseldorf	63108	230	119	172	594
Stuttgart (TWS)	52209	174	91	143	531
Hannover	58895	196	106	161	666
Bremen	36307	123	75	99	534
Kiel	24327	85	50	67	294
Wiesbaden	21814	72	39	60	232
Münster	18499	72	32	51	267
Braunschweig	17463	65	32	48	252
Kassel	15134	51	30	41	189
Würzburg	12011	44	17	33	135
Göttingen	10649	35	19	29	134
Peine WBV	9631	33	22	26	140
Oldenburg i. O.	9289	34	17	25	140
Trier	8006	26	16	22	100
Hildesheim	7271	23	15	20	109
Siegen	7137	24	15	20	111
Bayreuth	6167	23	12	17	71
Lüneburg	5546	23	10	15	60
Gütersloh	4704	17	11	13	83

Tafel **2**.3   (Fortsetzung)

Wasserversorgungs-unternehmen	gesamtes Jahres-aufkommen in $10^3\,\mathrm{m}^3$	Reinwasserlieferung in das Rohrnetz			Einwohner-zahl im Versor-gungsgebiet in 10^3
		max	min	mittel in $10^3\,\mathrm{m}^3/\mathrm{d}$	
Uelzen WVU	4 428	22	8	12	77
Homburg	3 849	15	5	11	41
Wolfenbüttel	3 365	12	7	9	50
Schwäbisch Hall	2 845	9,3	4,1	7,8	34
Sonthofen	2 197	7,4	4,2	6,0	20
Höxter	1 892	6,9	3,6	5,2	33
Wahlstedt	820	3,9	1,6	2,2	12
Nienburg	587	2,5	0,7	1,6	11
Gartow	407	1,7	0,5	1,1	5
St. Andreasberg	303	2,0	0,5	0,8	4

Tafel **2**.4   Höchste stündliche Wasserabgabe in das Rohrnetz – nach Unternehmens-größe – für 1988 und 1980 [102]

Unter-nehmens-größe nach Auf-kommen in $10^6\,\mathrm{m}^3$	Anzahl der WVU[1])	Durchschnitt-liche stündliche Wasserabgabe in das Netz in $10^3\,\mathrm{m}^3$	Höchste stündliche Wasserabgabe in das Netz in $10^3\,\mathrm{m}^3$	Höchste stündliche Wasserabgabe in das Netz je WVU (4) : (2) in m^3	Verhältnis höchste/durch-schnittliche stündliche Wasserabgabe in das Netz (4) : (3)	Verhältnis höchste/durch-schnittliche stündliche Wasser-abgabe
(1)	(2)	(3)	(4)	(5)	(6)	(6a) 1980[2])
über 20	42	275,22	511,11	12 169	1,86	1,82
10 bis 20	38	61,88	125,97	3 315	2,04	2,08
5 bis 10	92	71,34	150,54	1 636	2,12	3,02
1,5 bis 5	411	119,67	273,78	666	2,29	2,37
0,5 bis 1,5	619	64,47	149,59	242	2,33	2,54
bis 0,5	235	8,82	22,62	96	2,57	3,30
1988	1437	601,41	1233,61	858	2,06	
1987	1423	596,56	1240,92	872	2,08	

[1]) Anzahl derjenigen WVU, von denen Angaben zur höchsten und stündlichen Wasser-abgabe vorlagen.
[2]) extreme Zahlen.

Es bestehen deutliche Unterschiede zwischen maximaler, mittlerer und minimaler Förderung. Die Tafel **2**.4 macht deutlich, daß mit zunehmender Größe des Versorgungsunternehmens die Schwankungsbreite zwischen $\max Q_\mathrm{h}$ zu $\mathrm{m}\,Q_\mathrm{h}$ kleiner wird.

2.3   Schwankungen des Wasserverbrauchs

Die jährlichen Verbrauchsschwankungen sind z. T. klimatisch bedingt. In trockenen Jahreszeiten werden häufig erhebliche Beregnungsmengen dem Netz entnommen. Dieser Effekt wird durch die Ferienzeit überlagert, Werksferien großer Industriebetriebe haben einen erheblichen Einfluß auf den Wasserverbrauch. Die Wochenzyklen der Stadtwerke Hannover liegen z. B. im Januar deutlich unter 160 000 m³/d und im Mai/Juni darüber. Die Sommerferien führen dann zu einem deutlichen Abgaberückgang (2.3). Die täglichen Verbrauchsschwankungen kön-

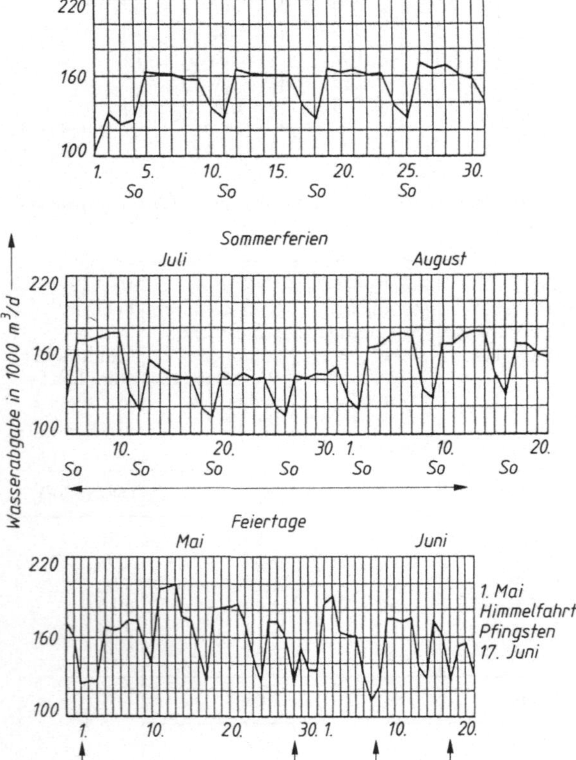

2.3   Wochenzyklen der Wasserabgabe der Landeshauptstadt Hannover [59]

nen erheblich sein und verteilen sich nicht gleichmäßig über den Tag (2.4). Für die Ausbaugröße eines Wasserwerks sind die Tagesabgabemengen im Planungszeitraum wichtig:

$$\max Q_d = \text{höchste Tagesabgabe in m}^3$$
$$m\, Q_d = \text{durchschnittliche Tagesabgabe in m}^3$$
$$\min Q_d = \text{niedrigste Tagesabgabe in m}^3$$

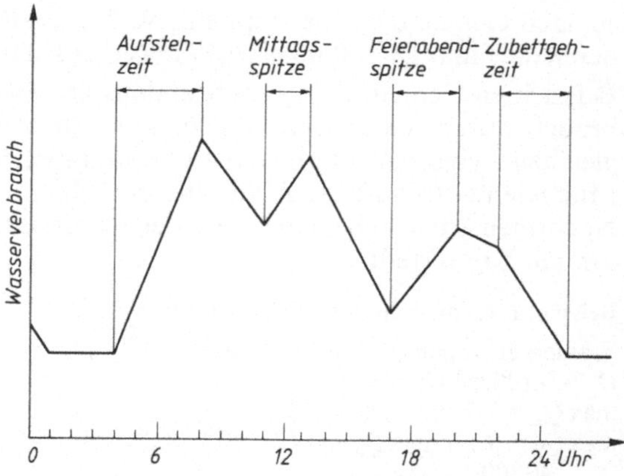

2.4 Charakteristischer Verlauf des Tagesverbrauchs einer Großstadt [59]

Der höchste Tagesverbrauch $\max Q_d$ tritt im allgemeinen von Ende Mai bis Ende Juli auf. Die warme Witterung erhöht den Haushaltsverbrauch. Mit beginnender Ferienzeit sinkt der Verbrauch. Er kann dann aber in Fremdenverkehrsorten einen Spitzenwert erreichen. Dies gilt auch für Wintersportorte mit ausgeprägtem Wochenendbetrieb. An Sonn- und Feiertagen liegt normalerweise der Bedarf bei nur 70% der anderen Wochentage. Der Montag oder der Freitag ergeben i. d. R. den höchsten Verbrauchstag der Woche. An etwa 250 bis 300 Tagen im Jahr muß die mittlere Wassermenge $m\,Q_d$ geliefert werden.

Der Quotient: $\max Q_d / m\,Q_d$ schwankt in Abhängigkeit von der Abgabemenge zwischen 1,5 und 3,0. Er liegt im allgemeinen zwischen 1,8 und 2,0 (W 403).

Die stündlichen Verbrauchsschwankungen können durch besondere Ereignisse, z. B. Fernsehübertragungen von Fußballspielen, sehr hohe Spitzen aufweisen. Im Normalfall fällt der Gleichzeitigkeitsfaktor mit der Einwohnerzahl. Für abgeschlossene Versorgungsgebiete wird daher aufgrund des DVGW-Forschungsprojektes folgender Bemessungsvorschlag gemacht [100]:

$$
\begin{aligned}
> 5000 \text{ bis } 15\,000 \text{ E} \quad &= 45 \qquad \text{l/(E·h)} \\
< 5000 \text{ bis } \ \ 1\,000 \text{ E} \quad &= 45 \text{ bis } 50 \text{ l/(E·h)} \\
< 1000 \text{ E} \quad &= 50 \text{ bis } 55 \text{ l/(E·h)}
\end{aligned}
$$

Tafel **2.5** Anhaltswerte für die Bemessung

	kleine Gemeinde	Kleinstadt	Mittelstadt	Großstadt
ca. Einwohnerzahl	< 1000	< 15 000	100 000	> 150 000
spezifischer durchschnittlicher Verbrauch (m³/(E · d)[1])	0,120	0,150	0,190	0,220
$\max Q_d$	$2,5\,Q_d$	$2,2\,Q_d$	$1,8\,Q_d$	$1,6\,Q_d$
$\max Q_h$	$0,17\,\max Q_d$	$0,13\,\max Q_d$	$0,10\,\max Q_d$	$0,07\,\max Q_d$

[1]) einschließlich Kleingewerbe ca. 20 bis 50 l/(E · d).

Je nach Gemeindegröße empfiehlt W 403 als Richtwerte für den höchsten Stundenbedarf max Q_h = 0,06 bis 0,17 max Q_d (Tafel **2.5**).

Bei kleinen Gemeinden ist die Stundenspitze höher anzusetzen, weil sich der Verbrauch durch die gleichmäßigere Zusammensetzung der Bevölkerung und die gleichen Lebensgewohnheiten zu bestimmten Stunden des Tages häuft, z.B. bei Milchviehwirtschaft die Abholung der Milch. In der Großstadt leben Tag- und Nachtmenschen nebeneinander, der Verbrauch ist gleichmäßiger über den gesamten Tag verteilt.

Beispiel 1. Gemeinde mit 800 Einwohnern

Wasserverbrauch Q_d = 120 l/(E·d)
Q_d = 0,120 m³/(E·d) · 800 E = 96 m³/d
max Q_d = 2,5·96 = 240 m³/d
max Q_h = 0,17·max Q_d = 0,17·240 = 40,8 m³/h = 40 800 l/h

oder $\frac{40\,800}{800}$ = 51 l/(E·h), somit im Bemessungsvorschlagsbereich (s. o.)

2.4   Feuerlöschwasser

Die öffentliche Wasserversorgung hat im Brandfall auch Löschwasser bereitzustellen. Nach W 405 wird zwischen Grundschutz und Objektschutz unterschieden. Welche Maßnahmen für den Objektschutz, z.B. Hochhäuser, Hotels, gefährdete Betriebe etc., festzulegen sind, ist mit der Feuerwehr zu klären. Die Löschwassermenge hat in kleinen Orten erheblichen Einfluß auf die Rohrbemessung. Nach W 403 erfolgt die Bemessung zusätzlich zum Spitzenstundensatz eines mittleren Verbrauchstages. Bei der Bemessung darf an keiner Stelle im Netz der Druck von 1,5 bar unterschritten werden, da sonst Unterdruck im Netz entsteht. Da eine Überbemessung der Rohrleitung im Normalbetrieb zur Stagnation führt, ist bei kleinen Versorgungseinheiten zu prüfen, ob nicht Löschteiche oder -brunnen gebaut werden können.

Für den Normalfall und den Grundschutz sind in W 405 Richtwerte festgelegt. Diese Werte berücksichtigen die Bebauungsart, die Geschoßzahl, die Geschoßflächenzahl und die Gefahr der Brandausbreitung. Für eine mittlere Brandausbreitungsgefahr (Umfassung nicht feuerbeständig/feuerhemmend, harte Bedachung; Umfassung feuerbeständig/feuerhemmend, weiche Bedachung) werden in Tafel **2.6** aufgelistete Richtwerte genannt. Der Löschwasserbedarf soll i.d.R. für 2 Stunden zur Verfügung stehen. Ein Löschbereich umfaßt 300 m Umkreis um

Tafel **2.6**   Feuerlöschmengen (W 405)

Siedlungsform	m³/h	l/s
Kleinsiedlung (WS)/Wochenendhausgebiet (SW)	48	13,3
reine und allgemeine Wohngebiete (WR und WA)	96	26,6
bes. Wohngebiete (WB), Mischgebiete (MI),		
Dorfgebiete (MD), Gewerbegebiete (GE), Kerngebiete (MK) 1-gesch.,		
Kerngebiet/Gewerbegebiet > 1-gesch., Industriegebiet (GI)	192	53,3

das Brandobjekt. Bei zweiseitiger Einspeisung können die obigen Werte halbiert werden. Für die Bemessung der Rohrleitung ist von der Löschwassermenge und $\max Q_h$ eines mittleren Verbrauchstages (m Q_d) auszugehen. Für die Bemessung des Hochbehälters ist Löschwasser nur bei einem Gesamtverbrauch < 2000 m^3/d zu berücksichtigen (W 311).

2.5   Wassereinsparung [101]

Aus Tafel **2.**1 wird deutlich, daß in den privaten Haushalten für Toilettenspülung und Baden/Duschen > 90 l/(E·d) verbraucht werden. Durch Umrüstung der WC-Spülung und durch den Einbau von Durchflußmengenbegrenzern ergaben sich in Modellversuchen durchschnittliche Einsparungsraten von 18%. In Hamburg erbrachte die gleiche Maßnahme in allen Verwaltungsgebäuden eine Einsparung von 2,6 Mio. m^3/a, das bedeutet eine Einsparung von 12%. Bei der Einsparung sind daher folgende Maßnahmen als positiv zu bewerten:

- Änderung des Verbrauchsverhaltens der Bevölkerung durch Aufklärung
- wassersparende Armaturen
- Wohnungswasserzähler
- Verringerung der Rohrnetzverluste
- Substitution von Trinkwasser durch Betriebswasser der Industrie

Auch bei der Landwirtschaft kann auf dem Beregnungssektor noch erheblich Wasser eingespart werden.

Zusätzliche Nicht-Trinkwassernetze für die öffentliche Versorgung sind aus hygienischen Gründen abzulehnen (W 403).

2.6   Steigerung des Wasserverbrauchs

Für die Bestimmung des zukünftigen Wasserbedarfs ist die Trendentwicklung des spezifischen Bedarfs wichtig (**2.**2). Hier ist nur noch von einer geringen Steigerung auszugehen und gleichzeitig eine Abschätzung der Bevölkerungsentwicklung vorzunehmen. Bei der gegenwärtigen Bevölkerungsentwicklung in der BRD

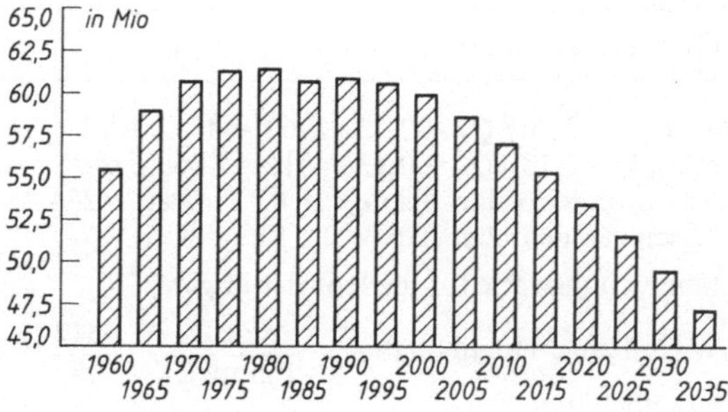

2.5   Entwicklung der Bevölkerung in den alten Bundesländern [14]

Beispiel 2. Die exemplarische Wasserbedarfsermittlung einer Kleinstadt mit 10 000 Einwohnern

Folgende Vorgaben liegen vor:

- Zieljahr für die Planung ist 2000
- Bevölkerungsentwicklung 0%
- Haushaltswassermenge nach Tafel **2.5** und 30 l/(E · d) Abzug für Kleingewerbe, da dies gesondert ermittelt wird (z. B. Bäckerei)
- Löschwasser nach Tafel **2.6** für Haushalt und Industrie 192 m³/h
- Gewerbefläche mit 14 h Betrieb (trocken): 0,5 l/(s · ha) · 3600 s · 14 h ergibt 25,2 m³/ha
- Pumpbetrieb Wasserwerk Hochbehälter über 16 h

Verbraucher	mittlerer Tagesverbrauch m^3/Einheit	m^3/Tag
1. **Haushalt**		
10 000 Einwohner	0,120	1200
10 000 m² Garten	0,006	60
2. **Landwirtschaft**		
400 Kühe (GVE) mit Güllewirtschaft	0,150	60
3. **Gewerbe und Industrie**		
Bäckerei mit 25 Betriebsangehörigen	0,150	≈ 4
Hotel mit 120 Betten	0,150	18
Schlachthof mit täglich		
20 Bullen = 20 GVE		
50 Schweinen (50/2,5) = 20 GVE		
Summe = 40 GVE	0,300	12
Molkerei mit 100 000 l/d	0,004	400
Gewerbe-Industriefläche (2 ha) mit geringem Wasserverbrauch	25,200	≈ 51
4. **Allgemeiner Verbrauch**		
500 Schüler	0,010	5
125 Verwaltungsangestellte	0,040	5
	Summe $m Q_d$ =	1815

Wasserverbrauch WVU
Eigenverbrauch des Versorgungsunternehmens
für die Rohrnetz- und Filterspülung   2%
Wasserverluste   6%
    Summe = 8%   = 145

Gesamtwasserbedarf   = 1960 m³/d

$\max Q_d = 2{,}20 \cdot Q_d = 2{,}20 \cdot 1960 = 4312\ m^3/d$
$\max Q_h = 0{,}13 \cdot Q_d = 0{,}13 \cdot 4312 = 560{,}6\ m^3/h$ bzw. 155,7 l/s
max Stundenbedarf bei $m Q_d = 0{,}13 \cdot 1960 = 254{,}8\ m^3/h$ bzw. 70,8 l/s
Löschwasser 192 m³/h bzw. 53,3 l/s

Bemessungswerte für die Rohrleitungen:

Wasserwerk-Hochbehälter: $\dfrac{\max Q_d}{\text{Pumpzeit}} = \dfrac{4312}{16} = 269{,}5\ m^3/h$

Hochbehälter-Netz:
Fall A: $\max Q_h = 155{,}7$ l/s
Fall B: $\max Q_h$ bei $m Q_d$ + Löschwasser = 70,8 + 53,3 = 124,1 l/s

Fall A ist somit maßgebend.

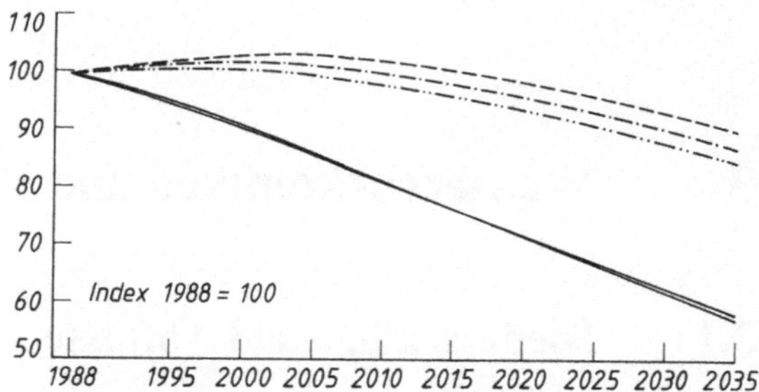

2.6   Langfristige Bevölkerungsentwicklung in den alten Bundesländern [14]
Regionen mit großen Verdichtungsräumen
——— Kernstädte
—·—·— Hochverdichtetes Umland
– – – Ländliches Umland

ist das Verfahren mit der Zinseszinsformel der progressiven Bevölkerungszunahme nicht mehr zutreffend.

Aufgrund der Volkszählung lebten 1987 in den alten Bundesländern 61 082 800 Einwohner. Nach den Prognosen wird die Bevölkerung bis zum Jahr 2005 um ca. 4% und bis 2035 um ca. 25% abnehmen (**2.**5). Vor allem die Kernstädte werden bis 2005 erheblich Einwohner verlieren, während die Umlandgemeinden noch Zuwächse verzeichnen. Ab 2005 wird auch hier die Bevölkerungszahl abnehmen (**2.**6) [14].

3 Wasservorkommen und Wassergewinnung

3.1 Niederschläge und Abflüsse

3.1.1 Kreislauf des Wassers

Den schematischen Kreislauf des Wassers, d.h. das Zusammenspiel zwischen Niederschlag und Abfluß, zeigt **3.**1. Das aus der Lufthülle ausgeschiedene Wasser in Form von Regen, Schnee, Hagel, Tau, Reif etc. wird als Niederschlag bezeichnet. Ein Teil der Niederschläge wird von den Pflanzenoberflächen aufgefangen und gespeichert und verdunstet teilweise direkt, ohne den Boden erreicht zu

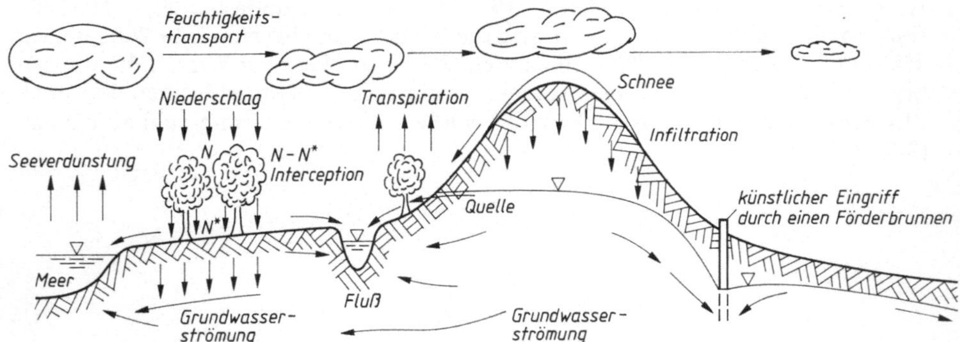

3.1   Schematische Darstellung des Wasserkreislaufes [96]

haben (Interzeptionsverdunstung). Ein Teil verdunstet von den freien Boden- und Wasserflächen, ein weiterer wird von den Pflanzen verdunstet (Transpiration). Die Gesamtheit der Landverdunstung nennt man Evapotranspiration. Ein Teil der Niederschläge fließt oberirdisch, ein Teil durch Infiltration in den Grundwasserkörper unterirdisch ab. Die Zusammenhänge zwischen Jahresniederschlag, Verdunstung und Abfluß zeigt **3.**2. Der deutliche Einfluß von Trockenjahren auf den unterirdischen Abfluß ist zu erkennen [105].

3.1.2 Wasserdargebot

In den alten Bundesländern beträgt die durchschnittliche Niederschlagshöhe 837 mm/a. Dies entspricht einem Niederschlagsvolumen von 208 Mrd. m^3/a. Die Verdunstung beträgt 519 mm/a, so daß eine Abflußmenge von 318 mm/a bleibt.

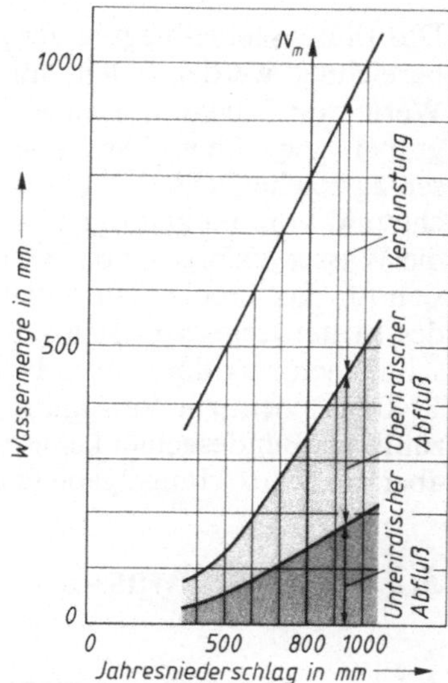

3.2 Wasserhaushalt in den alten Bundesländern [105]

Etwa 80% des Abflusses tritt über das Grundwasser in die Oberflächengewässer ein. Zum Abfluß im Bundesgebiet kommt noch eine Menge von 334 mm/a aus Oberliegerstaaten hinzu. Damit steht eine Gesamtmenge von 652 mm/a oder 161 Mrd. m³/a zur Verfügung. Dies entspricht einem mittleren Abfluß von 5030 m³/s oder 3000 m³/a pro Kopf der Bevölkerung.

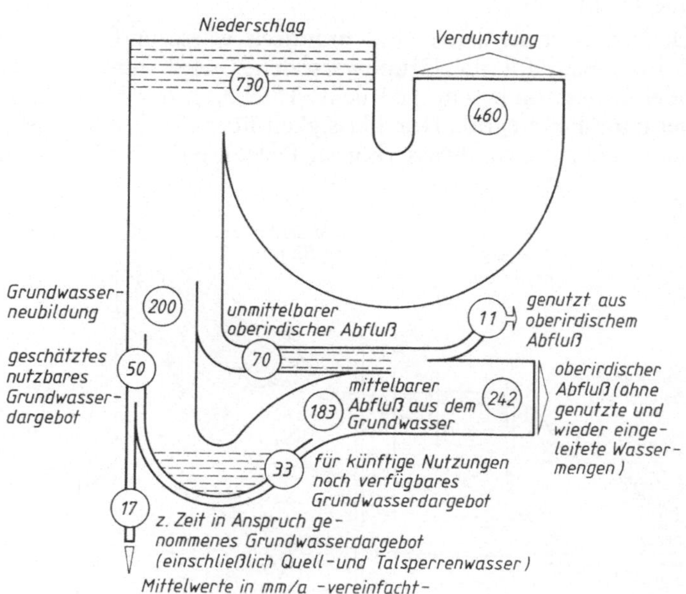

3.3 Wasserhaushalt in Niedersachsen [66]

Das Bundesgebiet liegt in der gemäßigten Klimazone, das Klima kann als humid bezeichnet werden. Dem mittleren Jahresdurchschnitt von 837 mm/a stehen Werte von 2500 mm/a im Alpenvorland und 55 mm/a im nördlichen Rheintalgraben gegenüber. Den Wasserhaushalt für Niedersachsen zeigt **3.3**. Niederschlagsreiche Gebiete sind die Mittelgebirge. Es gibt somit regionale, jahreszeitliche und vom langjährigen Mittelwert stark abweichende Werte. Zieht man für die Wasserversorgung das kleinste 30-Tagesmittel des Abflusses heran, so ergibt sich für das Trockenjahr 1959 ein Abflußvolumen von 1740 m³/s, also nur 35% des Mittelwertes von 5030 m³/s. Da in Niedrigwasserzeiten die Flüsse fast ausschließlich aus dem Grundwasser gespeist werden, entspricht die Menge von 1740 m³/s dem zur Verfügung stehenden Grundwasserdargebot. Global gesehen zählt das Bundesgebiet keineswegs zu den wasserarmen Regionen. Regional sind aber durchaus Mangelgebiete vorhanden [59].

3.2   Grundwasser

3.2.1   Begriffsbestimmungen und Grundlagen

Die das Grundwasser betreffenden Fachausdrücke sind in DIN 4049 Teil 1 Hydrologie festgelegt. Grundwasser ist unterirdisches Wasser, das die Hohlräume der Erdrinde, z. B. Poren, Klüfte, Höhlen, zusammenhängend ausfüllt. Seine Bewegung wird nahezu ausschließlich von der Schwerkraft und den durch die Bewegung selbst ausgelösten Reibungskräften bestimmt. Es gibt Grundwasserleiter und -nichtleiter.

Grundwassernichtleiter sind praktisch wasserundurchlässig. Die hydraulische Leitfähigkeit für die Grundwasserleiter wird durch den Durchlässigkeitswert oder k_f-Wert in m/s ausgedrückt (Tafel **3.2**). Als Transmissivität (m²/s) bezeichnet man die integrale Durchlässigkeit über die Grundwassermächtigkeit. Bringt man in einen Grundwasserkörper Peilrohre (P1 bis P4) nieder, so sind nach **3.4**

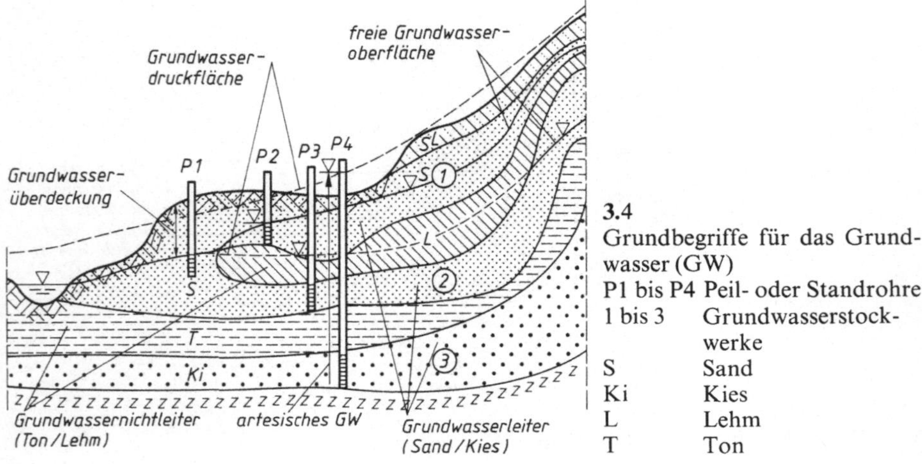

3.4
Grundbegriffe für das Grundwasser (GW)
P1 bis P4 Peil- oder Standrohre
1 bis 3 Grundwasserstockwerke
S   Sand
Ki Kies
L   Lehm
T   Ton

folgende Begriffe wichtig: Je nach Bohrtiefe können mehrere Grundwasser-stockwerke erreicht werden. Die Höhe des Grundwasserstandes im Peil- oder Standrohr wird dadurch bestimmt, daß es sich um freies oder um gespanntes Grundwasser handelt. Im Grundwasserleiter (1) mit den Peilrohren P1 und P2 stellt sich die freie Grundwasseroberfläche ein. Für das Stockwerk (2) ist am rechten Bildrand die freie Oberfläche zu erkennen. Im weiteren Verlauf wird dieses Stockwerk von einer undurchlässigen Lehmschicht überlagert, hier-durch entsteht gespanntes Grundwasser. Im Peilrohr P3 stellt sich daher eine Grundwasserdruckflächenhöhe ein. Für den Grundwasserleiter (3) mit dem Peilbrunnen P4 stellt sich ein Sonderfall ein. Die Grundwasserdruckfläche liegt über der Geländeoberfläche. Es handelt sich um artesisch gespanntes Grundwasser. Die Grundwasserdruckfläche ist der geometrische Ort der End-punkte aller Standrohrspiegelhöhen der Grundwasseroberfläche. Der Locker- oder Festgesteinskörper über der Grundwasseroberfläche wird als Grundwas-serüberdeckung bezeichnet. Je nach Deckschichtaufbau wird der Grundwasser-körper gegen Oberflächeneinflüsse geschützt. Wasserundurchlässige Schichten erhöhen den Grundwasserschutz, die fehlende Infiltration ist für die Grundwas-serneubildung aber nachteilig.

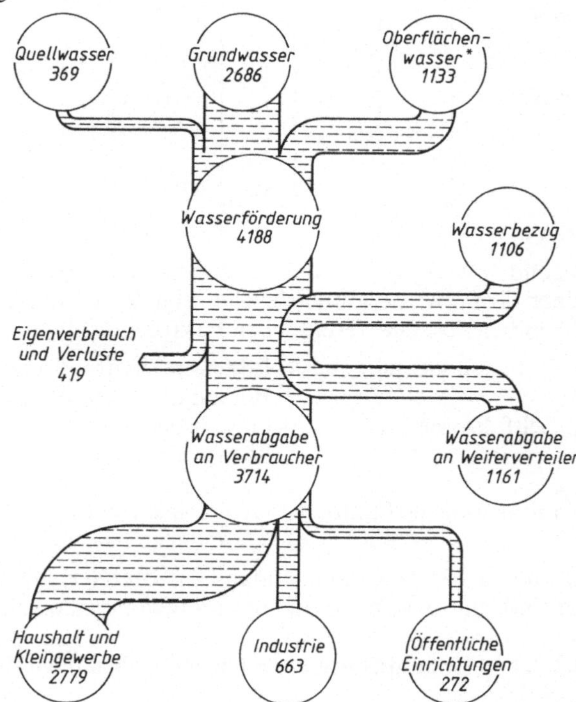

3.5   Wasserflußbild der öffentlichen Trinkwasserversorgung in den alten Bundesländern in Mio m³ – BGW-Statistik [102]
*) davon Uferfiltrat 281; angereichertes Grundwasser 395; Flußwasser 15; Seewas-ser 146; Talsperrenwasser 296.
Die Differenz zwischen Wasserbezug und Wasserabgabe an Weiterverteiler ergibt sich aus Lieferungen an nicht in der BGW-Statistik erfaßten WVU.

3.2.2   Erkundung von Grundwasservorkommen

In der öffentlichen Wasserversorgung beträgt die Gewinnung aus dem Grundwasser > 60% (**3.5**). Grundwasser ist daher ein wichtiges Gut, das bewirtschaftet wird und das vor allem geschützt werden muß. In den einzelnen Ländern sind Grundwasserdienste eingerichtet, die das Grundwasser regelmäßig überwachen. Hierbei wird der Wasserstand und die Güte kontrolliert. Zur Beobachtung des

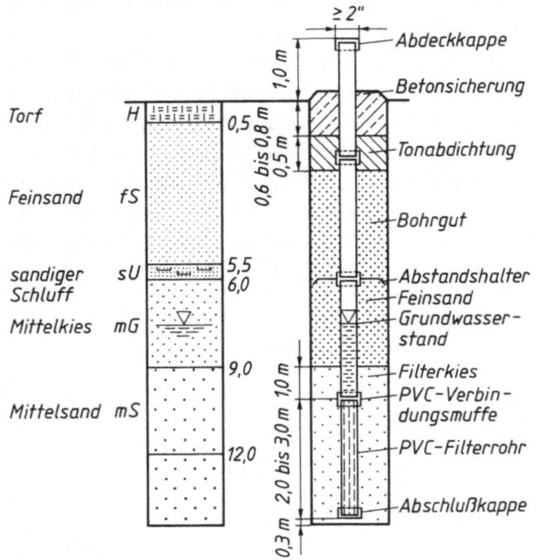

3.6
Schema einer Grundwassermeßstelle [73]

Grundwassers ist ein Meßstellennetz erforderlich. Das grundsätzliche Schema einer Grundwassergütemeßstelle zeigt **3.6** [73]. Viele Faktoren beeinflussen das Grundwasser. Die wesentlichen Faktoren sind:

– Gebietsfaktoren: Bodenart, hydraulische und chemisch-physikalische Bodenkennwerte, Relief, Gewässerdichte etc.
– Zeitfaktoren: biologische Merkmale im Grundwasser- und Bodenkörper, Niederschlag, Verdunstung, Grundwasserstand, Vegetation etc.
– anthropogene Faktoren: Grundwasserentnahme, Einleitung fremder Stoffe, Veränderung der Landschaft

Die aus der Eiszeit stammenden Urstromtäler, die vielfach gute Grundwasserleiter sind, eignen sich gut für eine Trinkwassergewinnung.

3.2.2.1   Grundwassermeßstellen und -höhenlinien (Isohypsen)

Zur Beobachtung des Grundwassers werden Grundwassermeßstellen eingerichtet. Neben der Grundwasserhöhe ist vielfach die Grundwasserbeschaffenheit von Interesse. Aus diesem Grund sollten die Beobachtungsrohre einen lichten Durchmesser > 51 mm (2″) aufweisen. Für diese Durchmesser liegen leistungsfähige Unterwasserpumpen vor, die eine Probenahme ermöglichen, und mit denen es auch keine Probleme mit den Meßwertaufnehmern (Schwimmer mit Gegen-

Tafel 3.1   EDV-Erfassungsbogen für eine Grundwassermeßstelle [32]

Dienststelle ________________________

Beschreibung der Grundwassermeßstelle/EDV-Erfassungsbeleg   Stammblatt

Objektgruppe	**Wasserstandsmeßstelle**	Objektart	1 = oberfl. nahes Gw 2 = tieferes Gw 7 = schwebendes Gw	4 = gespanntes Gw 5 = artes.gesp. Gw 6 = freies Gw	3 = Karst Gw 8 = Kluft Gw 9 = Poren Gw	7 1 1	1,2,7 4,5,6 3,8,9
Bezeichnung der Meßstelle	Name					Meßstellennummer	
Eigentümer der Meßstelle							

Lage und verwaltungsmäßige Zuordnung der Meßstelle

TK 25	Nr.	Koord. R-Wert	km	m	Koord. H-Wert	km	m	Flußgebiets-Kennzahl	
Regierungsbezirk					Kreis				
Zuständige Dienststelle, Betreiber								Schlüssel	
Gemeinde								Schlüssel	
Gemarkung								Flurstück Nr.	
Eigentümer der Flurstücks									
Lagebeschreibung									
Detaillageplan vorhanden	1 = ja 2 = nein	Maßstab 1:			siehe Anlage in Stammakte	Maßstab 1:			siehe Anlage in Stammakte

Technische Angaben

Art der Meßstelle	1 = Beobachtungsrohr 2 = Bohrbrunnen	3 = Schachtbrunnen 4 = Aufgrabung		Durchmesser	mm	abgestuft	1 = ja 2 = nein
Meßstelle errichtet	Jahr	Beginn der Beobachtung	Tag Monat Jahr		Vorgänger-Meßstelle	Nr.	
Meßstelle beseitigt	Jahr	Ende der Beobachtung	Tag Monat Jahr		Nachfolger-Meßstelle	Nr.	
Meßstelle umgebaut am	Tag Monat Jahr	Art des Umbaues					
Art des Meßpunktes				Ruhewasserspiegel	NN+m cm am	Tag Monat Jahr	
Art des Meßpunktes				Ruhewasserspiegel	NN+m cm am	Tag Monat Jahr	
Art des Meßpunktes				Ruhewasserspiegel	NN+m cm am	Tag Monat Jahr	
Meßpunkthöhe	NN+m cm	Geländehöhe	NN+m cm	gült. ab	Tag Monat Jahr	Festpunkt Nr.	
Meßpunkthöhe	NN+m cm	Geländehöhe	NN+m cm	gült. ab	Tag Monat Jahr	Festpunkt Nr.	
Meßpunkthöhe	NN+m cm	Geländehöhe	NN+m cm	gült. ab	Tag Monat Jahr	Festpunkt Nr.	
Ausbauplan vorhanden	1 = ja 2 = nein	siehe Anlage in Stammakte	Wenn nein, folgende zwei Zeilen ausfüllen				
Ist ein Filter vorhanden	1 = ja 2 = nein	wenn ja, Filterart				Durchmesser	mm
Filterunterkante	NN+m cm	Filterlänge	m cm	Sumpfrohr vorhanden	1 = ja 2 = nein	wenn ja, Sumpfrohrl.	cm
Funktionsprüfung	Tag Monat Jahr	durch		Sohlentiefe unter Meßp.	m cm	funktionstüchtig 1 = ja, 2 = nein	
Funktionsprüfung	Tag Monat Jahr	durch		Sohlentiefe unter Meßp.	m cm	funktionstüchtig 1 = ja, 2 = nein	
Funktionsprüfung	Tag Monat Jahr	durch		Sohlentiefe unter Meßp.	m cm	funktionstüchtig 1 = ja, 2 = nein	
Funktionsprüfung	Tag Monat Jahr	durch		Sohlentiefe unter Meßp.	m cm	funktionstüchtig 1 = ja, 2 = nein	

Grundwasserrichtlinie 1/82   **Anlage 1.2 – Blatt 1**

gewicht, Pneumatik, Druckmeßdosen) gibt, die für eine kontinuierliche Registrierung der Grundwasserhöhe erforderlich sind. Zur Erfassung der Meßdaten werden Trommelschreiber, Lochstreifen, Magnetkassetten etc. eingesetzt. Mit tragbaren Meßgeräten, wie Licht- und Tiefenlot oder der älteren Brunnenpfeife, werden Einzelmessungen vorgenommen. Die Meßwerte werden in einem Beobachterbuch für die Grundwasser-Meßwerte festgehalten. In der Regel reicht eine wöchentliche Messung aus. Die Auswertung erfolgt mit Hilfe der EDV. Das Stammblatt besteht aus einem EDV-Erfassungsbeleg, dessen Kopfteil Tafel **3**.1 zeigt. Weitere Einzelheiten sind in der Grundwasserrichtlinie 1/82 [32] enthalten.

Der Abstand der Meßstellen richtet sich nach dem Untergrund, dem Gefälle des Grundwassers, der Größe des Einzugsgebietes und dem Zweck der Messung. Allgemeine Regeln können hierfür nicht gegeben werden.

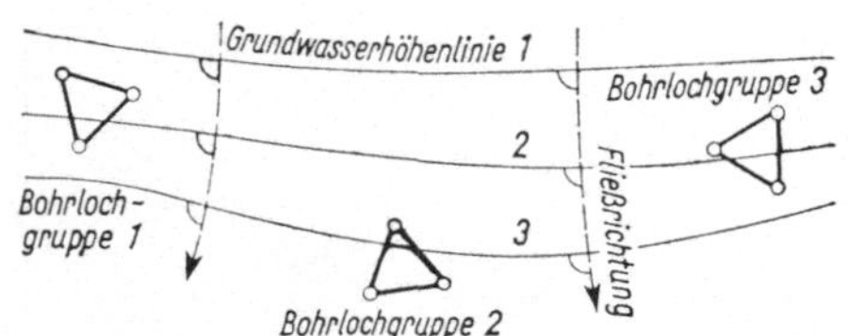

3.7
Hydrologische Dreiecke zur Bestimmung von Isohypsen (nach Thiem [zit. in 67])

Die Bestimmung der Grundwasserhöhenlinien erfolgt mit Hilfe von hydrologischen Dreiecken (**3.**7). Die Dreiecke haben Seitenlängen zwischen 50 und 150 m. Die Dreiecksabstände untereinander liegen zwischen 200 und 800 m. Die Lage der Höhenlinie im Dreieck findet man durch die folgende Proportion:

$$\frac{H}{L} = \frac{h_\mathrm{x}}{l_\mathrm{x}}; \qquad l_\mathrm{x} = \frac{L \cdot h_\mathrm{x}}{H} \tag{3.1}$$

H = Grundwasser-Höhenunterschied der Beobachtungsbrunnen
L = Abstand der Beobachtungsbrunnen untereinander
h_x = Höhendifferenz zur gesuchten Höhenlinie
l_x = gesuchter Abstand vom Beobachtungsbrunnen.

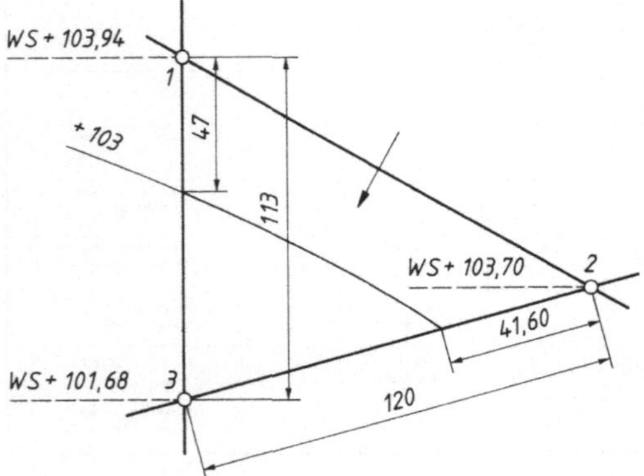

3.8   Bestimmung der Isohypsen durch ein hydrologisches Dreieck [60]

Für das in **3**.8 dargestellte Dreieck wird die Lage der Höhenlinie 103,00 gesucht. Sie liegt auf der Dreiecksseite $1-3$ in $l_x = \dfrac{113,00 \cdot 0,94}{2,26} = 47,0$ m Entfernung und auf der Dreiecksseite $2-3$ in $l_x = \dfrac{120,0 \cdot 0,70}{2,02} = 41,60$ m Entfernung.

Die Strömungsrichtung des Grundwassers verläuft entsprechend der Fallinie senkrecht zur Grundwasserhöhenlinie.

Die Karten der Grundwasserhöhenlinien (Grundwassergleichen oder Isohypsen) sind eine wesentliche Grundlage für wasserwirtschaftliche Entscheidungen. Sie geben Auskunft über Grundwasserscheiden, Grundwassergefälle und Grundwasserfließrichtung. Engliegende Grundwassergleichen zeigen z. B. einen schlechten Grundwasserleiter an. Die punktuelle Auswertung der Meßreihen kann nach unterschiedlichen Gesichtspunkten erfolgen. Bild **3**.9 zeigt die Jahresganglinie einer Meßstelle und den Zusammenhang mit dem Niederschlag.

Trendentwicklungen können mit einer einfachen linearen Regression berechnet werden. Zum Vergleich zweier Meßstellen können Differenzganglinien oder Doppelsummenkurven herangezogen werden. Mit Hilfe von Dauerlinien lassen sich die Häufigkeiten für Über- und Unterschreitungswasserstände gut darstellen [32].

3.2.2.2 Die Ergiebigkeit eines Grundwasservorkommens

Aus **3**.9 wird deutlich, daß die Grundwasserneubildung hauptsächlich in den Monaten November bis März erfolgt. Die Neubildungsrate hängt ganz wesentlich von der Bodenwasserbilanz ab. Diese wird unter anderem von der Bodenart, dem Bewuchs, dem Flurabstand des Grundwassers, dem Niederschlag und der Verdunstung bestimmt. Man unterscheidet die belüftete, die ungesättigte und die gesättigte Zone im Boden. In der oberen Durchleitzone wirken Sorption, Kapillarkräfte, Pflanzenwurzelsaugkraft etc. auf die versickernden Niederschläge ein. Die Neubildungsrate kann mit Hilfe von Lysimetern, der Auswertung von Wasserwerksfördermengen, mit Hilfe von Analog- und Digitalrechenmodellen oder aber auch für längerfristige Prognosen aus der Wasserhaushaltsgleichung hergeleitet werden. Für längere Zeiträume gilt:

$$N = A + V \tag{3.2}$$

N = Niederschlag
A = Abfluß
V = Verdunstung

Der Niederschlag und die Verdunstung sind gebietsspezifische Werte. So liegen z. B. in Niedersachsen bei einem Landesmittelwert von 730 mm/a im Nordosten die Niederschlagswerte bei 550 mm/a und an der Küste bei 800 mm/a. Die Verdunstungswerte schwanken zwischen 430 und 480 mm und liegen im Mittel bei 460 mm/a. Der Abfluß eines Gebietes kann den Gewässerkundlichen Jahrbüchern entnommen werden. Der Abfluß gliedert sich in ober- und unterirdischen Abfluß A_O und A_U. Die Grundwasserneubildung erfolgt somit langjährig in der umgeformten Wasserhaushaltsgleichung zu [62]:

$$A_U = N - V - A_O \tag{3.3}$$

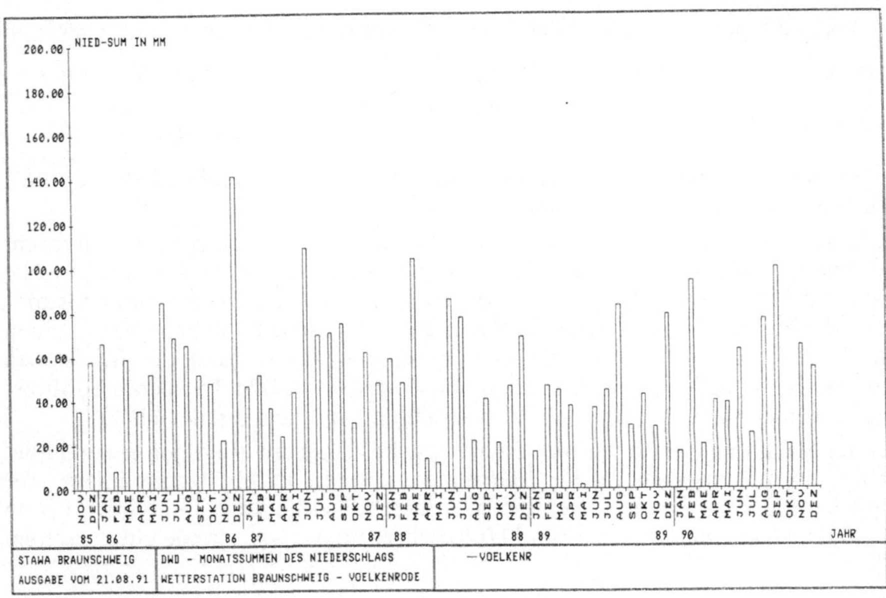

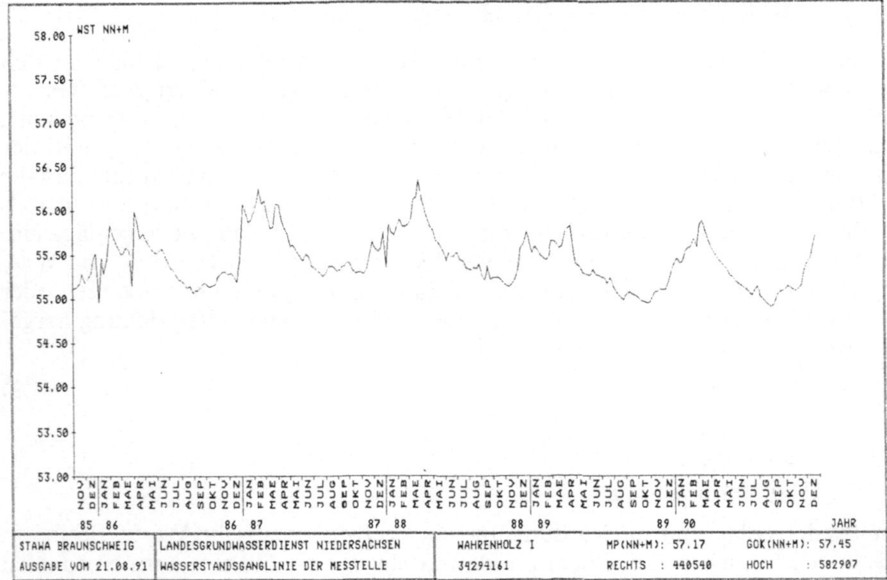

3.9   Grundwasserganglinie und Niederschlag im Jahresverlauf [33]

Nach **3.**3 rechnet man mit einem unmittelbaren oberirdischen Abfluß von 70 mm
($\approx$ 10% von N) und einer Neubildung von 200 mm. Hiervon werden 50 mm als
nutzbares Grundwasserdargebot angenommen. Bei dieser Bilanz werden Zuflüsse aus tieferen Grundwasserstockwerken, Uferfiltrat, künstliche Grundwasseranreicherung etc. nicht mit einbezogen.

Geht man von einer Versickerungsrate von 30% des Niederschlages aus und beträgt dieser 650 mm/a und die Verdunstung 450 mm/a, so berechnet sich die unterirdische Abflußspende zu ca. 1,90 l/(s · km²).

3.2.2.3 Geophysikalische Messungen

Diese Meßverfahren werden zur Erkundung des Grundwasserleiters, zur Erfassung des hydrogeologischen Aufbaues der Bohrung, zur Bestimmung der Abstandsgeschwindigkeit, zur Altersbestimmung etc. eingesetzt. Diese Verfahren können Aufschlußbohrungen nicht ersetzen, erlauben aber eine gezieltere Untersuchung und können daher die Zahl der Aufschlußbohrungen verringern.

Zur großflächigen Vorerkundung werden Seismik und geoelektrische Widerstandsmessungen eingesetzt.

Im Bohrloch werden eingesetzt [104] [26]:

- elektrische Meßverfahren (SP-Log, ES-Log, Leitfähigkeit u. a.)
- radiologische Verfahren (Gammastrahlung)
- mechanische Verfahren (Flowmeter, Kaliberlog u. a.)
- akustische Verfahren (Ultraschall)

Diese Verfahren sind für die Spülbohrverfahren mit Dickspülung von besonderer Bedeutung, da sich an der Bohrwandung ein Filterkuchen ausbildet und ein Teil der Zusätze in die Seitenräume infiltriert. Dieser Filterkuchen verhindert einen Wasserzu- und -austritt während der Einbauphase (s. Abschn. 3.3.2.1). Um die Abstandsgeschwindigkeit zu bestimmen, werden Markierungsversuche vorgenommen. Sie ist eine gute Näherung für den Quotienten aus Filtergeschwindigkeit und wirksamem Hohlraumanteil des Bodens. Die Markierung erfolgt mit Salzen (NaCl), Isotopen (Chrom-51, Jod-131) und Farbstoffen (Uranin). Es werden Konzentrations-Zeit-Kurven aufgetragen und ausgewertet [80]. Für die Altersbestimmung, d. h. für die Verweilzeit im Grundwasserkörper, können Isotope verwendet werden, die über die Niederschläge in das Grundwasser gelangen. So kann z. B. durch die Messung von Tritium (^{3}H) festgestellt werden, ob ein Grundwasser vor 1963/64 gebildet wurde, da durch die Kernwaffentests zu diesem Zeitpunkt große Mengen in die Atmosphäre gelangten. Für die Messung eignet sich auch ^{14}C. Dieses Kohlenstoffisotop wird durch kosmische Strahlung in der Atmosphäre gebildet und mit dem Niederschlag in den Grundwasserkörper eingetragen. Die Halbwertzeit beträgt $\approx$ 5700 Jahre.

3.2.3 Die Ermittlung der Ergiebigkeit

3.2.3.1 Der Durchlässigkeitsbeiwert k_f

Die Strömung des Grundwassers ist – solange sich das Wasser nicht in klüftigem Gestein bewegt und das Grundwasserspiegelgefälle nicht zu groß ist – ausschließlich laminar. Für die Durchgangsgeschwindigkeit gilt das Filtergesetz nach Darcy

$$v = k_f \cdot J \tag{3.4}$$

Nach Bild 3.10 kann der k_f-Wert bei homogenem Grundwasserleiter im Labor an

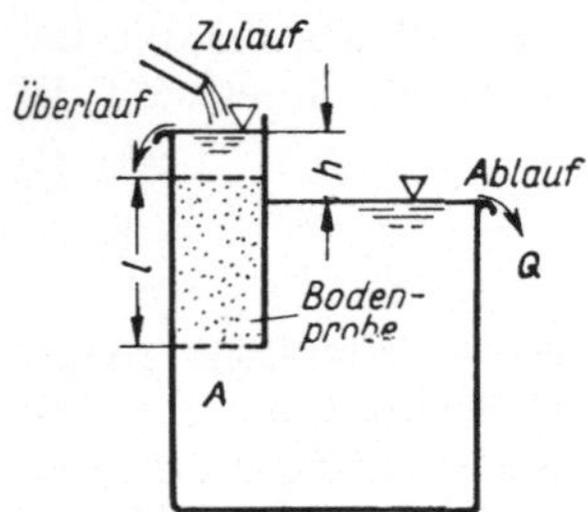

3.10   Bestimmung des Durchlässigkeitsbeiwertes k_f

Tafel **3.2**   Anhaltswerte für den Durchlässigkeitsbeiwert k_f in m/s

Bodenart	k_f-Wert in m/s [81] [106] [107]
Kies (Flußschotter)	0,015 bis 0,005
sandiger Kies (Urstromtäler)	0,001 bis 0,009
kiesiger Sand (Urstromtäler)	0,002 bis 0,0003
mittlerer Sand (Heidesand)	0,0002 bis 0,0008
feiner Sand (Dünensand)	0,0002 bis 0,00004
schluffiger Ton	$\approx$ 0,00000001

ungestörten Bodenproben bestimmt werden (Tafel **3.2**). Nach der Kontinuitätsgleichung ist $v = \dfrac{Q}{A}$, bei der Grundwasserströmung nach Darcy $v = k_\mathrm{f} \cdot J$.

Mit $J = h/l$ ist

$$v = k_\mathrm{f} \cdot \frac{h}{l}$$

und damit

$$k_\mathrm{f} = \frac{Q}{A} \cdot \frac{l}{h} \qquad \frac{\mathrm{m}}{\mathrm{s}} = \frac{\mathrm{m}^3/\mathrm{s}}{\mathrm{m}^2} \cdot \frac{\mathrm{m}}{\mathrm{m}} \tag{3.5}$$

v = Durchgangsgeschwindigkeit in m/s
J = Grundwasserspiegelgefälle in m/m
h = Druckhöhenunterschied innerhalb der Strecke l in m
l = Länge des zu durchströmenden Weges in m
Q = Wassermenge in der Zeiteinheit in m³/s
A = Gesamtquerschnitt in m².

Ist eine ungestörte Bodenprobe nicht möglich, so kann über eine Siebanalyse der k_f-Wert näherungsweise für $t = 10\,°\mathrm{C}$ mit folgender Formel bestimmt werden (W 113):

$$k_\mathrm{f} = 0,0116 \cdot d_{10}^2 \ \mathrm{m/s} \tag{3.6}$$

d_{10} = Korndurchmesser in mm bei 10% Siebdurchgang

Die von Hazen (zit. in W 113) entwickelte Formel gilt für:

$$U = \frac{d_{60}}{d_{10}} < 5$$

In der Natur errechnet sich das Grundwassergefälle mit $J = h/L$. Hierbei ist h der Höhenunterschied zweier Meßpunkte und L der Abstand. Beträgt z.B. der Höhenunterschied 0,80 m und die Entfernung 150,0 m, so beträgt $J = 0,80/150,0 = 0,005333$, und da man das Gefälle häufig auf 1000 m bezieht, somit 5,3‰.

Bei einem Grundwassergefälle von 1:1000 ergibt sich für Kies ein Fließweg von ca. 2365 m/a, wenn der nutzbare Porenraum mit 20% angenommen wird, für schluffigen Sand von nur 2,52 m/a, wenn der nutzbare Porenraum ca. 12,5% beträgt. Praktisch vorkommende Grundwasserfließgeschwindigkeiten lagen z.B. im Keupersand bei Nürnberg bei 1,5 m/d, im Alluvium im Oberrhein bei 3 bis 8 m/d und in der Münchener Schotterebene bei 10 bis 20 m/d.

3.2.3.2   Ergiebigkeitsgleichung

Bei einem vollkommenen Brunnen, einem Brunnen also, der in ruhendem Grundwasser mit freiem Spiegel (Grundwassersee) mit homogenem Grundwasserleiter steht und dessen Filterrohr bis zur undurchlässigen Schicht reicht, läßt sich die entnehmbare Wassermenge rechnerisch ermitteln (**3.11**).

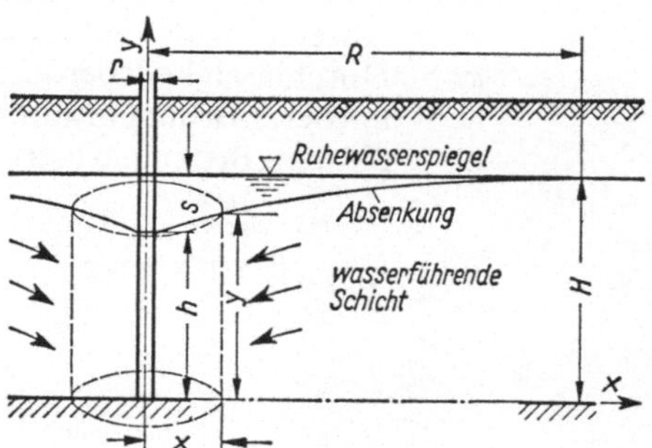

3.11
Schnitt durch einen Vertikalbrunnen mit Absenkungstrichter des Grundwassers

Mit der Kontinuitätsgleichung $Q = v \cdot A$ und Gl. (3.4) $v = k_\mathrm{f} \cdot J$ wird

$$Q = k_\mathrm{f} \cdot J \cdot A$$

An der beliebigen Stelle x, y des Absenktrichters ist J gleich der Tangente an den Trichter oder gleich dem Differenzialquotienten $\mathrm{d}y/\mathrm{d}x$; es wird

$$Q = k_\mathrm{f} \cdot \frac{\mathrm{d}y}{\mathrm{d}x} \cdot A$$

Die durchströmte Fläche A an der Stelle x ist der Zylindermantel $A = 2\,x \cdot \pi \cdot y$.

Eingesetzt ergibt sich $Q = k_\mathrm{f} \cdot \dfrac{\mathrm{d}y}{\mathrm{d}x} \cdot 2\,x \cdot \pi \cdot y$. Aufgelöst und in den aus Bild **3.**11 ersichtlichen Grenzen integriert erhält man aus

$$\int_h^H y \cdot \mathrm{d}y = \frac{Q}{k_\mathrm{f} \cdot 2\,\pi} \int_r^R \frac{\mathrm{d}x}{x} \qquad \left[\frac{y^2}{2}\right]_h^H = \frac{Q}{k_\mathrm{f} \cdot 2\,\pi}\,[\ln x]_r^R$$

$$\frac{H^2 - h^2}{2} = \frac{Q}{k_\mathrm{f} \cdot 2\,\pi}\,(\ln R - \ln r) \tag{3.7}$$

die Ergiebigkeitsgleichung

$$Q = (H^2 - h^2)\,\frac{\pi \cdot k_\mathrm{f}}{\ln R/r} = (H + h)\,(H - h)\,\frac{\pi \cdot k_\mathrm{f}}{\ln R/r} \qquad \frac{\mathrm{m}^3}{\mathrm{s}} = \mathrm{m}^2 \cdot \frac{\mathrm{m}}{\mathrm{s}} \quad (3.8)$$

Mit $\quad H + h = H + (H - s) = 2\,H - s, \quad H - h = s \quad$ und $\quad R = 3000\,s\,\sqrt{k_\mathrm{f}}$

wird $\quad Q = (2\,H - s)\,s\,\dfrac{\pi \cdot k_\mathrm{f}}{\ln \dfrac{3000 \cdot s \cdot \sqrt{k_\mathrm{f}}}{r}}$ \hfill (3.9)

Die Reichweite der Absenkung gibt Sichardt empirisch in Abhängigkeit vom Durchlässigkeitsbeiwert und von der Absenkung am Brunnen an mit

$$R = 3000\ s \cdot \sqrt{k_\mathrm{f}} \quad \text{in m mit } s \text{ in m und } k_\mathrm{f} \text{ in m/s} \qquad (3.10)$$

H = Höhe des Ruhewasserspiegels über der Grundwassersohle oder Mächtigkeit der grundwasserführenden Schicht in m
h = Höhe des abgesenkten Grundwasserspiegels im Brunnen in m
R = Reichweite der Absenkung in m
s = Absenkung des Ruhewasserspiegels in m
k_f = Durchlässigkeitsbeiwert in m/s
r = mittlerer Brunnenradius in m (3.12)
Q = die dem Brunnen zuströmende Wassermenge in m^3/s

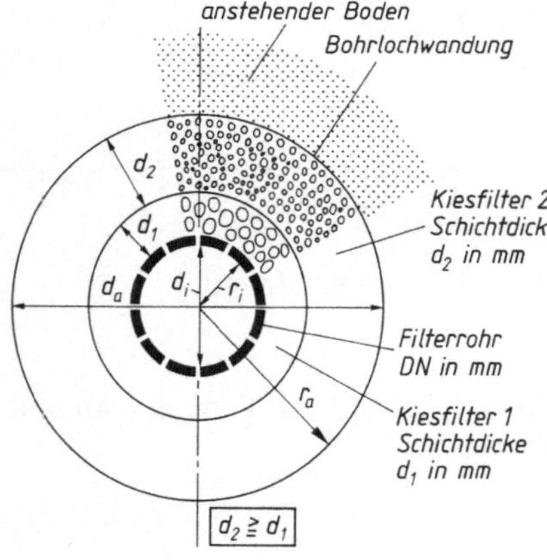

3.12
Mittlerer Brunnenradius für die Brunnenberechnung
$r_\mathrm{i} \approx$ DN-Filterrohr/2
$r_\mathrm{a} = r_\mathrm{i} + d_1 + d_2 = $ Bohrlochdurchmesser/2
d_i \quad ca. DN
d_a \quad Bohrlochdurchmesser
r \quad mittlerer Brunnenradius
$r = \dfrac{r_\mathrm{i} + r_\mathrm{a}}{2}$ oder $\dfrac{d_\mathrm{i} + d_\mathrm{a}}{4}$

Die Ergiebigkeitsgleichung wurde auf rein mathematischem Wege ohne Berücksichtigung der Möglichkeit des Wassereintritts in den Brunnen abgeleitet.
Läßt man in der Gleichung (3.8) h zu Null werden, so wird

$$Q = H^2 \cdot \frac{\pi \cdot k_\mathrm{f}}{\ln R/r}$$

also zu einem Maximum. Das ist aber nicht möglich, weil bei $h = 0$ die Filterfläche oberhalb des Grundwasserspiegels läge und damit der Brunnen kein Wasser mehr erhielte. Die Ergiebigkeit eines Brunnens ist also nicht allein von der Absenkung abhängig, sondern auch davon, daß der Brunnen das zufließende Wasser fassen kann, d.h. von der „faßbaren Wassermenge Q_f". Diese ergibt sich aus der Kontinuitätsgleichung $Q = v \cdot A$ mit der Eintrittsfläche des Zylindermantels

$$2\,\pi \cdot r \cdot h$$

und der Eintrittsgeschwindigkeit $v = k_\mathrm{f} \cdot J$. Sichardt ermittelte das größtzulässige Gefälle (kritisches Grenzgefälle) auf empirischem Wege zu $J_\mathrm{krit} = \dfrac{1}{15\,\sqrt{k_\mathrm{f}}}$.

Mit diesem Wert für J wird die faßbare Wassermenge $Q_\mathrm{f} = \underbrace{k_\mathrm{f} \cdot J_\mathrm{krit}}_{=\,v} \cdot \underbrace{2\,\pi r \cdot h}_{=\,A}$

$$Q_\mathrm{f} = \frac{2}{15}\,\pi \cdot r \cdot h \cdot \sqrt{k_\mathrm{f}} \quad \text{in m}^3/\text{s mit } r \text{ und } h \text{ in m und } k_\mathrm{f} \text{ in m/s} \qquad (3.11)$$

So ergibt sich für das Beispiel 1 und mit dem Radius von 0,20 m eine maximal faßbare Wassermenge von:

$$Q_\mathrm{f} = \frac{2}{15}\,\pi \cdot 0{,}20 \cdot (8{,}20 - 1{,}05) \cdot \sqrt{0{,}0073} = 0{,}051 \text{ m}^3/\text{s}$$

Durch Auftragen der errechneten Wassermengen Q bzw. Q_f in ein Koordinatensystem mit der Abszisse Q bzw. Q_f und der Ordinate s (Absenkung) erhält man zwei Kurven, in deren Schnittpunkt man die größtmögliche Entnahmemenge bei maximal zulässiger Absenkung ablesen kann (3.13).

Beispiel 1 (3.13).
Gegeben $H = 8{,}20$ m, $k_\mathrm{f} = 0{,}0073$ m/s
Brunnendurchmesser $D = 0{,}40$ m, 0,60 m und 0,80 m
Wie groß darf die Absenkung s maximal werden?

1. Faßbare Wassermenge:

$$Q_\mathrm{f} = \frac{2}{15} \cdot \pi \cdot r \cdot h \cdot \sqrt{k_\mathrm{f}} = 0{,}0357 \cdot r \cdot h$$

für $s = 0$; $Q_\mathrm{f} = 0{,}0357 \cdot r \cdot H$ für $D = 0{,}40$ m
$Q_\mathrm{f} = 0{,}0357 \cdot 0{,}40/2 \cdot 8{,}2 = 0{,}0586$ m^3/s (Gerade 1)
für $D = 0{,}60$ m $= 0{,}0878$ m^3/s (Gerade 2)
für $D = 0{,}80$ m $= 0{,}1170$ m^3/s (Gerade 3)
Die Berechnung für unterschiedliche s-Werte erfolgt mit nachfolgendem Programm (für SHARP 1403):

```
 1: "A"
10: PRINT "Brunnenberechnung"
15: INPUT "D=?";D
20: INPUT "H=?";H
25: INPUT "KF=?";K
30: READ S
40: Q=(2*H−S)*S*3.1416*K/LN(3000*S*K^0.5/(D/2))
50: DATA 1.0,2.0,4.0,6.0,8.2, H
60: PRINT "Q m³/s =";Q
65: IF S=H THEN 80
70: GOTO 30
80: END
```

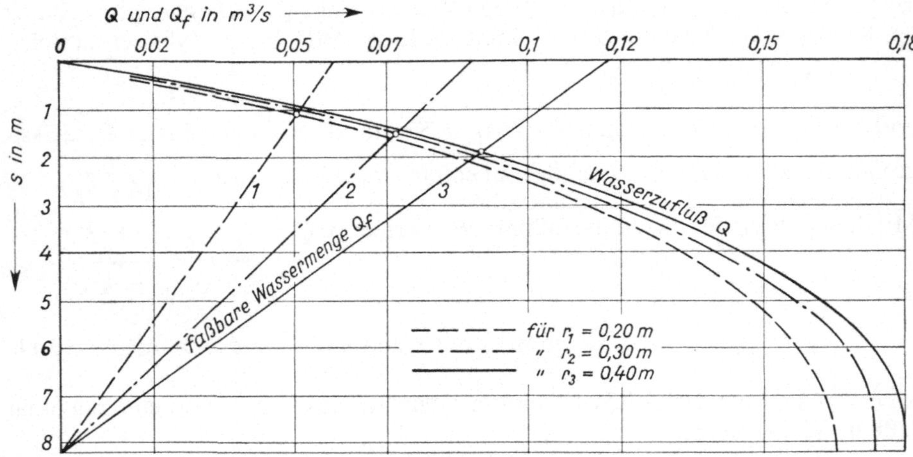

3.13   Wasserzufluß Q und Fassungsvermögen Q_f

Tafel **3.**3 Q für unterschiedliche Absenkungen s

s in m	Q in m³/s		
	$D = 0,40$ m	$D = 0,60$ m	$D = 0,80$ m
1,0	0,0494	0,0523	0,0546
2,0	0,0841	0,0887	0,0923
4,0	0,1332	0,1398	0,1449
6,0	0,1599	0,1675	0,1734
8,2	0,1653	0,1742	0,1800

In **3.**13 sind die Ergebnisse graphisch aufgetragen. Für max s und die zugehörigen Q-Werte ergibt sich

$$s_1 = 1,05 \text{ m} \quad \text{mit} \quad Q_1 = 51 \text{ l/s;}$$
$$s_2 = 1,52 \text{ m} \quad \text{mit} \quad Q_2 = 72 \text{ l/s;}$$
$$s_3 = 1,93 \text{ m} \quad \text{mit} \quad Q_3 = 90 \text{ l/s.}$$

Aus der Darstellung wird deutlich, daß mit zunehmendem Radius die faßbare Wassermenge Q_f wesentlich stärker ansteigt als die Ergiebigkeit.

Die maximale Absenkung s ist $< H/2$ zu wählen. Für k_f-Werte von 0,01 bis 0,0001 m/s werden maximale Absenkungswerte von 0,2 bis 0,05 H angegeben [31].

Für die Ergiebigkeitsgleichung aus einem gespannten Grundwasserleiter ergeben sich folgende Beziehungen (**3.**14):

$$Q = (H - h)\frac{2\pi \cdot k_f \cdot m}{\ln R/r} \qquad \frac{\text{m}^3}{\text{s}} = \text{m} \cdot \frac{\text{m}}{\text{s}}\,\text{m} \tag{3.12}$$

Die faßbare Wassermenge ergibt sich zu

$$Q_f = \frac{2}{15}\pi \cdot r \cdot m \cdot \sqrt{k_f} \quad \text{in m}^3/\text{s} \tag{3.13}$$

mit H = Höhe des ungespannten Grundwasserstandes in m
         m = Höhe des gespannten Grundwasserstandes = Mächtigkeit des Grundwasserleiters (Kiesschicht) in m (s. auch Bild **3.**14).

Die obige Berechnung der Ergiebigkeit gilt nur für einen Grundwassersee. Bei einem Gefälle der Grundwasseroberfläche bildet sich kein gleichmäßiger Absenkungstrichter aus, sondern es kommt parallel zur Strömungsrichtung zu einer Absenkung nach **3.**15. Unterhalb des Brunnens fließt ihm nur noch ein Teil des Wassers zu, und zwar ab Scheitelung x_0. Die Wasserfläche mit Strömungsrichtung zum Brunnen ist durch das Maß der Scheitelung und die Entnahmebreite B begrenzt.

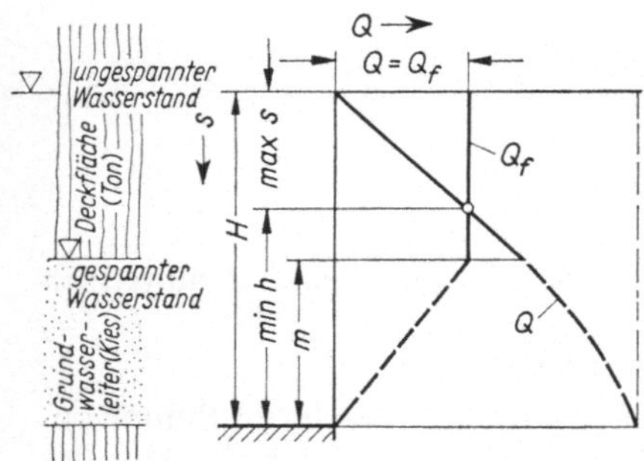

3.14   Wasserentnahme bei gespanntem Grundwasser

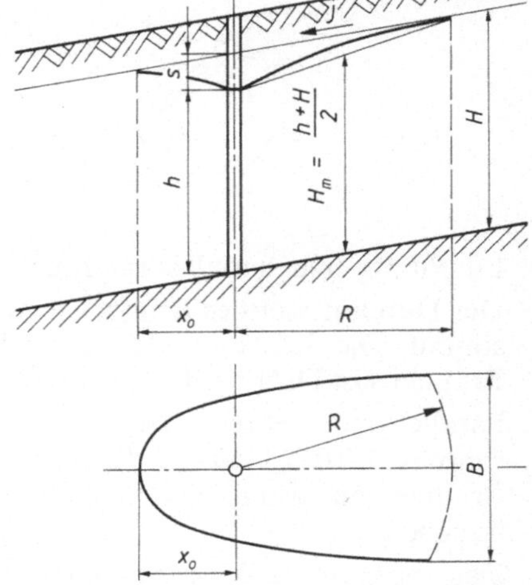

3.15
Bohrbrunnen mit Absenkungskurve in Stromrichtung

Das Maß der Scheitelung kann durch einen Pumpversuch bestimmt und gemessen werden. Für eine Überschlagsrechnung gelten folgende Beziehungen (**3.**15):

$$B = 2\pi \cdot x_0 \quad \text{mit} \quad x_0 = \frac{Q}{2 \cdot \pi \cdot k_f \cdot H_m \cdot J} \tag{3.14}$$

3.2.4   Pumpversuch (W 111)

Die Berechnung von Brunnen erfolgt aufgrund vieler Annahmen und Hypothesen und ist daher mit Unsicherheiten behaftet. Die wirkliche Brunnenleistung muß daher durch einen Pumpversuch bestätigt werden. Pumpversuche können für folgende Untersuchungsziele sinnvoll sein:

– Zwischenpumpversuch, um die weiteren Ausbaumaßnahmen für den Brunnen festzulegen [65]
– Pumpversuch für hydrologische Untersuchungen, z. B. k_f-Wertbestimmung
– Nachweis der Ergiebigkeit eines Einzelbrunnens
– Nachweis der Ergiebigkeit einer Mehrbrunnenanlage
– Leistungsnachweis von Betriebsbrunnen.

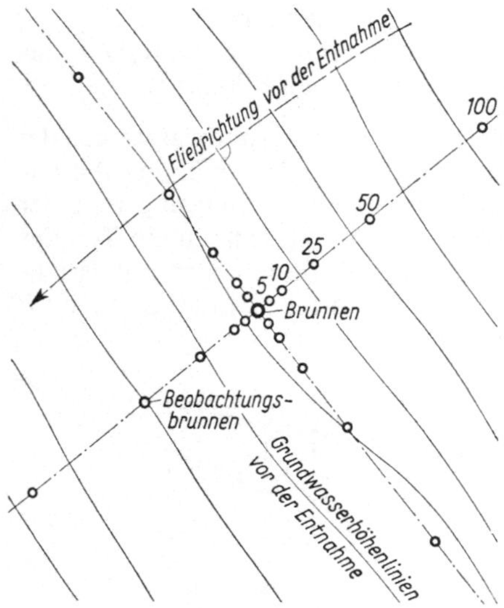

3.16
Beobachtungsbrunnen für einen Pumpversuch

Ein Pumpversuch muß sorgfältig vorgeplant werden.

Der Durchmesser des Brunnens wird durch die Förderleistung der U-Pumpe bestimmt. Die Schichtenfolge ist nach DIN 4023 aufzutragen. Beim Ausbau des Brunnens ist DIN 4924 zu beachten.

Parallel und senkrecht zu den Grundwasserhöhenlinien werden Beobachtungsrohre in 5, 10, 25, 50 und 100 m Abstand gesetzt (**3.16**). Es empfiehlt sich, einen Brunnen außerhalb der geplanten Reichweite R in die Beobachtung einzubeziehen.

Das abgepumpte Wasser muß so weit gefördert werden, daß ein Kreislauf durch Versickerung ausgeschlossen ist.

Die Mengenmessung kann mit Meßgefäßen, Überfallwehr, Venturirohr, induktivem Durchflußmesser (IDM) oder einem Wasserzähler erfolgen.

3.2.4.1   Durchführung und Auswertung des Pumpversuches

Beim Pumpen beginnt man mit kleineren Entnahmemengen $0,2\,Q$ und steigert sie dann über 0,5 und 0,7 bis $1,0\,Q$. Es kann auch eine höhere Entnahme bis $1,5\,Q$ zweckmäßig sein. Die Entnahme kann gesteigert werden, wenn der Beharrungszustand erreicht ist. Dieser gilt als erreicht, wenn über eine längere Zeit (i.d.R. > 12 Stunden) ein quasistationärer Zustand vorliegt (**3.17**).

Die Messung der Wasserstände ist auf die Minute genau vorzunehmen und in ein Protokoll einzutragen. Vor der Messung ist der Ruhewasserspiegel in allen Meßstellen einzumessen. Die Meßstellen sind auf m NN einzumessen. Die jeweilige Spiegellage wird mit dem Lichtlot, seltener mit der Brunnenpfeife, gemessen. Für längere Versuche sind schreibende Geräte zu empfehlen. Die Intervalle der Messungen betragen im Anfang 3, 6, 12, 24 usw. Minuten im Brunnen. Nach 60 Minuten reicht ein stündliches Meßintervall. Die Grundwassermeßstellen werden je nach Entfernung in größeren Zeitabständen gemessen.

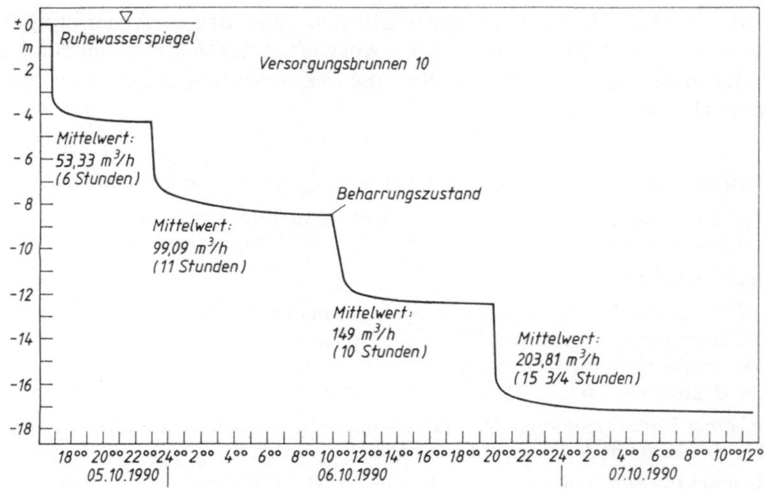

3.17 Leistungspumpversuch für einen Versorgungsbrunnen

3.2.4.2 k_f-Wertbestimmung durch einen Pumpversuch

Durch Umstellung der Ergiebigkeitsgleichung und unter Einführung der Grenzen nach **3.18** erhält die Gleichung die Form:

$$Q = (h_2^2 - h_1^2)\frac{\pi \cdot k_f}{\ln l_2/l_1} \tag{3.15}$$

Da außer k_f alle anderen Größen bekannt bzw. meßbar sind, erhält man für den Durchlässigkeitswert:

$$k_f = \frac{Q \cdot \ln l_2/l_1}{\pi\,(h_2^2 - h_1^2)} = \frac{Q \cdot \ln l_2/l_1}{\pi\,(h_2 + h_1)\,(h_2 - h_1)} \qquad \frac{m}{s} = \frac{m^3/s}{m^2} \tag{3.16}$$

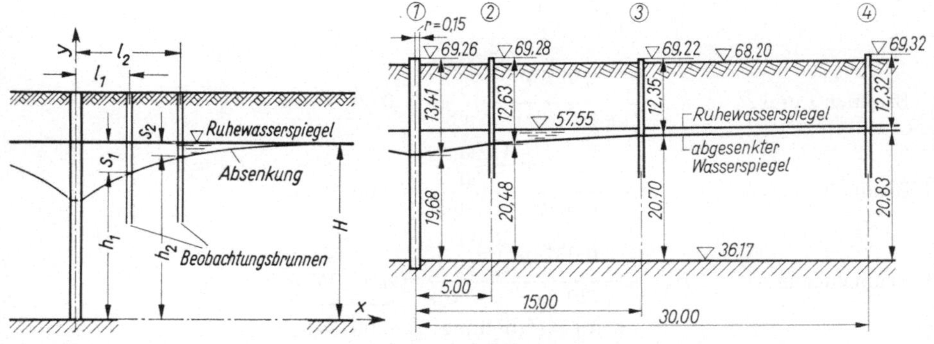

3.18 Meßanordnung zur Bestim-   3.19 Schnitt durch die Beobachtungsbrunnen
mung des k_f-Wertes

Für verschiedene Fördermengen mit den zugehörigen Absenkungen können die k_f-Werte gemittelt werden. Durch Auswerten der Werte vieler Beobachtungsrohre kann man eine Übersicht über die Wasserdurchlässigkeit des gesamten Wasservorkommens erhalten.

Beispiel 2. Bei einem Pumpversuch wurden folgende Werte ermittelt (**3.**19):

Versuchsbrunnen	OK 69,26 m üNN (Brunnen 1)
Grundwassersohle	36,17 m üNN (horizontal)

Beobachtungsbrunnen

OK Brunnen 1:	69,26 m üNN	l = 0,15 m (Versuchsbrunnen)
OK Brunnen 2:	69,28 m üNN	l = 5,00 m
OK Brunnen 3:	69,22 m üNN	l = 15,00 m
OK Brunnen 4:	69,32 m üNN	l = 30,00 m

Bei einer Entnahmemenge Q = 31 l/s wurden in den Brunnen folgende Absenkungen unter OK Brunnen mit dem Lichtlot gemessen:

Beobachtungsbrunnen   1:   13,41 m   2:   12,63 m   3:   12,35 m   4:   12,32 m

Gesucht wird der k_f-Wert als Mittel aus wenigstens drei Rechnungsgängen mit verschiedenen Werten für l.

Beob. Brunnen	①	②	③	④
Entfernung l in m	0,15	5,00	15,00	30,00
OK Beob. Brunnen in m üNN − Wsp. u. OK Brunnen in m	69,26 − 13,41	69,28 − 12,63	69,22 − 12,35	69,32 − 12,32
abges. Wassersp. in m üNN − Grundwassersohle in m üNN	55,85 − 36,17	56,65 − 36,17	56,87 − 36,17	57,00 − 36,17
Höhe Wasserstand h in m	19,68	20,48	20,70	20,83

Die Berechnung erfolgt nach (3.16)

$$k_f = \frac{Q \cdot \ln l_b/l_a}{\pi \left(h_b^2 - h_a^2\right)}$$

Brunnen 1 und 2: $k_{f1,2} = \dfrac{0,031 \ln \dfrac{5,00}{0,15}}{\pi \left(20,48^2 - 19,68^2\right)} = 0,001077$ m/s

Brunnen 2 und 3: $k_{f2,3} = \dfrac{0,031 \ln \dfrac{15,00}{5,00}}{\pi \left(20,70^2 - 20,48^2\right)} = 0,001197$ m/s

Brunnen 3 und 4: $k_{f3,4} = \dfrac{0,031 \ln \dfrac{30,00}{15,00}}{\pi \left(20,83^2 - 20,70^2\right)} = 0,001267$ m/s

Zur Mittelwertbildung $\sum$ 0,003541

Mittelwert $k_{fm} = \dfrac{0,003541}{3} = 0,00118$ m/s

3.3   Fassungsanlagen für die Grundwassergewinnung

Grundwasser kann durch vertikale Bohr-, Ramm-, Schacht- oder Spülbrunnen und durch horizontale Sickerleitungen, -stollen oder Horizontalfilterbrunnen gewonnen werden. Die horizontalen Verfahren werden bei geringer Mächtigkeit der wasserführenden Schicht bevorzugt.

3.3.1   Schacht- oder Kesselbrunnen

Abgeteufte Schachtbrunnen aus Schachtringen nach DIN 4034 finden für eine zentrale Versorgung kaum noch Anwendung. Von größerer Bedeutung ist der Schachtbrunnen mit geschlossener Sohle und dichter Wandung, der als Sammelschacht für einzelne Wasserfassungen dient. Die Baugrundsätze entsprechen der Bauweise des Sammelschachtes bei Horizontalfilterbrunnen (s. Abschn. 3.3.5).

3.3.2   Bohrbrunnen

Die einfachste Art ist der Rammbrunnen aus Stahlrohren nach DIN 4920 in DN 32 bis DN 100 (**3**.20). Er wird in den Boden eingerammt oder besser eingespült und ist für die Entnahme kleiner Wassermengen geeignet.

Bohrbrunnen werden mit unterschiedlichen Bohrverfahren hergestellt. Die Bauweise mit verrohrter Bohrung wurde durch die Spülbohrverfahren verdrängt. Die

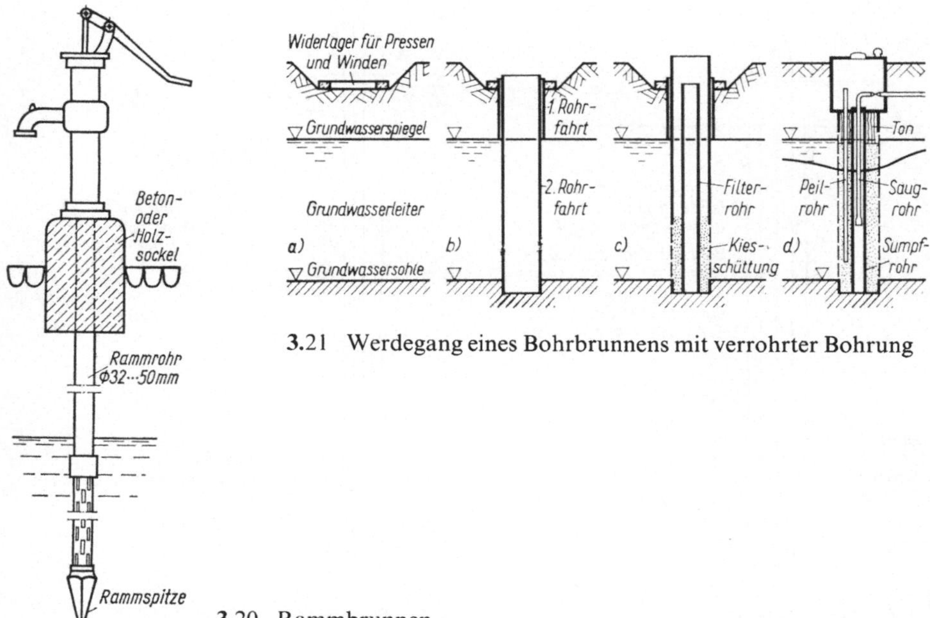

3.21 Werdegang eines Bohrbrunnens mit verrohrter Bohrung

3.20 Rammbrunnen

wesentlichen Schritte beim Einbau mit nahtlosen Bohrrohren nach DIN 4918 sind (**3**.21):

- Baugrube mit Widerlager für Pressen
- Abteufen der Bohrrohre in mehreren Rohrfahrten
- Einbau von Sumpf-, Filter- und Aufsatzrohren
- Kiesfilterschüttung bei gleichzeitigem Bohrrohrziehen
- Ausbildung des Brunnenkopfes und Brunnenschachtes

3.3.2.1   Bohrungen bei der Wassererschließung (W 115)

Bei der Bohrung soll ein rundes senkrechtes Bohrloch für den Brunnenausbau entstehen. Es ist ein Unterschied, ob im Fest- oder Lockergestein gebohrt wird. Die Bohrgutförderung kann stetig und nichtstetig erfolgen. Zur Bohrgutförderung kann Luft oder Wasser eingesetzt werden. Beim Druckluft-Bohrhammer (**3**.22), der überwiegend im Festgestein eingesetzt wird, wird die Bohrsohle mit Druckluft vom Bohrgut befreit. Das Bohrgut wird zwischen Bohrgestänge und Bohrlochwandung hochgeführt.

Im Lockergestein haben sich das direkte und das indirekte Spülbohrverfahren durchgesetzt. Diese Bohrverfahren arbeiten ohne Verrohrung des Bohrloches. Um das unverrohrte Bohrloch standfest zu machen, den Bohrguttransport zu verbessern, zu kühlen und zu schmieren, werden dem Spülwasser Bentonite oder andere Kolloide und/oder hochmolekulare Polymere zugegeben. Bentonit ist eine spezielle Tonform, und die Polymere bestehen aus CMC (Carboxy Methyl Cellulose) [123]. Diese Zusätze bilden einen Filterkuchen an der Bohrwandung

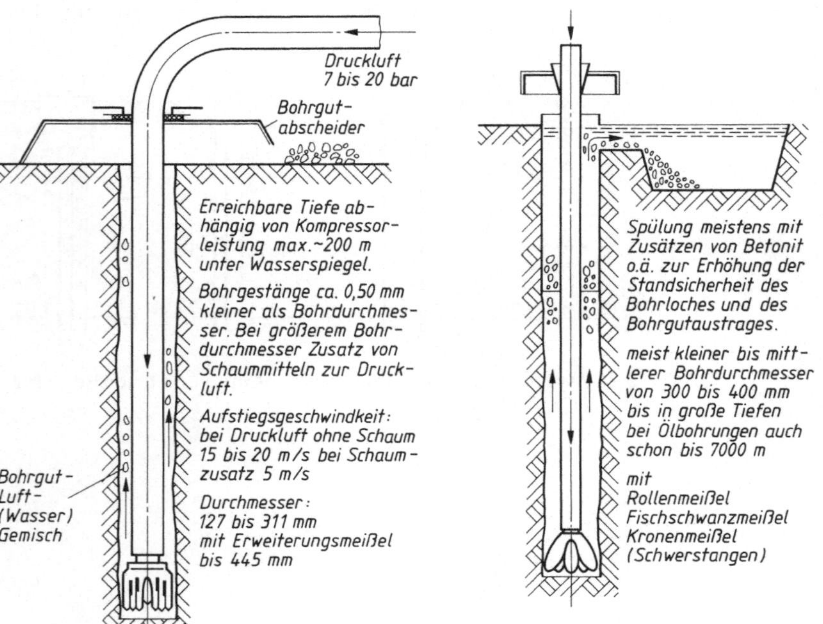

3.22   Druckluft-Bohrhammer [104]   3.23   Rotarybohrverfahren [104]

aus, der einen Wasserzu- und -austritt während der Bauphase verhindert. Bei der Entsandung wird der Filterkuchen wieder entfernt. Beim Einsatz dieser Mittel ist folgendes zu beachten [67]:

- die Filterrohre unterliegen einem höheren Druck
- für den Kiesfiltereinbau gelten andere Grundregeln
- die Entfernung des Wandbelages erfordert eine Intensiventsandung

Beim Rotarybohrverfahren gelangt die Spülung durch das Hohlgestänge nach unten. Das mit Bohrgut beladene Spülmedium gelangt über den Ringraum zwischen Bohrgestänge und Bohrwandung in den Absetzteich (3.23).

Beim Lufthebe- und beim Saugbohrverfahren wird das Bohrgut im Hohlgestänge in den Absetzteich gefördert. Der Spülungskreislauf wird beim Saugbohrverfahren (3.24) durch Unterdruck im Gestänge erzeugt (Vakuumpumpe und Kreiselpumpe). Beim Lufthebeverfahren (3.25) wird Preßluft oberhalb des Bohrkopfes in das Hohlgestänge eingepreßt. Durch die Luftbewegung und durch die Druckdifferenz zwischen Ringraum und leichterer Wassersäule im Hohlgestänge erfolgt der Spülkreislauf.

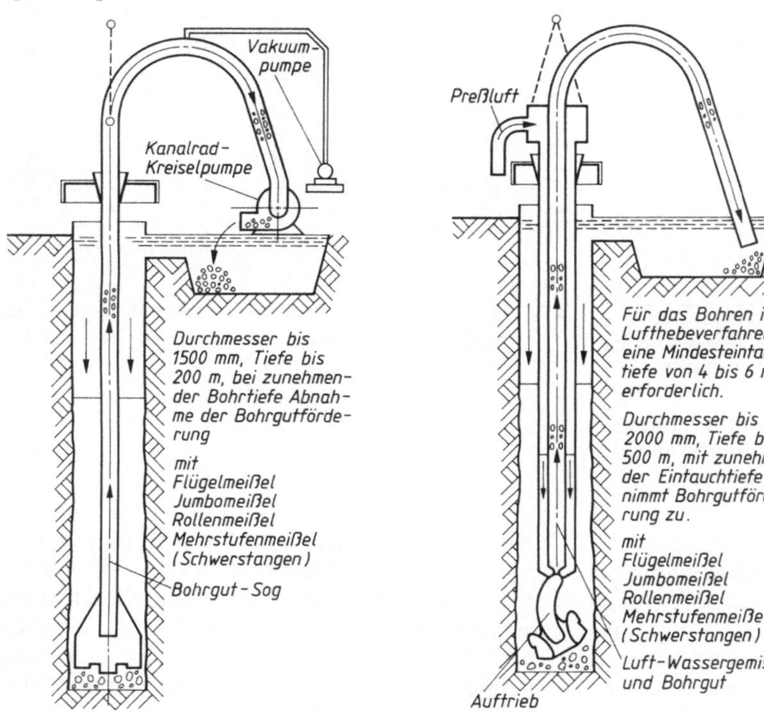

3.24 Saugbohrverfahren [104]   3.25 Lufthebeverfahren [104]

3.3.2.2 Filterrohr

Das Filterrohr hat die Aufgabe, den Wassereintritt aus dem Untergrund in den Brunnen zu ermöglichen. Weiterhin stützt das Filterrohr und im oberen Bereich das nicht gelochte Aufsatzrohr das Erdreich gegen die Brunnenfassung ab. Für den Filtereintrittswiderstand (**3.26**) ist der freie Durchlaß mit seinen hydraulischen Eigenschaften von großer Bedeutung. Unter freiem Durchlaß versteht man die Summe der Filtereintrittsöffnungen im Verhältnis zur Vollmantelfläche. Eine gleichmäßige Verteilung der Öffnungen über die Mantelfläche ist besonders wichtig. Die Öffnungen können aus Stabilitätsgründen nicht beliebig groß gewählt werden. Sie müssen auf den sie umgebenden Boden abgestimmt sein, da die Wasserbewegung zum Brunnen hin durch die Porenflächengröße bestimmt wird. Aufgrund der maximal möglichen Packungsdichte der Bodenteilchen sind aus physikalischer Sicht daher Forderungen nach einem freien Durchlaß > 20% der Vollmantelfläche unrealistisch [67].

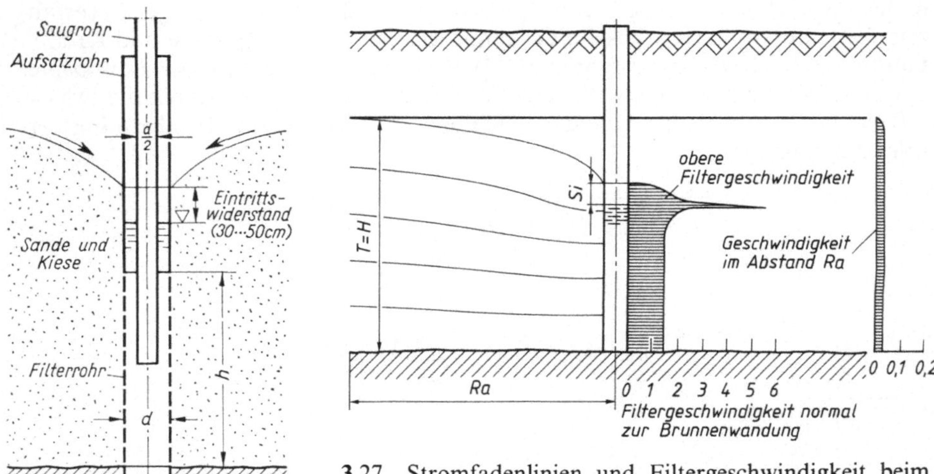

3.27   Stromfadenlinien und Filtergeschwindigkeit beim vollkommenen Brunnen (N a h r g a n g [zit. in 67])

3.26   Vereinfachte Darstellung eines Bohrbrunnens mit Saugrohr

Der Wasserzutritt erfolgt nach den Untersuchungen von N a h r g a n g [zit. in 67] aber nicht gleichmäßig über die Filterstrecke (**3.27**). So ist beim vollkommenen Brunnen unterhalb des abgesenkten Wasserspiegels eine starke Geschwindigkeitszunahme zu erkennen. Um an dieser Stelle eine Sandführung oder eine durch Turbulenz hervorgerufene Verkrustung zu vermeiden, sind der Filterdurchmesser, die Filteröffnungen und der Kiesfilter sorgfältig aufeinander abzustimmen. Eine Zulaufgeschwindigkeit v_F > 3 cm/s sollte daher nicht gewählt werden. Die maximal zulässige Durchflußmenge pro Meter PVC-Brunnenfilter bei einer Zulaufgeschwindigkeit von 3 cm/s zeigt **3.28** [123]. Damit möglichst wenig Sand in den Brunnen gelangt, wurden früher die Filterrohre mit Gewebe umgeben. Da aber auch das feinste Gewebe (DIN 4923) einen Sandeintritt nicht verhindern kann, wird heute fast ausschließlich ein kornabgestufter Sand-Kiesfilter eingebaut.

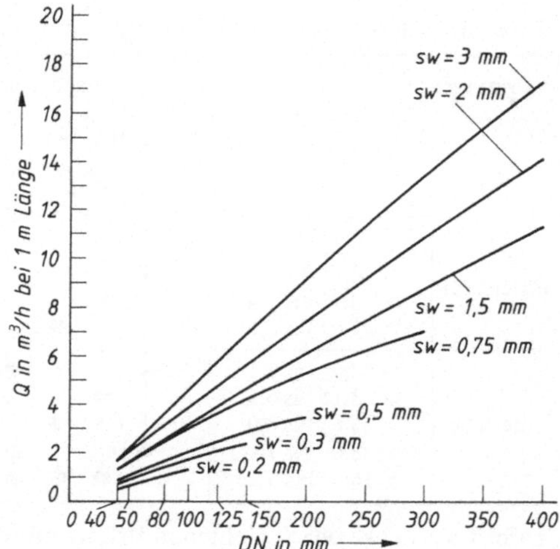

3.28
Durchfluß, ermittelt für Filterrohre aus
PVC-U nach DIN 4925 und einer Ein-
trittsgeschwindigkeit von 30 mm/s [123]

Kiesfilter für Brunnen. Die Anzahl der Kiesschichten und deren Dicke richtet sich
nach der wasserführenden Bodenschicht. Aus dem Bohrgut der wasserführenden
Schicht wird eine Siebkurve angefertigt. Die Ermittlung, Darstellung und Auswertung der Korngrößenverteilung ist in W 113 geregelt. Für die Berechnung des
erforderlichen Schüttkorns kommen drei Verfahren zur Anwendung. Eine wichtige Größe ist der Ungleichförmigkeitsgrad, der als Quotient der Korngröße des
60- und des 10prozentigen Kornanteils bestimmt wird. In **3.**29 ist eine Siebkurve
für einen Fein/Mittel-Sand aufgetragen. Der Korndurchmesser für 10 Gewichts-
prozent beträgt 0,1 mm und für 60% 0,2 mm. Der Ungleichförmigkeitsgrad
errechnet sich zu:

$$U = \frac{0,2}{0,1} = 2,0$$

Für $U = 3$ bis 5 wählt man ein Schüttkorn, das vier- bis fünfmal größer ist als die
Korngröße des 90prozentigen Kornanteils, für $U < 3$ ein Korn, das vier- bis fünfmal größer als die des 80prozentigen Anteils ist. Nach **3.**29 beträgt das 80%-An-

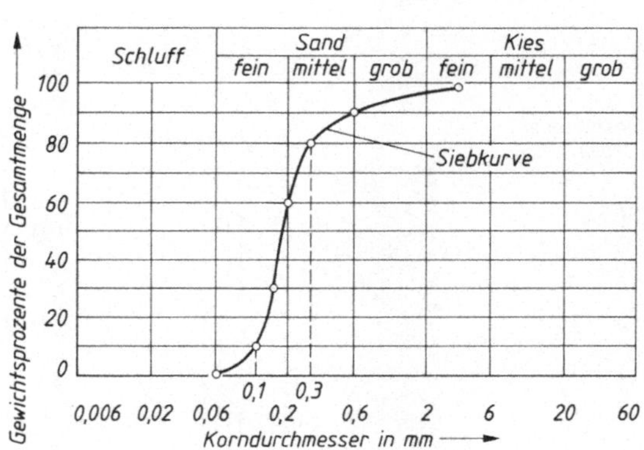

3.29 Sieblinienkurve

Tafel **3.4**   Korngröße der Filtersande und Filterkiese (DIN 4924)

Körnungen in mm		zusammengehörige Körnungen bei mehrfacher Abstufung für Brunnenfilter	Unterkorn und Überkorn zul. Höchst-anteil	Gewicht je Probe für Siebversuche in g	
Filtersand	> 0,25 bis 0,5 > 0,5 bis 1,0 > 0,71 bis 1,4 > 1,0 bis 2,0		15 Gew.-%	500 1 000	üblicher Bereich
Filterkies	> 2,0 bis 3,15 > 3,15 bis 5,5 > 5,6 bis 8,0 > 8,0 bis 16 > 16 bis 31,5		10 Gew.-%	5 000 10 000	

Tafel **3.5**   Dicke der Schichten in Brunnenfiltern je Kornabstufung (DIN 4924)

Körnung in mm	0,25 bis 2	> 2 bis 8	> 8 bis 31,5
Schichtdicke in mm	≥ 50	≥ 80	≥ 100

teilkorn 0,3 mm. Das Schüttkorn soll daher zwischen 4 · 0,3 und 5 · 0,3 liegen. In DIN 4924 sind die Korngrößen für Filtersande und -kiese zusammengestellt. Für die Sieblinie nach **3**.29 muß der Kies zwischen 1,2 und 1,5 mm liegen. Damit ergibt sich nach Tafel **3**.4 und **3**.5 ein Filterkies von > 0,71 bis 1,4 oder > 1,0 bis 2,0 mm mit einer Mindestschichtdicke von 50 mm. Soll eine zweifach abgestufte Schüttung aufgebracht werden, so muß diese die Körnung > 3,15 bis 5,5 mm bzw. 5,6 bis 8,0 mm aufweisen. Bei Mehrfachschüttungen muß die feinere Schicht aber immer gleich dick oder dicker als die gröbere Schicht sein (**3**.30). Die Filtersande > 0,25 bis 0,5 und > 0,5 bis 1,0 mm und der Filterkies > 16 bis 31,5 mm kommen im Brunnenbau kaum zur Anwendung (W 113). Die Schlitzweiten der Filterrohre müssen auf den Filterkies abgestimmt werden. Übliche Schlitzweiten und Filterkiese sind in Tafel **3**.6 aufgeführt. Eine Rücksprache mit dem jeweiligen Rohrhersteller wird empfohlen.
Für die Bestimmung des Schüttkorns kann auch die Kennkornlinie nach Bieske [67] benutzt (Beispiel in 3.3.2.5) oder nach W 113 vorgegangen werden.

Tafel **3.6**   Filterkies/Schlitzöffnung

Sand/Kies in mm	Schlitzweite in mm
0,71 bis 1,4	0,75
1,0 bis 2,0	1,0
2,0 bis 5,5	2,0
5,6 bis 8,0	2,5
8,0 bis 16,0	3,0 bis 4,0

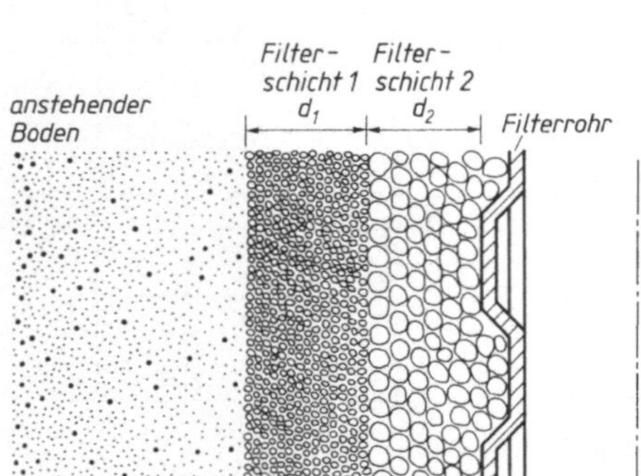

3.30
Filterkiesaufbau für einen Bohrbrunnen [67]

Baustoffe der Filterrohre. Während früher Filterrohre auch aus Steinzeug-, Kunstharz-, Preßholz- und Asbest-Rohren hergestellt wurden, werden heute fast ausschließlich Stahlfilterrohre und Kunststoffilter aus PVC hergestellt.

Die aus weichmacherfreiem Polyvinylchlorid (PVC hart und PVC-U) hergestellten Bohrbrunnenrohre mit Querschlitzung und Gewindeverbindungen sind in DIN 4925 Teil 1 bis 3 genormt. Die Normung reicht von DN 40 bis DN 400. Es werden aber auch Rohre bis DN 600 geliefert [123]. PVC hart ist bei 20 °C beständig gegen alle Arten von Grundwässern. Die Qualitätsanforderungen sind in DIN 8061 geregelt.

Bei den Stahlfilterrohren haben sich die Rohre mit Schlitzbrückenlochung nach DIN 4922 durchgesetzt. Es werden Nennweiten von DN 100 bis DN 1000 geliefert. Die Verbindung erfolgt über Gewinde oder Flansche. Einen Überblick über

Tafel **3**.7   Abmessungen und Gewichte der Nold-Rilsan-Schlitzbrückenfilter [67]

Nennweite DN		100	150	200	250	300	400	500	600	800	1000	800
Außendurchmesser mit Rilsanbelag	in mm	107	157	201	259	309	403	513	613	817	1017	801
Prüfdorndurchmesser	in mm	92	140	183	238	288	380	488	588	786	986	770
Stahlwanddicke	in mm	3	3	3	4	4	5	6	6	8	8	8
Baulänge	in m	3	4	4	4	4	3	3	3	3	3	3
Größte Brückenöffnung	in mm	2,5	3	3	3	3	3,5	4	4	4	4	4
Größter Außendurchmesser bei größter Brückenöffnung mit Rilsanbelag	in mm	118	169	213	273	323	420	533	633	841	1041	825
NOLCO-Rundgewindeverbindung, Außendurchmesser mit Rilsan	in mm	125	182	228	282	341	436	565	–	–	–	–
Flanschverbindung Außendurchmesser mit Rilsan	in mm							603	703	907	1117	894
Kiesbelagdicke	in mm	17,5	20	20	19	19	21	22	23	22	23	22
Kiesbelag-Außendurchmesser	in mm	142	197	241	297	347	445	557	659	861	1063	849
Gewichte Rohr ohne Verbindung Baulänge	in kg	23,3	46,2	60	100	120	149,8	224,6	269	478	596,6	380
NOLCO-Rundgewindeverbindung	in kg	2,9	8,7	11,5	14,5	21,4	28,4	56	–	–	–	–
Flansch-Verbindung	in kg							18,5	21,9	38,2	65,7	38,2
Kiesbelag pro m[1])	in kg	10	15,3	16,7	22,4	25,7	32,7	50,3	63,4	78,7	100	78,6

[1]) Baulänge 3 m

Abmessungen und Gewichte der Rilsan-Schlitzbrückenfilterrohre mit Nolco-Rundgewindeverbindung bzw. Flanschverbindung ohne und mit Kiesbelag.   nach DIN 4922

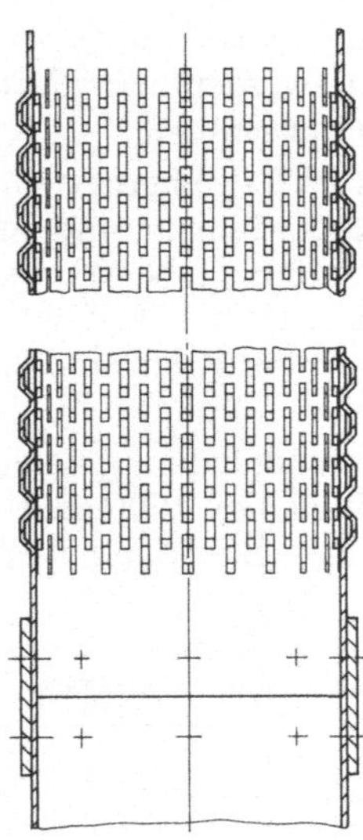

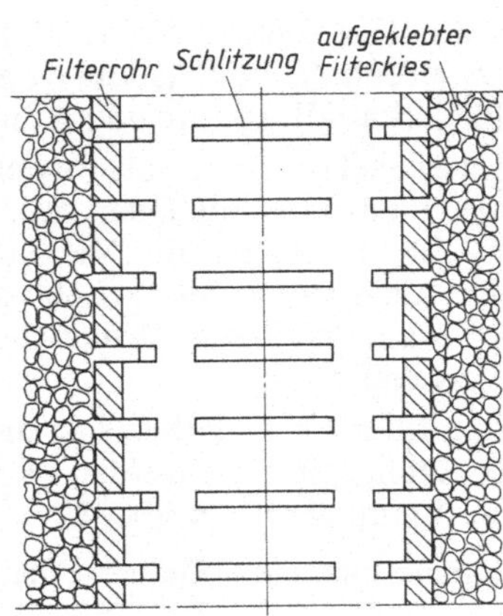

3.32   Schnitt durch einen Kiesbelag
filter [123]

3.31   Schlitzbrückenfilterrohr
        nach DIN 4922 [67]

das Lieferprogramm gibt Tafel **3.**7. Bild **3.**31 zeigt ein Rohr mit Schlitzbrückenlochung und ein Detail der Schlitzbrückenlochung. Zum Schutz gegen Korrosion werden Stahlfilterrohre mit Kunststoffen überzogen, so z. B. die Hagusta-Rohre mit einer elektrophoreschen Gummierung und die Nold-Filterrohre mit Rilsan (Polyamid 11). Es werden auch Filterrohre aus rost- und säurebeständigen Stählen hergestellt. Bekannt ist z. B. der V2A-Stahl von Krupp oder Krupp-Nirosta. Chrom-Nickel-Stähle sind besonders geeignet, und durch die Zugabe von Molybdän wird die Korrosionsbeständigkeit noch erhöht. Für Spezialwässer ist daher eine vollständige Analyse und eine Anfrage bei den Rohrherstellern unumgänglich. Für Sonderfälle kommen auch Kupfer-, Aluminium- und Monelmetall zur Anwendung [67].

Kunststoff- und Stahlfilterrohre werden auch als Kiesbelagsfilter hergestellt. Der Kiesbelag wird mit einem korrosionsbeständigen Bindemittel punktförmig und gleichmäßig auf das Filterrohr aufgebracht. Eine Verringerung der Durchlässigkeit gegenüber normal geschütteten Kiesfiltern ist nicht zu erwarten. Die Belagstärke beträgt ca. 20 mm. In **3.**32 ist der Schnitt durch einen Kiesbelagfilter auf einem SBF-K-Filter dargestellt.

Filtereinbau. Nachdem die Bohrung fertiggestellt ist, kann der Filterausbau nach einem genauen Brunnenausbauplan erfolgen. Die wesentlichen Einbauteile sind in **3.**33 dargestellt.

Den unteren Abschluß bildet das 1,0 bis 2,0 m lange Sumpfrohr, das bis in den undurchlässigen Boden reicht. In dem für die Wassergewinnung geeigneten Bereich wird das Filterrohr eingebaut und oberhalb des abgesenkten Grundwasserspiegels als geschlossenes Aufsatzrohr weitergeführt. Kann die Unterwasserpumpe nicht im Aufsatzrohr untergebracht werden, so ist ein > 2 m langes Blindrohr in die Filterstrecke einzubauen. Die Kiesfilterfüllung zwischen Bohrlochwan-

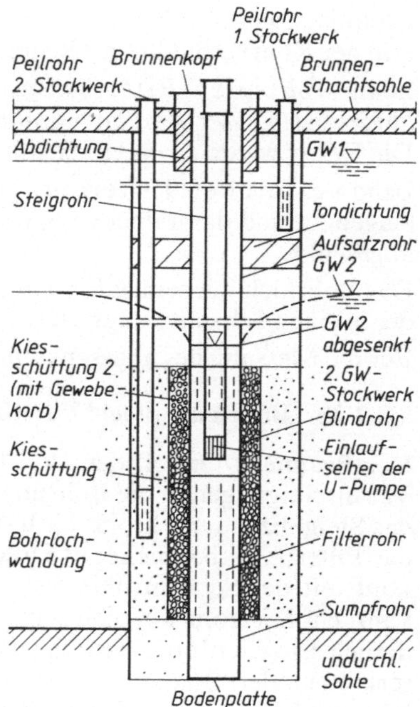

3.33 Hauptelemente beim Brunnenausbau

dung und Filterrohr kann über Führungsrohre, die gleichzeitig mit der Kiesfüllung gezogen werden müssen, über Schüttrohre mit Gewebekörben oder mit
Kiesbelagfiltern erfolgen. Die Gewebekörbe werden am Filterrohr befestigt, mit
Gewebekorbbügel zentrisch gehalten und mit dem berechneten Schüttkorn gefüllt. Der Einbau erfolgt abschnittsweise. Nachdem die Bohrsohle erreicht ist,
wird der verbleibende Ringraum mit dem Filterkies der Schüttung 2 verfüllt. Bei
großen Tiefen sind Schüttrohre erforderlich. Soweit erforderlich, insbesondere
beim Durchteufen von mehreren Grundwasserhorizonten, werden Tonsperren
aus Quellton eingebaut. Die Lage der Tonsperre kann durch die Bohrlochmessung der Gamma-Strahlung überprüft werden. Der Einbau der Filterrohre ohne
oder mit Gewebekorb oder Kiesbelag erfolgt nach drei Einbauverfahren:

- hängender Filtereinbau
- stehender Filtereinbau
- verlorener Filtereinbau

Beim hängenden Filtereinbau werden die Filterrohre abschnittsweise vormontiert und am Seil hängend eingebaut. Das erste zusammengesetzte Einbaustück (Filterboden, Sumpfrohr sowie erste Filterrohre) wird am oberen Ende
durch eine Klemmschelle oder durch ein Einbaustück gefaßt und in den Brunnen
abgelassen. Das obere Rohrstück wird dann auf dem Brunnenrand abgesetzt.
Dies geschieht mit einem „Klemmholz" oder einer Abfangplatte. Die weiteren
Rohrlängen werden zusammengefügt und in das Seil des Bohrgerüstes eingefädelt, das im Bohrloch abgehängte Filterstück wird mit dem neuen Stück verbunden, die Klemmverbindung gelöst und das neu eingefügte Rohrstück am Seil frei
hängend weiter abgelassen. Dieser Vorgang wiederholt sich, bis die Bohrsohle er

reicht ist. Diese Einbaumethode wird durch die Zugfestigkeit des Rohrmaterials und der Rohrverbindungen begrenzt.

Beim stehenden Filtereinbau werden die Filterrohre auf den Filterboden aufgesetzt. Dieser wird am Gestänge abschnittsweise in das Bohrloch abgesenkt. Die Rohre werden somit nicht auf Zug beansprucht [67].

Beim verlorenen Filtereinbau werden die Rohre zunächst am Seil hängend eingebaut und dann über ein Gewindeeinbaustück am Gestänge in den Brunnen abgesenkt.

Das Bohrloch mit seinen Einbauten wird durch den Brunnenkopf abgeschlossen, der in einen Schacht integriert ist.

Für die Messung des abgesenkten Wasserspiegels werden Peilrohre eingebaut.

3.3.2.3 Brunnenkopf und Vorschacht

Der Brunnenkopf soll den Bohrbrunnen wasserdicht abschließen, damit keine Verunreinigungen in die Bohrung eindringen können. Da am Brunnenkopf auch das Steig- bzw. Druckrohr der U-Pumpe angeflanscht wird, das Aufsatzrohr und das Filterrohr aber nicht auf Druck beansprucht werden soll, wird der Brunnenkopf mit der Schachtsohle fest verbunden. Im oberen gestörten Bodenbereich kann ein Sperrohr nützlich sein, das für das Saugbohrverfahren ohnehin erforderlich ist. Hierdurch wird ein Einsickern von verschmutzten Oberflächenwässern verhindert. In diesen Fällen wird der Brunnenkopf entweder über das Sperrohr gestülpt und der Zwischenraum vergossen (die frühere Rollringlösung hat sich nicht bewährt), oder der Brunnenkopf wird mit dem Sperrohr verschweißt. Der Brunnenschacht kann aus Mauerwerk, Beton-, Stahl-, Kunststoffertigteilen oder Ortbeton erstellt werden (3.34). Zur besseren Wartung sind Brunnenhäuser angebracht [65]. Zur Vermeidung von Schwitzwasser und um Unter- oder Überdrücke zu vermeiden, erhalten Brunnenschächte eine Be- und Entlüftung. Nach Möglichkeit sollten immer zwei Öffnungen in der Decke des Schachtes angeordnet werden, eine Öffnung zentrisch über der Brunnenachse, um den Ein- und Ausbau der U-Pumpe zu erleichtern und eine Einstiegsöffnung, die nicht durch Armaturen, Rohre etc. behindert ist. Der Schachtdeckel soll 30 bis 40 cm über dem Gelände liegen und hochwasserfrei sein. Das Gelände wird zu diesem Zweck angeböscht und befestigt. Ist eine Überflutung nicht auszuschließen, sind überflutungssichere Schächte erforderlich, sie sind wasserdicht und mit guter Isolierung einzubauen. Die Rohr- und Kabeldurchführungen müssen elastisch ausgebildet werden.

Bei besonders empfindlichen Meßgeräten kann es sinnvoll sein, den Meßschacht vom Brunnenschacht zu trennen und diesen gezielt zu entfeuchten.

3.3.2.4 Einzelbrunnen und Brunnenreihen

Die Leistung eines Bohrbrunnens ist nicht beliebig groß, da die Wasseraufnahme Q des Filterrohres nicht gleichmäßig verteilt ist und auf eine maximal wirksame Filterlänge begrenzt ist [67]. Die Strömungsverhältnisse im Brunnen können durch eine Saugstromsteuerung verbessert werden [65] [112].

Im Rheinkies kann zwar eine Einzelbrunnenleistung von 600 m³/h erreicht werden, die Verteilung auf mehrere Einzelbrunnen bringt aber eine größere Versor-

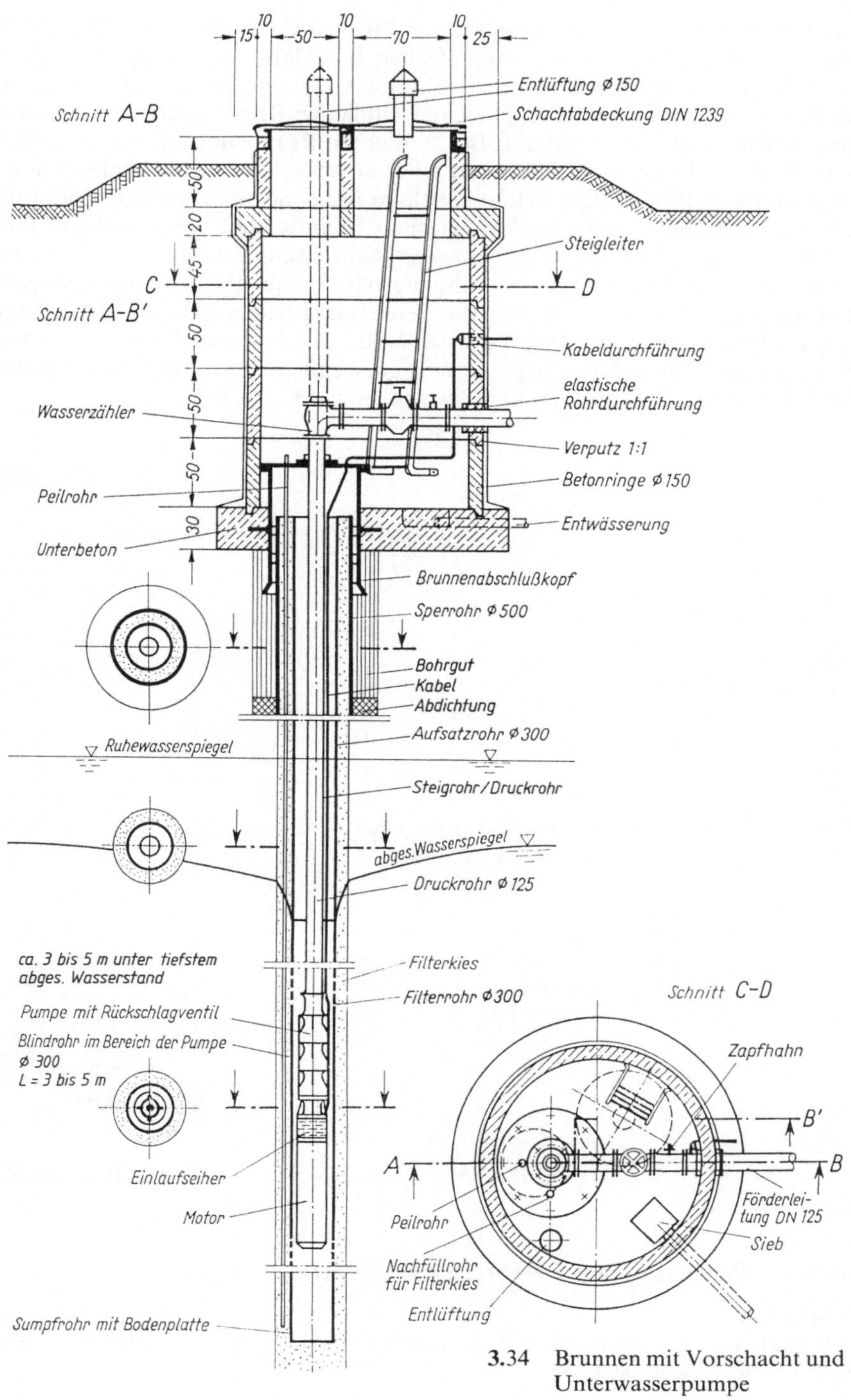

3.34   Brunnen mit Vorschacht und Unterwasserpumpe

gungssicherheit. Normalerweise werden Brunnenfilter zwischen DN 200 und 400 mm ausgewählt, die im norddeutschen Flachland eine Leistung von 60 bis 180 m³/h haben. Die mit einer oder mehreren U-Pumpen ausgestatteten Brunnen werden einzeln bewirtschaftet. Die früher üblichen Brunnenreihen mit Heberleitung werden kaum noch gebaut. Bei zu dichten Brunnenabständen beeinflussen sich die Absenkungen, dies kann zu einer erheblichen Leistungsminderung der Gesamtanlage führen. Die Brunnen sollten daher so weit voneinander entfernt sein, daß sich die Absenkungskurven nicht beeinflussen. Wenn mehrere Unterwasserkreiselpumpen in eine gemeinsame Rohrleitung fördern, so beträgt die zu fördernde Wassermenge nicht $n \cdot Q$, sondern ist kleiner als die Summe der Einzelleistungen (s. Abschn. 6.1.3). Für die Berechnung liegen EDV-Programme oder graphische Lösungen vor [46]. In erster Näherung kann auch auf die am weitesten entfernte Pumpe UP1 ausgelegt werden, wenn an den entsprechenden Stellen die Zuflüsse von UP2 bis UP4 hinzugerechnet werden (**3.35**).

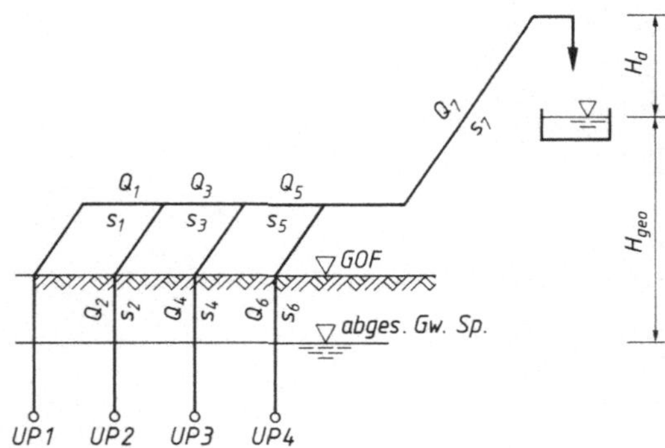

3.35 Systemskizze für vier Unterwasserpumpen, die in eine gemeinsame Leitung fördern
UP   Unterwassermotorpumpe
Q Durchfluß
s   Rohrleitungsstrecke
H_d Druckhöhe zum Betrieb der Wasseraufbereitungsanlage
H_{geo} geodätische Förderhöhe

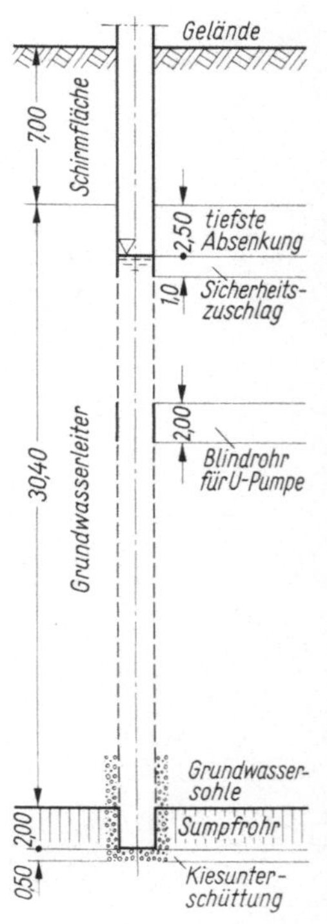

3.36 Systemzeichnung zum Brunnenbeispiel

3.3.2.5   Bemessung eines Bohrbrunnens in Lockergestein [67]

Beispiel 3.
Geforderte Brunnenleistung 90 m³/h; Gesamtförderhöhe H_A 63 m (s. Abschn. 6); Systemschnitt **3.36**; Sieblinie nach **3.37**.

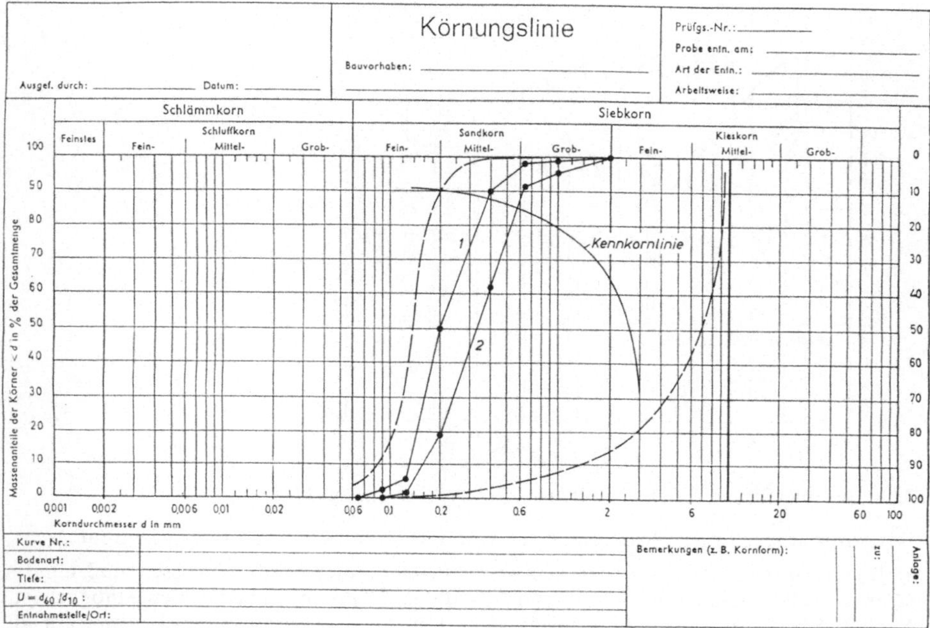

3.37 Sieblinien zum Beispiel und Kennkornlinie nach Bieske [zit. in 67]

Brunnentiefe:

Schirmfläche	7,00 m
Grundwasserleiter	30,40 m
Sumpfrohr	2,00 m
Kiesunterschüttung	0,50 m
Brunnentiefe	39,90 m

Die beiden Sieblinien (3.37) stammen aus einem Entnahmebereich $< 18\,\mathrm{m}$ über der Grundwassersohle. In diesem Bereich soll die Verfilterung erfolgen. Für die Bemessung des abgestuften Kiesfilters ist die feinere Sieblinie maßgebend.

Filterrohrdurchmesser und Filterkiesauswahl

$$U = \frac{d_{60}}{d_{10}} = \frac{0{,}25\,\mathrm{mm}}{0{,}13\,\mathrm{mm}} = 1{,}92 \qquad U < 3.$$

Somit ist der 80%ige Kornanteil mit 0,32 mm maßgebend bzw. der Kennkorndurchmesser, d.h. der Korndurchmesser im Schnittpunkt der Kennkornlinie mit der Sieblinie 1 beträgt 0,39 mm. Das am angetroffenen Boden anliegende Schüttkorn errechnet sich somit zu:

$$4{,}5 \cdot 0{,}32 = 1{,}44\,\mathrm{mm} \quad \mathrm{bzw.} \quad 4{,}5 \cdot 0{,}39 = 1{,}76\,\mathrm{mm}$$

Nach Tafel **3.4** kann ein Filtersand $> 0{,}71$ bis $1{,}4$ oder $> 1{,}0$ bis $2{,}0$ mm gewählt werden. Für die Filterschicht am Filterrohr ergibt sich ein Filterkies $> 3{,}15$ bis $5{,}5$ oder $> 5{,}6$ bis $8{,}0$ mm. Da auch im Bereich der Sieblinie 2 verfiltert werden soll, wird folgender doppelter Kiesfilter gewählt:

1. Schicht $> 1{,}0$ bis $2{,}0$ mm mit einer Schichtdicke von 100 mm
2. Schicht $> 5{,}6$ bis $8{,}0$ mm mit einer Schichtdicke von 80 mm.

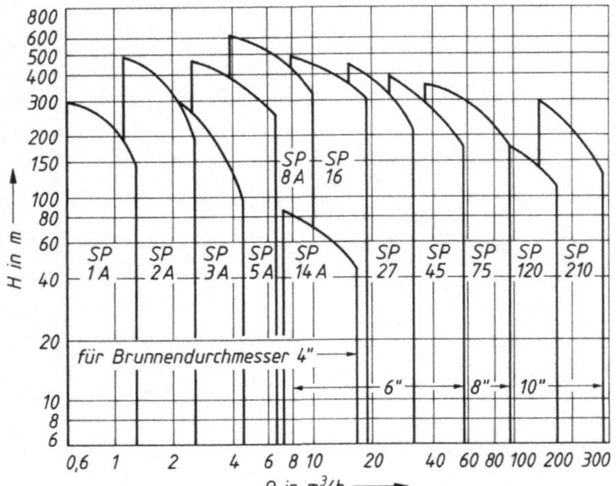

3.38 Beispiel für ein Baugrößendiagramm von U-Pumpen [118]

Der erforderliche Filterrohrdurchmesser wird nach zwei Gesichtspunkten bestimmt.

a) Bestimmung nach dem Einbauorgan. Der Filterrohrdurchmesser muß mindestens so groß sein, daß der Einbau- und Ausbau der U-Pumpe ohne Probleme möglich ist. Nach **3.**38 ist für eine Fördermenge von 90 m³/h und eine Gesamtförderhöhe von 63 m ein Brunnendurchmesser von mindestens 8″ erforderlich, somit ergibt sich ein Mindestdurchmesser von 8 · 25,4 mm = 203,2 mm.

Zwischen Pumpe und Filterrohr soll der Ringraum ca. 50 bis 150 mm betragen, damit das Wasser ohne große Widerstände hindurchfließen kann.

b) Bestimmung nach der Einströmgeschwindigkeit. Grundwasser bewegt sich im Boden im laminaren Bereich. Daher soll auch der Eintritt in den Brunnen laminar erfolgen. Durch turbulentes Einströmen kann es zur Brunneninkrustation kommen. Hierfür gelten nach T r u e l s e n [91] die nachfolgenden Beziehungen:

$$R_{ek} = \frac{v_f \cdot \delta_{wk}}{v} \rightarrow v_f = \frac{R_{ek} \cdot v}{\delta_{wk}} \tag{3.17}$$

R_{ek} = Reynoldszahl für laminares Einströmen in Filterrohre; sie liegt in der Größenordnung von 6
(Im Gegensatz zur Reynoldszahl R_e = 2320 handelt es sich hier um die Strömung im Porenraum des Bodens bzw. in den Einlaufschlitzen.)

δ_{wk} = Korndurchmesser der inneren am Filterrohr liegenden Kiesschüttung in m

v = kinematische Zähigkeit des Wassers in Abhängigkeit von der Temperatur in m²/s

v_f = mittlere zulässige Fließgeschwindigkeit in m/s

Berechnung der erforderlichen Nennweite DN

$$\text{erf DN} = \frac{Q}{\pi \cdot L \cdot v_f} \, m = \frac{m^3/h}{1 \cdot m \cdot m/h} \quad \text{mit} \quad v_f = \frac{Q}{A} \text{ und } A = \pi \cdot DN \cdot L \tag{3.18}$$

Bei grobem inneren Filterkorn und sehr kurzen Filterstrecken ergibt die Formel allerdings sehr große Filterrohrdurchmesser. In diesen Fällen sind auf jeden Fall die Werte von Bild **3.**28 einzuhalten.

Im Beispiel sind:

Q = 90 m³/h, L = 18,0 m Filterlänge, Schüttkorn > 5,6 bis 8,0 mm
$D1$ = 5,6 mm und $D2$ = 8,0 mm

Das nachfolgende Programm berechnet den erforderlichen Durchmesser:

```
201:  "C"
210:  PRINT "Brunnenfilter-Durchmesser"
220:  INPUT Q,L,D1,D2
230:  D= (D1+D2)/2
240:  V=6*0.00000131*3600/D
250:  D=Q/3.1416*L*V
260:  PRINT "DN=";D
270:  END
```

Der erforderliche Durchmesser DN beträgt 383 mm. Nach Tafel **3.**7 wird ein Schlitzbrük-kenfilter DN 400 mm, mit einer Baulänge von 3,0 m und einer Brückenöffnung von 2,5 mm ausgewählt. Es ist noch zu überprüfen, ob der Brunnen die maximal faßbare Wassermenge nicht überschreitet (Gl. (3.11)).

$$Q_f = \frac{2}{15} \cdot \pi \cdot r \cdot h \cdot \sqrt{k_f} = 0,4189 \cdot r \cdot h \cdot \sqrt{k_f}$$

Der k_f-Wert wird nach Hazen (W 113) bestimmt. Nach der Sieblinie ergibt sich für den 10%igen Kornanteil ein Durchmesser von 0,13 mm.

$$k_f = d_{10}^2 \cdot 0,0116 = 0,13^2 \cdot 0,0116 = 0,000196 \text{ m/s}$$

Die maximale Absenkung wird auf 0,05 H festgelegt. Der Brunnenradius errechnet sich zu:

$$D_1 = 400 \text{ mm}, D_2 = 400 + 2 \cdot (80 + 100) = 760 \text{ mm}$$

$$r = \frac{400 + 760}{4} = 290 \text{ mm bzw. } 0,29 \text{ m}$$

$$h = H - 0,05\,H = 30,40 - 0,05 \cdot 30,40 = 28,88 \text{ m}$$

$$Q_f = 0,4189 \cdot 0,29 \cdot 28,88 \cdot \sqrt{0,000196} = 0,04911 \text{ m}^3/\text{s bzw. } 177 \text{ m}^3/\text{h}$$

Die maximal faßbare Wassermenge ist damit größer als die geforderte Menge von 90 m³/h.

Für Filterbrunnen im Festgestein können keine Berechnungsansätze angegeben werden. Hier muß auf Erfahrungen der Bohrfirmen zurückgegriffen werden.

3.3.2.6 Entsandung

Damit der Brunnen später keinen Sand führt, da dies die Pumpe in kurzer Zeit zerstören würde, muß als letzter Arbeitsschritt eine Entsandung vorgenommen werden. Für die Entsandung kommen zur Anwendung [65]:

- das einfache Abpumpen mit höherer Pumpenleistung
- das intermittierende Abpumpen zwischen Manschetten (dies Verfahren ist in W 117 und W 119 beschrieben)
- das Kolben

Beim Entsanden darf der Manschettenabstand nicht zu klein gewählt werden, er sollte etwa 3 bis 5 m betragen. Für eine ausreichende Überlappung der Entsandungsabschnitte ist zu sorgen. Beim Kolben wird ein an einem Gestänge befestigter Kolben in kurzen Hüben auf- und abgesenkt. Der Erfolg des Entsandens muß

Tafel **3.8**   Restsandgehalte nach W 119

Restsandgehalt g/m³	Anforderung an den Brunnen
< 0,01	hoch
< 0,1	mittel
< 0,3	niedrig

überprüft werden. Nach W 119 werden die Restsandgehalte nach Tafel **3.8** empfohlen.

Die Entsandungskosten können > 15% der Gesamtbausumme des Brunnens betragen. Das Entsanden ist für Bohrbrunnen ohne Verrohrung zur Ablösung des Filterkuchens aus der Dickspülung besonders wichtig. Damit eine gute Tiefenwirkung erreicht wird, darf die Filterschicht nicht zu dick gewählt werden.

3.3.2.7   Brunnengase

CO_2, CH_4 und H_2S sind Brunnengase, die auch in Pumpenräume und Brunnenschächte eindringen können. Sie sind explosionsfähig oder wirken als Stickgas. Die Räume müssen daher belüftet werden.

3.3.3   Horizontale Grundwasser-Fassungsanlagen

Bei Wasservorkommen von geringer Mächtigkeit wird die Fassung mit Vertikalbrunnen unwirtschaftlich. Bei flachliegendem Grundwasserleiter kann dann eine Sickerrohrleitung auf der Grundwassersohle verlegt werden. Sie besteht aus Steinzeug, Beton, Asbestzement, Stahl (mit Schutzüberzug) usw., wird in einer offenen Baugrube auf der undurchlässigen Grundwassersohle verlegt und mit einer abgestuften Kiespackung umgeben. Die durch den Aushub zerstörte Grundwasser-Deckfläche muß durch eine Ton- oder Lehmschicht für Oberflächenwasser wieder undurchlässig gemacht werden (3.39). Der Durchmesser einer Sickerrohrleitung soll $\geq$ 300 mm sein. Kontroll- und Reinigungsschächte sind in Anlehnung an die Baugrundsätze der Kanalisation alle 50 bis 60 m vorzusehen. Bei Erschließung größerer Wasservorkommen werden bekriechbare Sickerstollen angelegt. Sickerrohre erhalten in der oberen Hälfte eine Lochung, durch die

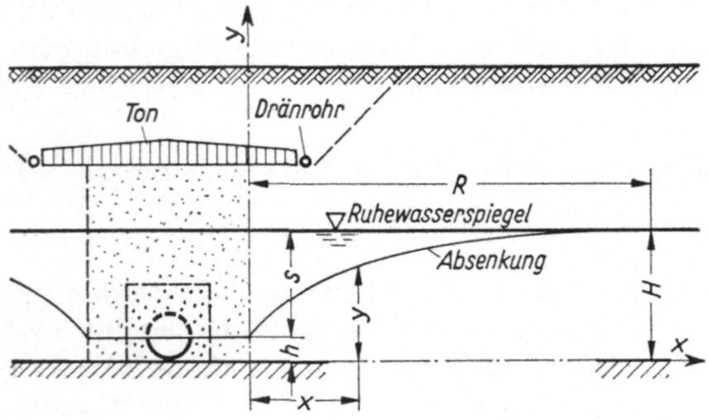

3.39
Horizontale Grundwasserfassung

das Wasser eintreten kann. Bei Stollen können die Seitenwände aus durchlässigem Einkornbeton hergestellt werden.

Die erforderliche Länge einer Sickerrohrleitung kann aus der Ergiebigkeitsgleichung für waagrechte Grundwasserfassungen abgeleitet werden (**3.19**),

$$Q = v \cdot A = k_f \cdot J \cdot A = k_f \frac{\mathrm{d}y}{\mathrm{d}x} \, y \cdot l$$

$$\int y \cdot \mathrm{d}y = \frac{Q}{k_f \cdot l} \int \mathrm{d}x \qquad \frac{y^2}{2} = \frac{Q}{k_f \cdot l} \, x + C$$

für $y = h$ ist $x = 0$, damit

$$\frac{h^2}{2} = \frac{Q}{k_f \cdot l} \cdot 0 + C, \quad \text{somit} \quad C = \frac{h^2}{2}$$

für $y = H$ ist $x = R$, damit

$$\frac{H^2}{2} = \frac{Q}{k_f \cdot l} \, R + \frac{h^2}{2}$$

Hieraus wird die Ergiebigkeitsgleichung für einseitigen Zufluß

$$Q = (H^2 - h^2) \frac{k_f \cdot l}{2\,R} = (H + h)\,(H - h)\,\frac{k_f \cdot l}{2\,R}$$

$$= (H + h) \frac{\sqrt{k_f} \cdot l}{3000} \, \frac{\mathrm{m}^3}{\mathrm{s}} \tag{3.19}$$

Nach Feldversuchen aus den USA beträgt der Wert für $R = 1500$ bis $2000 \cdot \sqrt{k_f} \cdot s$ [31]. Für die Berechnung mit dem Faktor 1500 ergibt sich das folgende Taschenrechnerprogramm:

```
301:  "D"
310:  PRINT "Sickerleitung"
320:  INPUT H1,H2,K,L
330:  Q=(H1+H2)*K¹0,5*L/1500
340:  PRINT "Q in m³/s=";Q
350:  END
```

Beispiel 4.
Gegeben: $H1 = 6,30$ m, Filterrohrdurchmesser 0,60 m, somit $H2 = 0,30$ m,
             $L = 100$ m, $k_f = 0,0141$ m/s
Berechnet: $Q = 0,05224$ l/s (Gesamtzufluß)

3.3.4   Uferfiltriertes Wasser und künstliche Grundwasseranreicherung

Zur zusätzlichen Gewinnung von Wassermengen über den natürlichen Grundwasserstrom hinaus eignet sich Uferfiltrat. Hierbei wird durch den Betrieb von Brunnen in einer Entfernung zwischen 50 bis 100 m von der Ufernähe über die Gewässersohle uferfiltriertes Wasser mit natürlichem Grundwasser zu den Brunnen geleitet. Durch die Bodenpassage erfährt das Flußwasser eine Qualitätsverbesserung. Am Niederrhein werden jährlich bis zu 9,6 Mio. m³ je km Uferlänge

Tafel **3**.9   Vergleich der verschiedenen Anreicherungssysteme [60]

Art der Anreicherung	Anforderungen an die Güte des Rohwassers bzw. den Grad der Aufbereitung	mittlere Anreicherungsleistung in m^3/m^2 d	Flächenbedarf einschl. 30% Zuschlag für Böschungen, Wege, Zuleitungskanäle in m^2 pro m^3/d
Beregnung	nicht besonders groß	0,2 bis 1,0	1,30 bis 6,50
Flächenhafte Überflutung	mittlere Anforderungen, je nach Mächtigkeit des Rieselkörpers	0,2 bis 1,0	1,30 bis 6,50
Versickerungsgräben, Becken, Teiche	mittlere Anforderungen, je nach Mächtigkeit des Rieselkörpers	1,0 bis 4,0 in Sonderfällen von 0,15 bis 12,0	0,30 bis 1,30
horizontale Versickerungsleitungen	Trinkwassergüte	durch Versuche zu ermitteln	unbedeutend
eingedeckte Sickerkanäle	Trinkwassergüte	durch Versuche zu ermitteln	0,43 bis 2,60
Versickerungsbrunnen, Schluckbrunnen	Trinkwassergüte	durch überschlägliche Berechnung oder Versuche zu ermitteln	unbedeutend
Sickerschlitzgräben	Trinkwassergüte	durch Versuche zu ermitteln	unbedeutend

gewonnen. Durch die Rheinverschmutzung ist die Aufbereitungstechnologie immer komplexer geworden.

Ein zweiter Weg, das Flußwasser als Rohwasser zu nutzen, ist die direkte Teil-Aufbereitung des Oberflächenwassers und anschließende Einleitung in den Grundwasserleiter über geeignete Anreicherungsanlagen zur künstlichen Grundwasseranreicherung. Hierdurch umgeht man die Gefahr einer Flußsohlenverdichtung, erreicht durch das Mischen mit natürlichem Grundwasser eine Temperaturverbesserung und kann die Qualität des Versickerungswassers gezielt steuern. Einen Überblick über die gebräuchlichen Anreicherungsarten, deren Anforderung an die Rohwasserqualität, den Flächenbedarf und die Anreicherungsleistung gibt Tafel **3**.9 [60]. Durch einen intermittierenden Betrieb kann ein Algenwachstum in den Anreicherungsbecken vermieden werden. Die komplexen Aufbereitungsschritte für das Wasserwerk in Wiesbaden zeigt Bild **3**.40. Nach der Flußentnahme folgen Grobrechen, Sandfang und Belüftungskaskade und von hier aus die Einleitung in drei Infiltrationsbecken und drei Sedimentationsbecken. Das nicht direkt infiltrierte Wasser wird den Sedimentationsbecken wie-

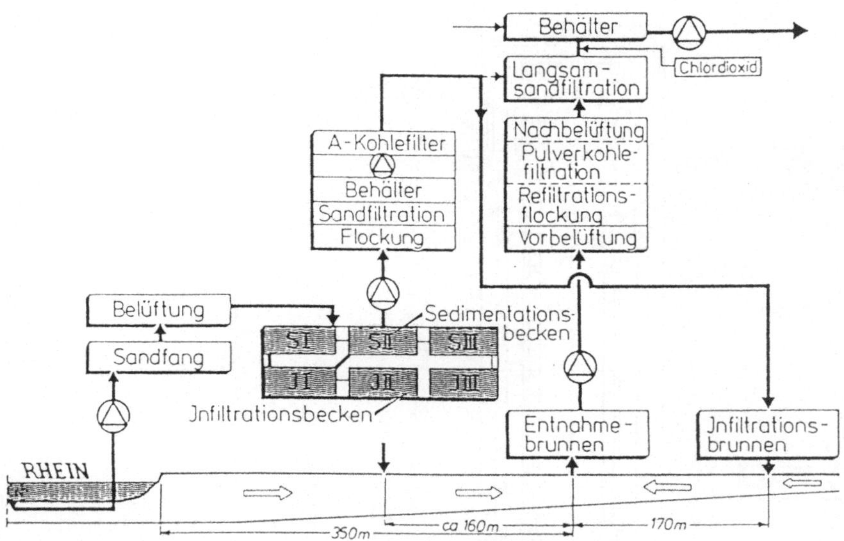

3.40 Aufbereitungsschritte im Rheinwasserwerk Wiesbaden [22]

der entnommen, durch Flockung, Sandfiltration und Aktivkohlefiltration gereinigt und über Infiltrationsbrunnen in den Boden infiltriert. Das direkt über Becken und über die Infiltrationsbrunnen eingeleitete Wasser wird von Entnahmebrunnen aus dem Untergrund entnommen, einer weiteren physikalisch/chemischen Reinigung unterzogen und nach einer Chlorung und Zwischenspeicherung in die Versorgungszonen eingespeist [20].

3.3.5 Horizontalbrunnen

Ein Beispiel zeigt Bild **3.41**. In den Sammelbrunnen mit wasserdichter Sohle werden 1 bis 2 m über der Sohle auf dem Umfang verteilt Löcher von 40 cm Durchmesser ausgespart, die während des Absenkens behelfsmäßig verschlossen werden. Durch die Löcher werden dann Filterrohre, etwa DN 200 mm, sternförmig durch hydraulische Pressen vorgetrieben. Die Stöße werden stumpfgeschweißt. Durch die etwas größere Lochung der scharfen Rohrspitze können Sand und Feinkies eindringen. Im Innern des Fassungsrohrs wird ein Stahlrohr von 50 mm Weite, das zum Entsanden dient, mit vorgeschoben. Sand und Feinkies läßt man zur Erleichterung des Vortriebs durch die Rohrspitze und das Entsandungsrohr in den Sammelschacht eintreten, aus dem sie durch eine Pumpe laufend entfernt werden. Es entsteht auf diese Weise eine Art natürlicher Kiesfilter, weil die feineren Sandteile aus der Umgebung des Filterrohrs ausgewaschen werden. Die Rohre sind im Brunnen durch Schieber abgeschlossen, damit der Wasserablauf geregelt werden kann. Je nach der Beschaffenheit des Grundwasserträgers lassen sich die Fassungsrohre bis 40 m vortreiben (**3.42a**) (R a n n e y - Verfahren) [60].

Statt mit Filterrohren kann auch mit vollwandigen Rohren und verlorenem Bohrkopf gebohrt werden. Zum Ausspülen der feinen Sandkörner in der Umge-

3.41
Horizontalbrunnen (M 1:200) von der Reuther Tiefbau GmbH, Mannheim

bung des Bohrrohrs durch den Bohrkopf wird das Bohrrohr durch eine hydraulische Presse einige Zentimeter hin und her verschoben. Die ausgepumpte Feinsandmenge wird gemessen, sie kann das 6- bis 7fache des Inhalts des Bohrrohrs betragen. Ist die gewünschte oder mögliche Länge der Bohrung erreicht, so wird das aus Einzelstücken zusammenschraubbare Filterrohr schrittweise in das Bohrrohr eingeschoben und dieses dann zurückgezogen (**3.42b**) (Fehlmann-Verfahren) [60].

Der Preussag-Horizontal-Kiesmantelbrunnen kann auch in Feinsanden gebaut werden. In einem nach besonderem Spülverfahren vorgetriebenen Bohrrohr wird ein Filter mit kleinerem Durchmesser eingebaut und der Ringraum zwi-

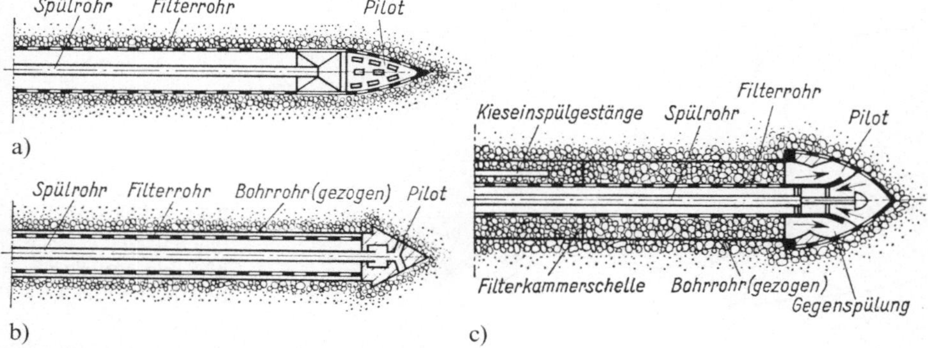

3.42 Vortriebsverfahren für Horizontalbrunnen [60]
   a) Ranney-Verfahren
   b) Fehlmann-Verfahren
   c) Preussag-Verfahren

schen Filter und Bohrrohr mit einem Kiesmantel verspült, während die Bohrrohre schrittweise zurückgezogen werden (**3.42c**) [60].

Horizontalbrunnen sind i. allg. dort wirtschaftlich, wo größere Wassermengen gefördert werden sollen und die Tiefenlage des Grundwasserleiters nicht zu hohe Schachtkosten bedingt.

3.3.6 Quellwasser

Quellwasser ist zutage tretendes Grundwasser. Man unterscheidet echtes Quellwasser, das dem Grundwasser in der Qualität gleichzusetzen ist, und oberflächennahes Quellwasser, das nicht immer als Trinkwasser geeignet ist. Nach der Art des Austritts von Grundwasser unterscheidet man im wesentlichen folgende Quellarten:

Schichtquelle (**3.43a**). Die Grundwassersohle eines Grundwasserleiters tritt an die freie Oberfläche.

Überlaufquelle (**3.43b**). Durch Einschnürung des Grundwasserleiters wird das Grundwasser aufgestaut und tritt dadurch zutage.

Stauquelle (**3.43c**). Das Grundwasser liegt unterhalb einer undurchlässigen Deckschicht unter Spannung. Wird die Deckschicht unterbrochen oder durchstoßen, so tritt es artesisch an die Oberfläche. Oder das Grundwasser trifft auf eine undurchlässige Schicht (Stauer) und tritt dort an die Oberfläche.

Verwerfungsquelle (**3.43d**). Gespanntes Grundwasser tritt in der Zone einer Verwerfung aus, in der durch tektonische Kräfte die sonst undurchlässige Deckschicht gestört wurde.

Sekundärquelle. Oberflächenwasser versickert als Bach- oder Flußwasser und tritt weiter unterhalb wieder aus. Für Wasserversorgungszwecke scheidet dieses Wasser i. allg. aus.

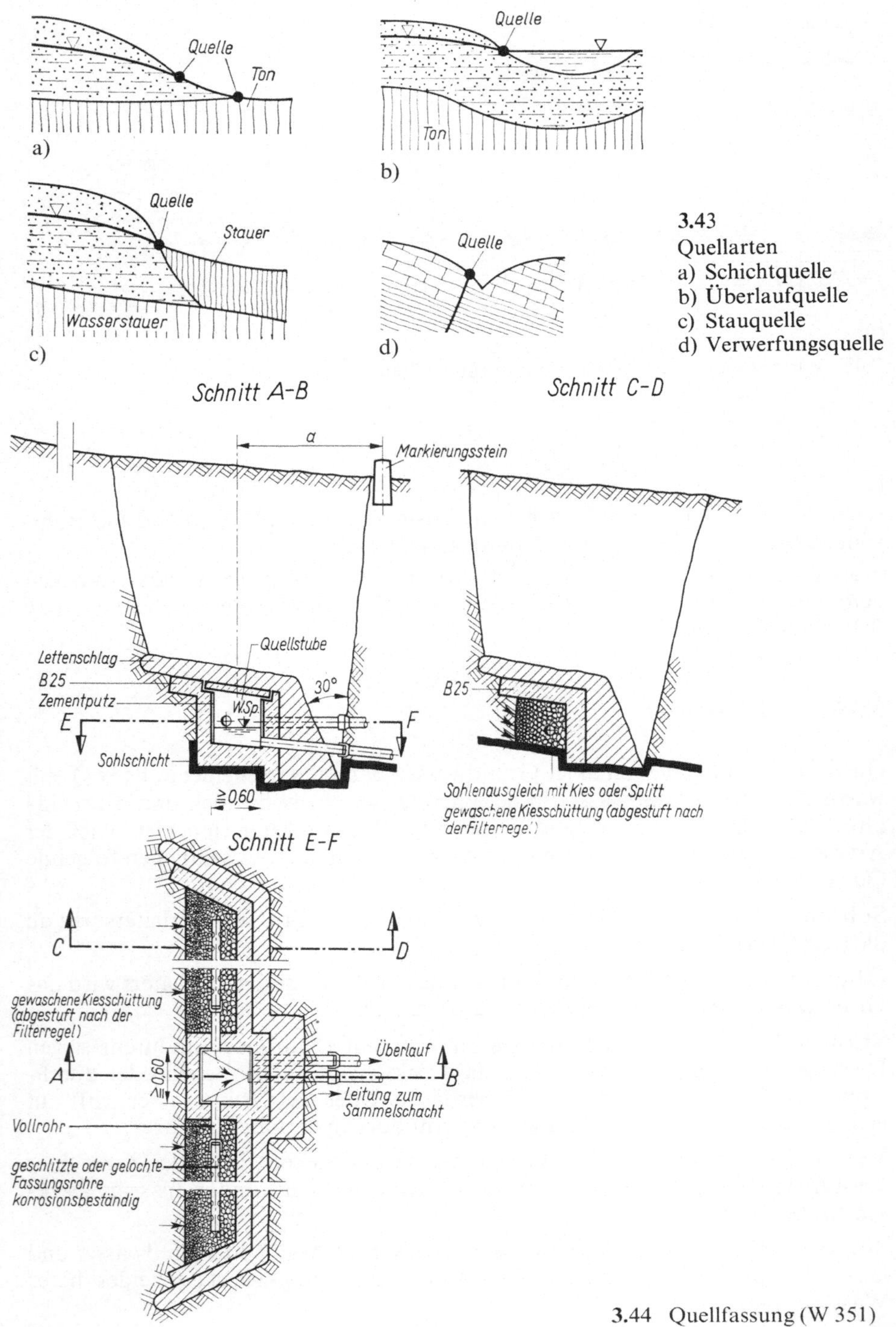

3.43
Quellarten
a) Schichtquelle
b) Überlaufquelle
c) Stauquelle
d) Verwerfungsquelle

3.44   Quellfassung (W 351)

Quellwasser für eine zentrale Wasserversorgung muß hinsichtlich Wassermenge und Beschaffenheit genau untersucht werden. Zum Messen der Wassermenge wird der Quellaustritt vorsichtig freigelegt und in den Ablaufgraben eine Meßeinrichtung eingebaut. Sie kann aus einem einfachen Überfallwehr, einem Thomsonwehr oder einem offenen Venturimesser bestehen. Bei kleinen Schüttmengen mißt man mit Stoppuhr und Gefäß.

Quellschüttungsmessungen müssen über einen langen Zeitraum, mindestens über mehrere Jahre, durchgeführt werden, und zwar wöchentlich einmal am gleichen Wochentag und zur gleichen Stunde.

Zur Untersuchung der Beschaffenheit des Wassers gehört vor allem die Beurteilung der Lage der Quelle und des Einzugsgebiets. Steigt die Quellschüttung nach starken Regenfällen an und trübt sich dabei das Wasser, so ist die Filterkraft der Bodenschichten der Quelle nicht ausreichend.

Wird die Quelle gefaßt (3.44), so sollen die natürlichen Verhältnisse möglichst nicht geändert werden. Die einzelnen Wasseradern müssen durch Aufgraben vorsichtig freigelegt werden. Sprengungen dürfen nicht vorgenommen werden. Die Baustoffe sind nach der chemischen Beschaffenheit des Wassers zu wählen. Die Fassungsanlage soll $\geq$ 3,0 m Überdeckung haben und im Bereich der durch die Arbeiten gestörten Zone durch Ton- oder Lehmüberdeckungen gegen das Eindringen von Oberflächenwasser gesichert werden. Als Sickerleitung verwendet man korrosionsfeste gelochte oder geschlitzte Rohre mit DN $\geq$ 15 cm; sie sind senkrecht zur Austrittsrichtung des Quellwassers zu verlegen.

Zum Schutz gegen Wurzelverwachsungen müssen die Sickerleitungen von Bäumen $\geq$ 10 m Abstand haben.

3.3.7 Trinkwasser-Schutzgebiete

Es werden nach dem hydrogeologischen Aufbau Standorte mit günstiger, mittlerer und ungünstiger Untergrundbeschaffenheit unterschieden.

Gefahren für das Grundwasser gehen von folgenden Kontaminationen aus [57]:

− kurzzeitige punktförmige oder linienförmige Kontamination, z. B. Unfälle
− kontinuierliche punkt- oder linienförmige Kontamination, z. B. undichte Leitungen, Straßen, undichte Deponien
− sich wiederholende flächenhafte Einträge, z. B. Düngung, Biozideintrag, Klärschlamm, Kompost
− kontinuierliche flächenhafte Kontamination, z. B. Stadtflächen.

Der Schadstoffeintrag, die Transportvorgänge im Boden- und Wasserkörper, die vielfältigen Faktoren für eine Eliminierung, die Umwandlung und Löslichkeit im Wasser etc. sind sehr schwer zu erfassen. Das aus dem Jahre 1975 stammende Merkblatt W 101 wurde für den Landwirtschaftsbereich durch W 104 ergänzt, das Hinweise zur Verminderung des Nitrateintrages enthält. Für die Einträge von Pflanzenschutzmitteln und Halogenkohlenwasserstoffen sowie deren Abbauprodukten ist erst die Spitze eines Eisberges zu erkennen [20] [70]. Ein Gefährdungspotential, das durch eine Schutzgebietsfestlegung kaum zu beheben ist, sind die Luftverunreinigungen [39]. Bei der Schutzgebietsfestlegung darf nicht

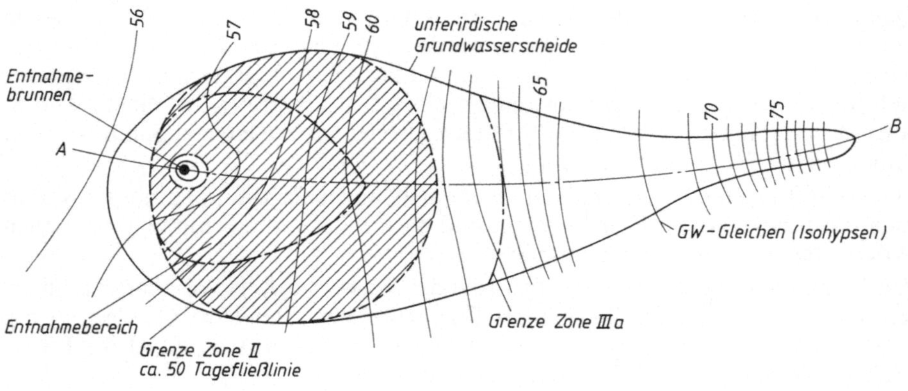

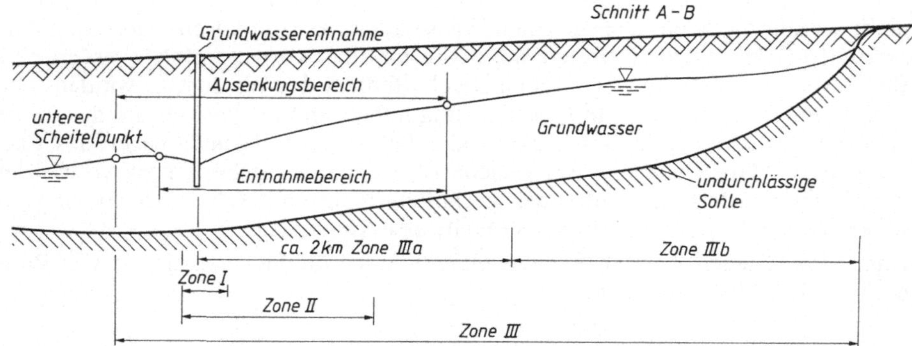

3.45   Aufbau der Schutzzonen in einem Trinkwasserschutzgebiet

nur der Entnahmebereich, sondern der gesamte im inneren der unterirdischen Grundwasserscheide liegende Bereich geschützt werden (**3.45**). In Karstgebieten führt dies zu einer erheblichen Größe des Schutzgebietes [12].

Je nach Weglänge, die etwaige Verunreinigungen im Grundwasser bis zur Fassungsanlage zurückgelegt haben, unterscheidet man zwischen:

Fassungsbereich (Zone I). Dies ist die unmittelbare Umgebung der Fassungsanlage. Sie ist i. d. R. eingezäunt, im Besitz des Versorgungsunternehmens, mit Betretungsverbot, nur mit einer Grasdecke ohne Nutzung versehen u. a.

Engere Schutzzone (Zone II). Sie schließt sich an den Fassungsbereich an. Sie muß vor Verunreinigungen geschützt werden, die durch das Reinigungsvermögen des Untergrundes bis zur Fassungsanlage nicht zu beseitigen sind. Sie entspricht etwa der 50-Tagefließlinie (Eliminierung bakterieller Verunreinigungen).

Weitere Schutzzone (Zone III). Sie geht von Zone II bis zur Einzugsgebietsgrenze. Eine Aufteilung in Zone III A bis ≈ 2 km, Zone III B ab ≈ 2 km ist üblich. Die Zone III soll den Schutz vor nicht oder schwer abbaubaren Verunreinigungen gewährleisten.

Weitere Hinweise sind zu finden in [51] [57] und W 101 und W 104 und Abschn. 9.2.

3.4   Oberflächenwasser

Alle Oberflächenwasser werden durch Umwelteinflüsse stark beeinträchtigt. Haupteinflußfaktoren sind die Einleitung von unzureichend gereinigtem Abwasser und Regenwasser, die Abschwemmungen von Landflächen und der Eintrag über die Luft. Eine direkte Wassernutzung für die Trinkwassergewinnung ist daher heute kaum noch möglich.

W 151 teilt die Oberflächenwässer in zwei Hauptstufen ein und legt hierfür Grenzwerte fest: Inhaltsstoffe, die den Grenzwert A nicht überschreiten, können mit naturnahen Aufbereitungsverfahren gereinigt werden. Dies sind insbesondere die künstliche Grundwasseranreicherung, die Uferfiltration sowie die Langsam- und Schnellfiltration.

Für Wässer der Stufe B müssen physikalisch-chemische Verfahren, wie z. B. Oxidation, Adsorption, Fällung/Flockung eingesetzt werden (s. Abschn. 5).

3.4.1   Flußwasser

Flußwasser ist nach W 151 zunächst auf seine grundsätzliche Eignung hin zu überprüfen. Bei der Aufbereitung ist darauf zu achten, daß je nach Wasserführung unterschiedliche Wasserqualitäten zu erwarten sind, da z. B. bei Hochwasser die Sedimente aufgewirbelt werden können und bei Niedrigwasser die Verdünnung abnimmt. Handelt es sich um einen schiffbaren Wasserlauf, so können Unfälle mit gefährlichen Stoffen die gesamte Entnahme verhindern. Dies gilt auch, wenn Industriebetriebe als direkte Anlieger vorhanden sind. Ein Flußwasserwerk sollte daher möglichst durch eine weitere Rohwassergewinnung abgesi-

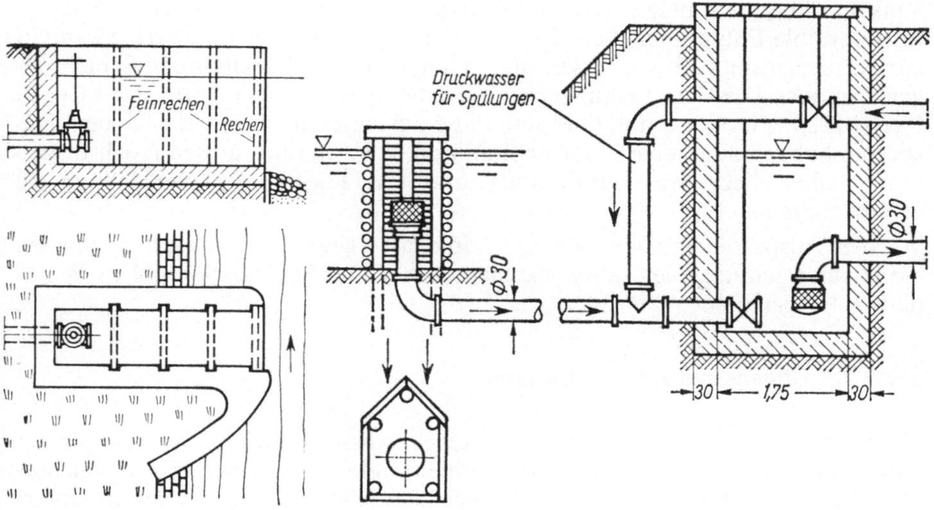

3.46   Entnahmestelle für
Flußwasser

3.47   Flußwasser-Entnahmebauwerk

chert werden. Das Entnahmebauwerk ist so zu planen, daß zu allen Zeiten das Rohwasser mit größter Reinheit gefaßt werden kann. Für die Zurückhaltung von Schwimmstoffen sind Grob- und Feinrechen vorzusehen.

Die Entnahmestelle (**3.46**) besteht aus einer Kammer aus Mauerwerk, Beton oder Stahlspundbohlen. Die stromaufwärtsgelegene, schräg zur Stromrichtung stehende Seitenwand hält treibende Gegenstände, wie Holz und Eis, ab. Die Grob- und Feinrechen können von der Bedienungsbrücke aus hochgezogen und gereinigt werden. Die Entnahmestelle kann auch vom Flußufer entfernt angelegt werden (**3.47**).

3.4.2   Seewasser und Talsperrenwasser

Die Gewinnung von Trinkwasser aus stehenden Gewässern erfordert ein großes Maß an limnologischen Grundkenntnissen. Es kommt zu einer temperaturbedingten Schichtung unterschiedlicher Dichte im Wasserkörper. In den Sommermonaten kommt es zu einer Schichtung in das Epilimnion (Warmwasserschicht), das Metalimnion und das darunter liegende Hypolimnion (Kaltwasserschicht). Es bilden sich aber auch windbedingte Austausch-Strömungen und durch einlaufende Hochwässer Kurzschlußströmungen aus. Über die Jahreszeit wechseln Zirkulations- mit Stagnationsphasen ab mit erheblichem Einfluß auf die chemisch-biologischen Vorgänge, die aber auch vom Nährstoffangebot abhängen. Für die Trinkwassergewinnung eignen sich besonders Seen und Talsperren mit geringem Nährstoffeintrag (Phosphate, Nitrate), da hier die Gefahr einer Algenmassenentwicklung nicht so groß ist. Man bevorzugt daher oligotrophe bis mesotrophe Seen und Talsperren oder versucht, diesen Zustand durch den Bau von Abwasserringleitungen herbeizuführen.

Während bei tiefen Seen (z.B. dem Bodensee) die Rohwasserentnahme in ca. 3 bis 4 m über dem tiefen Seegrund erfolgt, verfügen die Trinkwassertalsperren über variable Entnahmehöhen. Durch die oben beschriebenen Prozesse kann es zur Anreicherung z.B. von Eisen- und Manganionen in bestimmten Schichtungen kommen. Die Werte können bis zu $\approx$ 10 mg/l ansteigen (Groth und Bernhardt [22]). Für eine Entnahme sind diese Schichten daher nicht geeignet. Talsperren haben immer eine Mehrfachfunktion, d.h. sie sind für den Hochwasserschutz, die Niedrigwasseraufhöhung und die Trinkwasserbereitstellung zu bewirtschaften.

Werden Talsperren und Seen für eine Trinkwassergewinnung genutzt, so müssen Trinkwasserschutzgebiete ausgewiesen werden. Die Schutzziele sind in W 102 und W 103 geregelt.

3.4.3   Dünen- und Zisternenwasser

An der Küste wird die Versorgung mit Grundwasser schwierig, weil die oft tief unter den Meeresspiegel reichenden Dünensande vom angrenzenden salzigen Meerwasser durchsetzt sind. Die versickernden Niederschläge stoßen im Untergrund auf chloridhaltiges, spezifisch schwereres Meerwasser. Da eine Vermischung im allgemeinen nicht stattfindet, bilden sich Süßwasserlinsen aus (**3.48**).

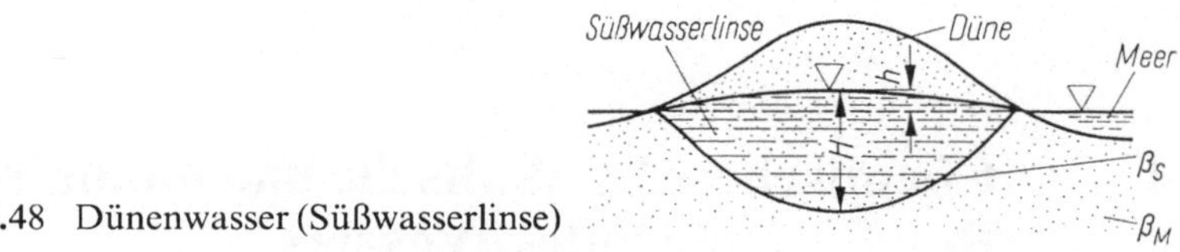

3.48   Dünenwasser (Süßwasserlinse)

Die Mächtigkeit H der Süßwasserlinse errechnet sich zu:

$$H = \frac{h \cdot \beta_M}{\beta_M - 1,0}$$

(3.20)

In dieser Gleichung ist β_s = Dichte des Süßwassers mit 1,0 t/m³ angesetzt. Für Nord- und Ostseewasser liegen die Werte β_M bei 1,0277 bis 1,0014 t/m³. Die Nutzung der Süßwasserlinse muß sehr behutsam erfolgen. Bohr- und Pumpversuche sind zwingend erforderlich.

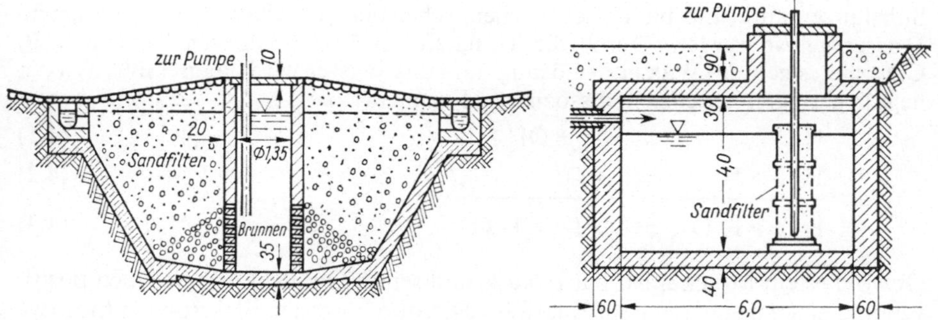

3.49   Venezianische Zisterne   3.50   Amerikanische Zisterne

Wenn weder Grund- noch Oberflächenwasser zur Verfügung steht, werden die Niederschläge von befestigten Flächen gesammelt und in unterirdischen Behältern (Zisternen) gespeichert. Es kann ca. 75% der Niederschlagsmenge gewonnen werden. Aus 1 mm/pro m² Niederschlag kann 1 Liter Regenwasser gewonnen werden. Bekannte Zisternenbauweisen sind die venezianische und amerikanische Zisterne (3.49 und 3.50). Bei der mit Sand gefüllten venezianischen Zisterne ist der errechnete Lichtraum zu verdreifachen, da der Filtersand nur einen Porenraum von ≈ ⅓ hat.

4 Chemische, physikalische und biologische Beschaffenheit des Wassers

4.1 Grundlagen

Wasser bewegt sich im Kreislauf auf der Erde (3.1). Es kommt als H_2O in reiner Form in der Natur praktisch nicht vor, da es während des Kreislaufes Substanzen aufnimmt oder mit diesen reagiert. So nimmt z. B. der Regen Staub, Kohlendioxid, Sauerstoff, Stickstoff sowie eine Reihe anderer Stoffe auf. Eine weitere Veränderung erfährt dann der Niederschlag im Bodenkörper, da hier weitere Substanzen aufgrund biologischer, chemischer und physikalischer Vorgänge im Wasser gelöst werden. Durch die Tätigkeit der Bodenbakterien entsteht z. B. CO_2, dieses geht im Wasser in Lösung, und das Wasser wird „aggressiv". Wasser liegt in geringen Anteilen in dissoziierter Form vor:

$$H_2O \rightleftharpoons H^+ + OH^- \tag{4.1}$$

$$H_2O + H^+ \rightleftharpoons H_3O^+ \tag{4.2}$$

$$H_2O + H_2O \rightleftharpoons OH^- + H_3O^+ \tag{4.3}$$

Obwohl es ein Molekül ist, hat es aufgrund seines Dipolcharakters einen positiven und einen negativen Pol (Polarität). Hierdurch werden Elektrolyten (positive Ionen [Kationen] und negative Ionen [Anionen]) an das H_2O-Molekül angelagert. Diesen Vorgang nennt man Hydratation.

Für die Planung einer Aufbereitungsanlage ist es wichtig zu wissen, in welcher Konzentration ein Stoff in der wässerigen Lösung vorliegt. Neben den Ionen werden im Wasser auch polare und unpolare Moleküle eingelagert, insbesondere in zwischenmolekularen Hohlräumen. Wichtige unpolare Moleküle in der Wasserchemie sind Sauerstoff, Stickstoff und Kohlendioxid.

4.2 Konzentrationsangaben in der Wasserchemie

Ausgehend von den Basiseinheiten des SI-Systems wird in der Wasserversorgung häufig die Massenkonzentration und weniger die Stoffmengenkonzentration angegeben. Beide Konzentrationsangaben sind aber als gleichberechtigt anzusehen.

Unter Massenkonzentration versteht man den Quotienten:

$$\frac{\text{Masse}}{\text{Volumen}} \quad \text{in} \quad \frac{\text{kg}}{\text{m}^3} \tag{4.4}$$

Tafel **4.**1   Festgelegte Vorsätze nach SI-Einheitssystem

E	Exa-	10^{18}	d	Dezi-	10^{-1}
P	Peta-	10^{15}	c	Zenti-	10^{-2}
T	Tera-	10^{12}	m	Milli-	10^{-3}
G	Giga-	10^{9}	μ	Mikro-	10^{-6}
M	Mega-	10^{6}	n	Nano-	10^{-9}
k	Kilo-	10^{3}	p	Pico-	10^{-12}
h	Hekto-	10^{2}	f	Femto-	10^{-15}
da	Deka-	10^{1}	a	Atto-	10^{-18}

Für die Massenkonzentration werden für kleinere Konzentrationen als Einheiten g/l, mg/l, µg/l, ng/l und pg/l verwendet (Tafel **4.**1). Für die Stoffmenge ist die Basiseinheit Mol (mol) vorgegeben. Als Stoffmengenkonzentration ergibt sich somit:

$$\frac{\text{Stoffmenge}}{\text{Volumen}} \quad \text{in} \quad \frac{\text{mol}}{\text{m}^3} \tag{4.5}$$

In der Wasserchemie verwendete Einheiten sind mol/l oder mmol/l = mol/m³.

Ein Mol einer Substanz enthält $6{,}022 \cdot 10^{23}$ Atome oder Moleküle. Diese als Avogadro-Zahl bekannte Teilchenzahl ist für chemische Betrachtungen wichtig, insbesondere wenn die Ladungszahl eine Rolle spielt. So enthält z. B. 1 Mol Cl⁻ $6{,}022 \cdot 10^{23}$ negative Ladungen, 1 Mol Ca^{2+} aber die doppelte Anzahl positiver Ladungen. Aus diesem Grund arbeitet man in diesen Fällen mit einer Äquivalentkonzentration, die die Wertigkeit berücksichtigt. Die molare Masse (M) ist der Quotient:

$$M = \frac{\text{Stoffmasse}}{\text{Stoffmenge}} \quad \text{in} \quad \frac{\text{kg}}{\text{mol}} \quad \text{oder} \quad \frac{\text{g}}{\text{mol}} \tag{4.6}$$

Als Bezugsgröße gilt die Masse des häufigen Kohlenstoffisotops ^{12}C. Die $6 \cdot 10^{23}$ C-Atome haben die Masse 12 Gramm. Mit Hilfe der relativen Atommasse (früher Atomgewicht) und der relativen Molekülmasse (früher Molekulargewicht) läßt sich die molare Masse eines Stoffes als Masse von einem Mol angeben in der Einheit g/mol. Als Zahlenwert sind Atommasse, relative Atommasse und molare Masse in g/mol gleich. So beträgt die molare Masse für Wasser (H_2O):

Beispiel 1

rel. Atommasse H = 1,008 $2 \cdot 1{,}008 = $ 2,016

rel. Atommasse O = 15,999   15,999

Summe in g/mol   18,015

Die molare Masse einiger wichtiger Verbindungen und Ionen in der Wassertechnologie sind in Tafel **4.**2 zusammengestellt.

Für die Umrechnung von Massen- auf Mengenkonzentration und umgekehrt ergibt sich:

$$\frac{\text{mmol}}{\text{l}} = \frac{\text{Massenkonzentration in mg/l}}{\text{molare Masse in g/mol}} \tag{4.7}$$

$$\frac{\text{mg}}{\text{l}} = \text{molare Masse in g/mol} \cdot \text{Mengenkonzentration in mmol/l} \tag{4.8}$$

Tafel **4.2**   Molare Masse einiger wichtiger Verbindungen

Verbindung/Ion	molare Masse in g/mol	Verbindung/Ion	molare Masse in g/mol
Al_3^+	27	H_2O	18
Ca_2^+	40,1	OH^-	17
CaO	56,1	HCO_3^-	61
$Ca(OH)_2$	74,1	Mn_2^+	55
$CaCO_3$	100,1	Mg_2^+	24
$Ca(HCO_3)_2$	162,1	Na^+	23
Cl^-	35,5	$NaCl$	59
CO_2	44	NO_3^-	62
Fe_2^+	56	SO_4^{2-}	96
H^+	1		

Beispiel 2
57,4 mg/l Chlorid (Cl^-) ergibt in mmol/l: 57,4/35,5 = 1,617 mmol/l

Beispiel 3
0,807 mmol/l Nitrat (NO_3^-) ergibt in mg/l: 0,807 · 62 = 50,0 mg/l

In der Literatur findet man noch häufig die Angabe in val/l oder mval/l. 1 Val ist die Stoffmenge, die dem Äquivalent der Stoffmenge 1 mol eines einwertigen Stoffes entspricht. Bei der einwertigen Säure HCL entspricht 1 val genau 1 mol und bei der zweiwertigen Säure H_2SO_4 genau einem halben Mol.

Um die Massen- und Stoffkonzentration in der Formelsprache zu unterscheiden, sind folgende Abkürzungen üblich:

In der Massenkonzentration (z. B. mg/l): $\beta(i), \mu(X), \ldots$; i bzw. X steht für die Teilchensorte.

So bedeutet z. B. $\beta(Ca)$ Massenkonzentration an Calcium in mg/l, für die Stoffmengenkonzentration (z. B. mol/m^3 = mmol/l): $c(i), [i]$.

So bedeutet $c(Ca)$ die Stoffmengenkonzentration in mmol/l.

Die Äquivalentkonzentration ergibt sich zu: $c(eq) = c(1/z \cdot i)$; z ist die Wertigkeit.

Calcium hat eine molare Masse von 40 g/mol und damit aufgrund der Wertigkeit von 2 ein Äquivalent von 20 g/mol (meq. oder mmoleq.).

4.3   Wichtige Begriffe der Wasseranalytik

4.3.1   Die Härte des Wassers

Die Calcium- und Magnesiumsalze bilden als Härtebildner mit den Fettsäuren der Seife „Kalkseife", die die Wäsche verhärtet. Nach DIN 4046 ist der Begriff Härte kein Fachausdruck mehr. Man findet ihn aber z. B. noch im Waschmittelgesetz und sehr häufig in der Fachliteratur. Heute wird die Härte als Summe der Erdalkalien angegeben. Sie bezieht sich fast nur auf Calcium und Magnesium, da die Barium- und Strontiumsalze in der Trinkwasseranalytik keine Rolle spielen.

Calcium und Magnesium verbinden sich mit der Kohlensäure zu Hydrogencarbonat und Carbonat. In dieser Form spricht man in der alten Terminologie von Karbonathärte (KH). Gehen sie Verbindungen mit Sulfat (z. B. $CaSO_4$) oder mit Nitrat ($Ca(NO_3)_2$) und Chlorid (z. B. $CaCl_2$) ein, so spricht man von Nichtkarbonathärte (NKH). Die Gesamthärte (GH) ist somit die Summe der Karbonathärte (KH) und der Nichtkarbonathärte (NKH):

$$GH = KH + NKH$$

oder

$$GH = c(Ca^{2+}) + c(Mg^{2+}) \tag{4.9}$$

$$KH = c(CO_3^{2-}) + c(HCO_3^-)/2 \tag{4.10}$$

Da nach der folgenden Gleichung Kesselstein ausfällen kann, bezeichnet man die KH auch als vorübergehende oder temporäre Härte. Die NKH wird vielfach mit permanenter oder bleibender Härte bezeichnet. Diese Begriffe sollten allerdings nicht mehr verwendet werden. Ausfällung von Calciumcarbonat durch Temperaturerhöhung oder pH-Wertänderung:

$$Ca^{2+} + 2\ HCO_3^- \rightleftharpoons CaCO_3 \downarrow + CO_2 + H_2O \tag{4.11}$$

Für die Berechnung und Umrechnung sind folgende Angaben wichtig:

1 Grad deutscher Härte (alt) = 10 mg/l CaO bzw. 7,19 MgO
1 °dH (GH) = 0,179 mmol/l Summe Erdalkalien
1,0 mmol/l Summe Erdalkalien = 5,61 °dH (GH)

Die alte Angabe in mval/l ergibt: 1 °dH = 0,357 mval/l bzw. 1,0 mval/l = 2,8 °dH.

1,0 mg/l Ca = 0,025 mmol/l = 0,14 °dH
1,0 mg/l Mg = 0,041 mmol/l = 0,23 °dH

Beispiel 4
Ca = 37,9 mg/l und Mg = 6,1 mg/l

$$\frac{\text{Stoffmengen-}}{\text{konzentration}} = \frac{\text{Massenkonzentration}}{\text{molare Masse}} = \frac{37,9}{40} + \frac{6,1}{24} = 1,2\ \text{mmol/l}$$

$GH = 1,2 \cdot 5,61 = 6,7\ °dH$

Die Tafel **4.**3 zeigt eine Härtetabelle und eine Beurteilung des Trinkwassers.

Tafel **4.**3   Härtetabelle für Trinkwasser

Gesamthärte in °dH	in mval/l	in mmol/l	Bezeichnung	Beurteilung
0 bis 4	0 bis 1,43	0 bis 0,71	sehr weich	geeignet
> 4 bis 8	> 1,43 bis 2,86	> 0,71 bis 1,42	weich	gut geeignet
> 8 bis 12	> 2,86 bis 4,29	> 1,42 bis 2,14	mittelhart	gut geeignet
> 12 bis 18	> 4,29 bis 6,43	> 2,14 bis 3,21	ziemlich hart	tragbar
> 18 bis 30	> 6,43 bis 10,71	> 3,21 bis 5,35	hart	tragbar
> 30	> 10,71	> 5,35	sehr hart	ungeeignet

4.3.2   Das Kohlensäure-Calcium-System, das Kalk-Kohlensäure-Gleichgewicht (KKG) und weitere Begriffe der Korrosionschemie

Dem pH-Wert kommt in der Korrosionschemie eine große Bedeutung zu.

Folgende pH-Werte spielen eine Rolle:

− gemessener pH-Wert
− Gleichgewichts-pH-Wert
− Delta-pH-Wert (Δ-pH)

Für den gemessenen pH-Wert muß stets die Temperatur bei der Messung mit angegeben werden. Der pH-Wert kann als eine der wichtigsten Meßgrößen der Wasserchemie angesehen werden. Der pH-Wert ist der negative dekadische Logarithmus der Wasserstoffionenaktivität in mol/l. Aus diesem Grund ist eine Mittelwertbildung unzulässig. Die Wasserstoffionenkonzentration kann zwischen 10^0 und 10^{-14} mol/l liegen. Der pH-Wert ist mit einfachen elektrischen Geräten recht exakt zu messen. Der Gleichgewichts-pH-Wert ist eine Rechengröße, die von folgenden Überlegungen ausgeht. Calciumcarbonat reagiert mit Wasser:

$$CaCO_3 \rightleftharpoons Ca^{2+} + CO_3^{2-} \tag{4.12}$$

Bei Calciumcarbonatsättigung (d. h. es erfolgt weder eine Abscheidung noch eine Lösung von Calcium) gilt nachfolgende Beziehung:

$$c(Ca^{2+}) \cdot c(CO_3^{2-}) = L \tag{4.13}$$

Das Löslichkeitsprodukt L ist eine von der Temperatur und Ionenstärke abhängige Größe. Ein Maßstab für die Kalkaggressivität ist der wie folgt definierte Sättigungsindex SI:

$$SI = \lg\,[c(Ca^{2+}) \cdot c(CO_3^{2-})/L] \tag{4.14}$$

Da für die in der Trinkwasseraufbereitung üblichen pH-Werte die CO_3^{2-}-Konzentration sehr klein ist, muß die Formel umgeformt werden. In der Praxis wird daher die folgende Berechnung gewählt:

$$SI = pH_{\text{gemessen}} - pH_{\text{Gleichgewicht}} \tag{4.15}$$

Der Gleichgewichts-pH-Wert wird berechnet nach:

$$pH_{Gl} = K_{La} + \lg f_{La} - \lg\,[(Ca^{2+}) \cdot (HCO_3^-)] \tag{4.16}$$

Ca^{2+} und HCO_3^- in mol/l
K_{La} = temperaturabhängiger Wert (Tafel **4.4**)
f_{La} = von der Ionenstärke μ abhängiger Wert (Tafel **4.4**)

Beispiel 5. Bekannt aus der Wasseranalyse sind:

Ca^{2+} = 1,989 mmol/l = 0,001989 mol/l oder   79,7 mg/l
HCO_3^- = 1,910 mmol/l = 0,001910 mol/l oder 116,5 mg/l
pH-Wert = 6,48, μ = 7,1 mmol/l, T = 10 °C
pH_{Gl} = pH_{KKG} = pH_{La}
pH_{La} = 2,37 + 0,19 − lg (3,79899 · 10^{-6})
           = 2,37 + 0,19 − (−5,42) = 7,98
SI = 6,48 − 7,98 = −1,50

Tafel **4.4**   Werte nach **L a n g e l i e r** [83]

μ in mmol/l	$\lg f_{La}$ –	Temperatur in °C	K_{La} –
5	0,16	5	2,51
10	0,22	10	2,37
15	0,26	15	2,25
20	0,30	20	2,01

$SI > 0$ bedeutet: das Wasser ist kalkabscheidend, es besteht eine Inkrustationsgefahr.

$SI < 0$ bedeutet: das Wasser ist kalkaggressiv, Kalkteile werden aufgelöst, eine Schutzschicht wird nicht gebildet.

Für die Auslegung von Aufbereitungsanlagen ist der Sättigungsindex nicht geeignet, er ist in der TVO auch nicht aufgeführt. In der TVO ist in Anlage 4 der Delta-pH-Wert (Δ-pH-Wert) festgelegt. Der Delta-pH-Wert ist wie folgt zu berechnen:

$$\Delta\text{-}pH\text{-}Wert = pH_{\text{gemessen}} - pH_{\text{Gleichgewicht berechnet}} \tag{4.17}$$

Die experimentelle Bestimmung erfolgte früher mit dem Marmorlöseversuch („Heyer-Versuch"). Dieser Versuch ist nicht unumstritten, da seine Reproduzierbarkeit angezweifelt wird [6]. Eine Berechnung ist sehr komplex, da die aus der Reaktion zwischen Kohlensäure und Calciumcarbonat entstehenden Ionen berücksichtigt werden.

DIN 38404 T 10 Entwurf 11/89 sieht hierfür 2 Näherungsverfahren und ein erweitertes, nur mit der EDV zu lösendes und sehr aufwendiges Verfahren vor. Alle Verfahren haben einen eingeschränkten Geltungsbereich und gelten nicht für salzfreies Wasser.

Die Massenbilanz für die verschiedenen Kohlensäureformen lautet:

$$c(\text{C}) = c(\text{CO}_2) + c(\text{HCO}_3^{2-}) + c(\text{CO}_3^{2-}) \tag{4.18}$$

4.1
Anteile der „Kohlensäureformen" CO_2, HCO_3^- und CO_3^{2-} an der Konzentrationssumme $c(CO_2)$ + $c(HCO_3^-)$ + $c(CO_3^{2-})$ (berechnet für Ionenstärke I = 0 mmol/l und 25 °C) [20]

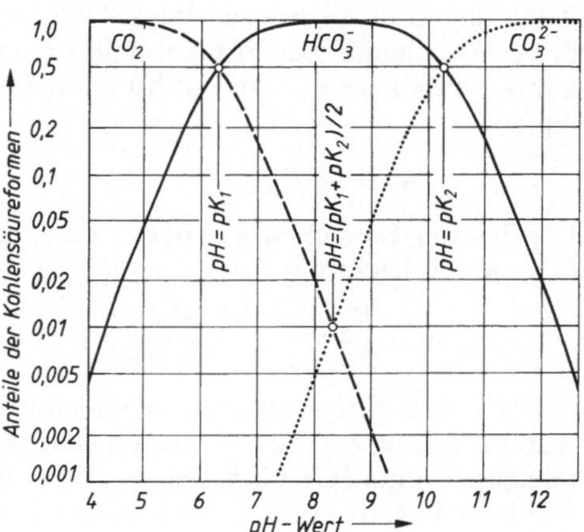

Es handelt sich also um zwei Ionen und ein Molekül, deren %-Anteil vom pH-Wert abhängig ist (**4.**1). Im allgemeinen Sprachgebrauch wird häufig von Kohlensäure (H_2CO_3) gesprochen, wenn Kohlendioxid (CO_2) gemeint ist. Geht man von der oben beschriebenen CO_2-Bildung im Boden aus, so reagiert das Bodenwasser mit dem CO_2 in folgender Weise:

$$CO_2 + H_2O \rightleftharpoons HCO_3^- + H^+ \qquad (4.19)$$

$$HCO_3^- \rightleftharpoons CO_3^{2-} + H^+ \qquad (4.20)$$

Neben diesen 2 Dissoziationsstufen entstehen mit Calcium und Magnesium Komplexreaktionen [20]. Weitere wichtige Größen sind die Säurekapazität bis pH 4,3 ($K_{S4,3}$) und die Basekapazität bis pH 8,2 ($K_{B8,2}$), die früher üblichen Bezeichnungen lauteten m-Wert und p-Wert. Wichtig ist auch die Pufferintensität, d. h. die Reaktion bei Zugabe von Säure und Lauge. Für die Verknüpfung dieser Werte gelten die nachfolgenden Beziehungen und Näherungen [5] [6] [20] [83]. Der m-Wert setzt sich folgendermaßen zusammen:

$$m\text{-Wert} = c(HCO_3^-) + 2\,c(CO_3^{2-}) + c(OH^-) - c(H^+) \qquad (4.21)$$

Da die letzten Glieder sehr klein sind, ergibt sich für eine erste Näherung die Hydrogencarbonat-Ionen-Konzentration. Zwischen m-Wert und Säurekapazität besteht folgende Beziehung:

$$m \approx K_{S4,3} - 0,05 \quad \text{in mmol/l} \qquad (4.22)$$

Der m-Wert multipliziert mit 2,8 ergibt die KH in °dH.

Beispiel 6. Als Analysenwerte liegen vor: Säurekapazität bis pH 4,3 = 1,960 mmol/l, gesucht ist die HCO_3-Konzentration.

$c(HCO_3) = 1,960 - 0,05 = 1,910\,\text{mmol/l}$

$1,910 \cdot 2,8 = 5,4\,°dH; \quad 1,910 \cdot 61 = 116,5\,\text{mg/l}\,HCO_3$

Der p-Wert ist wie folgt festgelegt:

$$p\text{-Wert} = c(CO_2) + c(CO_3^{2-}) + c(OH^-) - c(H^+)$$

Auch hier sind die letzten drei Glieder sehr klein. Für normale Praxisfälle kann der p-Wert gleich der Basekapazität bis pH 8,2 gesetzt werden. Durch Multiplikation mit 44 erhält man mit hinreichender Genauigkeit die freie Kohlensäure in mg/l.

$$p\text{-Wert} \approx K_{B8,2} \qquad (4.23)$$

Für den pH-Bereich: 4,3 < pH < 8,2 errechnet sich die Pufferintensität (PI) nach folgender Gleichung:

$$PI = \frac{K_{S4,3} - 0,05 \cdot K_{B8,2}}{K_{S4,3} + K_{B8,2} - 0,05} \qquad (4.24)$$

Der Einfluß des Kohlensäure/Calcium-Systems auf die Wasseraufbereitungstechnik hat eine lange Tradition [85] [86]. Der Begriff des Kalk-Kohlensäure-Gleichgewichts (KKG) wurde vor über 60 Jahren eingeführt. Aus heutiger Sicht ist dieser Begriff überholt und wird von der Wasserchemie abgelehnt, er ist aber in der Fachliteratur noch häufig zu finden. Nach den oben gemachten Ausführungen ist die alte These, daß die nachfolgende Reaktion abläuft und das Hydrogencarbonat in nicht dissozierter Form vorliegt, als überholt anzusehen:

$$CaCO_3 + CO_2 + H_2O \rightarrow Ca(HCO_3)_2 \qquad (4.25)$$

Die Begriffe „rostschutzverhindernde, kalkaggressive, metallaggressive und aggressive Kohlensäure" sollten keine Verwendung mehr finden. Aus der Sicht der Gesundheitshygiene ist eine Festlegung auf den pH-Wert ausreichend und der Weg über das Kohlendioxid nicht notwendig, insbesondere wenn man berücksichtigt, daß ein weiches Talsperrenwasser bei pH-Wert 8,5 durchaus kalkaggressiv sein kann, ohne daß freie Kohlensäure im Labor nachgewiesen wird [30]. Die Begriffe „freie, gebundene, zugehörige und überschüssige Kohlensäure" haben in der Aufbereitungstechnik aber immer noch einen hohen Stellenwert. Die zugehörige freie Kohlensäure (es handelt sich um den CO_2-Sollwert im Gleichgewichtszustand, d.h. für den oben angegebenen Gleichgewichts-pH-Wert) kann nach folgender Formel errechnet werden:

$$C_{zug} = \frac{K_T}{f_T} \cdot [c(HCO_3^-)]^2 \cdot c(Ca_2^+) \cdot 44 = \beta(CO_2) \quad \text{in mg/l} \qquad (4.26)$$

Die Werte für K_T und f_T sind dem Bild **4.2** zu entnehmen.

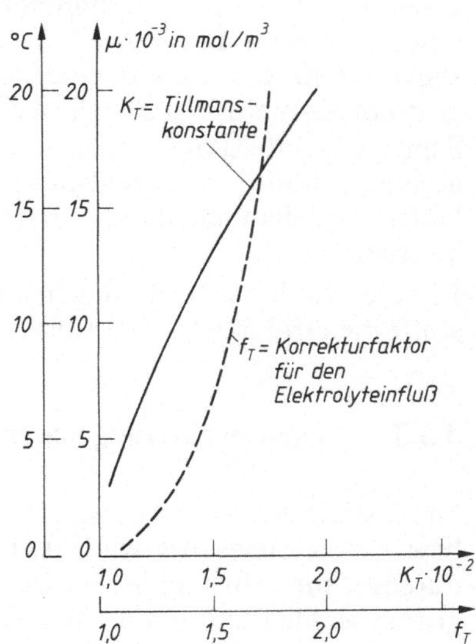

4.2
Korrekturfaktoren K_T und f_T für die Tillmans-Gleichung Gl. (4.26) [34]

Oder:

$$C_{zug} = 10^{SI} \cdot c(CO_2) \cdot 44 = \beta(CO_2) \quad \text{in mg/l} \qquad (4.27)$$

Als überschüssige Kohlensäure bezeichnet man nun:

$$CO_{2\ \text{übersch.}} = CO_2 - CO_{2\ \text{zugeh.}} \qquad (4.28)$$

Es handelt sich somit um die Kohlensäure, die den Kalkangriff bewirkt. Auch wenn das Kalk-Kohlensäure-Gleichgewicht und der Sättigungsindex das Korrosionsverhalten nur ungenügend beschreiben [82], so können über den Kalkangriff doch Tendenzen erkannt werden. Nach der TVO darf der pH-Wert im Bereich 6,5 bis 8,0 für zement- oder kalkhaltige Werkstoffe nur 0,2 vom pH-Wert bei Calciumcarbonatsättigung abweichen. Für diesen pH-Bereich gelten auch nur viele der oben angeführten Näherungen, und der Delta-pH-Wert kann für SI $\approx -0,3$ als erfüllt angesehen werden [48]. Das DVGW-Arbeitsblatt W 344 hat für Zementauskleidungen folgende Regelung getroffen: Für anorganische Kohlenstoffsummen $> 0,25$ mol/m^3 und für Calcium $> 0,02$ mol/m^3 sind folgende SI-Werte einzuhalten:

$$SI > -0,1, \text{wenn pH} < 7,0$$
$$SI > -0,3, \text{wenn } 7,0 < \text{pH} \leq 7,8$$
$$SI \text{ beliebig für pH} > 7,8.$$

Für Korrosionsinhibition an Metallen wird auf [22] verwiesen. Es steht schon heute fest, daß die Einstellung des Kalk-Kohlensäure-Gleichgewichts kein ausreichendes Kriterium ist. Für die Deckschichtbildung bei Sauerstoffanwesenheit ergibt sich eine schnelle und eine langsame Oxidation. Die schnelle Oxidation wird bei hohen pH-Werten, geringer Pufferung und wenigen Inhibitoren eingeschlagen. Der Einbau von zweiwertigem Eisen erfolgt zu Magnetit (Fe_3O_4). Unter ungünstigen Bedingungen (hohe Salzgehalte und Wasserstagnation) kann Eisenoxihydrat ausfallen, und es bildet sich „Rostwasser" (braune Färbung). Bei guter Pufferung und hoher Inhibitorkonzentration entstehen schwerlösliche Eisenverbindungen. Es wird eine Schutzschichtbildung aus Goethit (α-FeOOH) angestrebt, da hierdurch eine die weitere Korrosion hemmende Schicht entsteht. Die Schutzschichtbildung wird u. a. durch hohe Bicarbonationenkonzentration und geringe Sulfationenkonzentration gefördert [82]. Aus den oben geschilderten Abläufen wird deutlich, daß der Begriff Kalk-Rostschutz-Schicht nicht mehr zeitgemäß ist.

Für die Mindestanforderungen an aufbereitete Wässer gilt für metallische Werkstoffe die DIN 50930, Teil 1 bis 5.

4.3.3   Die Entsäuerung aus chemisch/physikalischer Sicht

Die Entfernung oder Umwandlung des im Wasser vorhandenen Kohlendioxids bzw. der Kohlensäure wird als Entsäuerung bezeichnet. Sie wird mit dem Ziel durchgeführt, ein stabiles Wasser zu erzeugen, damit die Werkstoffe nicht angegriffen werden und in den Versorgungsanlagen keine Kalkabscheidungen erfolgen können. Sie kann chemisch und physikalisch erfolgen. Man spricht daher auch von mechanischer und chemischer Entsäuerung. Die Löslichkeit von CO_2 im Wasser folgt dem Henry-Dalton-Gesetz. Unter Normalbedingungen beträgt die CO_2-Konzentration in der Luft 0,6 mg/l. Das im Wasser befindliche CO_2 muß mit der Luft in Kontakt gebracht werden. Die Reaktionskinetik entspricht einer Reaktion 1. Ordnung. Für die Reaktionsgeschwindigkeit gilt die nachfolgende mathematische Beziehung:

$$\frac{dC}{dt} = k \cdot (C_t - C_e) \quad \text{oder} \quad \frac{dC}{C_t - C_e} = dt \cdot k \tag{4.29}$$

Durch Integration ergibt sich:

$$\ln(C_t - C_e) = k \cdot t + A \quad \text{mit} \quad C_0 = C_t \quad \text{für} \quad t = 0$$
$$C_t = (C_0 - C_e) \cdot e^{-kt} + C_e \tag{4.30}$$

Für $C_e = 0$ ergibt sich:

$$C_t = C_0 \cdot e^{-k \cdot t}$$

Ausgehend von der Konzentration C_0 stellt sich nach der Zeit t die Konzentration C_t ein. Das Minuszeichen steht für die Abnahme, und der Wert k ist die Geschwindigkeitskonstante des Stoffaustrages. Aus Bild **4.3** wird deutlich, daß mit zunehmender Zeit nur eine Grenzkonzentration erreicht werden kann. Mit wirtschaftlich vertretbaren Mitteln kann daher nur eine Reduktion bis $> 2,5$ mg/l

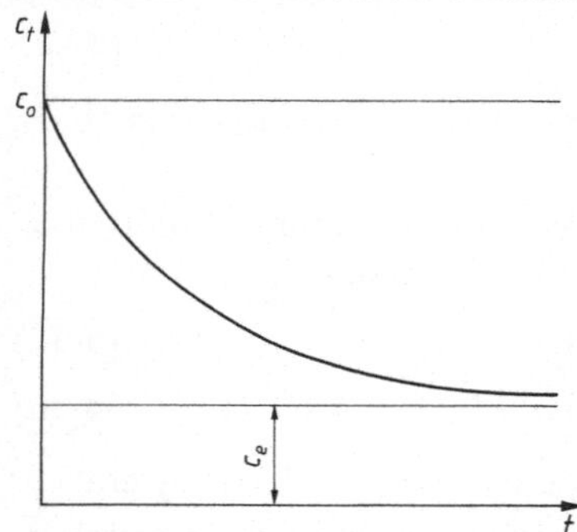

4.3
Kinetik der Entgasung
c_0 Ausgangskonzentration
c_e Endkonzentration
c_t Konzentration zum Zeitpunkt t

Tafel **4.5**

°C	pK_1
5	6,72
10	6,67
15	6,63
20	6,59

CO_2 erreicht werden. Beim Ausgasen von CO_2 bleiben Ca und HCO_3 bis zu einem pH-Wert $\approx < 7,8$ unverändert. Die mechanische Entsäuerung sollte maximal bis zu diesem pH-Wert erfolgen, da sonst Ausfällungen möglich sind. Für die Berechnung kann im Bereich pH 5,0 bis pH 8,0 der pH-Wert wie folgt berechnet werden [7]:

$$pH = pK_1 + \lg HCO_3^- - \lg CO_2 - 0,04 \sqrt{\mu} \tag{4.31}$$

Da bei der mechanischen Entsäuerung ein pH-Wert von 7,8 nicht überschritten werden soll, errechnet sich die maximal anzustrebende CO_2-Grenze nach Umstellung der Formel wie folgt:

$$\lg CO_2 = pK_1 - 7,8 + \lg \beta(HCO_3^-) - 0,04 \sqrt{\mu} \tag{4.32}$$
$$\mu \text{ in mmol/l}$$

Aus Tafel **4.5** ergeben sich die Werte für pK_1 in Abhängigkeit von der Temperatur.

Beispiel 7. Welcher maximale CO_2-Wert kann bei einer mechanischen Entsäuerung erreicht werden, wenn folgende Analysewerte vorliegen:

$T = 10$ °C, $HCO_3^- = 30$ mg/l, Ionenstärke $\mu = 5$ mmol/l, $CO_2 = 40$ mg/l.
$\lg CO_2 = 6,67 - 7,8 + \lg 30 - 0,04 \sqrt{5} = 0,26$; somit $CO_2 = 1,82$ mg/l

Der erforderliche Wirkungsgrad beträgt in %:

$$\frac{40 - 1,82}{40 \cdot 100} = \approx 95,5\%$$

Dieser Grad der mechanischen Entsäuerung wird nur von Hochleistungsreaktoren erreicht. Bei der mechanischen Entsäuerung bleibt der m-Wert konstant, während der pH-Wert und der p-Wert ansteigen und die anorganische Kohlenstoffsumme fällt, da CO_2 an die Luft abgegeben wird [42]. Die mechanischen Verfahren werden häufig mit chemischen Verfahren kombiniert. Bei der chemischen Entsäuerung wird ein Teil der freien Kohlensäure chemisch gebunden. Hierdurch können HCO_3^- und/oder Ca-Ionen gebildet werden. Da die HCO_3^--Ionen die Karbonathärte beeinflussen, kommt es zur Erhöhung der Karbonathärte und durch die Ca-Ionen zur Erhöhung der Gesamthärte. Die Entsäuerung mit Basen erfolgt mit Kalkmilch ($Ca(OH)_2$) oder Kalkwasser und Natronlauge (NaOH) nach folgenden Formeln [4]:

$$Ca(OH)_2 + 2\,CO_2 \quad = \quad Ca^{2+} + HCO_3^- \tag{4.33}$$

$$NaOH + CO_2 \qquad = \quad Na^+ + HCO_3^- \tag{4.34}$$

Bei der Zugabe von Kalkhydrat oder Natronlauge steigen m-, p- und pH-Wert an.

Die Entsäuerung durch Filtration über basisches Filtermaterial erfolgt über Marmor oder halbgebrannte Dolomite nach folgenden Formeln:

$$CaCO_3 + CO_2 + H_2O = Ca^{2+} + 2\,HCO_3^- \tag{4.35}$$

$$CaCO_3 \cdot MgO + 3\,CO_2 + 2\,H_2O = Ca^{2+} + Mg^{2+} + 4\,HCO_3^- \tag{4.36}$$

Der m-, p- und pH-Wert steigen an. In beiden Fällen tritt eine Aufhärtung ein.

In Tafel **4.**6 ist die Aufhärtung und der Materialverbrauch bei der chemischen Entsäuerung zusammengestellt [5] [6] [53]:
Da sich bei der Natronlauge nur der HCO_3-Wert ändert, spricht man hier von einer scheinbaren Härteerhöhung (NKH).

Tafel **4.**6   Härteerhöhung bei der Abbindung von CO_2 [5]

Material	Härteerhöhung in °dH je mg abgebundenes CO_2 bezogen auf		theoretischer Materialverbrauch
	HCO_3^-	Ca^{2+}	in g/g CO_2
Kalkhydrat	0,064	0,064	0,84
Natronlauge	0,064	0	0,91
Marmor	0,128	0,128	2,28
halbgebr. Dolomit	0,100	0,064	1,06

In **4.**4 ist die Entsäuerungsreaktion schematisch dargestellt. Auf der y-Achse ist das freie CO_2 aufgetragen (somit der ungefähre p-Wert) und auf der x-Achse das gebundene CO_2 (somit der ungefähre m-Wert oder die Karbonathärte). Bei der aufgetragenen Funktion handelt es sich um die Kalk-Kohlensäure-Gleichgewichtsfunktion nach Tillmans [85] mit der Ionenstärke von 0 mmol/l.

Befindet sich ein Wasser mit seinem CO_2-Ausgangswert oberhalb der Gleichgewichtskurve (Punkt 1 und 2), muß die überschüssige Kohlensäure physikalisch oder chemisch entfernt werden. Bei der mechanischen Entsäuerung verändert

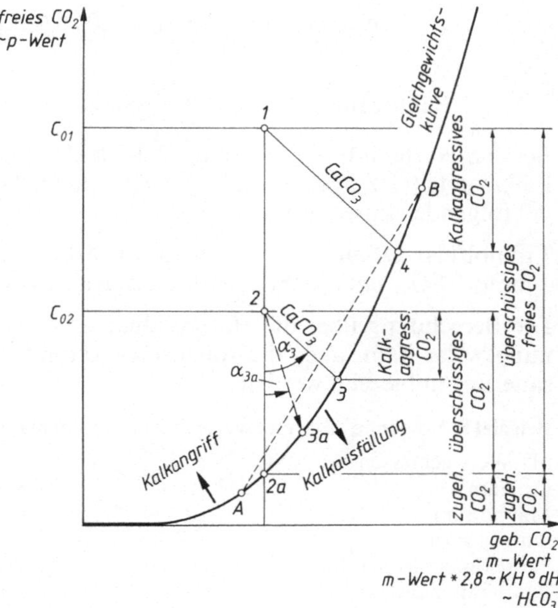

4.4   Gleichgewichtskurve nach Tillmans (verändert nach [20]) (berechnet für μ = 0 mmol/l und t = 10 °C einer reinen Calciumhydrogenkarbonatlösung)

sich die Härte nicht. Es muß daher durch CO_2-Ausgasung versucht werden, die Gleichgewichtskurve zu erreichen (Punkt 2a). Gelingt dies nicht (Punkt 2), muß chemisch nachentsäuert werden.

Bei der chemischen Entsäuerung tritt eine Veränderung der Härte ein, die eine Veränderung der Ionenstärke bewirkt. Je nach Aufhärtung verschiebt sich der Gleichgewichtspunkt um den Winkel α im Gegenuhrzeigersinn. Mit Ausnahme der Marmorfilterung (Punkte 3 u. 4), wo näherungsweise mit der Formel für das Calcit-Gleichgewicht gerechnet werden kann, ist die Materialberechnung sehr komplex, sie wird bei Vorhandensein von Eisen- und Manganverbindungen noch erschwert. Da aufwendige Iterationen erforderlich sind, liegen hierfür EDV-Programme vor [15] [23] [83]. An einem Rechenbeispiel sollen die Zusammenhänge verdeutlicht werden. Die Analysenwerte erfolgen in Anlehnung an Spindler [20].

Da die Ionenstärke in die Berechnung eingeht, hierzu einige Hinweise:
Bei einer Vollanalyse kann die Ionenstärke mit der folgenden Formel exakt berechnet werden:

$$I = 0,5 \cdot \Sigma c(i) \cdot z(i)^2 \qquad (4.37)$$

$c(i)$ = Konzentration in mmol
$z(i)$ = Wertigkeit

Die Ionenstärke kann auch näherungsweise über die Leitfähigkeit oder über die Härtebildner erfolgen. Für die Leitfähigkeit I in mmol/l gilt folgender Zusammenhang:

$$I = \frac{\text{Leitfähigkeit in } \mu S/cm \text{ bei } 20\,°C \text{ gem.}}{54{,}5} \qquad (4.38)$$

Faktor für 25 °C = 62,0; 1 $\mu S/cm$ = 0,1 mS/m

Bei den Härtebildnern haben die 2.1-Elektrolyte (z. B. $Ca(HCO_3)_2$) und die 2.2-Elektrolyte ($CaSO_4$ und $MgSO_4$) einen erheblichen Anteil an der Ionenstärke. Es gilt folgende Umrechnung:

1 mmol/l HCO_3^- entspricht einer Ionenstärke μ von $1{,}5 \cdot 10^{-3}$ mol/l
1 mmol/l SO_4^{2-} entspricht einer Ionenstärke μ von $4{,}0 \cdot 10^{-3}$ mol/l

Die Berechnung über die Härtebildner ist zwar nicht exakt, mit dieser Berechnungsweise kann aber die Ionenstärkeveränderung nach der chemischen Entsäuerung aufgezeigt werden.

Beispiel 8. Folgende Analysenwerte liegen zur Vorplanung vor:

pH-Wert gemessen bei 10 °C   = 6,48
Calcium   = 79,7 mg/l oder 1,988 mmol/l
Magnesium   = 18,4 mg/l oder 0,766 mmol/l
Sulfat (SO_4)   = 101,8 mg/l oder 1,060 mmol/l
Säurekapazität pH 4,3   = 1,960 mmol/l
Basenkapazität pH 8,2   = 1,370 mmol/l
Leitfähigkeit (20 °C)   = 506,1 $\mu S/cm$

Berechnung der Ionenstärke
a) über die Leitfähigkeit:

$$I = \frac{506{,}1}{54{,}5} = 9{,}28 \text{ mmol/l}$$

b) über die Härtebildner:

$HCO_3^- \approx K_{S4{,}3} - 0{,}05$

$HCO_3^- = 1{,}960 - 0{,}05 = 1{,}910$ mmol/l oder = 116,51 mg/l

$\mu_{2{,}1} \quad = 1{,}910 \cdot 1{,}5 \cdot 10^{-3} = 2{,}865 \cdot 10^{-3}$
$\mu_{2{,}2} \quad = 1{,}060 \cdot 4{,}0 \cdot 10^{-3} = \underline{4{,}240 \cdot 10^{-3}}$
$\qquad\qquad$ Summe $\mu \quad 7{,}105 \cdot 10^{-3}$ mol/l
$\qquad\qquad\quad$ bzw. $\quad 7{,}105$ mmol/l

Berechnung der Kohlensäure

$$C_{zug.} = \frac{K_T}{f_T} \cdot 1{,}91^2 \cdot 1{,}988 \cdot 44$$

$$= \frac{1{,}34 \cdot 10^{-2}}{1{,}51} \cdot 3{,}648 \cdot 1{,}988 \cdot 44 = 2{,}83 \text{ mg/l}$$

oder

$C_{zug.} = 10^{SI} \cdot c(CO_2) \cdot 44$

$SI \quad = -1{,}50$ s. Beispiel 5 und $CO_2 \approx K_{B8{,}3}$

$C_{zug.} = 10^{-1{,}5} \cdot 1{,}370 \cdot 44 = 1{,}91 \text{ mg/l}$

Die Differenz bei C_{zug} beruht auf der Tatsache, daß die Faktoren der Tafel **4.4** gegenüber der alten Version verändert sind.

Die freie Kohlensäure errechnet sich zu:

freies $CO_2 = 1{,}370 \cdot 44 = 60{,}3$ mg/l

Damit ergibt sich ein Anteil von freiem überschüssigen CO_2:

$60,3 - 2,83 = \approx 57,5$ mg/l.

Der maximal zulässige Wirkungsgrad für pH < 7,8 beträgt:

$$\lg CO_2 = pK_1 - 7,8 + \lg HCO_3 - 0,04 \sqrt{\mu}$$
$$= 6,67 - 7,8 + \lg 116,51 - 0,04 \sqrt{7,11} = 0,83$$
$$CO_2 = 6,76 \text{ mg/l}$$

Erforderlicher Wirkungsgrad:

$$\frac{116,51 - 6,76}{116,51} \cdot 100 = 94,2\%$$

Der erforderliche Restgehalt von $\approx 2,8$ mg/l kann mechanisch nicht erreicht werden. Somit ist eine chemische Nachentsäuerung erforderlich.

Geht man von einem Wirkungsgrad η von 60% für die mechanische Entsäuerung aus, so verbleibt an freiem CO_2 (Punkt 2 in **4.4**)

$0,40 \cdot 60,3 \approx 24,0$ mg/l

Nach **4.4** ist das zugehörige CO_2 nach der chemischen Entsäuerung größer als nach der vollständigen mechanischen Entsäuerung, also > 2,83 mg/l.

Für eine Filterung über Marmor ergibt sich folgende Näherungsberechnung:

1. S c h ä t z u n g für das zugehörige CO_2 nach der chemischen Reaktion

gew.: 4,0 mg/l, somit müssen $24,0 - 4,0 = 20,0$ mg/l abgebunden werden. Veränderung der Ionenstärke durch die Aufhärtung

$$\mu_{2.1} = \left(1,910 + \frac{20,0 \cdot 0,128}{2,8} \right) \cdot 1,5 \cdot 10^{-3}$$
$$= 4,23 \cdot 10^{-3}$$
$$\mu_{2.2} \quad \text{unveränderte } NKH \quad = 4,28 \cdot 10^{-3}$$
$$\text{Summe in mmol/l} \quad = 8,51 \cdot 10^{-3}$$

Neuer f_T-Wert = 1,55

Veränderung der HCO_3^-- und Ca^{2+}-Werte:

$$\Delta HCO_3^- = 20,0 \cdot 0,128/2,8 \quad = 0,914$$
$$\Delta Ca^{2+} \quad = 20,0 \cdot 0,128/(2,8/2) = 0,457$$

neuer HCO_3^--Wert $= 1,910 + 0,914 = 2,824$
neuer Ca^{2+}-Wert $\quad = 1,988 + 0,457 = 2,445$

neues $C_{zug.} = \dfrac{1,34 \cdot 10^{-2}}{1,55} \cdot 2,824^2 \cdot 2,445 \cdot 44 = 7,4$ mg/l

Überprüfung der 1. Schätzung: Ist die Bedingung erfüllt:

abgebundenes CO_2 + zug. CO_2 = Summe freies CO_2
20,0   + 7,4 $\neq$ 24,0 mg/l

Also muß eine 2. Schätzung erfolgen:

Mit 17,5 mg/l abgebundenem CO_2 ergibt sich ein zugehöriges CO_2 von:

$$C_{zug.} = \frac{1,34 \cdot 10^{-2}}{1,54} \cdot 2,71^2 \cdot 2,39 \cdot 44 = 6,7 \text{ mg/l}$$

Summe $CO_2 = 17,5 + 6,7 \approx 24,0$ mg/l

Für diese iterativen Berechnungen liegen EDV-Programme vor.

Mischt man ein im KKG befindliches Wasser A mit einem Gleichgewichtswasser B, so befindet sich das Mischwasser i.d.R. nicht mehr auf der Gleichgewichts-

Tafel **4**.7   Zugehöriges freies CO_2 nach T i l l m a n s [104]

KH in °dH	zugeh. freies CO_2 in mg/l	KH in °dH	zugeh. freies CO_2 in mg/l
2,0	0,30	9,0	7,80
3,0	0,61	10,0	11,00
4,0	1,10	11,0	15,35
5,0	1,75	12,0	20,65
6,0	2,70	13,0	27,25
7,0	3,85	14,0	35,00
8,0	5,50	15,0	44,10

kurve (**4.4**). In diesen Fällen müssen die Wässer durch eine Mischeinrichtung in das Gleichgewicht gebracht werden. Bei Wässern mit gleicher Pufferkapazität entstehen keine Probleme [22].

Als erste Näherung kann in Abhängigkeit von der Karbonathärte mit einem zugehörigen CO_2 der Tafel **4**.7 gerechnet werden.

4.4   Trinkwasserinhaltsstoffe

4.4.1   Chemische und physikalische Wasserinhaltsstoffe (Auswahl)

Wasser unterliegt als Lebensmittel strengen gesetzlichen Regelungen (s. Abschn. 1.2.2 und 9.3). Nach der Trinkwasserverordnung (TVO) [98] und der alten Trinkwasser-Aufbereitungs-Verordnung (TAVO) [zit. in 89] dürfen Wasserinhaltsstoffe und Zusatzstoffe bestimmte Werte nicht überschreiten. Weiterhin sind in der EG-Richtlinie [24] zulässige Höchstkonzentrationen (ZHK) und Richtzahlen (RZ) genannt. Auch die WHO [25] hat Empfehlungen für das Trinkwasser entwickelt. Eine Auswahl der angesprochenen Parameter ist in Tafel **4**.8 zusammengestellt. Für die Aufbereitung spielen die nachfolgenden Parameter eine wesentliche Rolle.

A m m o n i u m / A m m o n i a k (NH_4^+/NH_3) ist i.d.R. ein Alarmzeichen, wenn es nicht geologisch bedingt im Wasser anzutreffen ist. Diese Verbindungen deuten auf eine Abwasser-, Gülle-, Dünger-Verunreinigung hin. Der Anteil an Ammonium/Ammoniak ist pH-Wert- und temperaturabhängig. Je Gramm N werden bei der Oxidation 4,6 g Sauerstoff benötigt.

Bei der Nitrifikation wird über N i t r i t (NO_2^-) N i t r a t (NO_3^-) gebildet. Beide Parameter sind aufgrund der Blausuchtgefahr für Kleinkinder und wegen des Verdachts der Entstehung kanzerogener Verbindungen auf 0,1 bzw. 50 mg/l festgelegt [98]. In vielen Wasserwerken ist ein steigender Nitratgehalt festzustellen (**4.5**). Mit Hilfe der Denitrifikation kann Nitrat in elementaren Stickstoff (N_2) umgewandelt werden.

$$1 \ mmol/m^3 \ NH_4 = 0{,}018 \ mg/l;$$
$$1 \ mol/m^3 \quad NO_3 = 62 \ mg/l.$$

Tafel **4.8**   Wasserinhaltsstoffe (Auswahl)

Bezeichnung	EG (ZHK)	EG (RZ)	TVO	WHO
Sensorische Größen				
Färbung*) SAK (436 nm) in m^{-1}	–	–	0,5	–
Geruchsschwellwert				
Verdünnungsfaktor	2 bei 12 °C	0	2 bis 12 °C	–
	3 bei 25 °C		3 bis 25 °C	–
Trübung*) SiO_2 in mg/l	10	1,0	–	–
Formazin-Einheit TE/F	–	–	1,5	5
Physikalisch-chemische Größen				
Temperatur in °C	25	12	25	–
pH-Wert	9,5	6,5 bis 8,5	6,5 bis 9,5	–
Leitfähigkeit in µS/cm	–	400 bei	2000 bei	–
		20 °C	25 °C	–
Oxidierbarkeit				
$KMnO_4$ als O_2 in mg/l	5,0	2,0	5,0	–
Chemische Stoffe in mg/l				
Al Aluminium	0,2	–	0,2	–
As Arsen	0,05	–	0,01[2])	0,05
Cd Cadmium	0,005	–	0,005	0,005
Cl Chlorid	–	25	250	250
Cr Chrom	0,05	–	0,05	0,05
Fe Eisen	0,2	0,05	0,2	0,3
Hg Quecksilber	0,001	–	0,001	0,001
Mn Mangan	0,05	0,02	0,05	0,1
NH_4^+ Ammonium	0,5	0,05	0,5	–
NO_2^- Nitrit	0,1	–	0,1	–
NO_3^- Nitrat	50	25	50	44
O_3 Ozon	–	–	< 0,05	
Pb Blei	0,05	–	0,04	0,05
SO_4^{2-} Sulfat	250	25	240	400
Organische Verbindungen in mg/l				
Phenol	0,0005	–	0,0005	[1])
PAK	0,0002	–	0,0002	[1])
Polycyclische aromatische Kohlenwasserstoffe (C)				
z. B.: – Fluoranthen				
– Benzo-(a)-Pyren				
CKW	0,003 bis 0,01	–	0,003 bis 0,01	[1])
Organische Chlorverb., z. B.:				
– 1,1,1-Trichlorethan			0,01	
– Tetrachlormethan			0,003	
PBSM chem. Mittel zur	0,0001	–	0,0001	
Pflanzenbehandlung und	je Einz.		je Einz.	
Schädlingsbekämpfung	0,0005		0,0005	[1])
PCB und PCT	in Sum.		in Sum.	

***)** kurzfristige Überschreitung zulässig
[1]) Detail s. WHO [25]   [2]) bis 1. Januar 1996 gilt ein Wert von 0,04 mg/l

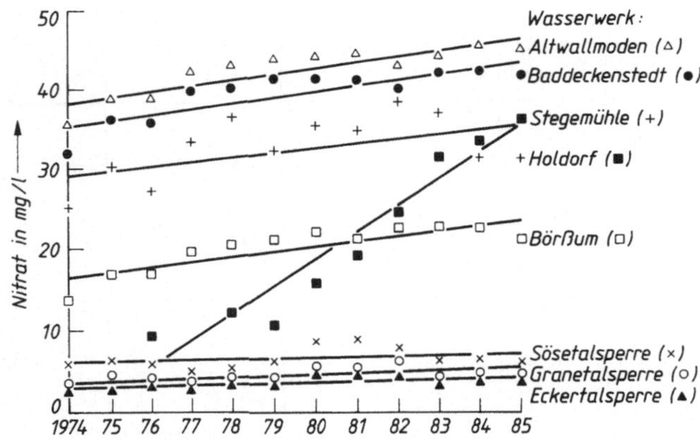

4.5   Trendentwicklung der Nitratbelastung von Wasserwerken [73]

Calcium (Ca_2^+) und Magnesium (Mg_2^+) sind die wesentlichen Härtebildner des Wassers (s. Abschn. 4.3.1). Sie sind praktisch in allen Wässern vorhanden.

$$1 \text{ mol/m}^3 \text{ Ca } = 40 \quad \text{mg/l};$$
$$1 \text{ mol/m}^3 \text{ Mg} = 24{,}3 \text{ mg/l}.$$

Chlor (Cl_2) und Chlorverbindungen werden zur Desinfektion dem Wasser in der Aufbereitung zugegeben (s. Abschn. 5).

Chloride (Cl^-) kommen in natürlichen Wässern insbesondere als Kochsalz (NaCl) vor. Die Geschmacksgrenze für NaCl liegt bei $\approx$ 250 mg/l.

Eisen (Fe) kommt in Abhängigkeit vom pH-Wert und der Elektronenaktivität in Ionen-Form (Fe_2^+ und Fe_3^+) oder fester Phase $Fe(OH)_3$, $Fe(OH)_2$ oder $FeCO_3$ vor [20]. In sauerstofffreien Wässern liegt es häufig als Eisen(II)-Ion vor. Bei Sauerstoffzufuhr bilden sich dann rostfarbene Flocken im Wasser. Bei der Anwesenheit von Huminstoffen bilden sich schwer entfernbare komplexe Verbindungen. Die Eisenentfernung zählt zu den Hauptaufgaben der Aufbereitung (s. Abschn. 4.5 und 5.6).

Mangan $Mn(OH)_4$ oder MnO_2 tritt häufig mit Eisen gemeinsam auf. Durch Oxidation entstehen aus Mangan(II)-Ionen tief schwarz-tintige Manganflocken. Mangan und Eisen sind nicht toxisch, können aber im Rohrnetz zur Inkrustation und Verkeimung führen.

Organische Stoffe im Wasser werden als Summenparameter angegeben. Der DOC (Dissolved organic carbon) gibt den gelösten organischen Kohlenstoff in gC/m^3 an, während der TOC (Total organic carbon) den gesamten organischen Kohlenstoff angibt. Die Oxidierbarkeit in mg O_2/l wird aus dem Kaliumpermanganatverbrauch ($KMnO_4$) berechnet. 1 mg $KMnO_4$/l ergibt 0,25 mg O_2/l.

Sulfat (SO_4^{2-}) verleiht dem Wasser einen bitteren Geschmack und kann bei hohen Konzentrationen zu Darmstörungen führen. Sulfathaltige Wässer greifen Beton- und Stahlteile an.

Phosphat (PO_4^{3-}) wird häufig zur Verbesserung der Korrosionsbekämpfung und zur Verhinderung von Kalkabscheidungen eingesetzt (Inhibitor).

Organische Verbindungen (z.B. Pflanzenschutzmittel [PBSM]) haben nach der neuen TVO einen Grenzwert von 0,1 µg/l je Einzelsubstanz und dürfen mit den PCBs und PCTs einen Summenwert von 0,5 µg/l nicht überschreiten. Jährlich werden ca. 30000 t verkauft, und es sind ca. 300 Wirkstoffe im Handel. Diese Parameter werden zunehmend im Rohwasser gefunden, und eine Entfernung ist sehr aufwendig.

PAK (polycyclische aromatische Kohlenwasserstoffe, sie entstehen u.a. bei der Verbrennung) und CKW (organische Chlorverbindungen, sie werden in der Industrie zur Reinigung und Entfettung eingesetzt) finden sich zunehmend im Rohwasser. Sie sind zu einem Großteil krebsverdächtig (kanzerogen) und haben daher sehr geringe Grenzwerte. Huminstoffe bilden häufig mit Eisen Komplexverbindungen, die sehr schwer zu entfernen sind. Der AOX wird als Summenparameter für adsorbierbare organische Halogenverbindungen angesehen, die mit A-Kohle entfernbar sind.

Schwermetalle können sich über die biologische Kette anreichern (s. Abschn. 1.2.2). Es müssen daher sehr geringe Grenzwerte festgelegt werden.

Bei den physikalischen Parametern spielt die Leitfähigkeit eine wesentliche Rolle, sie ist ein Maßstab für den Salzgehalt. Nach dem Reaktorunfall in der UdSSR hat die Frage der Radioaktivität wieder an Bedeutung gewonnen. Die Radioaktivität wird in Becquerel (Bq) gemessen (W 253).

Wichtigster Parameter ist der pH-Wert. Nach der TVO muß der Delta-pH-Wert mit einer Meßgenauigkeit ± 0,1 eingehalten werden (s. Abschn. 4.3.2).

4.4.2   Bakteriologische Wasserinhaltsstoffe

Oberflächenwässer, aber auch Grundwässer können pathogene Mikroorganismen enthalten, die typische, auf dem Wasserpfad übertragbare Krankheiten hervorrufen können (s. Abschn. 1.2.2). Die bakteriologische Wasseruntersuchung nimmt daher eine zentrale Stelle in der TVO ein. In § 1 Abs. 1 ist festgelegt:

„Trinkwasser muß frei sein von Krankheitserregern. Dieses Erfordernis gilt als nicht erfüllt, wenn Trinkwasser in 100 ml Escherichia coli enthält (Grenzwert). Coliforme Keime dürfen in 100 ml nicht enthalten sein (Grenzwert); dieser Grenzwert gilt als eingehalten, wenn bei mindestens 40 Untersuchungen in mindestens 95 vom Hundert der Untersuchungen coliforme Keime nicht nachgewiesen werden.“

Escherichia coli = E. coli dient als typischer Indikatorvertreter der normalen Darmbakterien von Menschen und Tieren. Die Untersuchungsart ist in der Anlage 1 zur TVO geregelt. Es müssen mindestens 100 ml durch Flüssigkeitsanreicherung direkt oder über Membranfiltration in Laktose-Bouillon angesetzt werden. Die Bebrütungstemperatur beträgt 36 °C. Nach einer Bebrütungsdauer von minimal 24 ± 4 Stunden entwickeln sich mit dem bloßen Auge sichtbare Kolonien von Metallglanz. Neben dieser „Hauptuntersuchung" erfolgt noch eine Untersuchung auf Fäkalstreptokokken, auf sulfidreduzierende Anaerobier und die Bestimmung der Koloniezahl.

4.4.3   Untersuchungsumfang und Hinweise zur Probenahme bei Wasseranalysen

Die Wasseruntersuchung erstreckt sich primär zunächst auf das abzugebende Trinkwasser. In § 10 der TVO in Verbindung mit Anlage 5 ist nach der Abgabemenge gestaffelt der Umfang und die Häufigkeit der Untersuchungen festgelegt. Nach den Landeswassergesetzen (s. Abschn. 9) kann die Untersuchung auch auf das Rohwasser ausgedehnt werden. Für PBSM haben einige Länder diese Regelungsmöglichkeit bereits genutzt [90]. Neben dieser gesundheitlichen Sorgfalts-

Tafel **4.9**   Rohwasser-Minimalprogramm für Kontrollzwecke (W 254) Physikalisch-chemische Vollanalyse. (Dieses Minimalprogramm ist auch zu Kontrollzwecken, z. B. wegen der Erstellung der Ionenbilanz, notwendig.)

			DIN-Verfahren
Farbe, qualitativ			38 404 Teil 1
Trübung, qualitativ			38 404 Teil 2
Geruch, qualitativ			DEV B 1/2
Färbung, Ext. bei 436 nm		m^{-1}	38 404 Teil 1
Temperatur		°C	38 404 Teil 4
Leitfähigkeit (bei 25 °C)		mS/m	38 404 Teil 8
Sauerstoff	(O_2)	mg/l	38 408 Teil 21 bzw. 38 408 Teil 22
pH-Wert			38 404 Teil 5
Säurekapazität bis pH 4,3		mmol/l	38 409 Teil 7
Gesamthärte		mmol/l	38 409 Teil 6
Calcium	(Ca)	mg/l	38 406 Teil 3
Magnesium	(Mg)	mg/l	38 406 Teil 3
Natrium	(Na)	mg/l	DEV E 14
Kalium	(K)	mg/l	DEV E 13
Ammonium	(NH_4)	mg/l	38 406 Teil 5
Eisen, gesamt	(Fe)	mg/l	38 406 Teil 1
Mangan, gesamt	(Mn)	mg/l	38 406 Teil 2
Chlorid	(Cl)	mg/l	38 405 Teil 1
Nitrat	(NO_3)	mg/l	38 405 Teil 9
Nitrit	(NO_2)	mg/l	38 405 Teil 10
Sulfat	(SO_4^{2-})	mg/l	38 405 Teil 5
DOC	(C)	mg/l	38 409 Teil 3
spektraler Absorptionskoeffizient bei 254 nm		m^{-1}	38 404 Teil 3
POX/AOX	(Cl)	mg/l	38 409 Teil 14
Koloniezahl 20 ± 2 °C		pro ml	DEV K 5
Coliforme		pro 100 ml	DEV K 6
E. Coli		pro 100 ml	DEV K 6

pflicht ist eine Rohwasseranalyse auch zur Steuerung und zur Überprüfung der Wirksamkeit der Aufbereitungsanlage angebracht. In W 254 sind die Grundsätze für eine Rohwasseruntersuchung zusammengefaßt. Das erforderliche Basismeßprogramm ist in Tafel **4.9** dargestellt. Es handelt sich um ein Minimalprogramm. Die Probenahme und die Analyse dürfen nur durch Fachpersonal erfolgen. Die Auswahl der Probenahmestellen, das Probenvolumen, die Probenahmegefäße, die Vorortanalysen etc. erfordern bei der heutigen Spurenanalytik einen Wasserchemiker und einen Bakteriologen.

4.5 Physikalische, chemische und biochemische Grundlagen der Eisen- und Manganentfernung

Die wesentlichen Randbedingungen hat Groth [22] zusammengestellt. Die Oxidation ist der Entzug von Elektronen durch ein Oxidationsmittel, das diese Elektronen aufnehmen muß. Bekannte Oxidationsmittel sind Sauerstoff (O_2), Chlor (Cl_2), Kaliumpermanganat etc. Eisen und Mangan kommen in den Oxidationsstufen II/III bzw. II/IV vor, im Wasser sind die zweiwertigen Formen leichter löslich. Die Stärke der Elektronenbindung kann als Redoxpotential in Millivolt gemessen werden und wird zusammen mit dem pH-Wert und der Temperatur angegeben. Mit dem Eh-pH-Diagramm (**4.6**) lassen sich sehr gut qualitativ die Zusammenhänge erläutern. Für den pH-Wert von 7 laufen folgende Prozesse ab:

Vorgaben: C-, N- und S-Konzentration variabel, Sauerstoffpartialdruck 0,21 bar absolut (offener Gasaustausch mit der Luft), 25 °C Temperatur, Eisen(II)-Ionenkonzentration ≈ 5,0 mg/l und Mangan(II)-Ionenkonzentration ≈ 0,5 mg/l

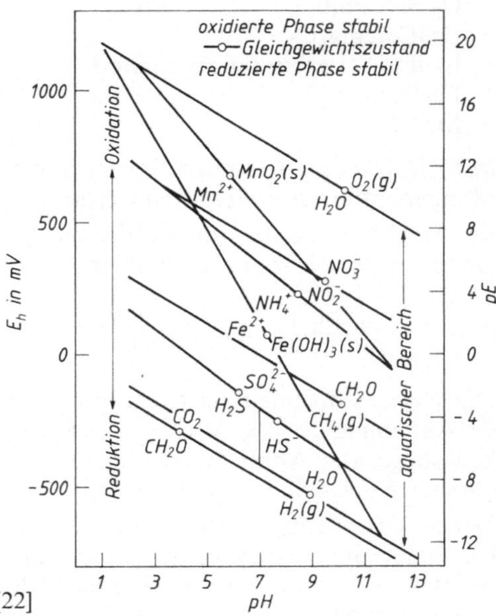

4.6
Eh-pH-Diagramm für aquatische Systeme [22]

ab Eh $>$ $-$ 400 mV Oxidation von organischem C zu CO_2
    Eh $>$ $-$ 150 mV Sulfidoxidation zu Sulfat
    Eh $>$ 0 mV Methanoxidation
    Eh $>$ 150 mV Fe(II/III)-Oxidation möglich
    Eh $>$ 500 mV $NH_4 - NO_2 - NO_3$-Oxidation
    Eh $>$ 650 mV Mn(II/IV)-Oxidation möglich.

Für die Eisen- und Manganoxidation sind die folgenden Hinweise möglich, da die nächste höhere Oxidationsstufe erst erreicht wird, wenn die tieferen Stufen aufoxidiert sind:

- Die Manganoxidation kann erst erfolgen, wenn die Fe(II)-, NH_4- und NO_2-Oxidation abgeschlossen ist.
- Die Eisenoxidation kann nur durch Schwefelwasserstoff und reduzierte organische Verbindungen gehemmt werden.

Diese Grundaussagen werden durch die biologischen Vorgänge im natürlichen Gewässer überlagert. Die Mikroorganismen können mit Hilfe von Enzymen in das Elektronenübertragungssystem eingreifen. Die biologische Aktivität eines Gewässers hängt von seinen Inhaltsstoffen ab. Vom nährstoffarmen bis hin zum nährstoffreichen Gewässer gibt es Zwischenstufen:

oligotroph $-$ mesotroph $-$ eutroph $-$ polytroph

Daneben spielen noch „Braunwässer" (dystroph) eine Rolle, denn sie enthalten Huminstoffe. Nach Groth [22] sind die drei Haupt-Gewässergruppen A, B und C möglich, die durch folgende Parameter beschrieben werden:

- Redoxpotential Eh in mV
- pH-Wert
- O_2-Sättigung
- DOC in mg/l
- N- und S-Verbindungen in mg/l
- Fe(II) in mg/l
- Mn(II) in mg/l

Mit Hilfe dieser Grundparameter können Verfahrensschritte zur Eisen- und Manganentfernung entwickelt werden (s. Abschn. 5).

Die Reaktionskinetik für die direkte Eisenoxidation läßt sich nach Just [43] durch folgende Formel beschreiben:

$$-\frac{[dFe_2^+]}{dt} = K \cdot \frac{[Fe_2^+] \cdot [O_2]}{[H^+]^2} \tag{4.39}$$

Die Wasserstoffionenkonzentration geht somit als Reaktion 2. Ordnung ein, d. h. die Anhebung des pH-Wertes um eine Einheit bringt eine 100fache Geschwindigkeitssteigerung. Ähnliches gilt auch für die Manganoxidation. Dies zeigt deutlich die starke pH-Abhängigkeit der Reaktionen.

Neben diesem Effekt ist aber auch noch die katalytische Oxidation von großer Bedeutung, insbesondere für die Manganoxidation. Durch die unvollständige Oxidation erhält der Filterkörper Halbleitereigenschaft. Für die autokatalytische Filterung sind für die Praxis folgende Randbedingungen wichtig:

- Sauerstoff-Mindestkonzentration > 1 mg/l
- Stützung des pH-Wertes > 6,2 in Eisenfiltern
  > 7,8 in Manganfiltern.

Bei weichen Wässern mit geringer Puffereigenschaft sind besondere Vorsichtsmaßnahmen geboten:

- Zusatz von Oxidationsmitteln vermeiden, Sauerstoffkonzentration < 10 mg/l
- Trübstoffe fernhalten, da sie die Katalysatoroberfläche abdecken
- keine zu starke Filterrückspülung, da sonst Katalysator-Abschwemmung

Vielfach wird angenommen, daß durch molekular gelösten Sauerstoff eine Verbesserung der Manganoxidation zu erreichen ist. Dies wird aber nicht möglich sein, solange der Eh-Wert nicht > 600 mV und der pH-Wert > 7,6 liegt. In diesen Fällen kann aber Kaliumpermanganat angewendet werden. Die Reaktionsgleichung lautet:

$$3\ Mn^{2+} + 2\ MnO_4^- + 6\ OH^- + 2\ H_3O^+ \rightarrow 5\ MnO_2 + 6\ H_2O \qquad (4.40)$$

Das Mangandioxid kann abgefiltert werden. Die $KMnO_4$-Zugabe erfolgt überstöchiometrisch. Weiterhin spielen Bakterien und Pilze eine Rolle bei der Eisen- und Manganoxidation sowie bei der Eisen- und Manganoxidhydratfällung. Diese biologischen Faktoren sind aber schwer steuerbar.

Diese Ausführungen verdeutlichen, daß es bisher keine brauchbare Formel für die Bemessung gibt. Für einige Rohwässer können Aufbereitungswege aufgezeigt werden. Für komplexe Wässer sind Aufbereitungsversuche aber unabdingbar. Für die Praxis ist es wichtig zu wissen, daß man die Zeit bis zur Einstellung einer katalytischen Wirkung durch die Zugabe von eingearbeitetem Filtermaterial erheblich verkürzen kann. Dies gilt insbesondere für die Manganentfernung.

4.6   Die Löslichkeit von Gasen im Wasser

Nach den gleichen Grundsätzen wie der Gasaustrag (4.3) vollzieht sich auch der Sauerstoffeintrag. Es ergibt sich eine Sättigungskonzentration C_s, die vom Druck und der Temperatur abhängig ist. Die mathematische Funktion für Bild **4.7** lautet:

$$C_t = C_s - (C_s - C_0) \cdot e^{-kt} \qquad (4.41)$$

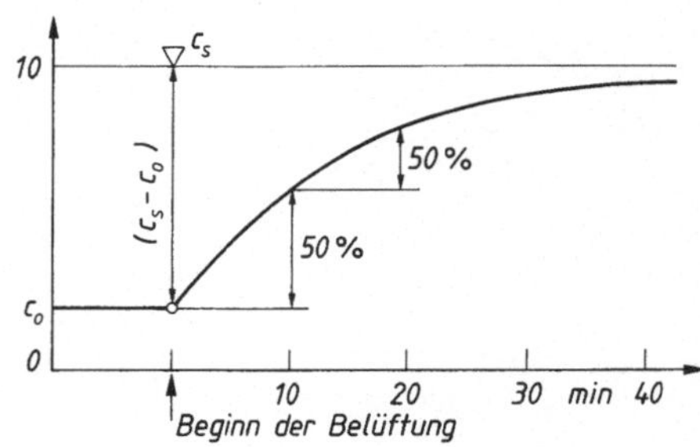

4.7
Kinetik der Belüftung
c_0 Ausgangskonzentration
c_s Sättigungskonzentration

Tafel **4.**10   Löslichkeit der Luftbestandteile in g/m^3 in Abhängigkeit von der Temperatur [20]

Temperatur in °C	0	5	10	15	20
N_2	22,88	20,25	18,09	16,37	15,10
O_2	14,46	12,68	11,24	10,10	9,18
CO_2	1,00	0,83	0,69	0,59	0,51

Tafel **4.**11   Gleichgewichtskonzentration von in Wasser gelöstem Sauerstoff bei unterschiedlichen Drücken und $T = 12\,°C$ [22]

Gas Druck in bar	Luftsauerstoff in g/m^3	techn. reiner Sauerstoff in g/m^3
1	10,75	51,27
2	21,50	102,54
4	43,00	205,08

Geht man von einer Anreicherung von 50% je 10 Minuten aus, so ergibt sich ein k-Wert von $\approx 0{,}07$.

Trockene Luft hat folgende Gaszusammensetzung [20]:

$N_2 \;=\; 78{,}03$ Volumen-%
$O_2 \;=\; 20{,}99$ Volumen-%
$CO_2 =\; 0{,}03$ Volumen-%.

In Abhängigkeit von der Temperatur bei einem Gesamtdruck von 1 bar ergeben sich die Werte der Tafel **4.**10.

Den Zusammenhang einer Druckerhöhung oder die Wahl von reinem Sauerstoff zeigt Tafel **4.**11 [22].

5 Aufbereitungsverfahren in der Trinkwasserversorgung

In Bild **5.**1 sind die Verfahren und deren Kombinationsmöglichkeiten für die Oberflächenwasser-Aufbereitung dargestellt [83]. Neben den aus der Abwassertechnik bekannten Verfahren der mechanischen Vorklärung (Siebung und Sedimentationsbecken) spielt der Gasaustausch/Oxidation (Be- und Entgasung bzw.

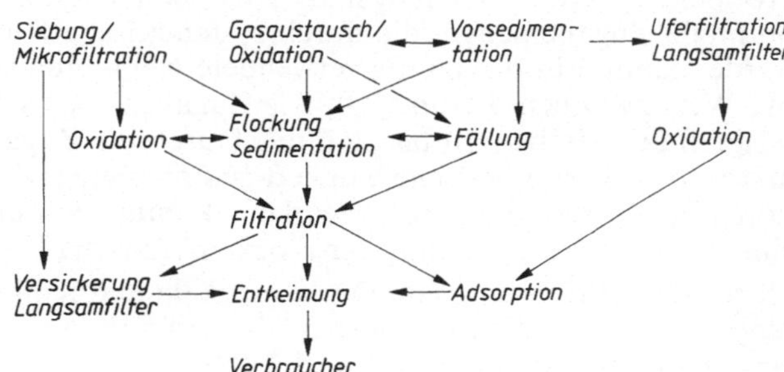

5.1
Verfahrenskombinationen zur Oberflächenwasser- Aufbereitung [83]

Zugabe von Oxidationsmitteln), die Fällung und Flockung, die Filtration, die Adsorption (physikalische oder chemische Bindung an Aktivkohle, Ionenaustauscher, Adsorberharze) und die Entkeimung (Chlor, Ozon, UV-Bestrahlung) eine wesentliche Rolle.

5.1 Siebverfahren, Absetzbecken

Durch Grob- und Feinrechen werden zunächst· die Schwimmstoffe entfernt, Grobrechen mit Stababständen von 30 bis 100 mm und Feinrechen mit 2 bis 10 mm. Die Siebe, als Trommel- oder Bandsieb ausgebildet, haben Maschenweiten von 10 bis 100 µm. Bei den Mikrosieben beträgt die Maschenweite 0,02 bis 10 µm.

In den Absetzbecken sollen die im Wasser befindlichen Schwebstoffe sedimentieren. Für die Bemessung gelten die Bemessungsregeln, wie sie in der Abwassertechnik bekannt sind. Die Becken werden als Rund- und Längsbecken gebaut. Die Absetzfläche kann durch Parallelplattenabscheider vervielfacht werden. In manchen Fällen kann auch eine Flotation Vorteile gegenüber einer Schwerkraftsedimentation bringen. Hierbei werden mit Hilfe von Luftblasen die Feststoffpartikel an die Oberfläche transportiert und das Flotat abgeskimmt. Für weitere Einzelheiten wird auf [9] verwiesen.

5.2   Flockung und Fällung (W 217)

In Oberflächengewässern liegen feinstverteilte Feststoffe und gelöste Stoffe vor, die bei natürlicher Sedimentation zu sehr langen Aufenthaltszeiten in den Absetzbecken führen bzw. erst gefällt werden müssen. Die Grenze zwischen gelösten und kolloidalen Wasserinhaltsstoffen liegt bei etwa 0,45 µm. In den meisten Fällen ist die Oberfläche der festen Stoffe negativ geladen. Dies führt zu einer stabilen Dispersion, da sich die Partikel gegenseitig abstoßen. Ein wichtiger Schritt ist daher die Entstabilisierung durch die Zugabe von Flockungsmitteln in Form von Aluminium- und Eisen-III-Salzen. Hierbei werden positiv geladene Hydroxokomplexe an der Feststoffoberfläche adsorbiert. Bei der Fällung werden mehrere gelöste Komponenten zu sedimentierfähigen Feststoffen umgebildet. Es entstehen in beiden Fällen zunächst Mikroflocken, dann sedimentierfähige Makroflocken. Jedes Flockungsmittel hat einen optimalen pH-Bereich und eine optimale Zugabemenge, die durch systematische Rührbecherversuche ermittelt werden kann. Für das häufig verwendete Aluminiumsulfat (DIN 19 600) liegt der pH-Wert zwischen 5,5 und 7,0. Die Zugabemenge schwankt nach der Rohwasserqualität zwischen 10 bis 50 g/m³. Durch die Zugabe von Flockungshilfsmitteln, z. T. synthetische langkettige Polymere (DIN 19 622), die die Flocculation (Großflockenbildung) bewirken, kommt es durch Vernetzungseffekte zu einer weiteren Verbesserung der Flockeneigenschaft.

Neben der Abtrennung von Feinstpartikeln und Kolloiden kommt es zur Ausfällung und Mitfällung von gelösten Wasserinhaltsstoffen. Den klassischen Aufbau einer Flockungsanlage zeigt Bild **5.2** [22].

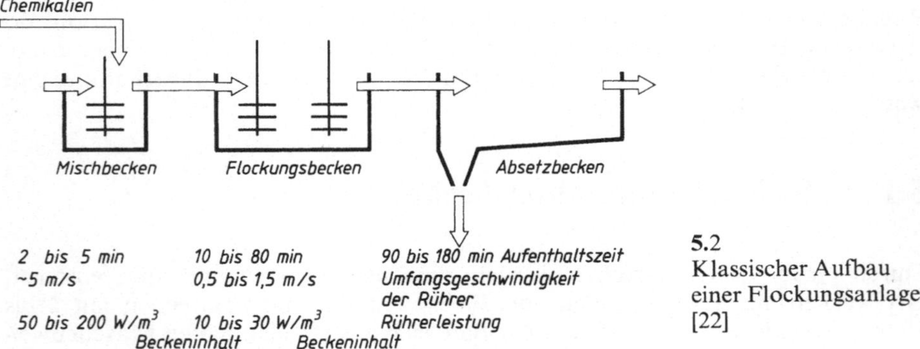

5.2
Klassischer Aufbau
einer Flockungsanlage
[22]

Im Mischbecken mit hoher Turbulenz werden die Chemikalien zugegeben. Es folgt das eigentliche Flockungsbecken mit geringer Bewegungsenergie zur Bildung der Makroflocken, die im nachgeschalteten Absetzbecken abgetrennt werden. Kritischer Punkt ist die Überleitung vom Flockungs- in das Absetzbecken, da die Flocken gegen Scherkräfte sehr empfindlich sind. Kreiselpumpen dürfen daher nicht eingesetzt werden. Dieser Nachteil hat zur Entwicklung von Schlammkontakt- und Schlammschwebschicht-Verfahren geführt. Typische Vertreter sind der Flocker, Pulsator und Accelator (**5.3**). Bei diesen Verfahren wird mit Schlammrückführung bzw. schwebendem Flockenfilter gearbeitet und hierdurch die Flockenbildung und deren Rückhalt optimiert.

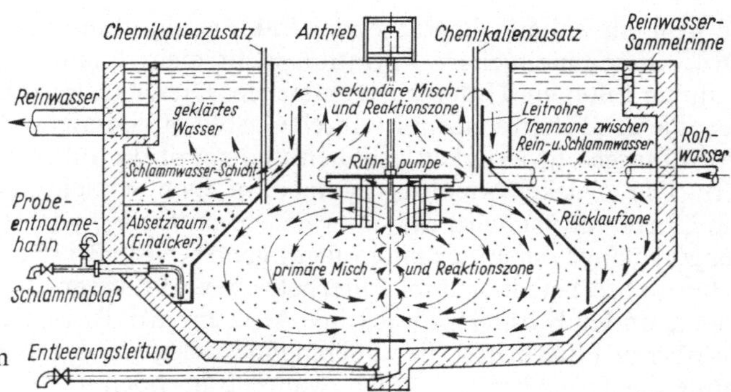

5.3
Kompaktflockung in einem
Lurgi-Accelator [121]

Die Abtrennung der gebildeten Flocken kann auch durch Flotation, Parallelplattenabscheider und durch direkte Filtration (Flockungs-Filtration) erfolgen. Im Einsatz sind auch Kombinationen als Hochleistungsflocker.

5.3   Filtration (DIN 19 605, W 210, W 211)

5.3.1   Grundlagen

Nach W 210 versteht man unter Filtration die Konzentrationsänderung von Wasserinhaltsstoffen beim Durchströmen eines Filtermediums. Das Filtermedium ist ein durchlässiges Porensystem, das häufig aus geschüttetem, festem Filtermaterial (z. B. Filtersand) besteht. Die Konzentrationsänderung der Wasserinhaltsstoffe kann durch chemische, physikalische und biologische Wirkmechanismen an der Oberfläche des Filtermaterials erfolgen, häufig wirken mehrere Mechanismen zusammen. Wichtig ist, daß die Wasserinhaltsstoffe mit der Oberfläche Kontakt bekommen. Sind die abzutrennenden Wasserinhaltsstoffe gegenüber dem Porensystem zu groß, so entsteht in der oberen Filterschicht eine unerwünschte Siebwirkung. Es sind dann Verfahren nach Abschn. 5.1 vorzuschalten. Wird eine chemische Wirkung des Filtermaterials angestrebt (z. B. chemische Entfernung von CO_2), so darf die Oberfläche nicht durch Beläge blockiert werden. In anderen Fällen kann ein Belag aber auch eine katalytische Wirkung haben, wie z. B. bei der Manganentfernung (s. Abschn. 4.5). Durch den Filtervorgang und die damit verbundene Konzentrationsänderung der Wasserinhaltsstoffe wird Filtermaterial entweder beladen oder verbraucht. Hierdurch ändert sich die Filterwirksamkeit im Laufe der Zeit.

Bei der Suspensionsfiltration wird sich im Idealfall der Filter von oben nach unten mit Feststoffen beladen. Dies ist aber kaum zu erreichen, da sich im oberen Teil durch die Beladung das Porenvolumen verringert und die effektive Filtergeschwindigkeit und der Filterwiderstand zunimmt. Hierdurch werden die bereits angelagerten Teilchen einem stärkeren Strömungsdruck ausgesetzt und in tiefere Schichten verlagert. Nach einer bestimmten Zeit treten die abzufilternden Stoffe im unteren Teil des Filtermediums aus, und die gewünschte Ablaufqualität wird nicht mehr erreicht. Die Druckverluste steigen infolge der Beladung an. Sie können ein weiterer begrenzender Faktor sein, wenn die technisch vorgesehene Druckhöhe eine weitere Filtration nicht mehr erlaubt. In ungünstigen Fällen kann im Filter ein Unterdruck entstehen. Dieser Unterdruck führt zu Ausgasungen, die den Filterquerschnitt durch Gasblasenbildung weiter einengen, die effektive Filtergeschwindigkeit erhöhen und somit die Filtratgüte weiter verschlechtern. Die Druckentwicklung in einem offenen Schnellfilter zeigt **5.4** [21]. Durch die Überstauhöhe wird die unter 45° verlaufende hydrostatische Drucklinie erzeugt, solange der Filter unten nicht geöffnet ist. Bei dem noch nicht beladenen Filter (0 Std.) stellt sich im Filterbetrieb ein Filterverlust durch den Eigenfilterwiderstand in Form der Drucklinie A−C ein. Mit fortschreitender Filterzeit wird im oberen Filterdrittel die zunehmende Belegung durch eine verstärkte Krümmung der Drucklinien deutlich, während im noch nicht belegten Teil unterhalb der gestrichelten Linie G−F−E−D die Linien parallel zu A−C verlaufen. Bereits nach 9 Stunden beginnt im oberen Teil die Unterdruckbildung. Durch höheren Überstau, Druckfiltration oder Mehrschichtfilter (s. Abschn. 5.3.2) wird dieser Zustand später erreicht.

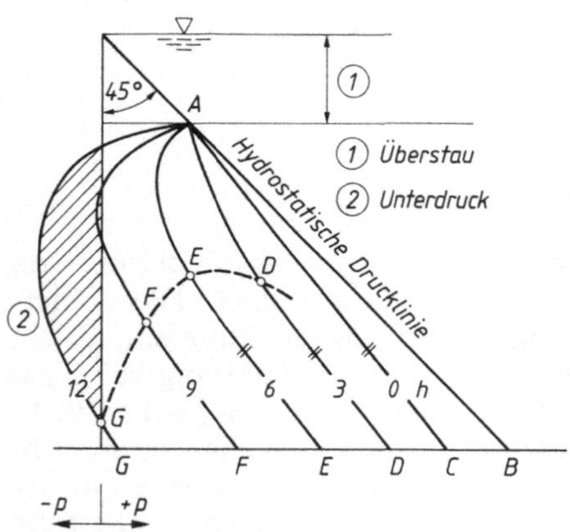

5.4   Filterwiderstandsdiagramm [21]

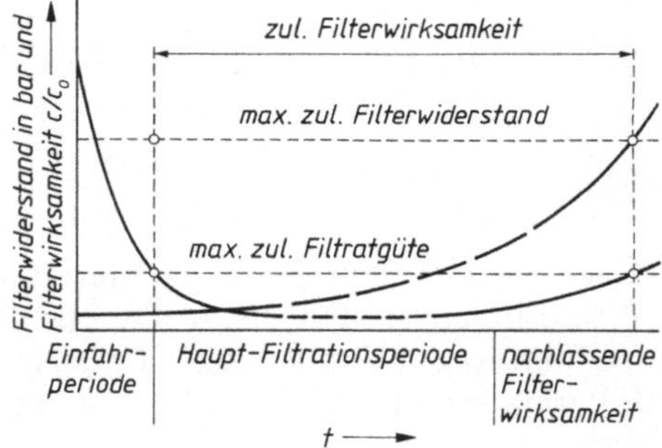

5.5   Zusammenhang zwischen Filtrationsdauer t und der Filterwirksamkeit sowie dem Filterwiderstand [22 verändert]

Für den technischen Betrieb ist es wesentlich, die Filtrationsperiode möglichst lang zu gestalten. Ein Idealzustand ist dann erreicht, wenn der maximal vorgesehene Druckverlust und die zulässige Filtratgüte zum gleichen Zeitpunkt erreicht werden. In **5.5** [22] sind diese Zusammenhänge dargestellt. Ist die zulässige Filterwirksamkeit überschritten, muß das Filtermedium von der Beladung befreit, insgesamt verworfen oder ergänzt werden. Die Wiederherstellung des offenen Porensystems erfolgt durch eine Filterspülung. Hierbei müssen die ein- und angelagerten Stoffe aus dem Filtermedium befreit werden. Neben den festen Stoffen werden auch gasförmige Stoffe, Verbackungen und Verklebungen des Filtermaterials beseitigt. Während Filtersande und -kiese nach DIN 19623 kaum einen Abrieb haben, kann bei der Marmorfilterung oder über dolomitisches Filtermaterial nach DIN 19621 durch die chemische Reaktion ein Unterkorn entstehen, das auch ausgespült werden muß. Als Spülmedien dienen Wasser oder Luft oder beide gemeinsam. Häufig findet die „Dreiphasenspülung" (s. Abschn. 5.3.3) Anwendung. Wichtig beim Spülvorgang ist eine Filterbettausdehnung, damit sich die Einzelkörner gegeneinander bewegen können. Eine alleinige Wasser-starkstromspülung ist häufig nicht so effektiv wie eine gemeinsame Luft-Wasser-Spülung, da hierdurch die Ablagerungen besser vom Korn getrennt werden. Bei der Mehrschichtfiltration wird wegen der Filtermaterialvermischung auf eine Kombinationspülung verzichtet. Bei der Durchlaufspülung werden ca. 3 bis 5% an Spülwasser verbraucht. Bei Filtern mit Überstauraum kann mit Hilfe der Aufstauspülung der Spülwasserverbrauch auf ca. 1,5% gesenkt werden. Hierbei wird das Schlammwasser der einzelnen Spülphasen im Überstauraum gesammelt und über Schlammklappen an den Stirnwänden abgezogen.

5.3.2 Filterbauarten

Filter für die Wasserversorgung werden nach unterschiedlichen Gesichtspunkten [21] eingeteilt. Die Hauptunterscheidungsmerkmale sind:

Filtergeschwindigkeit – Filtermedium/-material – Stoffphase. Unter Filtergeschwindigkeit versteht man die ideelle Geschwindigkeit $v = Q/A$, also $m^3/m^2h = m/h$. Da die Filtermedien im allgemeinen einen Porenanteil n von 0,25 bis 0,5 haben, ist die effektive Geschwindigkeit wesentlich höher. Bei der Filtergeschwindigkeit wird zwischen Langsam- und Schnellfiltern unterschieden, wobei die Übergänge allerdings fließend sind. Langsamfilter haben bei Filtergeschwindigkeiten von v_f = 0,05 bis 0,2 m/h einen hohen Raumbedarf. Sie sind i. d. R. nicht rückspülbar, und die Reinigung erfolgt durch ein Abschälen der oberen Filterschicht. Sie wirken als Oberflächenfilter und haben hierdurch eine gewisse biologische und bakteriologische Wirkung. Schnellfilter können in Ausnahmefällen eine Geschwindigkeit v_f bis 50 m/h erreichen. Sie werden in offene und geschlossene Filter eingeteilt und können durch Rückspülung gereinigt werden. Sie haben eine Raumwirkung und werden als Ein- und Mehrschichtfilter ausgebildet.

Offene Schnellfilter arbeiten drucklos und werden mit Hilfe des Überstaus im freien Gefälle durchflossen. Sie werden häufig als Betonbecken hergestellt und i. d. R. mit Filtergeschwindigkeiten < 7 m/h betrieben.

Geschlossene Schnellfilter werden unter Druck mit Filtergeschwindigkeiten von 10 bis 20 m/h betrieben. Sie werden häufig aus Stahlzylindern und seltener aus Spannbeton gebaut. Da die Stahlzylinder meist im Werk vorgefertigt werden, ist beim Straßentransport auf die Durchfahrtshöhen zu achten. Der Durchmesser d beträgt i. allg. < 5000 mm, was einer Filterfläche < 20 m² ent-

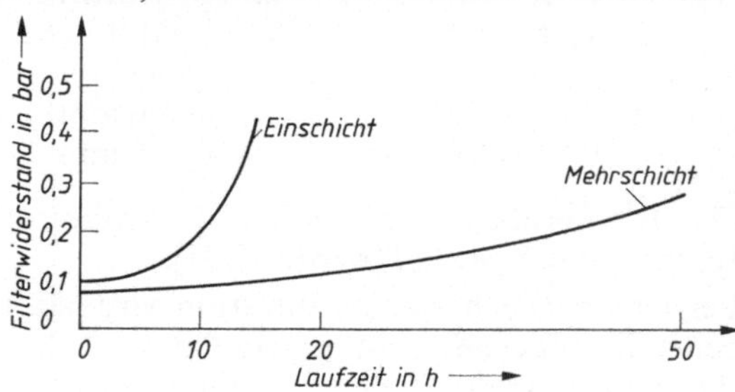

5.6
Filterwiderstand und Laufzeit von
Ein- und Mehrschichtfiltern

spricht. Druckfilter werden als ein- und zweistufige Filter meist in stehender und seltener in liegender Bauweise erstellt. Bei dem Aufbau des Filtermediums unterscheidet man zwischen Ein- und Mehrschicht-Filter. Beim Einschichtfilter wird möglichst eine „Einkornmischung" angestrebt. Nach DIN 19623 wird eine steile Sieblinie mit einem Ungleichförmigkeitsgrad < 1,5 gefordert. Um eine stärkere Raumwirkung und damit auch eine bessere Filterlaufzeit zu erreichen (5.6), wird die Kornmassenschüttung aus mehreren Filtermaterialien aufgebaut. Bei der Abwärtsfiltration wird zuerst eine gröbere Filterschicht von geringer Dichte durchströmt, während das darunterliegende feinere Material eine höhere Dichte hat (5.7). Hierdurch wird erreicht, daß beim Rückspülen der Filter eine Trennung der Schichten erhalten bleibt. Bei der hydraulischen Wasserstarkstromspülung werden 3 charakteristische Geschwindigkeiten unterschieden [55]:

– die Lockerungsgeschwindigkeit v_L bei beginnendem Schwebezustand
– die Mindestgeschwindigkeit v_{Kr} bei vollständigem Schweben
– die Trenngeschwindigkeit v_T bei vollständigem Schweben beider Schichten

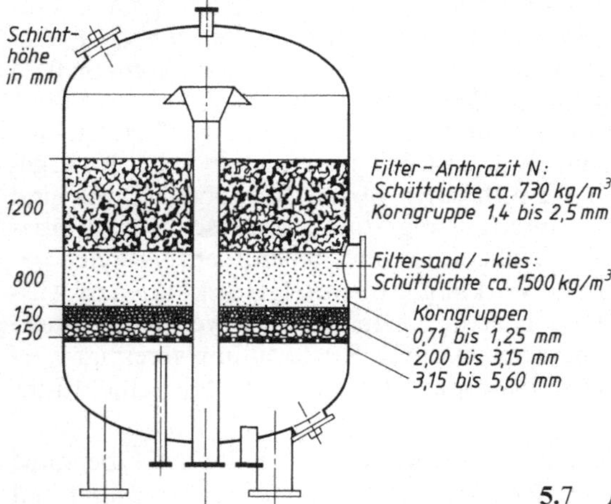

5.7   Aufbau eines Mehrschichtfilters [123]

Geschwindigkeiten > 60 bis 80 m/h müssen erreichbar sein. Genaue Berechnungsansätze liegen z. Z. noch nicht vor, so daß auf erprobte Kombinationen zurückgegriffen werden muß. In der Praxis haben sich folgende Kombinationen für Grundwasser bewährt [113]:

obere Schicht Anthrazit	untere Schicht Sand (DIN 19623)
1,5 bis 2,5 mm	0,6 bis 1,0 mm
0,8 bis 1,6 mm	0,4 bis 0,8 mm

Das Korngrößenverhältnis von D (grobes oberes Korn) zu d (kleines unteres Korn) soll < 3 gewählt werden [121].

Bei der Oberflächenwasserfiltration wird häufig mit einem Dreischichtfilter gearbeitet. Die obere Schicht besteht dann aus Bimskies oder Aktivkohle. Aktivkohle (DIN 19603) wird auch zur Spurenstoffentfernung eingesetzt (s. Abschn. 5.9).

Neben den im wesentlichen physikalisch wirksamen Quarzsanden und -kiesen, Bimskies, Anthrazit und der A-Kohle werden auch chemisch wirksame Filtermaterialien wie Marmor [114] und halbgebrannte Dolomite [111] eingesetzt. Sie werden hauptsächlich zur chemischen Entsäuerung verwendet. Sie können aber auch in begrenztem Umfang Feststoffe entfernen, so z. B. Eisen und Mangan, wenn bestimmte Konzentrationen im Rohwasser nicht überschritten werden.

Bei der Stoffphase wird zwischen Naß- und Trockenfiltration unterschieden. Der Begriff Trockenfiltration ist etwas mißverständlich, denn auch hier wird Wasser aufbereitet. Bei der Trockenfiltration durchströmen Luft und Wasser das Filterbett gemeinsam, denn der Wasserspiegel wird unter dem Filterboden gehalten. Hierdurch werden Oxidationsvorgänge und biologische Prozesse gefördert. Die Trockenfiltration wird z. B. bei der Ammoniumoxidation eingesetzt. In **5.**8 ist die Gesamtsystematik für Filter zusammengestellt.

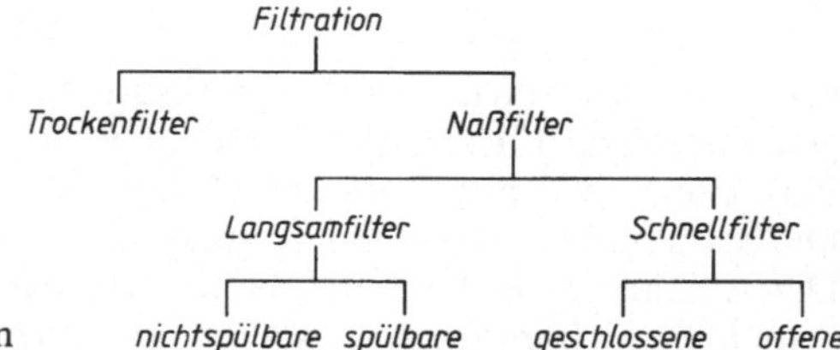

5.8 Systematik der Filterkonstruktionen

5.3.3 Filterbestandteile und -betrieb

Hauptelement einer Filtereinheit ist das Filterbecken, bei offenen Schnellfiltern i. d. R. ein Betonbecken (**5.**9) oder der Filterbehälter als Stahlzylinder für geschlossene Filter. Neben der Rohwasserzuleitung und der Filtratableitung muß eine Entleerungsleitung vorhanden sein. Für das Spülsystem sind Spülwasser- und Luftzuleitungen sowie ein Schlammwasserableitungssystem erforderlich. Bei geschlossenen Filtern ist eine Be- und Entlüftungsleitung vorzusehen. Der Filter-

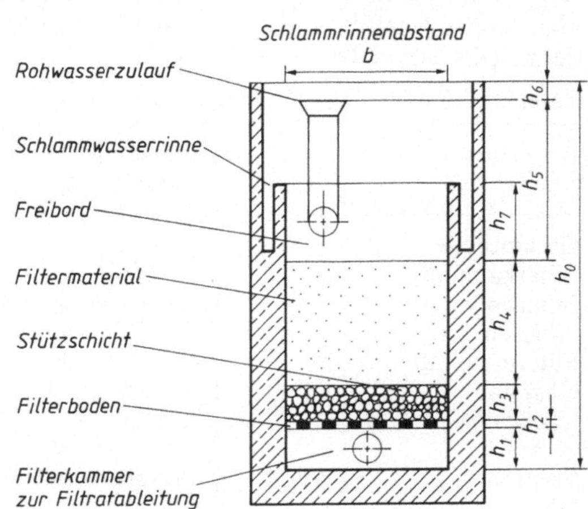

5.9
Bauhöhe h_0 und deren Aufgliederung h_1 bis h_7 für einen offenen Schnellfilter nach DIN 19605

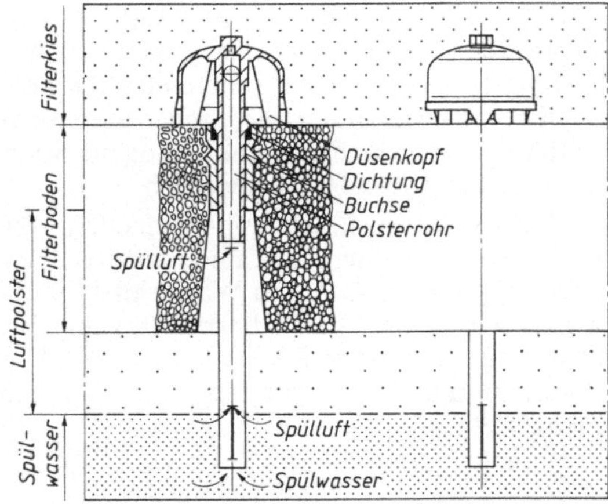

5.10 Filterbodendüse [128]

boden und die darüber befindliche Stützschicht (Verteilschicht) sorgen für einen
gleichmäßigen Filtratablauf, und sie verteilen Spülwasser und -luft gleichmäßig.
Bei Filterböden mit Düsen (5.10) sind mindestens 64 Stück pro m^2 vorzusehen.
Die Schlammwasserrinnen können seitlich oder in der Mitte angeordnet werden.
Der Abstand b der Rinnenaußenkanten beträgt bei zwei seitlichen Rinnen im allgemeinen 3000 mm, und er soll bei nur einer seitlichen Rinne < 3000 mm von der
gegenüberliegenden Filtertrennwand entfernt sein. Bei einer Rinne in der Mitte
beträgt der Abstand bis zur Filtertrennwand 1500 mm. Die Filterlänge ist im
Normalfall < 20,0 m. Die Baurichtmaße sind zu beachten [107]. Offene Schnellfilter werden häufig als Doppelfilter ausgeführt (5.21). Die Verfügbarkeit der Filteranlage ist durch Defekte, Revisionen und Spülungen eingeschränkt. Bei chemischen Filtern sind Über- und Unterschreitungsgrenzen zu beachten, d. h. es
muß für $\min Q_d$ und $\max Q_d$ bemessen werden. Je höher die Filteranzahl, desto
größer wird zwar die Betriebssicherheit, desto höher steigen aber auch die Kosten. Unter Berücksichtigung dieser Gesichtspunkte sollte die Gesamtfilterfläche
auf drei oder mehr Filter aufgeteilt werden. Die Spüleinrichtungen werden in
doppelter Ausführung für nur eine Filtereinheit ausgelegt, da nicht alle Filter
gleichzeitig gespült werden. Da sich das Filtermaterial bei der Rückspülung aus-
dehnt (die Ausdehnung soll möglichst < 25% liegen), ist eine bestimmte Frei-

Tafel 5.1 Höhenmaße für Schnellfilter nach DIN 19 605

Bezeichnung	h in mm	offene Filter in mm	geschlossene Filter in mm
Gesamthöhe	h_0	< 5400	< 5500
Filterkammer	h_1	> 600	< 300
Filterboden	h_2	systembedingt und statische Berechnung	
Stützschicht	h_3	< 400	
Filtermaterial	h_4	1000 bis 2000	1000 bis 3000
Überstau	h_5	400 bis 2000	Druck i. allg. < 0,6 bar
Überlaufschutz	h_6	200	Sicherheitsventil gegen Überdruck
Freibord	h_7	Filterbettausdehnung i. allg. < 750	

bordhöhe (h_7) einzuhalten. Dieser Abstand zwischen der Oberfläche des Filtermaterials und der Oberkante der Schlammrinne ist so zu wählen, daß kein Filtermaterial ausgespült wird. Zu große Freibordhöhen stören den Schlammwasserabzug. Die einzelnen Höhenmaße für offene und geschlossene Schnellfilter sind in Tafel **5.**1 zusammengestellt.

Nach **5.**7 erhält ein geschlossener Filter mindestens drei Mannlöcher. Hierdurch wird eine Kontrolle möglich, und Filtermaterial kann nachgefüllt werden. Bei chemischen Filtern mit ständigem Materialverbrauch kann das Filtermaterial mit Strahlpumpen eingespült werden. Zum Filterbetrieb sind eine Vielzahl von Meß- und Regelinstrumenten erforderlich. Für einen offenen Schnellfilter sind die wesentlichen Steuerungselemente in **5.**11 dargestellt. Um die Zu- und Ablaufmenge bei zunehmender Filterbelegung konstant zu halten, wird der Zulauf

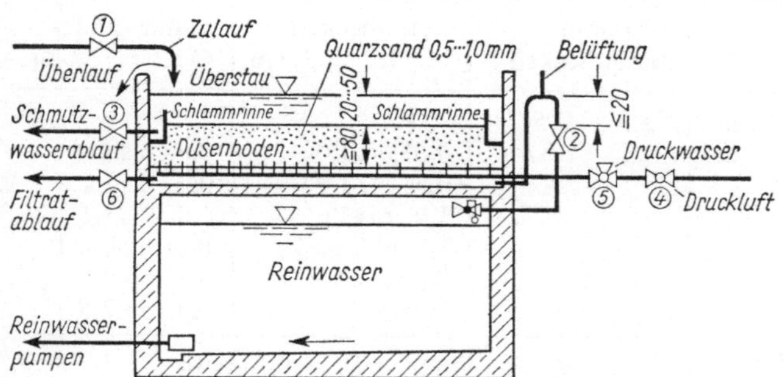

Bedienungsplan	auf	zu
Betrieb	①②	③④⑤⑥
Rückspülung	③④⑤	①②⑥
Filtratablauf	①⑥	②③④⑤

5.11   Systemskizze für einen offenen Schnellfilter mit Rückspülung

durch einen Überlauf oder der Ablauf durch eine schwimmergesteuerte Drosselklappe geregelt. Ein belüfteter Rohrbogen verhindert ein Trockenfallen der Filteranlage. Nach einer Filterlaufzeit von ca. 10 bis 150 h müssen die Filter rückgespült werden. Für Einschichtfilter gliedert sich der Vorgang in drei Phasen:

- 1. Luft zur Auflockerung: ca. 0,5 bis 5 Minuten
- 2. Luft und Wasser kombiniert: ca. 2 bis 5 Minuten
- 3. Wasser zur Klarspülung: ca. 2 bis 4 Minuten

Hinzu kommen noch das Absenken des Wasserspiegels bis knapp über das Filtermedium und das Einfiltrieren mit ca. 10 Minuten. Der Spülwasserbehälter ist für die erforderliche Wassermenge zu bemessen. Er kann auch als Vorlagebehälter für die Reinwasserpumpen dienen und wird dann häufig auf einen mittleren Stundenverbrauch ausgelegt. Gechlortes Wasser kann bei biologischen Filtern nicht verwendet werden.

Für die Spülung von Mehrschichtfiltern gilt:

- 1. Wasserspülung: ca. 3 Minuten
- 2. Luftspülung bei abgesenktem Wasserspiegel: ca. 5 Minuten und einer Luftgeschwindigkeit von ca. 50 bis 60 m/h
- 3. Wasserklarspülung: ca. 3 bis 5 Minuten

Bei der Wasserspülung muß die Trenngeschwindigkeit erreicht werden (s. Abschn. 5.3.2). In Tafel **5.**2 sind die Hauptmerkmale für die Wasserfiltration zusammengestellt.

Tafel **5.**2   Bau- und Betriebsmerkmale für Filter der Wasserversorgung nach DIN 19605, W 210, W 211

	Langsam-filter	Schnellfilter offen	geschlossen
mittl. Filtergeschwindigkeit in m/h	0,05 bis 0,2	4 bis 7	10 bis 20
max. Filterwiderstand in bar	0,15	0,3	0,6
Filteroberfläche in m^2	bis 5000	bis 100	bis 20
übliche Filterschichthöhe in mm	1200	1000 bis 2000	1000 bis 3000
Filterform	Erd- und Betonbecken	Betonbecken b = 1,5 bis 3,0 m	Stahlzylinder $\varnothing$ 2,5 bis 5,0 m
Filtermaterialdurchmesser in mm a) Filtersand (DIN 19623) in mm b) Dolomit (DIN 19621) in mm c) Anthrazit in mm	Sand < 0,5	0,63 bis 1,0 0,71 bis 1,25 1,0 bis 1,6 Kornklasse I 0,5 bis 2,5 1,6 bis 2,5	0,63 bis 1,0 0,71 bis 1,25 1,0 bis 1,6 Kornklasse I 0,5 bis 2,5 1,6 bis 2,5
Filterlaufzeit in d	20 bis 100	0,5 bis 10	
Spülwassergeschwindigkeit in $m^3/m^2h \triangleq$ m/h		a) 50 bis 65 b) 80 c) 55	a) 50 bis 65 b) 80 c) 55
Spülluftgeschwindigkeit in m/h		50 bis 60	50 bis 60

Das anfallende Filterspülwasser (ca. 1 bis 3% des Rohwasservolumens) muß als Abwasser behandelt werden. Für die Feststoffabtrennung, Behandlung und Deponierung wird auf W 221 verwiesen.

5.4   Belüftung und Entgasung

Unter Belüftung versteht man den Gasaustausch zwischen Wasser und Luft zum Einbringen von Sauerstoff und zum Entfernen von gelösten Gasen, z.B. CO_2, H_2S und CH_4 sowie leichtflüchtigen Kohlenwasserstoffen. Die Begasung ist das Einbringen und Lösen von Gasen, z.B. O_2, O_3 u.a. für Aufbereitungszwecke (DIN 4046). Zur Oxidation von Eisen wird z.B. pro mg Fe stöchiometrisch 0,15 mg O_2 benötigt, für Mangan ist der Wert doppelt so hoch. Bei der Belüftung wird zwischen o f f e n e r und g e s c h l o s s e n e r B e l ü f t u n g unterschieden. Bei der offenen Belüftung ist eine gleichzeitige intensive Entfernung von CO_2 möglich. Durch den hohen Stickstoffanteil der Luft wird dieses unerwünschte Gas aber mit eingetragen (s. Abschn. 4.6). Bei einer Druckentspannung im Verteilungssy-

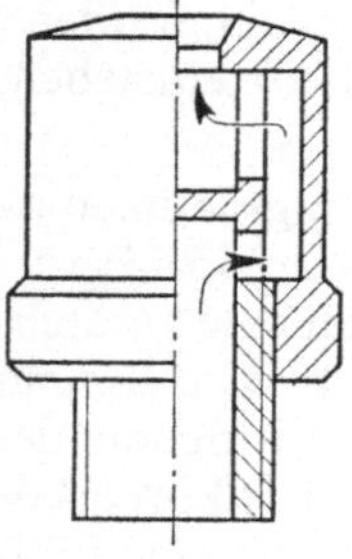

5.12   Kreiseldüse zur Belüftung und Entgasung

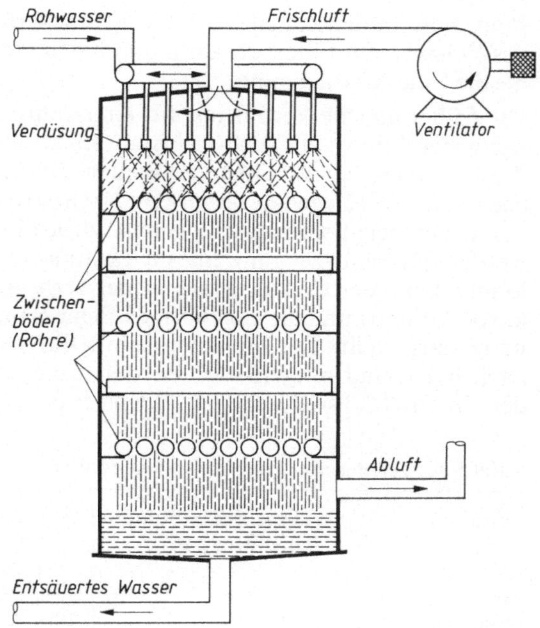

5.13   Turmverdüsung [22]

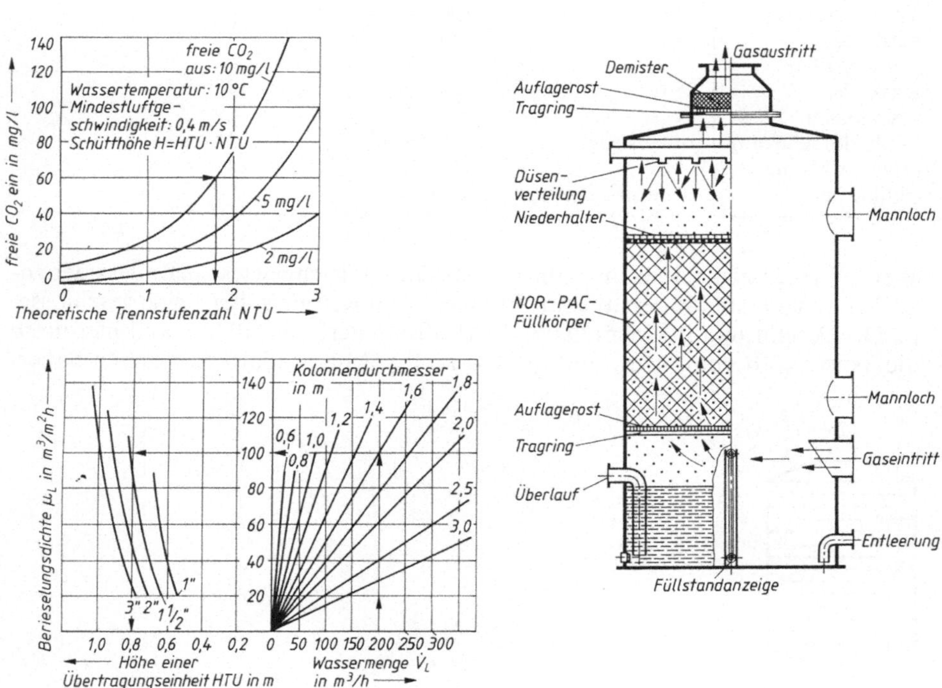

5.14   CO$_2$-Riesler mit Bemessungsdiagramm [122]

stem, z. B. an der Zapfstelle des Verbrauchers, führt dies zum „Milchigwerden" des Wassers. Im Filterbett kann durch den Unterdruck eine Gasblase entstehen, die die Filterleistung mindert.

Die früher übliche Verdüsung mit Kreiseldüsen (5.12) an Verdüsungsbäumen ist weitgehend durch die Fallverdüsung (5.23) und die Turmverdüsung (5.13) verdrängt. Auch die alte offene Kaskadenbelüftung wird heute durch eine zusätzliche Belüftung (Gegen-, Gleich- und Kreuzstrom) effektiver gemacht. Das System kann auch bei über dem Atmosphärendruck liegenden Verhältnissen angewendet werden. Durch Erzeugung eines Rieselfilms über Wellbahnen und Füllkörperkolonnen kann der Gasaustausch weiter verbessert werden. In 5.14 sind eine Füllkörperkolonne und die zugehörigen Bemessungsdiagramme für eine CO_2-Entfernung dargestellt. Die Desorptionsluft durchströmt den Füllkörper von unten nach oben, und mitgerissene Wassertröpfchen werden im Demister abgeschieden. In Tafel 5.3 sind Leistungsdaten für Belüfter zusammengestellt [22] [64].

Tafel 5.3   Technische Daten und Anwendungsfälle für die Belüftung (Auswahl) [22]

Verfahren	Flächenbelastung in $m^3/(m^2 \cdot h)$	Anwendungsfall und ca.-Wirkungsgrad in %	
		O_2-Eintrag	CO_2-Austrag
Druckverdüsung	10	100	70
Fallverdüsung	30	95	65
Turmverdüsung	45	100	80
Kaskade, einfach/offen	50	65	35
Kaskade, geschlossen	250	60	100
Wellbahnbelüftung je nach Lüftung	100 bis 800	95 bis 100	45 bis 98
Füllkörper	siehe 5.14 Bemessungsdiagramm		

Wenn Wasser sich bereits im Kalk-Kohlensäure-Gleichgewicht befindet oder zunächst in der ersten Filterstufe nur Eisen entfernt werden soll, ist eine geschlossene Druckbelüftung in einem Oxidator (Luftmischer) vorteilhaft, weil hierdurch die Wasserförderung nicht unterbrochen wird. Mit Oxidatoren können Sauer-

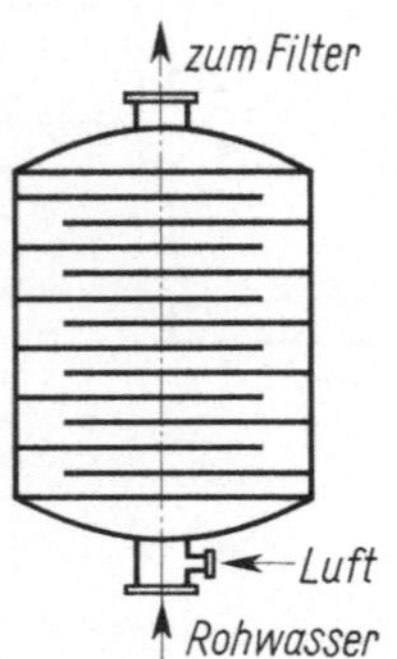

5.15   Wasser-Luft-Mischer (Oxidator)

stoffgehalte bis 6 mg/l erzielt werden, wenn eine Luftzugabe von ca. 40 bis 65 l/m³ erfolgt. Für die Bemessung liegen Diagramme vor [46]. Eine ausreichende Turbulenz wird durch Leitbleche in einem Stahlzylinder (Nennweiten ca. 150 bis 600 mm) erzielt (5.15). Die zugegebene Preßluft muß ölfrei sein. In Sonderfällen wird die Preßluft direkt in die Rohrleitung oder den Filterboden gegeben.

Die Luftzugabemenge kann vorteilhaft durch Schwebekörper-Durchflußmesser gesteuert werden. Für die Schutzschichtbildung werden in Abhängigkeit von der Wasserfließgeschwindigkeit folgende Sauerstoffgehalte gefordert [7]:

Fließgeschwindigkeit Wasser in der Rohrleitung in m/s	O_2-Gehalt im Wasser in mg/l
< 0,5	6,0
> 1,0	2,0

5.5   Entsäuerung

Ziel der Entsäuerung ist ein stabiles Gleichgewichtswasser, das weder Kalk abscheidet noch korrosiv ist. Der Delta-pH-Wert muß auf 0 bis − 0,2 eingestellt werden. Hinsichtlich der Grundlagen wird auf Abschn. 4.3 verwiesen.

Das Aufbereitungsziel kann auf zwei Wegen erreicht werden:

− über die mechanische Entsäuerung
− oder über die chemische Entsäuerung

Für Wässer mit einer Säurekapazität bis pH 4,3 von > 3 mol/m³ ist die mechanische Entsäuerung angebracht. Bei diesen Wässern liegt i. d. R. der Gleichgewichts-pH-Wert < 8. Für Wässer mit einer Säurekapazität zwischen 1,5 bis 3 mol/m³ und einer Basekapazität bis pH 8,2 von > 0,5 mol/m³ sind kombinierte mechanisch/chemische Verfahren anwendbar. Für weiche Wässer ist aufgrund der gewünschten Aufhärtung eine chemische Entsäuerung üblich. Die chemische

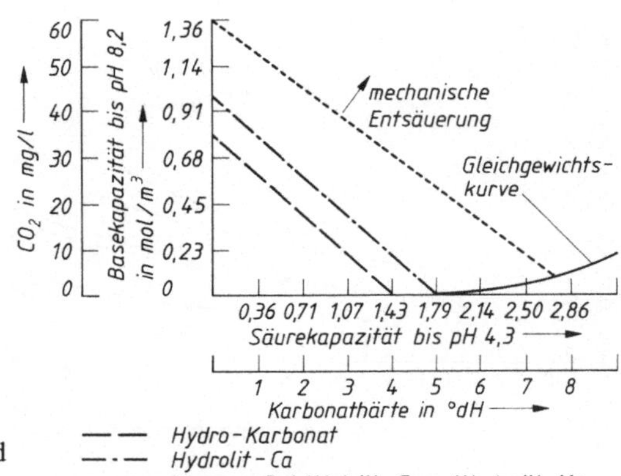

5.16
Abgrenzung zwischen mechanischer und chemischer Entsäuerung [5]

Entsäuerung erfolgt durch Filterung über alkalische Filtermaterialien oder durch Dosierung von Weißkalkhydrat (Kalkmilch oder Kalkwasser) sowie durch die Zugabe von Natronlauge. Die alkalischen Filtermaterialien bestehen aus halbgebranntem Dolomit oder Calciumcarbonat (Marmor). Diese Materialien werden unter Firmennamen wie MAGNO-DOL, AKDOLIT-GRAN (Dolomit oder HYDRO-KARBONAT [111], Juraperle JW [114] für Marmor angeboten. Die Einsatzbereiche für die Filterung befinden sich unterhalb der Kurven von **5.16**.

5.5.1   Marmorfilterung [114]

Für die Marmorfilterung gelten folgende Grundwerte:

- Eisen   max 2   mg/l
- Mangan   max 0,3 mg/l
- Ammonium   max 0,3 mg/l
- Feststoffe   max 5   mg/l
- freie Kohlensäure   max 40   mg/l
- Karbonathärte   max 5   °dH

Für Körnung 000 (1,2 bis 1,8 mm) gilt:

- Filtergeschwindigkeit   5 bis   25 m/h
- Schichthöhe   1500 bis 3000 mm
- Freibord   400 bis 650 mm

Die Spülung mit Luft−Wasser dauert ca. 3 bis 12 Minuten (Luft 75 bis 90 m/h und Wasser 25 bis 35 m/h), die Spülung mit Wasser ca. 4 bis 20 Minuten (25 bis 35 m/h).

Die Neutralisation von 1 mg/l freier Kohlensäure bewirkt eine Aufhärtung von 0,127 °dH und einen Materialverbrauch von 2,45 g je Kubikmeter Wasser.

Die genaue Gleichgewichtseinstellung erfolgt entweder über Natronlauge oder Kalkhydrat-Wasser.

Beispiel 1. Ein sehr weiches Wasser soll über Marmor entsäuert werden.

Wasseranalyse: KH 0,95 °dH bzw. m-Wert = 0,34 mval/l, Temperatur 10 °C, freies CO_2 im Rohwasser 20 mg/l (Rohwasser II b in **5.17**).

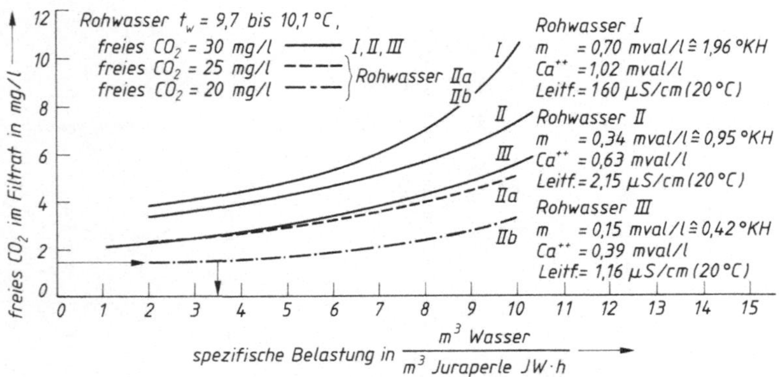

5.17 Bemessungsdiagramm für JURAPERLE JW „000" [114]

Um die Filterlaufzeit zu begrenzen, wird ein CO_2-Gehalt nach der Filterung von 1,5 mg/l angestrebt. Die genaue CO_2-Einstellung erfolgt mit Natronlauge. Die maximale Wassermenge Q beträgt 120 m³/h. Die spezifische Belastung s in m³/m³ Juraperle und h ergibt nach **5.**17 eine mögliche Belastung von 3,5.

$$\frac{120}{3,5} = 34,3 \ m^3 = \frac{m^3/h}{m^3/m^3\,h}$$

Gewählt wird eine Materialhöhe $h = 1,80$ m.

Die Filterfläche beträgt somit $A = \dfrac{34,3}{1,80} = 19,05 \ m^2$.

Gewählt werden zwei geschlossene Schnellfilter mit einem Durchmesser von 3,50 m und einer Fläche von 9,62 m².

Die Filtergeschwindigkeit beträgt $v = \dfrac{120}{2 \cdot 9,62} = 6,24$ m/h.

Die Aufhärtung beträgt: $(20 - 1,5) \cdot 0,127 = 2,35$ °dH.

5.5.2 Dolomitfilter [111]

Die Filterung über halbgebrannte Dolomite ist für harte Wässer mit einem Gleichgewichts-pH-Wert < 8 und einer nur geringen pH-Korrektur sowie für weiche Wässer mit einem Gleichgewichts-pH-Wert zwischen 8 und 9,5 möglich. Mit den Einsatzmengen nach **5.**18 läßt sich der Gleichgewichtszustand einstellen. Die Neutralisation von 1 mg/l freier Kohlensäure bewirkt eine Aufhärtung von 0,1 °dH und einen Materialverbrauch von 1,3 g je Kubikmeter Wasser. Bei Unterlast und schwach gepuffertem Wasser steigt der pH-Wert bis knapp unter 9,5 und liegt über dem Gleichgewichtswert [6]. Unterlastungen > 30%, bezogen auf die Einsatzmenge, müssen daher vermieden werden, da sonst auch mit Verbackungen zu rechnen ist. In der Anfangsphase neigt das Material zur Überalkalisierung. Neue Filteranlagen sollten daher zunächst nur zu einem Drittel bis maximal zur Hälfte gefüllt werden, bei Nachfüllungen ist die Menge < 10% zu wählen. Das Diagramm **5.**18 gilt nur für 10 °C und dem Verhältnis Karbonat-

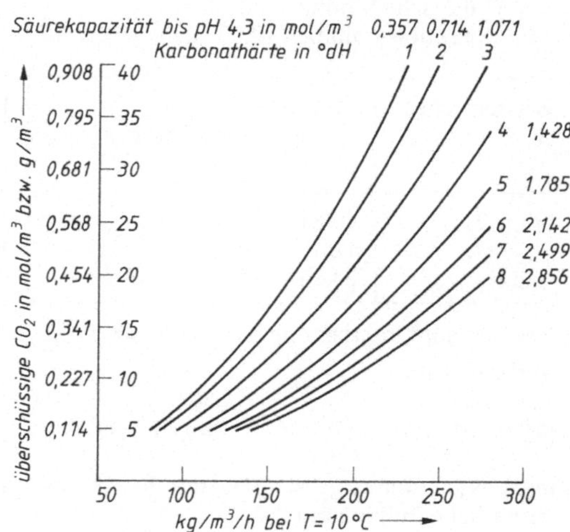

5.18
Einsatzmengen für MAGNO-Dol [111]

härte: Calcium (in °d) von 1 : max. 2. Für Temperaturen zwischen 5 °C und 15 °C ergeben sich Umrechnungsfaktoren von 1,48 bis 0,75. Der Eisengehalt soll < 0,5 mg/l und der Mangangehalt < 0,05 mg/l liegen. Die Schüttdichte liegt bei 1,2 t/m^3. Bei kombinierter Luft-Wasser-Spülung werden folgende Werte empfohlen:

- Luft ca. 5 Minuten mit 60 m/h
- Luft und Wasser ca. 10 Minuten mit 60 m/h Luft und 8 bis 12 m/h Wasser
- Wasser (klarer Ablauf) ca. 3 bis 20 Minuten mit 20 bis 25 m/h

Für diese Geschwindigkeiten ergibt sich eine Freibordhöhe von 300 bis 500 mm. Die Filterschichthöhe liegt bei offenen Anlagen zwischen 1000 bis 2000 mm und bei geschlossenen zwischen 1500 bis 3000 mm. Als Filtergeschwindigkeit wird empfohlen:

- Filteranlage offen   5 bis 15 m/h
                geschlossen   10 bis 30 m/h

Beispiel 2. Es ist eine geschlossene Dolomitfilteranlage für das gegebene Rohwasser zu bemessen.

Wasseranalyse: Temperatur 10 °C, Gesamthärte 6,0 °dH, Summe Erdalkalien 1,07 mol/m^3, Säurekapazität bis pH 4,3 = 1,4 mol/m^3, KH 3,9 °dH, Basekapazität bis pH 8,2 = 0,62 mol/m^3, freie Kohlensäure 27,3 g/m^3, Calcium 21,5 g/m^3, überschüssige Kohlensäure 26,8 g/m^3.

Mittlere Betriebszeit der Filter 22 h/d mit folgenden Wassermengen:

$\min Q_d$ = 135 m^3/h, Q_d = 155 m^3/h, $\max Q_d$ = 325 m^3/h.

Aus **5.**18 ergibt sich eine Einsatzmenge von 250 kg/m^3/h.

Reaktionsvolumen für die Wassermengen in (kg/m^3/h · m^3/h)/kg/m^3

$\min Q_d$: (250 · 135)/1200 = 28,1 m^3
$\quad Q_d$: (250 · 155)/1200 = 32,3 m^3
$\max Q_d$: (250 · 310)/1200 = 64,6 m^3

gew.: Filterdurchmesser 4,0 m mit A = 12,57 m^2
        Filterschichthöhe h = 2,60 m
        Reaktionsvolumen 12,57 · 2,60 = 32,7 m^3

Wassermenge	Mindestfilterfläche A = Reaktionsvol./h in m^2	Filter- zahl	Filtergeschwindigkeit $v = Q/A_{vorh}$ in m/h
$\min Q_d$	10,81	1	10,7
Q_d	12,42	1	12,3
$\max Q_d$	24,85	2	12,3

Prüfung der Unterlastung bei $\min Q_d$: 28,1/(32,7/100) ≈ 86%

Verbrauchsmenge:
155 ·   22 ·   365 ·   1,3 ·   26,8 ·   1/1000 · 1/1200 = 36,13
m^3/h h/d d/a   g Dolomit/   (mg/l) · CO$_2$ kg/g   m^3/kg   = m^3/a
                mg/l CO$_2$ · m^3

max. Nachfüllmenge < 10% des Reaktionsvolumens: 0,1 · 32,7 = < 3,3 m^3, gewählt monatliche Füllung mit 3,0 m^3.

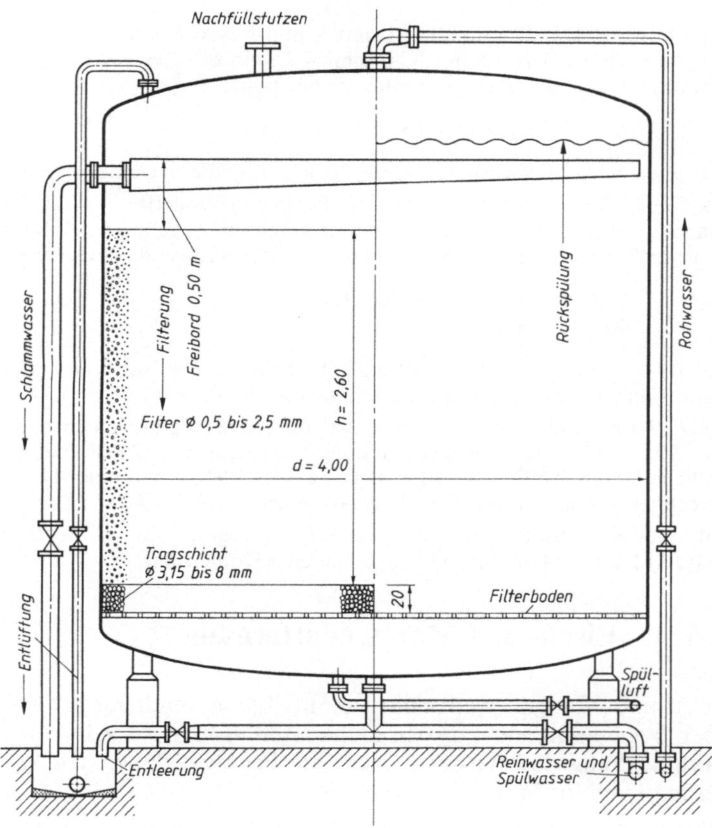

5.19 Prinzipskizze für einen geschlossenen Schnellfilter

Rückspülung der Filter:

1) $12,57 \text{ m}^2 \cdot 1,0 \text{ m}^3/\text{min Luft je m}^2 \cdot \quad 5 \text{ min} = \approx \quad 63 \text{ m}^3$
2) $12,57 \text{ m}^2 \cdot 1,0 \text{ m}^3/\text{min Luft je m}^2 \cdot 10 \text{ min} = \approx 126 \text{ m}^3$
   $12,57 \text{ m}^2 \cdot 0,2 \text{ m}^3/\text{min Wasser je m}^2 \cdot 10 \text{ min} = \approx 25 \text{ m}^3$
3) $12,57 \text{ m}^2 \cdot 0,4 \text{ m}^3/\text{min Wasser je m}^2 \cdot \quad 5 \text{ min} = \approx 25 \text{ m}^3$

Der Reinwasserbehälter muß daher $> 50 \text{ m}^3$ sein, besser $Q_d = 155 \text{ m}^3$.

In **5.**19 ist der prinzipielle Aufbau für den geschlossenen Schnellfilter (ohne Mannlöcher) dargestellt.

5.5.3   Mechanische Entsäuerung

Beispiel 3. Ausgehend von der Wasseranalyse aus Beispiel 8 in Abschn. 4.3.3 wird zunächst mit **5.**16 überprüft, ob eine mechanische Entsäuerung vorteilhaft ist. Bei einer Wassermenge $Q = 200 \text{ m}^3/\text{h}$ und bei einer CO_2-Menge von 60,3 mg/l ergibt sich für einen Hochleistungsreaktor mit NOR-PAC-1,5"-PP-Füllkörper und einem gewählten Kolonnendurchmesser von 1,60 m nach **5.**14 für die Übertragungseinheit HTU ein Wert von 0,8 m. Die theoretische Trennstufenzahl NTU ergibt für einen CO_2-Restgehalt von 10 mg/l einen

Wert von 1,8. Der Diagrammwert mit 5 mg/l Restkohlendioxid kann nicht gewählt werden, da nach der Berechnung in Abschn. 4.3.3 ein CO_2-Wert $< 6,76$ mg/l nicht zulässig ist. Damit errechnet sich die erforderliche Schütthöhe:

$$H = HTU \cdot NTU = 0,8 \cdot 1,8 = 1,44 \text{ m.}$$

Mit einem Sicherheitszuschlag von $\approx 20\%$ beträgt die zu wählende Bauhöhe 1,7 m.

Da $C_{zug} = 2,83$ mg/l beträgt, muß die Restmenge von $10 - 2,83 = 7,17$ mg/l durch eine Marmor- oder Dolomitfilteranlage oder durch die Zugabe von Kalkhydrat oder Natronlauge entfernt werden. Für Natronlauge ergibt sich folgende Berechnung:

$$\begin{array}{lll} NaOH & + \ CO_2 = NaHCO_3 \\ 40 & + \ 44 \end{array}$$

Für 1 g CO_2 werden $40/44 = 0,91$ g NaOH benötigt. Da Natronlauge häufig in einer Konzentration von 45% geliefert wird, ergibt sich $0,91/0,45 = 2,02$ g/g CO_2.

Bei 7,17 g/m^3 und einer Stundenmenge von 200 m^3 ergibt sich ein stündlicher Verbrauch von $2,02 \cdot 7,17 \cdot 200 = 2896,68$ g/h oder 2,897 kg/h. Bei 22 h Betriebszeit beträgt der monatliche Bedarf $2,897 \cdot 22 \cdot 30 = 1912$ kg oder 1,912 t. Mit einer Dichte von $\approx 1,48$ t/m^3 berechnet sich das erforderliche Lagervolumen zu $1,912/1,48 \approx 1,3$ m^3.

Soll mit Kalkzusatz gearbeitet werden, so ergibt sich ein Kalkverbrauch (100%ig $Ca(OH)_2$) von 0,84 mg/l je mg/l abgebundener Kohlensäure.

5.6   Eisen- und Manganentfernung

Eisen und Mangan sind nicht unmittelbar gesundheitsgefährdend, sie können aber hygienisch und korrosionschemisch stören, so z. B. durch Schwarz- und Braunfärbung des Wassers. Die TVO begrenzt daher den Wert für Eisen auf 0,2 mg/l und für Mangan auf 0,05 mg/l.

Die wesentlichen Grundlagen sind bereits in Abschn. 4.5 behandelt. Für die technische Entfernung sind folgende Hinweise wichtig. In der Aufbereitungstechnik wird zwischen biologischen und chemischen Verfahren unterschieden. Über das Zusammenwirken beider Mechanismen gibt es unterschiedliche Auffassungen. Damit die Bioprozesse nicht gestört werden, muß das Spülwasser chlorfrei sein.

Die Fe(II)- und Mn(II)-Entfernung aus reduzierten Wässern ist vielfach kein Problem. Die zweiwertigen Verbindungen werden oxidiert, und es entstehen durch Hydrolyse zum Oxidhydrat abscheidbare Flocken. Bei Eisengehalten von ca. 10 mg/l im Rohwasser sollte untersucht werden, ob zur Entlastung der Filterstufe eine vorgeschaltete Grobreinigung als Fällung/Flockung nicht Vorteile bringt. Müssen Eisen und Mangan gleichzeitig entfernt werden, so erfolgt dies i. d. R. in zwei getrennten Filterstufen, da die Umsetzungskinetik stöchiometrisch zwar ähnlich ist, in der Praxis aber recht unterschiedlich verläuft. Nur bei sehr kleinen Anlagen mit < 100 m^3/h sollte eine einstufige Filtration angewendet werden.

Die Fe- und Mn-Entfernung ist schwierig und ohne Aufbereitungsversuche kaum zu lösen, wenn sie mit Huminstoffkomplexen verbunden ist. Bei diesen „Braunwässern" müssen die kolloidalen Komplexverbindungen zunächst durch eine Fäll-/Flockungsstufe filter- bzw. absetzfähig gemacht werden. Gezielte Vorversuche können erhebliche Kosteneinsparungen bringen.

5.6.1 Enteisenung

Für die Eisenfiltration in Einschichtfiltern haben Velten/Holluta [44] folgende Formel empirisch ermittelt:

$$v_\mathrm{f} = \frac{l \cdot O_{2\mathrm{m}}}{c \cdot d_\mathrm{m} \cdot (26{,}31 - t)} \tag{5.1}$$

v_f = maximal zulässige Filtergeschwindigkeit in m/h
l = Filterbetthöhe in m
$O_{2\mathrm{m}}$ = mittlere Sauerstoffkonzentration in mg/l
c = Faktor nach **5.20**
d_m = mittlerer Filterkorndurchmesser in mm
t = Temperatur in °C

Die Formel sollte zur Orientierung der Bemessung dienen, denn auch bei pH-Werten < 6,5 wurden schon gute Enteisenungserfolge erzielt [76]. Dies wird auf katalytische und biologische Einflüsse zurückgeführt. Der pH-Wert sollte aber nicht > 7,5 sein, da sonst die Filtrationsfähigkeit verringert wird [113]. Aus Sicherheitsgründen sollte der Sauerstoffwert < 75% des Sättigungswertes betragen. Für die Eisenfiltration werden Filtersande > 1 mm verwendet (z. B. 1,0 bis 1,6). Es können offene und geschlossene Filter gewählt werden. Bei ungepufferten Wässern besteht die Gefahr einer starken pH-Absenkung. Hier muß die Stützung des pH-Wertes besonders berücksichtigt werden.

Beispiel 4. Für einen Durchsatz von 600 m³/h ist eine offene Schnellfilteranlage zu bemessen.

Wasseranalyse: pH = 7,0, Fe^{2+} = 5,0 mg/l, O_2 = 0 mg/l, t = 9 °C.

Gewählt wird ein geschlossener Oxidator zur Belüftung mit maximalem O_2-Eintrag von 6 mg/l, ein offener Schnellfilter nach DIN 19605 mit einer Filterbetthöhe von 2,0 m und als Filtermaterial Filtersand 1,0 bis 1,6 mm (Tafel **5.2**).

Nach **5.20** beträgt der c-Wert für 5,0 mg/l Fe und pH 7,0 = 0,115.

Der mittlere Filterkorndurchmesser beträgt

$$d_\mathrm{m} = \frac{1{,}0 + 1{,}6}{2} = 1{,}3 \text{ mm}$$

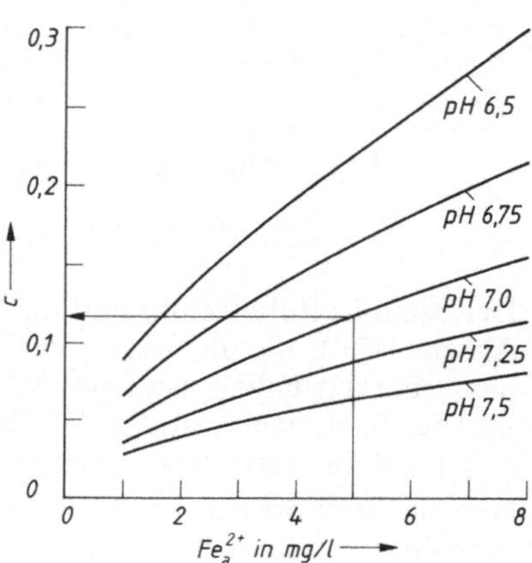

5.20
Diagramm zur Bestimmung des Faktors c
in Gl. (5.1) [21]

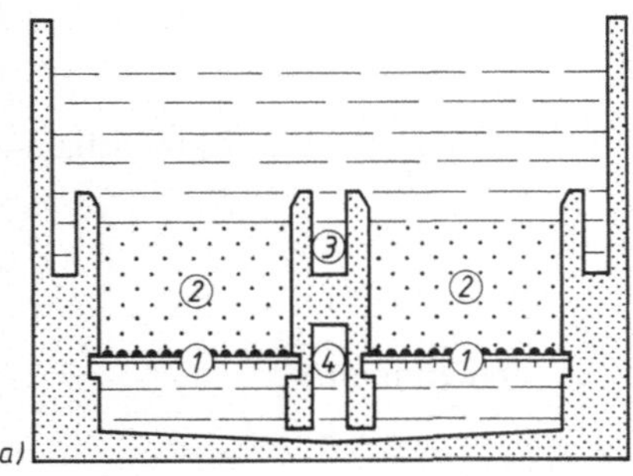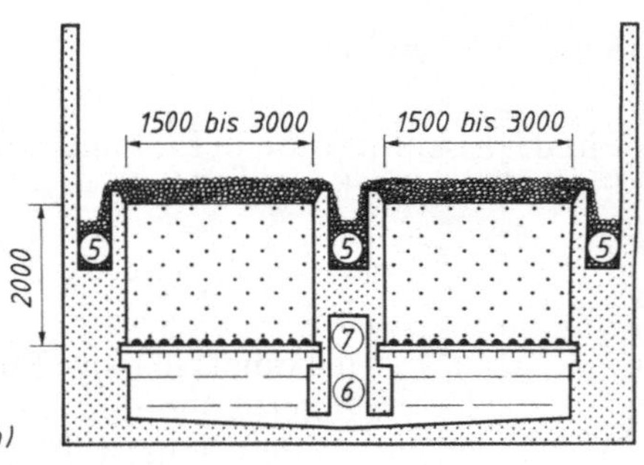

5.21 Offenes Überstau-Doppelfilterbecken [128]
    a) Überstau während der Filtration
    b) Überstau während der Filterwäsche
    1 Spannbetonfilterboden mit Filterdüsen (**5.**10)
    2 Filtermaterial
    3 Rohwasser-Zuführung
    4 Reinwasser-Abführung
    5 Schlammwasser-Abführung
    6 Spülwasser-Zuführung
    7 Spülluft-Zuführung

Die anzustrebende Filtergeschwindigkeit errechnet sich nach (5.1):

$$v_\mathrm{f} = \frac{2{,}0 \cdot 6{,}0}{0{,}115 \cdot 1{,}3 \cdot (26{,}31 - 9)} = 5{,}2 \ \mathrm{m/h}$$

Für eine Wassermenge von 600 m³/h ergibt die Filterfläche:

$$A = \frac{600}{5{,}2} = 115 \ \mathrm{m^2}$$

Gewählt wird ein offenes Schnellfiltersystem mit Überstau, bestehend aus zwei Doppelfiltereinheiten entsprechend **5.**21, Filterfläche pro Filtereinheit A = 115/2 = 57,5 m². Bei einer Beckenbreite von je 3,0 m beträgt die Filterlänge l = 57,5/2 · 3,0 = 9,58 m. Um ein Baurichtmaß zu erhalten, wird l zu 9,5 m gewählt. Die vorhandene Filterfläche beträgt somit 2 · 3 · 9,5 = 57 m². Die tatsächliche Filtergeschwindigkeit beträgt 300/57 = 5,3 m/h. Die Kompressorleistung für den Oxidator beträgt:

$$L_\mathrm{komp} = \frac{(O_\mathrm{e} - O_\mathrm{a}) \cdot 5 \cdot 3}{1{,}43} \quad \text{in l/m}^3$$

O_e = Sauerstoffgehalt nach der Belüftung in mg/l
O_a = Sauerstoffgehalt vor der Belüftung im Rohwasser in mg/l
5   = Verhältnis Sauerstoff zu Stickstoff in der Luft $\approx$ 1:4
3   = 3facher Luftüberschuß, da nicht der gesamte O_2 gelöst wird
1,43 = Umrechnung von mg auf ml O_2 (Normalvolumen bei ca. 10 °C)

$$L = \frac{(6{,}0 - 0) \cdot 5 \cdot 3}{1{,}43} = \ \approx 63 \ \mathrm{l/m^3}$$

Der hohe Luftüberschuß und die hierdurch hervorgerufenen Schwierigkeiten (s. Abschn. 5.4), die Belastung der Außenluft mit Schadstoffen und die bessere Steuerbarkeit haben dazu geführt, daß heute vielfach reiner Sauerstoff (O_2) dosiert wird. Hinweise sind in W 226 zu finden. In einigen Fällen reicht auch eine 10%ige Reinwasserrückführung in den Rohwasserstrom aus [21].

Neben diesen oberirdischen Verfahren gibt es noch die subterrestische Aufbereitung direkt im Lockergestein selbst [126].

5.6.2 Entmanganung

Die Manganentfernung ist häufig schwieriger als die Eisenentfernung, auch wenn die Grundlagen ähnlich sind. Die rein chemische Manganentfernung ist erst bei pH-Werten > 7,8 möglich. Dies wird durch eine Zugabe von Natronlauge oder Kalkwasser erreicht oder eine Filtration über alkalische Filtermaterialien. Bei der Manganentfernung spielen biologische und autokatalytische Vorgänge eine wesentliche Rolle. Da nach Abschn. 4.5 erst die Oxidation anderer Inhaltsstoffe abgeschlossen sein muß, werden zur Manganoxidation Ozon (O_3) oder Kaliumpermanganat ($KMnO_4$) zugegeben. Durch die Zugabe von Permanganat wird abfiltrierbares Mangandioxid (MnO_2) gebildet, welches als Braunstein bezeichnet wird. Es wird in der Anfangsphase ca. 2 mg $KMnO_4$ pro mg Mn^{2+} dosiert [31].

Damit ein autokatalytisch wirksames Filtermaterial entsteht, darf die Oxidation zum Braunstein noch nicht abgeschlossen sein. Die Zugabe von Oxidationsmitteln und Sauerstoffgehalte > 10 mg/l sind zu vermeiden [22]. Damit die katalytische Oberfläche aktiv bleibt, dürfen keine inerten Trübstoffe (z. B. Calciumcarbonat oder Eisenoxidhydrat) vorhanden sein, und die Filterrückspülung muß schonend erfolgen. Schon aus diesen Gründen empfehlen sich getrennte Filterstufen. Dies kann in geschlossenen oder offenen Filteranlagen erfolgen.

Manganfilter benötigen häufig mehrwöchige Einarbeitungszeiten. Diese können erheblich verkürzt werden, wenn etwa 10% der Filtersandmenge aus eingearbeiteten Altfiltern zugegeben wird („Impfung").

Die Entmanganung wird durch Ammonium, Schwefelwasserstoff, Methan etc. gestört.

5.7 Kombinierte Entfernung von Wasserinhaltsstoffen

Sehr häufig sind im Grundwasser überschüssige Kohlensäure, Eisen und Mangan gleichzeitig vorhanden. Groth [22] hat drei Gewässertypen gewählt. Die Kurzcharakteristik für Grundwässer und die möglichen Aufbereitungsschritte sind in Tafel 5.4 aufgezeigt. In 5.22 sind die Hauptverfahren dargestellt. Der erste Schritt ist eine Belüftung. Dies kann im geschlossenen Oxidator (1) oder mit einem offenen Belüftungssystem (1a) erfolgen (s. Abschn. 5.4). Im offenen System können neben dem Sauerstoffeintrag auch Gase (z. B. CO_2) ausgestrippt werden. Der Vordruck der U-Pumpen geht hierbei allerdings verloren, und ein Zwischenpumpwerk wird erforderlich (s. 5.22, System b). Die erste Filterstufe (2) dient zur Eisenentfernung und wird als Ein- oder Mehrschichtfilter mit inertem Filtermaterial betrieben. Die zweite Filterstufe (3) ist entweder mit alkalischem Filtermaterial gefüllt, oder sie wirkt katalytisch. Dieser Filter dient der Manganentfernung und sorgt für eine Restentsäuerung. Die belüftete Rohrschleife verhindert ein Trockenfallen der Filteranlage. Das System d) in 5.22 ist besonders günstig, wenn neben hohen Eisen-Mangan-Gehalten auch überschüssige Kohlensäure entfernt werden muß. Die Filtereinheiten können zur Flächeneinsparung auch übereinander aufgestellt werden. In 5.23 ist ein derartiger Fallverdüsungsdoppelfilter [84] dargestellt. In der unteren ersten Druck-Filterstufe wird

Tafel **5.4** Aufbereitungsverfahren für Grundwasser nach Gewässertypen in Anlehnung an G r o t h [22]

Grundwasser-gewässertyp	Kurzcharakteristik (Normaltyp)						
	Eh in mV	pH-Wert	O_2-Sättigung in %	DOC in mg/l	N- u. S-Verb. vorh. als	Fe(II) in mg/l	Mn(II) in mg/l
A1 Sandgebiet Weg a) Weg b)	> 650	6 bis 8,5	> 70	≤ 1	NO_3^- SO_4^{2-}	< 0,1	< 0,05 *) oder +) (> 0,05)
A2 Heide- oder Dünengebiet Weg a$_1$) Weg a$_2$) Weg b)	500	4,5 bis 6	50 bis 70	5 bis 10	NO_3^- SO_4^{2-}	≤ 3	≤ 1 (≤ 0,2)*)
B2 reduziertes Grundwasser Weg a) Weg b) Weg c)	600 bis 0	6 bis 7,5	0	1 bis 5	NH_4^- < 1 bis 2 mg/l	1 bis 10	1 bis 2
C2 stark reduziertes Grundwasser	− 400 bis 0	5,5 bis 7,5	0	1 bis 10	NH_4^- 1–5 mg/l H_2S 1–3 mg/l	0,1 bis 5	0,5 bis 5

Grundwasser-gewässertyp	Aufbereitungsschritte												
	pH-Einstellung	Kiesfilter	alkalisches Filtermat.	katalytische Oxidation	$KMnO_4$-Oxidation	Be- und Entgasung	Flockung/Fällung	$KMnO_4$-Oxidation	Kiesfilter 1. Stufe	pH-Anhebung	Entgasung	Kiesfilter 2. Stufe mit katalytischer Oxidation	alkalisches Filtermaterial
A1 Sandgebiet Weg a) Weg b)	> 7,8	×	×	+) (×)	+) (×)								
A2 Heide- oder Dünengebiet Weg a$_1$) Weg a$_2$) Weg b)	6,5 bis 7,0 6,5 bis 7,0			(×)*)		× oder ×	× *) ×	(×) ×	× (×) ×	> 7,8	× ×	×	×
B2 reduziertes Grundwasser Weg a) Weg b) Weg c)					×	× × ×	×		× × ×	> 7,8	× ×	× A-Kohle-filter	×
C2 stark reduziertes Grundwasser	wie Typ B2												

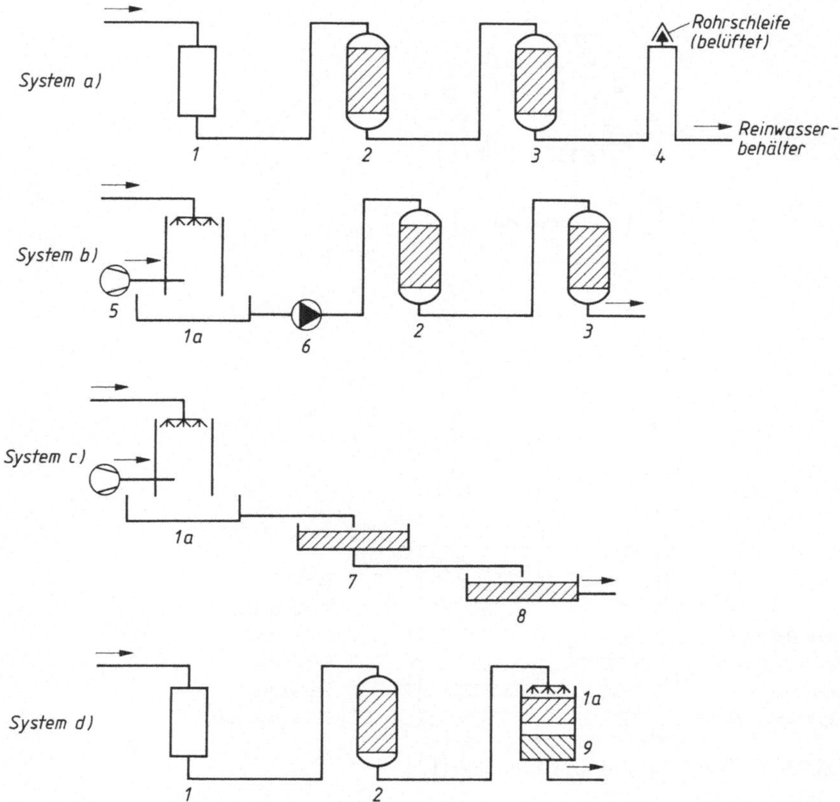

5.22 Hauptverfahren zur kombinierten Entfernung von Wasserinhaltsstoffen [113 verändert]

1   geschlossener Oxidator zur Belüftung (**5.**15)
1a offene Belüftung zur Be- und Entgasung (z. B. **5.**13)
2   geschlossene Schnellfilterstufe 1
3   geschlossene nachgeschaltete Schnellfilterstufe 2
4   belüftete Rohrschleife als Trockenlaufsperre
5   Gebläse zur Unterstützung der Be- und Entgasung
6   Zwischenpumpwerk zum Betrieb der Druckfilter 1 und 2
7   offener Schnellfilter 1
8   offener Schnellfilter 2 in Kaskade geschaltet mit Filter 1
9   nachgeschaltete offene Schnellfilterstufe

das Eisen entfernt. Durch die anschließende Fallverdüsung wird CO_2 ausgegast und erneut Sauerstoff eingetragen. Der Abspritzdruck am Verdüsungsring muß 0,5 bar betragen. Die zweite Filterstufe ist als offener Schnellfilter ausgebildet. Beispielhaft ist in Tafel **5.**5 die Reinigungsleistung einer derartigen Anlage aufgelistet [76].

Zur genauen pH-Werteinstellung wird i. d. R. eine kleine Natronlaugemenge zudosiert.

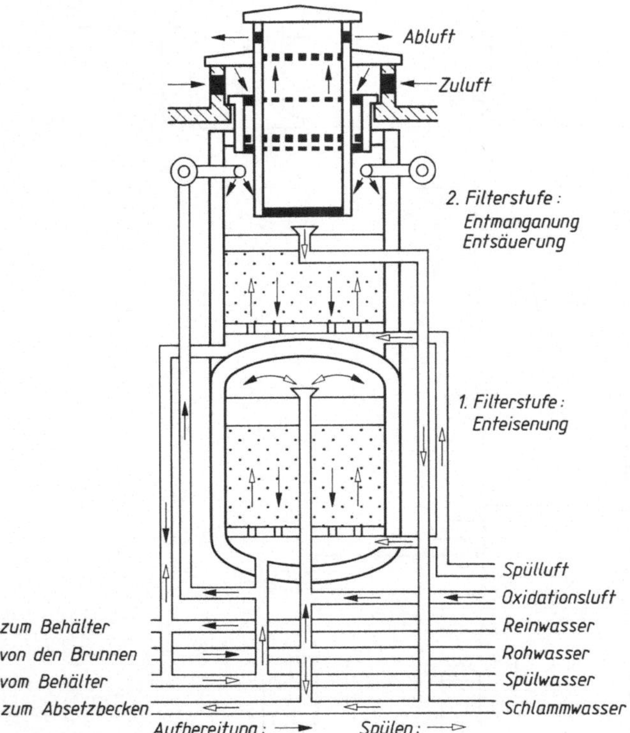

5.23   Fallverdüsungsdoppelfilter [84] [123]

Tafel **5.5**   Zweistufige Fallverdüsung [76]

	Rohwasser	Reinwasser I	Reinwasser II
pH	6,5	6,5	7,2
freies CO_2	200	40	5
GH	8,5	8,5	8,5
KH	8,5	8,5	8,5
Fe	4,0	0,2	0,02
Mn	0,4	0,4	0,01

In **5.24** und **5.25** ist im Schnitt und Lageplan ein Gesamtkonzept von der Gewinnung bis zum Reinwasserbehälter für das Wasserwerk der Stadtwerke Wolfenbüttel dargestellt [87]. Aus 4 Tiefbrunnen mit ca. 60 m Tiefe und einem Durchmesser von 600 mm werden $\approx$ 1000 m^3/h Rohwasser gefördert. Zur Entfernung von Eisen und Mangan wurde eine geschlossene Schnellfilteranlage gebaut, d. h. das Rohwasser bleibt von der U-Pumpe bis zum Reinwasserbehälter in einem Drucksystem. Das Rohwasser wird über einen Oxidator mit Luft versetzt. Die drei in Freiluftaufstellung und parallel betriebenen Filterkessel haben einen Durchmesser von 4,5 m und eine Zylinderhöhe von 3,5 m. Die Mehrschichtfilter sind folgendermaßen aufgebaut:

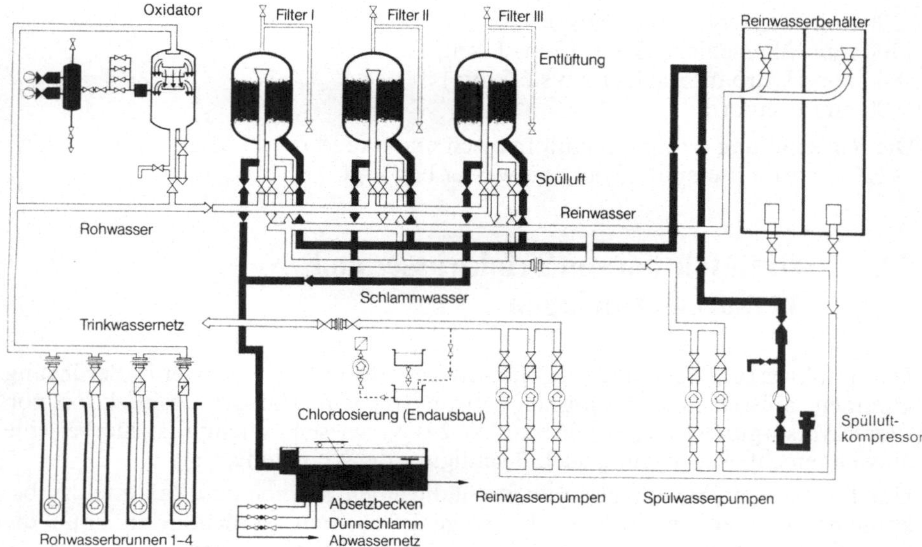

5.24 Systemskizze zum Wasserwerk Wolfenbüttel [87]

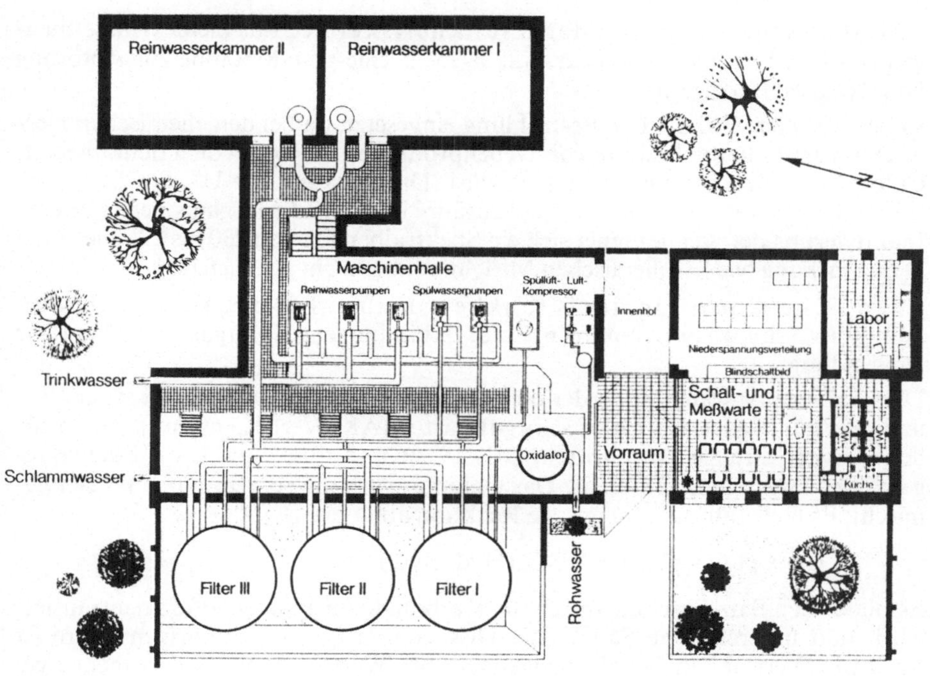

5.25 Lageplan vom Wasserwerk Wolfenbüttel [87]

200 mm Tragschicht (Quarzsand)
1300 mm Filterschicht (Sand 0,7 bis 1 mm)
 800 mm Hydroanthrazit (1,4 bis 2,5 mm)
 900 mm Freibord

Die Rückspülung erfolgt vollautomatisch und dauert ca. 40 Minuten. Es werden $\approx$ 120 m^3 pro Filterspülung an Spülwasser benötigt.

5.8   Desinfektion von Trinkwasser und Versorgungsanlagen

Das Trinkwasser selbst und auch die Anlagen, die mit Trinkwasser in Berührung kommen, müssen mikrobiologisch einwandfrei sein. Für die Desinfektion von Wasserversorgungsanlagen wird auf W 291 verwiesen. Wichtig ist hierbei eine umweltgerechte Entsorgung nach Beendigung der Reinigung.

Um Trinkwasser frei von gesundheitschädigenden Keimen und Bakterien zu bekommen, können unterschiedliche Wege beschritten werden. Man kann die Krankheitserreger entfernen oder physikalisch/chemisch abtöten.

Langsamfilter: Bei langsamer Filterung mit Filtergeschwindigkeiten < 100 mm/h werden auch Bakterien zurückgehalten. Aus diesem Grund sind in den USA Sandfilter für Oberflächenwässer grundsätzlich vorgeschrieben.

Physikalische Abtötung der Krankheitskeime: Für kleine Wassermengen ist die Erhitzung des Wassers auf > 75 °C eine gute Methode zur Abtötung von Krankheitserregern.

In neuerer Zeit wird die UV-Bestrahlung eingesetzt, da bei den chemischen Desinfektionsmitteln die Bildung von Nebenprodukten in Form von Trichloracetat, Chloroform, Bromat etc. befürchtet wird. Die Wirkung der UV-Strahlung beruht auf einer Veränderung der Nucleinsäure in den Mikroorganismen. Für eine Inaktivierung der Keime eignet sich ein Spektralbereich von 230 bis 290 nm. Eine Depotwirkung wie bei chemischen Mitteln ist aber nicht gegeben [95].

Chemische Abtötung der Krankheitskeime: Für die chemische Entkeimung des Trinkwassers kommen Chlorverbindungen, Chlorgas und Ozon zur Anwendung.

Die häufigste Anwendung findet die Chlorgas-Desinfektion, da sie einfach und preisgünstig ist. Da Chlor sehr giftig ist (MAK-Wert 1,5 mg/m^3), gelten für den Umgang strenge Vorschriften. DIN 19606 und 19607 und UVV 24a [94] regeln den Umgang mit Chlorgas. Das Chlorgas wird im Teilstrom mit Wasser gemischt. Es läuft folgende chemische Reaktion ab:

$$Cl_2 + H_2O \rightarrow HCl + HOCl \text{ (Hydrolyse)}$$

Es bildet sich Salzsäure, die durch die Karbonate im Wasser sofort neutralisiert wird, und unterchlorige Säure. Die Dissoziation der unterchlorigen Säure ist stark pH-Wert-abhängig. Mit steigendem pH-Wert muß die Zugabemenge gesteigert werden (W 203). Da Chlor auch als Oxidationsmittel wirkt (die Keimtötungswirkung wird durch den abgespaltenen aktiven Sauerstoff erreicht), rufen oxidierbare Substanzen eine Chlorzehrung hervor. Im Normalfall beträgt die zulässige Zugabe 1,2 mg/l und darf nach der Aufbereitung einen Grenzwert von 0,3 mg/l nicht überschreiten. In Sonderfällen erlaubt die TVO bis 6,0 mg/l bzw. einen Grenzwert nach der Aufbereitung von 0,6 mg/l. Die TVO schreibt einen Mindestgehalt von 0,1 mg/l vor. Um einen Chlorüberschuß von $> 0,1$ mg/l zu erreichen, sind für 10 °C Wassertemperatur und pH 6,0 ca. 30 min und pH 8 ca. 60 min Einwirkzeit erforderlich.

Für kleinere Wasserwerke verwendet man Natriumhypochlorit (NaOCl). Die Lösung muß DIN 19608 entsprechen. Sie ist licht- und wärmeempfindlich und nur begrenzt lagerfähig. Chlordioxid (ClO_2) hat gegenüber Chlorgas Vorteile, da sein höheres Oxidationsvermögen bei stark reduzierter Geschmacks- und Geruchsgrenze erreicht wird. Da Chlordioxid nicht stabil ist, muß es vor Ort aus Natriumchlorit ($NaClO_2$) und Chlorgas oder aus Chlorit und Salzsäure hergestellt werden [45]. Einzelheiten über Herstellung, Steuerung, Überwachung und Sicherheitsaspekte sind in W 224 zu finden.

Ozon (O_3) ist ein wirksames Oxidations- und Desinfektionsmittel. Zur Desinfektion wird eine Ozonkonzentration von 0,4 mg/l über 4 Minuten für erforderlich gehalten (W 225). Ozon wird vor Ort durch elektrische Entladung erzeugt. Für den Ozoneintrag gibt es eine ganze Reihe von Verfahren [69]. Da Ozon giftig ist (der MAK-Wert liegt bei 0,2 mg/m³), müssen Ozonreste mit A-Kohle entfernt werden. Aus diesem Grund wird für den Rohrnetzschutz eine Sicherheitschlorung von 0,1 mg/l Cl_2 empfohlen [22]. Bekannt ist auch die bakterizide Wirkung von Silber. Ein Nachteil liegt in der langen Einwirkzeit.

5.9   Spurenstoff- und Salzentfernung sowie Enthärtung

Die zunehmende Umweltbelastung durch Luftverunreinigungen, Altlasten, undichte Abwasserkanäle, wassergefährdende Stoffe, Intensivlandwirtschaft etc. hat zu anorganischen und organischen Mikroverunreinigungen im Grund- und Oberflächenwasser geführt. Aufgrund des hohen Wasserbedarfs müssen auch schwierige Wässer für die Trinkwasserversorgung herangezogen werden. In der Wasseraufbereitung spielen daher in zunehmendem Maße der Ionenaustausch, die Umkehrosmose (Membranverfahren), die Aktivkohlefiltration und die Denitrifikation (biologische Nitratentfernung) eine Rolle. Beim Ionenaustauschverfahren werden hochmolekulare Stoffe benutzt, die unerwünschte Ionen aus der Umgebungsflüssigkeit aufnehmen und dafür andere abgeben. Es werden Kationen- und Anionenaustauscher eingesetzt. Neben der Nitrat- und Sulfatentfernung können auch die Härtebildner Calcium und Magnesium entfernt werden, d. h. das Verfahren wird auch zur Enthärtung eingesetzt [41]. Für die Entkarbonisierung (die Entfernung von Hydrogencarbonationen) wird allerdings die Fällung bevorzugt eingesetzt [22]. Die Fällung ist in der Lage, auch anorganische Mikrostoffe zu entfernen. Die Adsorberharze müssen regeneriert werden, nachdem alle Ionen ausgetauscht sind. Die Salzlösungen oder Schlämme aus der Regeneration sind geordnet zu beseitigen.

Zur Reinstwasserherstellung, zur Brack- und Meerwasseraufbereitung und zur Entfernung von Keimen und nichtionogenen Stoffen wird die Umkehrosmose eingesetzt [92]. Unter Osmose versteht man den Austausch gelöster Stoffe durch eine durchlässige Membran. Bei der Verwendung einer halbdurchlässigen Membran tritt das Lösungsmittel Wasser so lange zur höheren Konzentrationsseite über, bis der Ausgleich erreicht ist. Hierbei baut sich ein osmotischer Druck auf. Dieser Vorgang ist auch umkehrbar. Wird auf der Seite der konzentrierten Lösung ein Druck aufgebracht, der höher ist als der osmotische Druck, dann fließt das Wasser durch die Membran, während die gelösten Stoffe (z. B. Salze) zurückgehalten werden (5.26). Im großtechnischen Einsatz wird die Membrane in Mo-

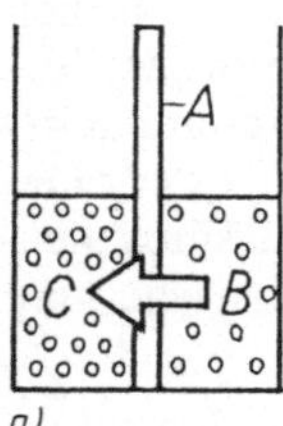

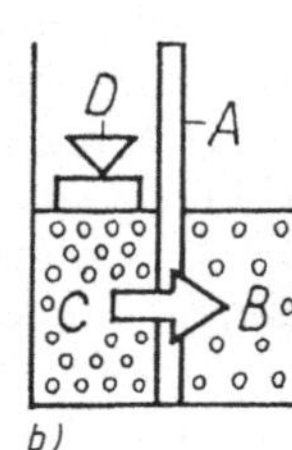

5.26
Osmose und Umkehrosmose
a) normale Osmose
b) umgekehrte Osmose
A Halbdurchlässige Membran
B Verdünnte Lösung
C Konzentrierte Lösung
D Druck

dule eingebaut. Zum Einsatz kommen Hohlfaser-, Wickel-, Tubular- und Plattenmodule. Beim Betrieb der Anlage fällt das Reinwasser (Permeat) und das Konzentrat an. Das Konzentrat und die bei der Membranreinigung anfallenden Lösungen müssen geordnet beseitigt werden. Je nach Salzgehalt werden Ionenaustauscher und Membranverfahren kombiniert [38]. Für die Entfernung von Geruchs- und Geschmacksstoffen, die Beseitigung von Chlor und Ozon, die Entfernung von organischen Substanzen und chlorierten Kohlenwasserstoffen etc. hat sich Aktivkohle bewährt (DIN 19603). A-Kohle ist mit einer Oberfläche bis 1400 m^2/g zur Sorption hervorragend geeignet. Die aus Torf, Stein- und Braunkohle gewinnbaren Kohlen müssen auf jeden Fall in Vorversuchen getestet werden, da sie sehr unterschiedliche Adsorptionsisothermen haben. Die Isotherme beschreibt die Gleichgewichtsbeladung der A-Kohle (mg/g AK) in Abhängigkeit von der Adsorptionskonzentration der Lösung.

In vielen Wasserwerken steigt der Nitratgehalt an (4.5) [13]. Daher wird vielfach auf tiefer liegende, weniger belastete Wässer zurückgegriffen. Durch eine Mischung von belastetem und weniger belastetem Wasser werden die Werte der TVO erreicht. Zur Aufbereitung von Wasser mit hohem Nitratgehalt eignet sich neben den oben aufgeführten Verfahren auch die biologische Denitrifikation, um das Nitrat aus dem Wasser zu entfernen [16].

5.10   Ablaufplan für die Herstellung eines Wasserwerkes [60]

Untersuchungen, Unterlagen und Pläne für die Herstellung von Aufbereitungsanlagen (Wasserwerke)

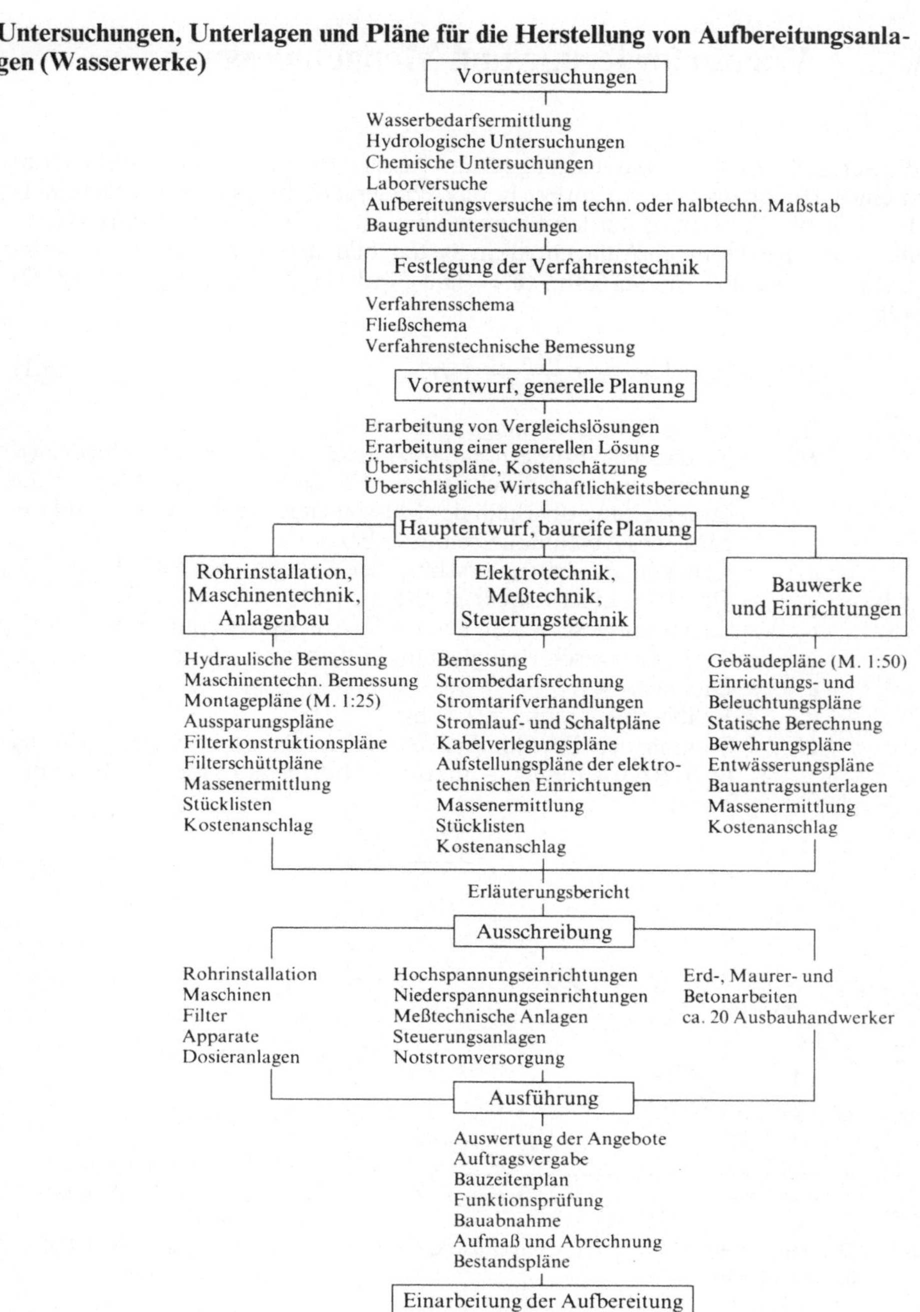

6 Wasserförderung und Mengenmessung

Wasser muß von der Fassungsanlage zum Wasserwerk, vom Reinwasserbehälter in einen Hochbehälter oder direkt in das Wasserverteilungsnetz gefördert werden. Für die Förderung werden Pumpen eingesetzt, die mit einem saugseitigen und einem druckseitigen Anlagenteil ein System bilden, das eine bestimmte Anlagenförderhöhe überwinden kann (**6.**1). Die Förderhöhe der Anlage beträgt [3] [49]:

$$H_A = H_{geo} + \frac{p_a - p_e}{\varrho \cdot g} + \frac{v_a^2 - v_e^2}{2g} + H_v \qquad (6.1)$$

H_A = Förderhöhe der Anlage in m
H_{geo} = geodätische Förderhöhe = $z_a - z_e$ = Höhenunterschied zwischen saug- und druckseitigem Flüssigkeitsspiegel. Mündet die Druckleitung oberhalb des Flüssigkeitsspiegels aus, wird auf die Mitte des Ausflußquerschnittes bezogen
p_a = Druck im Austrittsquerschnitt der Anlage in bar (N/m^2)
p_e = Druck im Eintrittsquerschnitt
v_a = Strömungsgeschwindigkeit im Austrittsquerschnitt in m/s
v_e = Strömungsgeschwindigkeit im Eintrittsquerschnitt
ϱ = Dichte in kg/m^3
g = Fallbeschleunigung = 9,81 m/s^2
H_v = Summe der Druckhöhenverluste in Saug- und Druckleitung (z. B. Rohrleitungs-, Armaturen-, Formstückwiderstände) in m

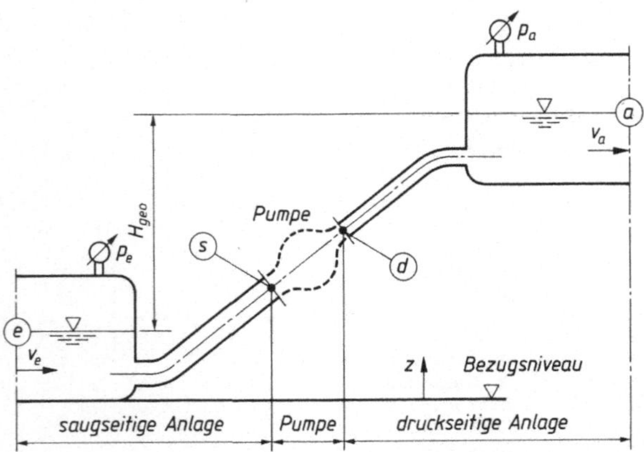

6.1 Größen zur Berechnung der Anlagenförderhöhe H_A in Gl. (6.1) [49]

e Eintrittsseite
a Austrittsseite
s Saugseite der Pumpe
d Druckseite der Pumpe
p Druck
v Strömungsgeschwindigkeit
z geodätische Höhe

In der Praxis kann die Differenz der Geschwindigkeitshöhen vernachlässigt werden. Wenn es sich zusätzlich noch um offene Behälter handelt, so wird:

$$H_A \approx H_{geo} + H_v$$

Aus der Gleichung wird deutlich, daß die Pumpenwahl und das Rohrleitungssystem sich gegenseitig beeinflussen. Je kleiner die Leitung ist, um so billiger kann sie gebaut werden. Die Wassergeschwindigkeit muß bei gleicher Fördermenge aber größer werden, und damit erhöht sich die Anlagenförderhöhe. Die Förderhöhe bestimmt die Pumpenleistung und somit die Betriebskosten. Diejenige Anlage, die aus Kapitaldienst und Betriebskosten die Jahreskosten minimiert, ergibt ein optimales System.

6.1   Pumpen für die Trinkwasserversorgung

Neben den Verdrängerpumpen als Hub- oder Kreiskolbenpumpe, Membranpumpe, Exzenterschneckenpumpe etc. hat sich heute überwiegend die Kreiselpumpe durchgesetzt.

Bei der Hubkolbenpumpe wird der Kolben im Pumpengehäuse hin- und herbewegt. Beim Herausziehen entsteht Unterdruck im Gehäuse, und über das Saugventil strömt das Fördermedium ein. Wird der Kolben wieder in das Pumpengehäuse gedrückt, so wird aufgrund der geringen Zusammendrückbarkeit des Fördermediums dieses zwangsweise über das Druckventil in die Rohrleitung gedrückt. Kolbenpumpen haben bei konstanter Drehzahl und in Abhängigkeit von der Förderhöhe einen kaum veränderten Förderstrom. Unter Förderstrom versteht man den nutzbaren Durchfluß eines Fließquerschnittes pro Zeiteinheit, z. B. in l/s, m^3/s oder m^3/h. Kolbenpumpen eignen sich gut für kleine Fördermengen

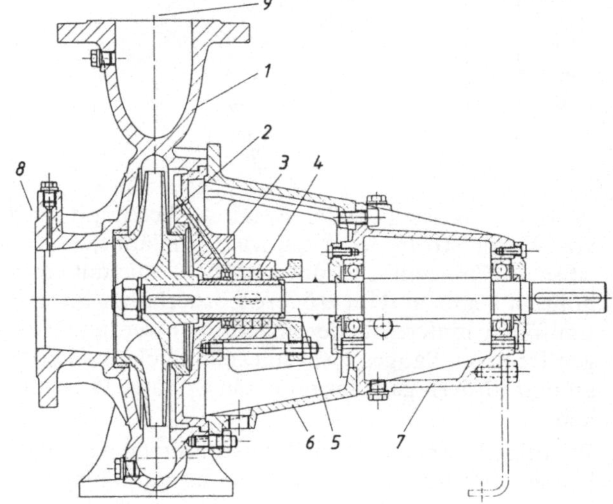

1 Spiralgehäuse mit
   angegossenem Pumpenfuß
2 Laufrad
3 Druckdeckel
4 Wellendichtung
5 Welle
6 Zwischenstück
7 Lagerträger
8 Saugstutzen
9 Druckstutzen

6.2   Schnitt durch eine Spiralgehäusepumpe

bei großer Förderhöhe. Da sich der Förderstrom nicht verändert, sind sie als Dosierpumpen gut einsetzbar. Für die Wasserförderung soll das Verhältnis $Q : H < 1:30$ liegen, mit Q in l/s und H in m.

Für die Wasserförderung ist die Kreiselpumpe von großer Bedeutung. Im Schnittbild **6.**2 sind die wesentlichen Bestandteile einer Kreiselpumpe angegeben. Es sind dies:

Spiralgehäuse − Laufrad − Druckdeckel − Wellendichtung − Welle − Zwischenstück − Lagerträger − Saug- und Druckstutzen.

Dargestellt ist eine Normpumpe nach DIN 24255. Es handelt sich um eine einflutige, einstufige Spiralgehäusepumpe mit axialem Eintritt. Motor und Pumpe sind getrennte Bauteile und durch eine elastische Kupplung verbunden. Der Gehäusedruck darf max. 10 bar betragen, die Druckstutzennennweite ist auf DN 150 begrenzt. Die Förderhöhe geht bis max. 100 m und der Förderstrom bis ca. 600 m³/h.

Die Wirkungsweise einer Kreiselpumpe geht vom Impulssatz aus. Das mit Schaufeln besetzte Laufrad überträgt die mechanische Energie der Pumpe auf den Förderstrom. Das Wasser strömt dem Laufrad axial zu und wird axial, diagonal oder radial umgelenkt. Durch die Fliehkraft werden die Wasserteilchen zum Laufradrand geschleudert und am Spiralwandgehäuse (diagonale oder radiale Umlenkung) in Druckenergie umgewandelt (**6.**3). Die Laufradform

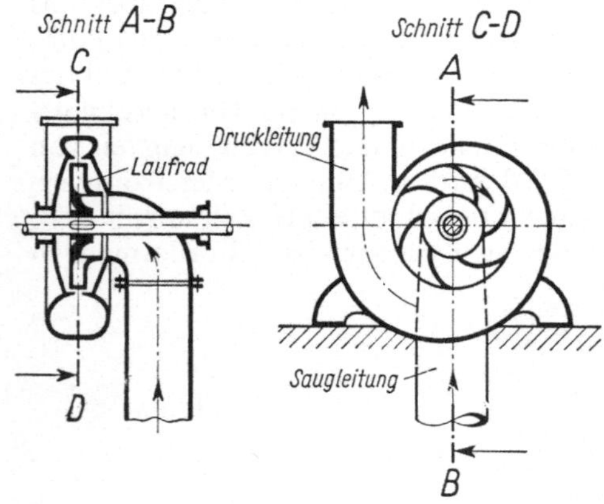

6.3   Schnitt durch eine Kreiselpumpe

(Radial-, Halbaxial- oder Axialrad) bestimmt die Förderhöhe in Abhängigkeit vom Förderstrom. Jeder Laufradform läßt sich ein bestimmter Bereich einer spezifischen Drehzahl zuordnen (W 610). Die mit einem Laufrad erzielbare Förderhöhe ist begrenzt. Um größere Förderhöhen zu erreichen, müssen daher mehrere Laufräder hintereinander angeordnet werden. Man spricht dann von mehrstufigen Pumpen. Saugen zwei spiegelbildliche Laufräder über getrennte Saugkanäle an und fördern gemeinsam in ein Spiralgehäuse, so spricht man von Zweiflutigkeit.

Wichtige Kenngrößen für Kreiselpumpen sind der Förderstrom Q in Abhängigkeit zur Förderhöhe H, die Leistungsaufnahme in kW, der Wirkungsgrad η und die Netto-Energiehöhe $NPSH$ (Net Positiv Suction Head). Die entsprechenden Daten sind den Pumpenkatalogen der Hersteller zu entnehmen [118] [120]. In **6.**4

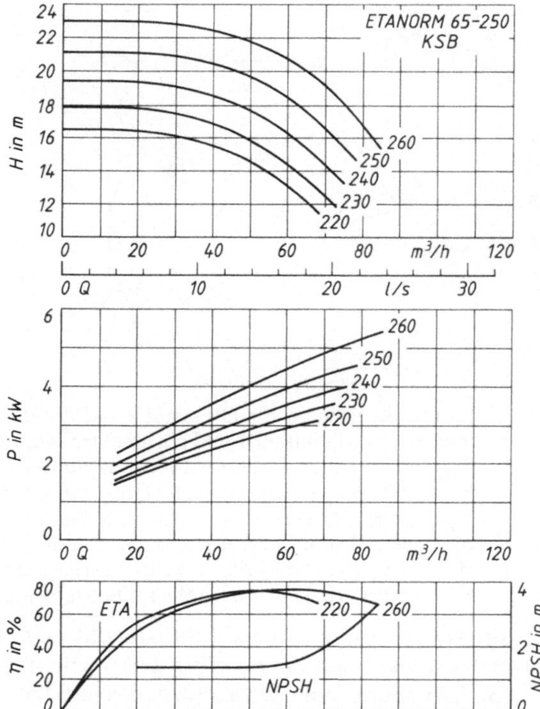

6.4
Pumpenkennlinien, Leistungsbedarf, ETA- und NPSH-Werte für eine KSB-ETANORM-Pumpe mit einer Drehzahl $n = 1450\ 1/\text{min}$ [120]

ist eine Pumpenkennlinie für eine Normpumpe (KSB ETANORM 65–250) dargestellt. Die Pumpenkennlinie (oder auch Drosselkurve einer Pumpe) gibt bei vorgegebener Drehzahl n den Zusammenhang zwischen Förderstrom und Förderhöhe wieder. Es gibt Pumpen mit flacher und steiler Kennlinie. Mit zunehmendem Förderstrom Q nimmt die Förderhöhe H ab. Zu jeder QH-Linie gehört eine Wirkungsgradlinie, eine Leistungsbedarfslinie sowie die $NPSH$-Linie. Nach Gl. (6.1) setzt sich die Förderhöhe einer Anlage aus einem dynamischen und einem statischen Anteil zusammen. Der statische Anteil besteht aus der geodätischen Höhe H_{geo} und dem Druckhöhenunterschied beim Ein- und Austrittsquerschnitt. Bei offenen Behältern entfällt der letzte Anteil, so daß nur H_{geo} ermittelt werden muß. Der dynamische Anteil besteht aus den Druckhöhenverlusten H_v und der Differenz der Geschwindigkeitshöhen. Da der letzte Anteil häufig auf der Saug- und Druckseite sehr gering ist, wird er gleich Null gesetzt. Die mit wachsendem Förderstrom quadratisch ansteigenden Rohrreibungsverluste bestimmen hauptsächlich den Druckhöhenverlust (s. Abschn. 8). Trägt man den vom Förderstrom unabhängigen Anteil H_{geo} und den mit wachsendem Förderstrom ansteigenden Druckhöhenverlust H_v über Q auf, so erhält man die Rohrleitungskennlinie (Anlagenkennlinie) (**6**.5). Der Schnittpunkt der Rohrleitungskennlinie mit der Pumpenkennlinie ergibt den Betriebspunkt. Auf diesen Punkt stellt sich die Kreiselpumpe selbsttätig ein. Der am häufigsten auftretende Förderstrombedarfsfall, die zugehörige Förderhöhe und das Wirkungsgradlinien-Optimum sollen möglichst in der Nähe des Betriebspunktes liegen. Ein Förder-

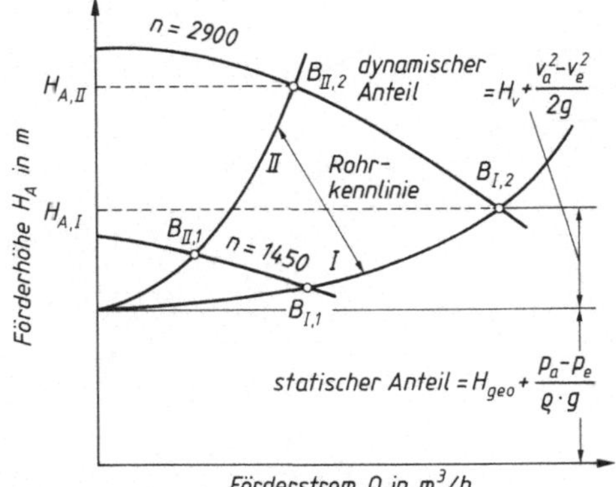

6.5   Pumpenkennlinien für Drehzahl n = 2900 und 1450 in min^{-1} kombiniert mit einer flachen Rohrkennlinie I und einer steilen Rohrkennlinie II

$B_{I,1}$ Betriebspunkt für n = 1450 min^{-1} und Rohrkennlinie I
$B_{I,2}$ Betriebspunkt für n = 2900 min^{-1} und Rohrkennlinie I
$B_{II,1}$ Betriebspunkt für n = 1450 min^{-1} und Rohrkennlinie II
$B_{II,2}$ Betriebspunkt für n = 2900 min^{-1} und Rohrkennlinie II
$H_{A,I}$ erforderliche Förderhöhe im Betriebspunkt $B_{I,2}$
$H_{A,II}$ erforderliche Förderhöhe im Betriebspunkt $B_{II,2}$

strom rechts vom Betriebspunkt ist nicht möglich. Wird nur mit einer Pumpe gearbeitet, so können kleinere Förderströme nur durch Widerstandsvergrößerung (z. B. Schließung eines Drosselorganes auf der Druckseite, Anlagenkennlinie II in **6.**5) oder durch Drehzahlveränderung erreicht werden. Das Verfahren der Schieberdrosselung ist sehr energieaufwendig, da die Förderhöhe von $H_{A,I}$ auf $H_{A,II}$ ansteigt. In neuerer Zeit werden daher sehr häufig drehzahlgeregelte Pumpenmotoren verwendet. Eine Drehzahlregelung bringt insbesondere in Kombination mit einer steilen Rohrkennlinie Vorteile, da hierdurch ein guter Wirkungsgradbereich möglich ist. Mit steigender Drehzahl, aber bei sonst gleichem Anlagensystem, verschiebt sich der Betriebspunkt von $B_{I,1}$ nach $B_{I,2}$. Der Förderstrom Q_2 und die Förderhöhe H_2 errechnen sich zu:

$$Q_2 = \frac{n_2}{n_1} \cdot Q_1 \qquad H_2 = \left(\frac{n_2}{n_1}\right)^2 \cdot H_1 \tag{6.2}$$

Bei einer Steigerung von n_1 = 1450 auf 2900 min^{-1} ergibt sich eine Verdoppelung des Förderstromes.

Eine weitere Möglichkeit, den Förderstrom zu verändern, ist der Parallelbetrieb von Kreiselpumpen. Beim Parallelbetrieb sind die Förderströme nicht einfach zu addieren, sondern die gemeinsame Pumpenkennlinie muß durch Addieren der Abszissenabschnitte bei gleicher Förderhöhe konstruiert werden. In **6.**6 ist der Parallelbetrieb von drei Pumpen dargestellt. Da die Pumpen in die gleiche Leitung fördern, erhöhen sich die Fließgeschwindigkeiten, und die Verluste steigen stark an. Bei ungünstiger Pumpenwahl kann im Parallelbetrieb der Förderstromzuwachs sehr gering werden. Werden zwei gleich große Pumpen parallel gefahren, so ist Summe Q immer $< 2Q$. Beim Parallelbetrieb von gleichen Pumpen ergeben steile Pumpenkennlinien mit flacher Anlagenkennlinie einen günstigen Förderstromzuwachs. Beim Parallelbetrieb

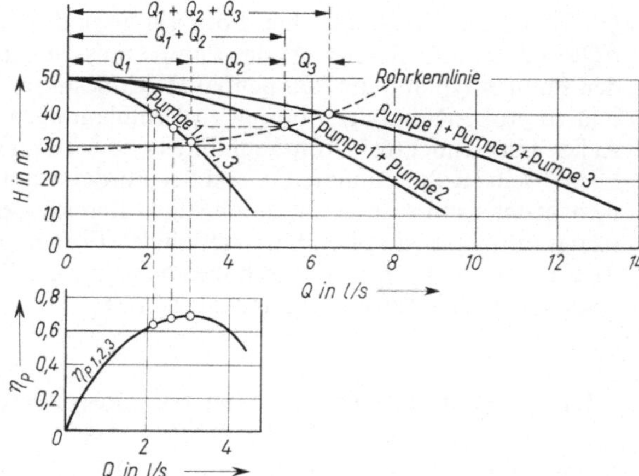

6.6
Parallelbetrieb von drei
gleichen Kreiselpumpen

unterschiedlicher Pumpen ist darauf zu achten, daß keine instabilen Verhältnisse entstehen, d. h. der Pumpenbetrieb darf nicht zwei Betriebspunkte bei gleicher Förderhöhe erlauben. Die Ausführungen verdeutlichen, daß die richtige Auswahl der Pumpen von großer Bedeutung ist. Der Förderstrombedarf muß mit Hilfe der Dauerlinie

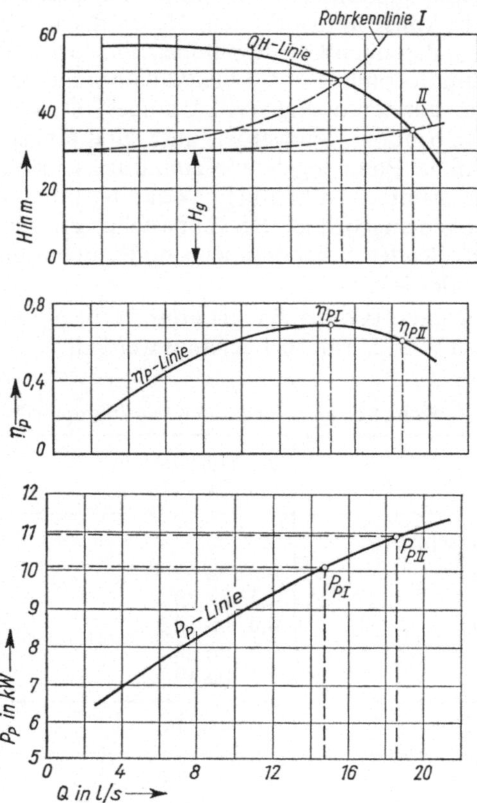

6.7
Pumpencharakteristik und
Rohrkennlinie

$Q = f(t)$ ermittelt werden. Die Förderhöhe und damit die Anlagenkennlinie H_A als $f(Q)$ und der Aufstellungsort der Pumpe müssen genau analysiert werden, um dann den Pumpentyp und die Pumpenbauart zu bestimmen (W 612). Sicherheitszuschläge und zu grobe Rundungen führen zu Fehlplanungen. Wird z. B. der Rohrwiderstand zu hoch berechnet (**6.**7, Rohrkennlinie I), so wird im späteren Betrieb die Förderhöhe kleiner sein (Rohrkennlinie II), und der Förderstrom wird sich vergrößern. Die Pumpe arbeitet dann ständig im ungünstigen Bereich des Wirkungsgrades, und die Leistungsaufnahme ist höher. Bei wechselnden Förderhöhen ist die erforderliche Motorleistung für die kleinste Förderhöhe somit größer. Für die Dauerleistung ist der Bereich des größten Wirkungsgrades zu wählen.

6.1.1   Hauptpumpenbauarten und -einsatzbereiche

Neben der Laufradform (Radial-, Halbaxial-, Axialrad) werden die Pumpen auch nach der Einbaulage und der Aufstellungsart unterschieden. Die Einbaulage kann horizontal und vertikal erfolgen. Die Aufstellung ist trocken oder naß möglich, und das gesamte Aggregat oder nur die Pumpe ist überflutungssicher ausgelegt. Eine sehr häufig verwendete Pumpe, bei der das gesamte Aggregat geschützt ist, ist die Unterwasserpumpe. Bei dieser Pumpenart bilden Motor und Pumpe eine konstruktive Einheit. Neben der bereits beschriebenen Spiralgehäusepumpe finden noch Gliederpumpe, Bohrlochwellenpumpe, Rohrgehäusepumpe, Tauchmotorpumpe und Seitenkanalpumpe Anwendung. Spiralgehäusepumpen werden horizontal und vertikal aufgestellt, wobei die horizontale Aufstellung mehr Platz benötigt. Sie werden quer- und längsgeteilt gebaut. Querteilung bedeutet, daß die Pumpengehäuse-Trennfuge senkrecht zur Wellenebene liegt. Der Pumpensaugstutzen ist häufig in axialer Richtung und der Druckstutzen tangential nach oben angeordnet. Bei Inlinestellung liegen sich Saug- und Druckstutzen gegenüber. Bei den Blockpumpen sind Pumpen- und Motorwelle starr miteinander verbunden [49].

In Abhängigkeit von der Bauart können für normale Kreiselpumpen Einsatzbereiche nach W 612, Tafel **6.**1 genannt werden.

Tafel **6.**1   Übliche Förderströme von Kreiselpumpen (W 612)

	ca.-Förderstrom in m³/s	ca.-Förderhöhe in m
Spiralgehäusepumpe		
quergeteilt	0,01 bis 2,5	250 bis 300
	2,5 bis 20	250 linear bis 80
längsgeteilt	0,07 bis 0,3	200 linear bis 700
	0,3 bis 2,5	bis $\approx$ 700
	2,5 bis 10	700 linear bis 80
U-Pumpen	0,01 bis 1,0	10 bis 1000
Gliederpumpe	0,01 bis 1,0	10 bis 1000

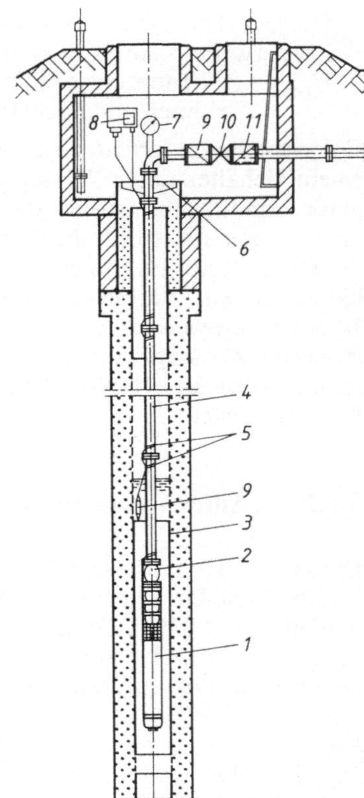

6.8
Systemskizze einer Brunnenanlage mit U-Pumpe [115]
 1 Unterwasserpumpe
 2 Rückschlagventil
 3 Blindrohr
 4 Steigleitung (Druckrohr)
 5 Kabelschelle
 6 Brunnenkopf
 7 Pneumatischer Wasserstandsanzeiger
 8 Wasserstandsschaltgerät (Trockenlaufschutz)
 9 Rückschlagklappe
10 Schieber
11 Wasserzähler

In **6.**8 ist der Einbau einer Unterwasserpumpe in einen Brunnen dargestellt. Die Pumpe hängt im Filterrohr an der Steigleitung, die am Brunnenkopf angeflanscht ist. Zum Aus- und Einbau muß das Steigrohr stückweise montiert werden. Ungeschützte hydraulische Hebegeräte sind aufgrund der Schutzzone I i.d.R. nicht möglich, da die Hydrauliköle eine Gefahr darstellen. Das Steigrohr fördert das in den Pumpenseiher eintretende Wasser über die Transportleitung bis zur Aufbereitungsanlage. Der Durchmesser der Steigleitung hängt vom Pumpentyp ab und muß dem Katalog entnommen werden. Übergangsflansche von Zoll auf DN sind erhältlich. Der Steigleitungsdurchmesser ist somit durch die Pumpenwahl festgelegt. Die Verbindungen der Steigrohre müssen so bemessen sein, daß sie das Eigengewicht, die Wasserfüllung und das Pumpengewicht tragen können. Die U-Pumpe hängt ca. 3 bis 5 m unter dem tiefsten zu erwartenden Wasserstand. Durch eine Wasserstandsmeßeinrichtung ist sie gegen Trockenlauf geschützt (**6.**8). Die Pumpe soll möglichst im Bereich des Aufsatzrohres eingebaut werden. Ist dies nicht möglich, so ist in der Filterstrecke ein 3 bis 5 m langes Blindrohr einzubauen. Damit bei der Demontage der Pumpe die Rohrleitung nicht leerläuft, ist im Schacht ein Schieber vorzusehen. Obwohl die Pumpe selbst ein Rückschlagventil besitzt, sollte zusätzlich auch im Brunnenschacht eine Rückschlagklappe eingebaut werden. Für die Berechnung der Förderhöhe müssen folgende Angaben vorliegen:

- Steigrohrlänge = Länge vom Pumpenanschluß bis zum Brunnenkopf
- Förderweite = Abstand vom Brunnen zum Wasserwerk
- H_{geo} = Höhenunterschied zwischen tiefstem zu erwartenden Wasserstand im Brunnen und höchstem Wasserstand im Wasserwerksbehälter

Folgende Besonderheiten sind bei H_{geo} zu beachten: Mündet die Rohrleitung in einem Behälter unter Wasser aus, so ist der höchste Wasserstand im Behälter maßgebend, i. allg. ist dies die Höhe der Überlaufleitung. Mündet die Leitung über Wasser aus, so gilt die Rohrachse als höchster Punkt. Befindet sich am Ende der Rohrleitung ein System, das einen Auslaufdruck benötigt, z. B. ein Druckbehälter oder eine Verdüsung, so wird dieser Druck in bar durch Multiplikation mit 10 näherungsweise in m Verlusthöhe umgerechnet. Erfolgt die Leitungsführung zwischen Wassergewinnung und Wasserwerk über einen geographischen Hochpunkt, so ist diese NN-Höhe zu berücksichtigen, damit kein Unterdruck in der Leitung entsteht.

6.1.2   Antriebsmaschinen

Elektromotoren werden heute fast ausschließlich verwendet. Die übliche Stromart ist Drehstrom. Die Hauptleiter werden mit R, S, T bezeichnet, der Nulleiter ist 0. Die Spannung zwischen zwei Hauptleitern heißt verkettete Spannung oder Dreieckspannung, die zwischen einem Hauptleiter und dem Nulleiter nennt man Phasenspannung oder Sternspannung (**6.**9). Gebräuchlichste Be-

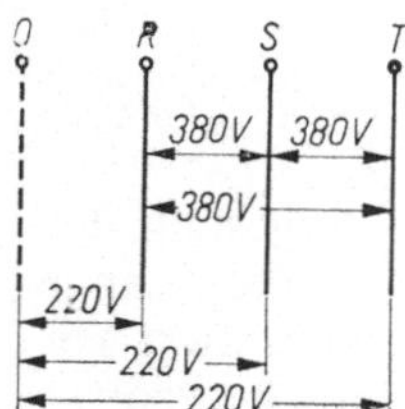

6.9   Betriebsspannungen bei Drehstrom

triebsspannung ist 220/380 Volt mit der in Europa üblichen Frequenz von 50 Hertz (Hz). Die Kraftübertragung auf die Pumpe erfolgt i. allg. direkt ohne ausrückbare Kupplung oder über Riementrieb (η = 0,9) bzw. über ein in Öl laufendes Getriebe (η = 0,95). Die synchrone Drehzahl ergibt sich aus der Gleichung

$$n = \frac{\text{Frequenz} \cdot 60}{\text{Polpaarzahl}} \quad \text{in l/min}$$

Bei den gebräuchlichen Asynchronmotoren, das sind Kurzschluß-Läufermotoren mit kurzgeschlossener Wicklung des Rotors, beträgt der Schlupf gegenüber der Synchrondrehzahl 3 bis 5% (**6.**10). Gebräuchliche Lastdrehzahlen sind 2900 und 1450 U/min.

Kleine Motoren können direkt eingeschaltet werden. Der Einschaltstrom beträgt dabei das 5- bis 6fache des Normalstromes. Größere Motoren, die nicht über Vollast anlaufen, müssen, wie es bei Kreiselpumpen immer der Fall ist, über

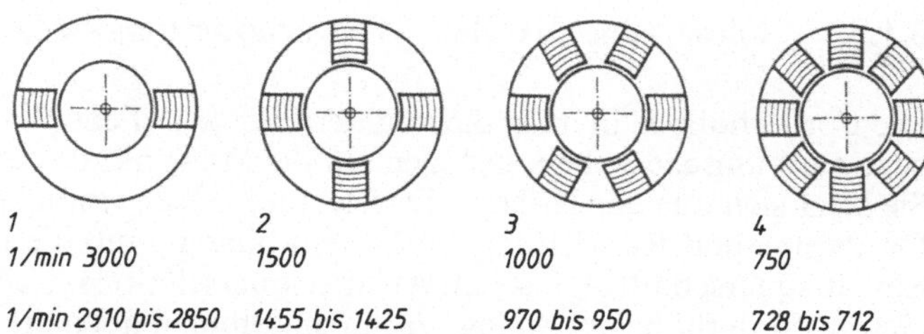

6.10   Lastdrehzahlen von Asynchronmotoren

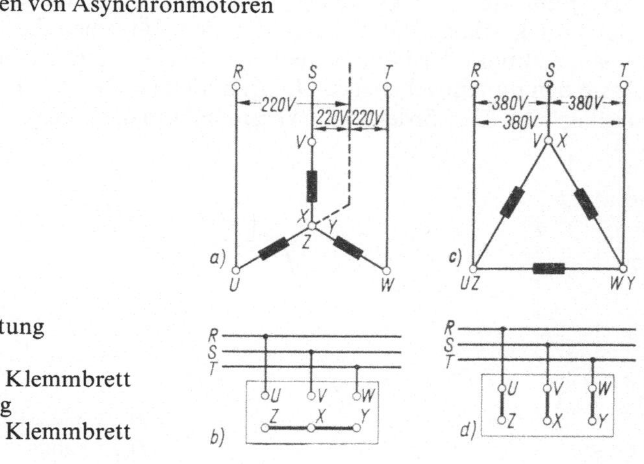

6.11
Stern-Dreieckschaltung
a) Sternschaltung
b) Bezeichnung am Klemmbrett
c) Dreieckschaltung
d) Bezeichnung am Klemmbrett

Stern-Dreieckschaltung (**6.**11) angelassen werden. Bei der Sternschaltung beträgt der Einschaltstrom nur ⅓ des Einschaltstromes der Direktschaltung. Das Umschalten auf Dreieck-Schaltung erfolgt bei Handbedienung nach ≈ 3 s, wenn der Motor die volle Drehzahl erreicht hat. Ob Direkt- oder Stern-Dreieckschaltung vorzusehen ist, hängt von der Belastbarkeit des Stromnetzes ab und wird vom zuständigen Elektrizitätswerk entschieden.

Elektromotoren haben gute Wirkungsgrade von 0,8 bis 0,95 je nach Größe des Motors, η für Vollast ist auf dem Leistungsschild des Motors angegeben.

Ist ein Antrieb für nicht konstante Drehzahlen vorgesehen, so kann dies über polumschaltbare Drehstrom-Asynchronmotoren oder Gleichstrommotoren erfolgen. Wird eine stufenlose Drehzahlveränderung gewünscht, so kann dies mit Widerstandsdrehzahlstellern im Läuferkreis, Frequenzumrichtern oder untersynchronen Stromrichterkaskaden für Drehstrommotoren und mit Stromrichtern für Gleichstromnebenschlußmotoren erreicht werden. Die jeweiligen Einsatzbereiche sind in W 630 aufgezeigt.

Verbrennungsmotoren als Diesel- oder Gasmotor werden bis ca. 5000 kW gebaut. Da die Betriebskosten recht hoch sind, werden sie vornehmlich neben Elektromotoren nur aus Gründen der Versorgungssicherheit vorgehalten. Dieselmotoren können mit einer Drehzahl von 1500 min^{-1} Kreiselpumpen direkt antreiben oder einen Generator betreiben. Sie sind mit Luft oder Wasser gekühlt und werden über Druckluft oder elektrisch angelassen. Wegen der Lärm- und Luftbelastung werden sie in gesonderten Räumen aufgestellt.

6.1.3   Förderhöhe, NPSHA-Wert und Leistungsbedarf

Die Förderhöhe H in m ist die von der Pumpe auf das Wasser übertragene nutzbare mechanische Arbeit, bezogen auf die Massenkraft des Wassers (DIN 4046). Sie setzt sich aus der Höhen-, Druck- und Geschwindigkeitsenergie zusammen. Da Pumpe und Rohrleitung ein System bilden, muß die Förderung von Q vom Eintrittsquerschnitt A_e bis zum Austrittsquerschnitt A_a sichergestellt sein. Für die Gesamtförderhöhe der Anlage H_A in m kommen noch die Verluste der Saugseite ($H_{v,s}$) und der Druckseite ($H_{v,d}$) hinzu. Die geodätische Förderhöhe (H_{geo}) und der Druckhöhenunterschied bilden den statischen Anteil (H_{stat}) der Gesamtverluste, während der Unterschied der Geschwindigkeitshöhe und die Reibungsverluste den dynamischen Teil (H_{dyn}) bilden (DIN 24260). Für ein offenes Behältersystem sind die Förderhöhen vereinfacht in **6.**12 dargestellt.

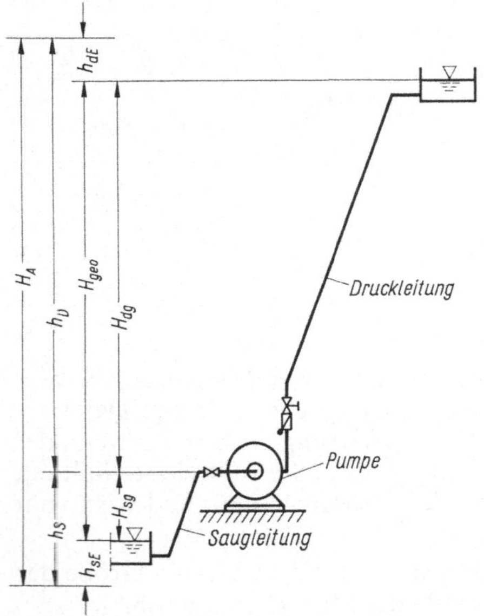

H_{sg}	geodätische Saughöhe
H_{dg}	geodätische Druckhöhe
H_{geo}	$H_{sg} + H_{dg}$ = geodätische Förderhöhe
h_{sE}	Gesamtverluste in der Saugleitung (Eintritt, Reibung, Krümmer usw.)
h_{dE}	Gesamtverluste in der Druckleitung
h_S	$H_{sg} + h_{sE}$ = vakuummetrische Saughöhe
h_d	$H_{dg} + h_{dE}$ = manometrische Druckhöhe
H_A	$h_S + h_D$ = Anlagenförderhöhe (Gesamtförderhöhe)

6.12   Druckverhältnisse bei einer Pumpe

Um Kavitation in der Pumpe zu vermeiden, muß beim Eintrittsquerschnitt der Pumpe eine über dem Dampfdruck liegende Energiehöhe zur Verfügung stehen. Diese Netto-Energiehöhe *NPSH* (Net Positive Suction Head) entspricht etwa dem Begriff der Haltedruckhöhe nach DIN 4046. Man unterscheidet zwischen *NPSHA* = NPSH-Wert der Anlage (früher $NPSH_{vorh}$) und dem *NPSHR* = NPSH-Wert der Pumpe (früher $NPSH_{erf}$). Die Pumpe kann im Zulauf- oder Saugbetrieb gefahren werden (6.13). Beim Saugbetrieb liegt der höchste Wasserspiegel unter der Laufradmitte, und die Zulaufhöhe ist negativ. In diesen Fällen muß der NPSHR-Wert < 10 m sein, und beim Anfahren der Pumpe sind Hilfen erforderlich (Fußventil, Evakuierung etc.) (W 612). Um die Verluste auf der Saugseite gering zu halten, erhält jede Pumpe eine eigene Saugleitung. Diese Betriebsform ist jedoch möglichst zu vermeiden, da sie hydraulisch ungünstig ist.

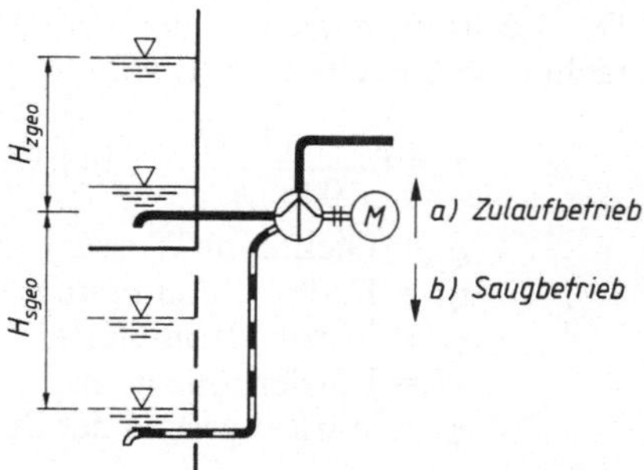

6.13
Saug- und Zulaufbetrieb einer Pumpe (W 612)

Der Berechnung der NPSHA-Werte erfolgt nach [3] und lautet für den Saug-betrieb:

$$NPSHA = \frac{p_e + p_b - p_D}{\varrho \cdot g} + \frac{v_e^2}{2g} - H_{v,s} - H_{geo} \qquad (6.3)$$

Zulaufbetrieb:

$$NPSHA = \frac{p_e + p_b - p_D}{\varrho \cdot g} + \frac{v_e^2}{2g} - H_{v,s} + H_{z,geo} \qquad (6.4)$$

Für kaltes Wasser und offene Behälter kann die Formel für die Praxis vereinfacht werden. Hierbei werden folgende Annahmen getroffen:

p_b = Luftdruck = 1 bar (= 10^5 N/m²) und p_e = 0 bar

ϱ = 1000 kg/m³ und g = 10 m/s² (Abweichung von 9,81 $\approx$ 2%)

$\dfrac{v_e^2}{2g}$ = Geschwindigkeitshöhe $\approx$ 0, da sehr klein,

p_D = Dampfdruck bei 7 °C = 0,0100 bar

Für kaltes Wasser und offene Behälter ist daher ausreichend genau:

$$NPSHA \approx 10 - H_{v,s} - H_{s,geo} \text{ (Saugbetrieb)} \qquad (6.5)$$
$$NPSHA \approx 10 - H_{v,s} + H_{z,geo} \text{ (Zulaufbetrieb)} \qquad (6.6)$$

Es muß immer $NPSHA > NPSHR$ sein. Die NPSHR-Werte findet man im Pum-penkatalog [120]. Die dort angegebenen Werte sind um einen Sicherheitszuschlag von 0,5 m zu erhöhen.

Beispiel 1. Wie groß darf maximal die geodätische Saughöhe werden, wenn mit einer Pum-pe nach Bild **6.4** 55 m³/h gefördert werden soll? Die Saugleitungsverluste einschließlich al-ler Armaturen betragen 1,5 m.

Gleichung (6.5) wird umgestellt:

$$H_{s,geo} = 10,0 - 1,5 - 2,0 = 6,5 \text{ m}.$$

Der Wert 2,0 m ergibt sich aus Bild **6.4**, wo 1,5 m für $NPSH$ abgelesen wird, und einem Sicherheitszuschlag von 0,5 m.

Der Leistungsbedarf P, der vom Motor an die Pumpenwelle abzugeben ist, berechnet sich nach der Formel:

$$P = \frac{\varrho \cdot g \cdot Q \cdot H}{1000 \cdot \eta} \quad \text{in kW} \tag{6.7}$$

ϱ = Dichte für Wasser (1,0 kg/dm³)
g = Fallbeschleunigung (9,81 m/s²)
Q = Förderstrom in l/s
H = Förderhöhe in m
η = Wirkungsgrad der Pumpe

Anstelle von 1000 findet man in der Praxis noch die Werte 367 oder 102. Sie beruhen auf folgender Überlegung:

Leistung in kW mal Zeit in h = Arbeit in Kilowattstunden kWh.
Mit 1 kWh = 367 000 kpm ergibt sich für Q in m³/h der Wert 367 und für Q in l/s (367/3,6) die Zahl 102.

Für die Motorauswahl ist der Wirkungsgrad des Motors zu beachten, er liegt bei Elektromotoren zwischen 0,8 und 0,95. In der Praxis werden in Abhängigkeit vom berechneten Leistungsbedarf folgende Zuschläge gemacht [3]:

$$
\begin{array}{ll}
\text{bis } 7{,}7 \text{ kW} & \approx 20\% \\
7{,}5 \text{ bis } 40 \text{ kW} & \approx 15\% \\
> 40 \text{ kW} & \approx 10\%.
\end{array}
$$

Beispiel 2. Für die Kreiselpumpe nach Bild **6**.14 ist die Bemessung des E-Motors gesucht. Die Pumpe muß maximal 55 m³/h oder 15,3 l/s fördern. Der k_i-Wert wird mit 0,1 mm festgelegt. Die Verluste auf der Saugseite sind mit $H_{v,s}$ = 0,22 m berechnet (s. Abschn. 8.1.2).

$H_{v,s} + H_{s,geo} = 0{,}22 + 3{,}0 = 3{,}22$ m (Verluste Saugseite)

$I_r = 14{,}0$ m/km für DN 125 Tafel **8**.3; $l = 160{,}0$ m

$H_{v,d} = (14{,}0 \cdot 160{,}0)/1000 = 2{,}24$ m

$H_{v,d} + H_{d,geo} = 2{,}24 + 14{,}0 = 16{,}24$ m (Verluste Druckseite)

Gesamtförderhöhe $H_A = 3{,}22 + 16{,}24 = 19{,}46$ m

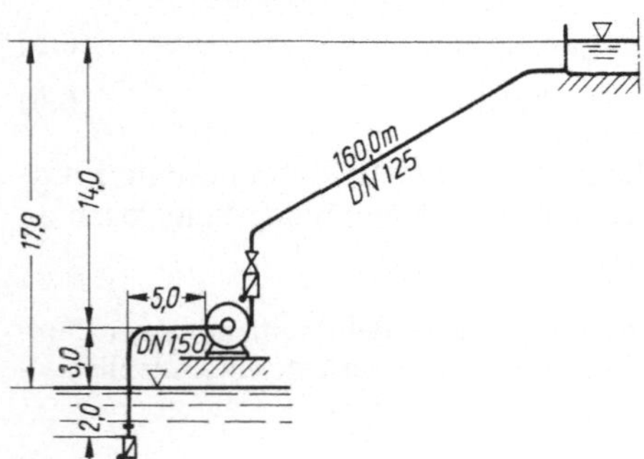

6.14   Förderhöhen einer Kreiselpumpe

Leistungsaufnahme der Pumpe (η_P = 0,73) nach Gl. (6.7):

$$P_P = \frac{1{,}0 \cdot 9{,}81 \cdot 15{,}3 \cdot 19{,}46}{1000 \cdot 0{,}73} = 4{,}7 \text{ kW}$$

Bemessung des E-Motors ($\eta_M = 0{,}9$) und Leistungsreserve 20%:

$$P_M = 1{,}2 \cdot \frac{4{,}7}{0{,}9} = 6{,}3\,\text{kW}$$

Da die gleiche Pumpe wie in Beispiel 1 gewählt wird, ist die Forderung $NPSHA > NPSHR$ erfüllt.

Beispiel 3

Gegeben: QH-Linie (**6.**15), Leitungslänge 500 m, geodätische Förderhöhe 50 m

Gesucht: Q und H für DN 100 und DN 150 nach Prandtl-Colebrook mit $k_i = 0{,}1$ mm

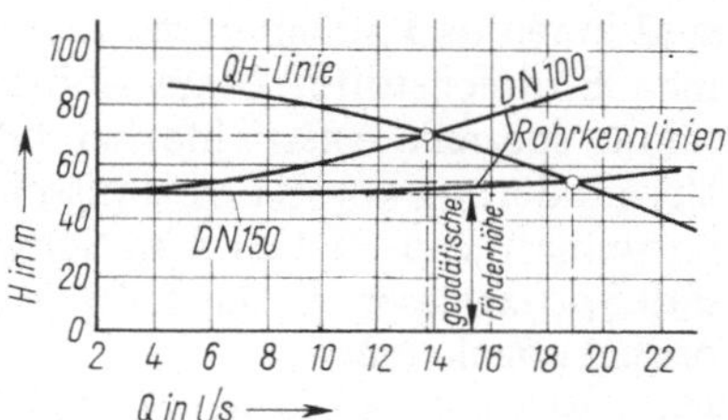

6.15
Pumpenkennlinie (QH-Linie) und Rohrkennlinie

Rohrkennlinie	DN 100					DN 150				
Q in l/s	3	6	9	12	15	5	7	10	15	20
I_r in m/km	1,9	7,0	15,0	26,0	40,0	0,7	1,3	2,4	5,2	8,9
$h = I_r \cdot l$ in m	1,0	3,5	7,5	13,0	20,0	0,3	0,6	1,2	2,6	4,4
Schnittpunkt bei	$Q = 13{,}7$ l/s $H = 70$ m					$Q = 18{,}8$ l/s $H = 55$ m				

6.2   Pumpwerke (W 610, W 612)

Wie für alle Wasserversorgungsanlagen gilt insbesondere für Pumpwerke der Grundsatz: Betriebssicherheit geht vor Wirtschaftlichkeit. Es sind daher mindestens zwei Maschinensätze vorzusehen, von denen jeder den Bedarf allein abdekken muß. Da Pumpwerk, Rohrleitung und Speichersystem eine Einheit bilden, ergeben sich wirtschaftlich und technisch eng miteinander verknüpfte Wechselbeziehungen. Es empfiehlt sich daher, Kostenvarianten zu untersuchen und die Betriebs- und Anlagenkosten zu optimieren (s. Abschn. 7 und 8). Durch hohe Fließgeschwindigkeiten kann die Rohrleitung zwar kleiner gewählt werden, die Energiekosten steigen aber an. Für Pumpenleitungen werden nach W 403 die in Tafel **6.**2 aufgelisteten Richtwerte genannt.

Tafel **6.**2   Fließgeschwindigkeiten in Pumpenleitungen in m/s (W 403)

Pumpendruckleitung als Steigleitung in Brunnen	1,5 bis 2,5
Pumpendruckleitungen	1,0 bis 2,0
Pumpensaugleitungen	0,5 bis 1,0

Höhere Fließgeschwindigkeiten sind dann günstig, wenn nur kurze Pumpenbetriebszeiten vorgesehen sind.

Wenige große Pumpen, miteinander kombiniert, erlauben oft günstigere Wirkungsgrade. Da die Reservepumpen dann ebenfalls groß sind, steigen hierdurch die Baukosten. Bei schwankenden Förderströmen kann es vorteilhaft sein, mit Grundlastpumpen zu arbeiten und über eine drehzahlgeregelte Pumpe die Feinregelung vorzunehmen.

Die Rohrleitungen in Pumpwerken neigen zur Schwitzwasserbildung, sie sind daher in getrennten Rohrkellern oder Rohrkanälen zu führen. Die Rohrleitungen sind innen und außen gegen Korrosion zu schützen. Für den Innenschutz kommen Bitumenstoffe, Zementmörtel, Kunststoffe, Emaille und für den Außenschutz spezielle Anstrichfarben oder Kunststoffbeschichtungen in Betracht. Zur Verminderung von Korrosionsschäden kann eine Raumluftentfeuchtungsanlage vorteilhaft sein. Neben dem Schwitzwasser fällt auch noch Entleerungs-, Leck- und Spritzwasser an, das teilweise mit Öl verunreinigt ist. Diese Wässer sind geordnet abzuleiten.

Da Sauberkeit das oberste Gebot in Trinkwasseranlagen ist, sind Fußboden und Wände mit Fliesen zu versehen.

Bei kleinen Pumpwerken werden die Überwachungs-, Meß-, Steuer- und Regeleinrichtungen (W 640) in einem Schaltbrett zusammengefaßt. Für große Pumpwerke sind Maschinenraum und Schaltwarte zu trennen.

Auch der Pumpensumpf sollte wegen der freien Wasseroberfläche von den anderen Räumen getrennt werden. Für die Gestaltung des Pumpensumpfes und die Anordnung der Saugleitung sind folgende Hinweise wichtig [3]. Um die Schalthäufigkeit des E-Motors zu begrenzen (die Wicklungen würden sonst zu heiß), sollen in Abhängigkeit von der Motorleistung pro Stunde folgende Schalthäufigkeiten nicht überschritten werden:

$$\text{Motorleistung} < 7{,}5 \text{ kW} \qquad \text{max. } 15$$
$$\text{Motorleistung} < 30 \phantom{{,}5} \text{ kW} \qquad \text{max. } 12$$
$$\phantom{\text{Motorleistung }} > 30 \phantom{{,}5} \text{ kW} \qquad \text{max. } 10$$

Die maximale Schaltzahl ergibt sich zu:

$$z_{\max} = 900 \cdot 2 \cdot \frac{Q_{zu}}{V_N} \tag{6.8}$$

$z\phantom{_{zu}}$ = Schaltzahl in 1/h
Q_{zu} = Zuflußstrom in l/s
V_N = Nutzvolumen des Pumpensumpfes in l

Der Abstand zwischen Zulauf- und Saugleitung muß groß genug sein, damit keine Luft in die Saugleitung gelangt. Daher muß die Zulaufleitung auch immer unter dem Wasserspiegel ausmünden. Bei Gefahr eines Luftzutrittes sind Zulauf- und Saugleitung durch eine Prallwand zu trennen. Um Hohlwirbel zu vermeiden, sind die Abstände nach **6.**16 für die Saugleitungen einzuhalten. Mit v in m/s in der Saugleitung und S_{min} in m errechnet sich die Mindestüberdeckung zu:

$$S_{min} = \frac{v^2}{2g} + 0{,}1 \quad \text{in m} \tag{6.9}$$

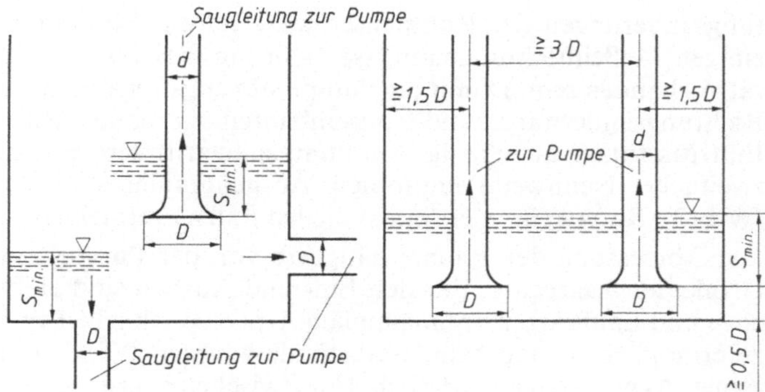

6.16 Rohrleitungsanordnung im Pumpensumpf [3]

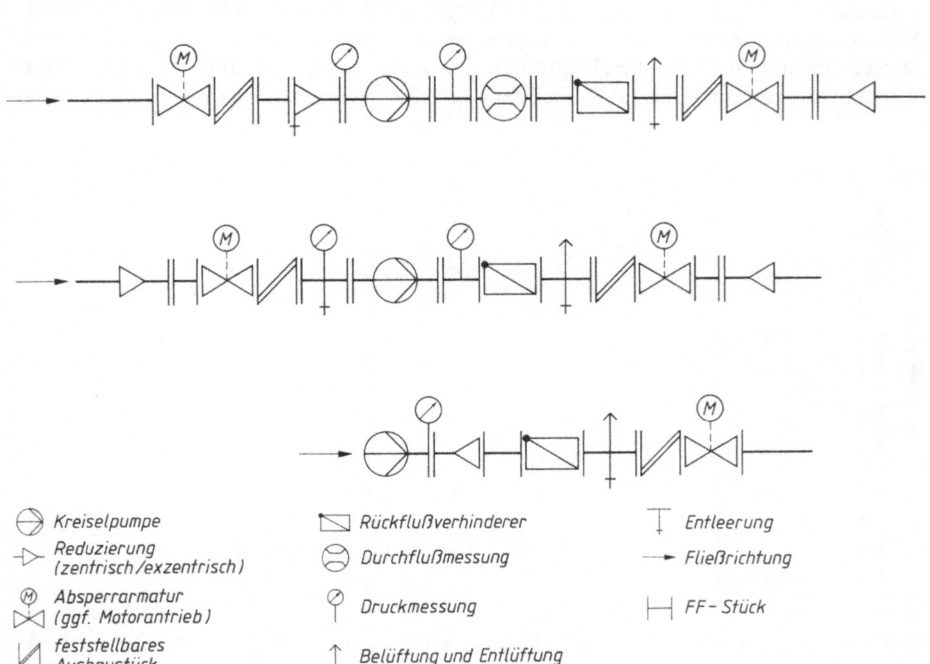

6.17 Anordnung der Rohrleitungskomponenten vor und hinter der Pumpe (W 612)

Die Saugleitung muß bis zur Pumpe steigend verlegt werden.

Um eine Förderanlage optimal betreiben zu können, müssen vor und hinter dem Pumpenein- und -austritt Armaturen und Meßeinrichtungen eingebaut werden. In **6.**17 sind mögliche Anordnungen aufgezeigt. Um die Pumpe von Kräften und Momenten frei zu halten, sind die feststellbaren Ausbaustücke besonders wichtig. Bei Armaturen und Meßeinrichtungen ist auf die Druckverlustbeiwerte zu achten, da hierdurch Energieverluste entstehen (W 612 und Abschn. 8). Richtungsänderungen der Rohrachsen sind auf ein Minimum zu beschränken. Bei einigen Meßeinrichtungen müssen störungsfreie Rohrstrecken vor dem Meßgerät vorhanden sein. Damit die Pumpe störungsfrei angeströmt werden kann, sind Richtungsänderungen und Rohreinbauten bis zur vierfachen Nennweite vor den Eintrittsstutzen unzulässig. Am Pumpenaustritt wird eine Länge von mindestens zweifacher Nennweite empfohlen. Ausgenommen sind hiervon Reduzierstücke (W 612). Raumkrümmer sind auf jeden Fall zu vermeiden.

Die Abmessung der Räume hängt ab von der Pumpenaufstellungsart und der Größe der Aggregate. Für den Ein- und Ausbau sind Hebezeuge wie Flaschenzüge und Laufkatzen unumgänglich. Um eine schnelle Ein- und Ausbaumontage zu ermöglichen, sind Mindestabstände von den Wänden und zwischen den einzelnen Aggregaten erforderlich. Für Zwischenlagerungen sind Freiflächen vorzuhalten.

Folgende Pumpen und Motoraufstellungen sind möglich. Die Pumpe und der Motor liegen über dem maximalen Wasserstand im Pumpensumpf oder Behälter. Dieser Betrieb ist hydraulisch ungünstig, auf der Saugseite sind dann besondere Vorkehrungen zu treffen (z. B. Fußventil, Evakuierungsanlage). In **6.**18 ist dieser

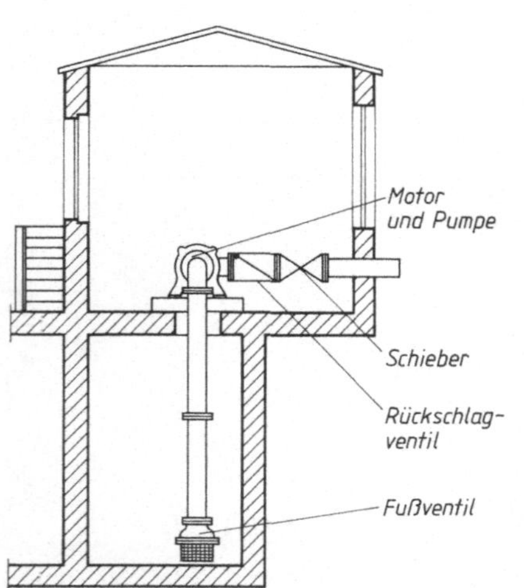

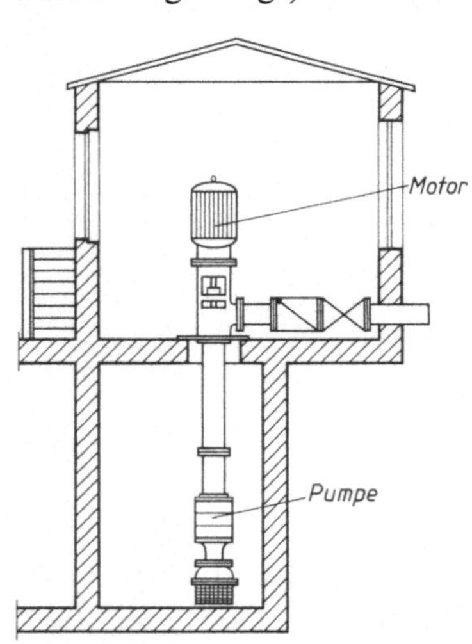

6.18 Pumpenanlage mit Motor und Pumpe in hoher Trockenaufstellung [115]

6.19 Pumpenanlage mit Motor in Trockenaufstellung und Pumpe in Naßaufstellung [115]

Fall dargestellt. Die Variante in **6.**19 unterscheidet sich durch die tiefliegende Pumpe in Naßaufstellung. Die Pumpe hat somit freien Zulauf, und das System ist hydraulisch günstiger. In **6.**20 ist eine horizontal liegende U-Pumpe in den Behälter eingebaut. Bei einem Pumpenwechsel muß allerdings der Behälter geleert werden. Dies kann man vermeiden, indem man eine U-Pumpe mit Druckmantel wählt. Pumpe und Motor werden normalerweise auf einer gemeinsamen Grundplatte angeordnet. In **6.**21 ist eine einflutige und horizontal eingebaute Spiralgehäusepumpe dargestellt. Bei mehreren Pumpensätzen sind getrennte Grundplatten zu wählen, da sonst Schwingungen auftreten können.

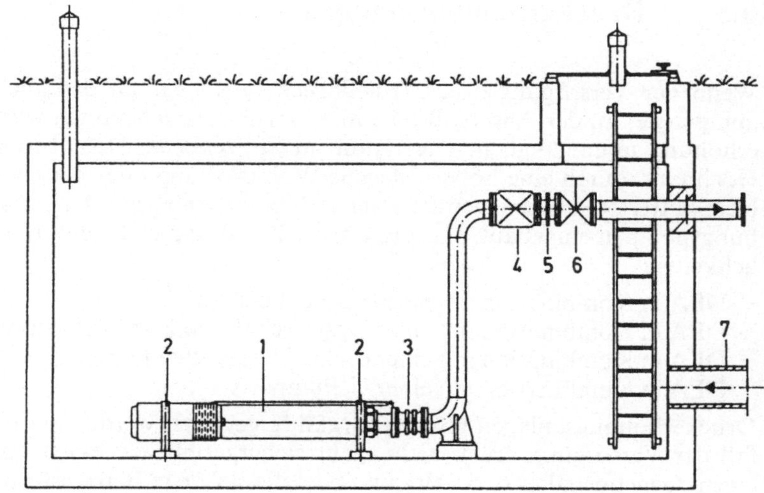

6.20 Horizontaler Einbau einer U-Pumpe in einem Behälter [120]
1 U-Pumpe mit Übergangsstück
2 Lagerbock
3 Ausgleichsstück
4 Rückflußverhinderer
5 Ausbaustück
6 Absperrorgan
7 Zulauf

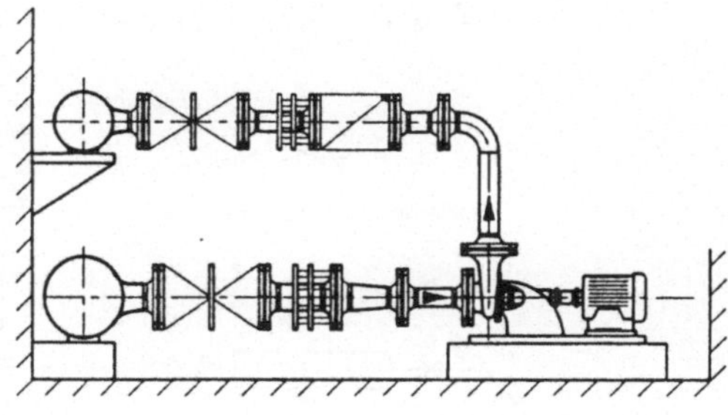

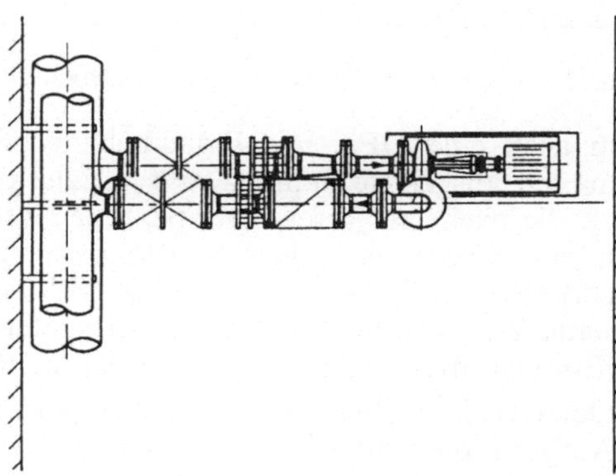

6.21
Spiralgehäusepumpe, einflutig und in
horizontaler Einbaulage (W 612)

6.3   Druckerhöhungspumpen

Wenn der Versorgungsdruck (Fließdruck < 0,5 bar an der höchsten Versorgungsstelle) an der Anschlußstelle nicht mehr ausreichend ist, wird eine Druckerhöhung unumgänglich. Dies kann im Spitzenbedarfsfall, bedingt durch ein Hochhaus, durch eine höher gelegene Wohnsiedlung oder neue Versorgungsgebiete auftreten. Hierzu werden Druckerhöhungsanlagen (DEA) mit Druckerhöhungspumpen eingebaut. Für diese speziellen Pumpwerke gibt es mehrere Möglichkeiten:

- DEA in Kombination mit einem Gegenbehälter
- DEA in Kombination mit einer Druckbehälteranlage mit Gaspolster
- DEA in Kombination mit einer drehzahlgeregelten Pumpe
- DEA in Kombination mit einer U-Pumpe

Druckerhöhungsanlagen müssen sorgfältig gewartet werden, da bei einem Ausfall der Versorgungsdruck nicht mehr sichergestellt ist. Die Kombination mit einem Gegenbehälter (s. a. Abschn. 7) ist die sicherste Betriebsform, da bei einer Störung über den Hochbehälter eine Teilversorgung möglich ist. Zur Versorgungssicherheit sind möglichst immer zwei Pumpen zu wählen. In **6.22** ist sche

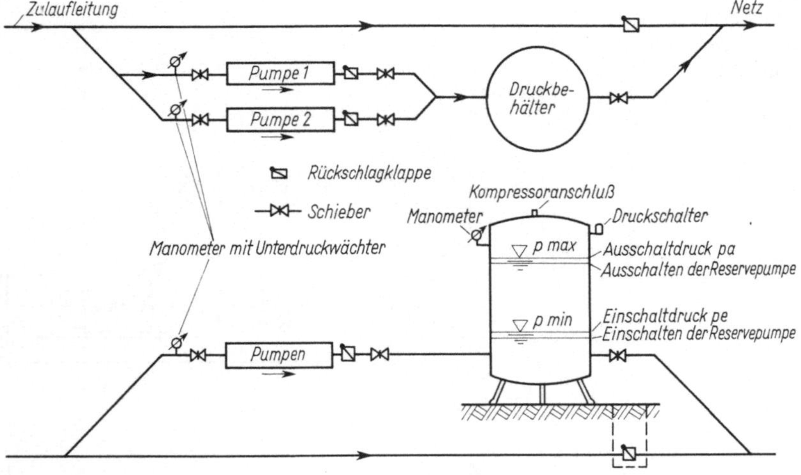

6.22 Schematische Darstellung einer Druckerhöhungsanlage (DEA)

matisch eine DEA mit Druckbehälter und Gaspolster dargestellt. Zwei für $\max Q_h$ ausgelegte Pumpen sind parallel geschaltet. Eine dient als Betriebspumpe, die zweite als Reservepumpe. Eine Automatik sorgt für wechselnden Einsatz, hierdurch werden längere Stillstandszeiten einer Pumpe vermieden. Bei unvorhergesehener Spitzenbelastung können auch beide Pumpen zugeschaltet werden, wenn ein Kontaktmanometer bei Unterschreitung eines minimalen Druckes (Einschaltdruck p_e) um 0,2 bis 0,3 bar die Reservepumpe zuschaltet.

Der Druckbehälter besitzt nur eine geringe Speicherkapazität, denn er hat die Aufgabe, die Schaltzeiten der Pumpe zu begrenzen (s. Abschn. 7). Als Trockenlaufschutz ist ein Manometer eingebaut, das bei Unterschreitung des Minimaldruckes (0,3 bis 0,5 bar) die Pumpe abschaltet. Spezialdruckbehälter trennen das Luftpolster vom Wasser mit Hilfe einer Gummiblase oder Membran. Hierdurch kann das Wasser keine Luft sorbieren. Bei Inbetriebnahme wird der Behälter vorgepreßt, und die sonst erforderliche Kompressoranlage kann entfallen.

Beispiel 4. Einschalten der 1. Pumpe bei $p_{min} = p_e = 2,5$ bar ($\hat{=}$ 25 m·WS) (das entspricht z. B. dem kleinsten zulässigen Druck im Netz).

Abschalten der 1. Pumpe bei $p_{max} = p_a = 3,5$ bar ($\hat{=}$ 35 m WS) (das entspricht z. B. dem größten zulässigen Druck im Netz).

Druckdifferenz $3,5 - 2,5 = 1,0$ bar ($\hat{=}$ 10 m WS).

Dazu kommt noch der Reibungsverlust in den Leitungen. Es ergeben sich nach (6.23) beim Ein- und Ausschalten verschiedene Wassermengen Q_e und Q_a und verschiedene Förderhöhen H_e und H_a für die Pumpe. Zweckmäßig wählt man eine Pumpe, die bei

$$Q_m \approx \frac{Q_e + Q_a}{2} = \max Q_h$$

und

$$H_m \approx \frac{H_e + H_a}{2} \quad \text{mit} \quad H_e = \Delta p_e \quad \text{und} \quad H_a = \Delta p_a$$

im Bereich des günstigsten Wirkungsgrades liegt.

Wenn z. B. $\max Q_h = Q_m = 5$ l/s und $H_m \approx 14$ m betragen, ist die mittlere Leistungsaufnahme an der Pumpenwelle mit $\eta_P = 0,7$

$$P_p = \frac{\varrho \cdot g \cdot Q \cdot H}{1000 \cdot \eta_p} = \frac{1,0 \cdot 9,81 \cdot 5 \cdot 14}{1000 \cdot 0,7} \approx 1,0 \text{ kW}$$

Die Leistungsaufnahme des Motors muß wegen der Leistungsreserve und wegen der größeren Leistungsaufnahme bei Q_e und H_e größer bemessen werden. Es wird eine Reserve von 20% vorgesehen, $\eta_M = 0,9$.

$$P_M = 1,2 \cdot \frac{P_P}{0,9} = 1,2 \cdot \frac{1,0}{0,9} \approx 1,3 \text{ kW}$$

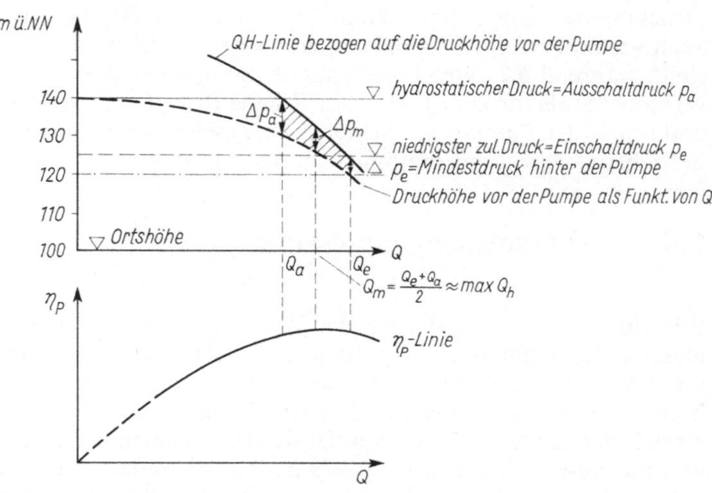

6.23 Druckverhältnisse an der Kreiselpumpe

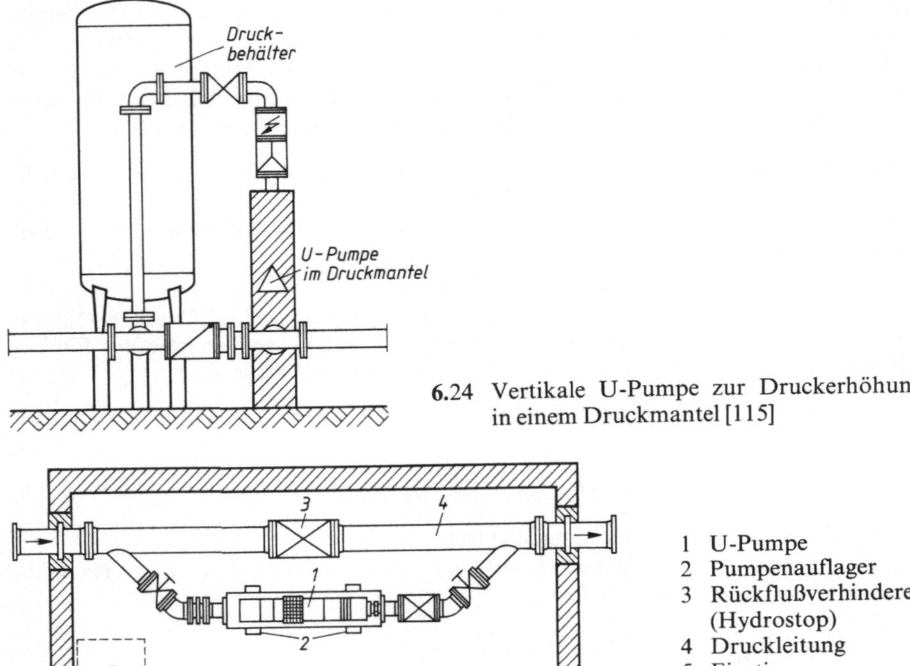

6.24 Vertikale U-Pumpe zur Druckerhöhung in einem Druckmantel [115]

1 U-Pumpe
2 Pumpenauflager
3 Rückflußverhinderer (Hydrostop)
4 Druckleitung
5 Einstieg

6.25 Horizontale U-Pumpe zur Druckerhöhung in einem Druckmantel [120]

Eine weitere Möglichkeit der Druckerhöhung ist der Einsatz von U-Pumpen im Druckmantel. Der Einbau kann Inline oder als Bypass sowohl horizontal als auch vertikal erfolgen. In 6.24 ist eine vertikale Lösung mit Druckkessel dargestellt, während 6.25 eine horizontale Lösung im Bypass zeigt. Durch Rückflußverhinderer (Hydrostop) wird ein Rücklauf in das Zulaufrohr verhindert. Vor und hinter der Pumpe sind Schieber vorzusehen, die den Ein- und Ausbau ohne Betriebsunterbrechung ermöglichen. Ausbaustücke erleichtern die Montage.

6.4   Wassermengenmessung

Für einen geordneten Betrieb der Wasserversorgungsanlagen ist eine Mengenmessung unumgänglich. Nur durch eine sichere Meßeinrichtung können spezifischer Verbrauch, Spitzenbelastungen, Verluste etc. ermittelt werden. Nach [19] können in Druckleitungen und in Abhängigkeit von der Meßaufgabe die Meßeinrichtungen nach 6.26 verwendet werden. Wasserzähler unterliegen dem Meß- und Eichgesetz. Seit dem 1. 1. 1979 besteht Eichpflicht für Kaltwasserzähler und aufgrund der EWG-Harmonisierung seit 1. 1. 1986 eine einheitliche Kennzeichnung nach DIN ISO 4064, Teil 1. Eichung und Beglaubigung haben maximal

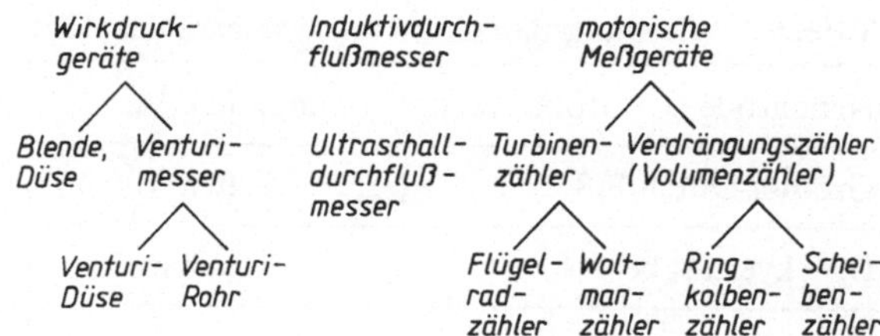

6.26 Wassermeßgeräte [19]

8 Jahre Gültigkeit. Die EG-Richtlinie unterteilt in drei metrologische Klassen A, B und C, die sich durch ihre Prüfbereiche unterscheiden. Die Bezeichnung der Zähler ist sowohl nach ISO/DIN als auch EG-Richtlinie nach dem Nenndurchfluß Q_n (= $Q_{max}/2$) erfolgt.

Für die motorischen Meßgeräte kommen Zähler mit Turbinen oder Verdrängungszähler (Volumenzähler) zum Einsatz. Während beim Volumenmesser der Wasserstrom fortlaufend in ein gezähltes Volumen zerlegt wird, überträgt bei den Turbinenzählern ein Flügelrad oder Meßflügel die zum Wasserstrom proportionalen Umdrehungen auf ein Zählwerk. Als Zählwerk kommen Zeiger- oder Rollenzählwerke zum Einsatz. Sind Zählwerk und Turbine wasserdicht voneinander getrennt, so spricht man von Trockenläufer. In der BRD sind ca. 90% der Wasserzähler Flügelradzähler (DIN 3260), ca. 8% Ringkolbenzähler (DIN 3260) und ca. 2% Großwasserzähler [19]. Bei den Hauswasserzählern haben sich Mehrstrahl-Flügelrad-Wasserzähler als Naßläufer mit Rollenzählwerk durchgesetzt (**6.**27). Für den Einsatz in Wohngebäuden werden nur noch 3 Zählergrößen emp-

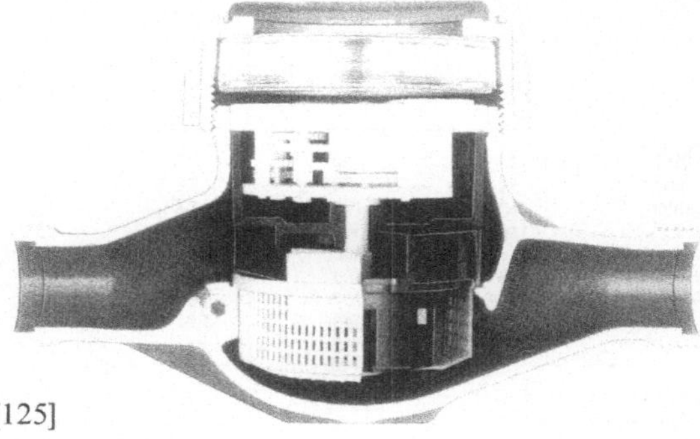

6.27
Mehrstrahl-Flügelrad-Wasserzähler [125]

fohlen, nämlich Q_n = 2,5, 6 und 10 m³/h [100]. Etwa 90% aller Anwendungsfälle sind mit einem Zähler mit 2,5 m³/h abzudecken, da hier 15 Wohneinheiten (WE) bei Druckspülung und 30 WE bei Spülkästen anschließbar sind. In Tafel **6.**3 sind die Leistungsdaten zusammengestellt. Im Bereich von Q_{min} bis Q_t (Übergangsbereich) beträgt der prozentuale Meßfehler ± 5%, während > Q_t bis Q_{max} eine Toleranz von nur 2% zuläßt.

Für den Einbau der Hauswasserzähler sind die Empfehlungen von DIN 1988 und die Anlage 6 zur Eichordnung vom 15. 1. 1975 zu beachten. In Tafel **6.**4 sind Belastungsgrenzen für Kaltwasserzähler als Einstrahlzähler (Wohnbereich),

Tafel **6.3** Leistungsdaten für Hauswasserzähler [125]

Nenngröße Q_n (Größenkennzeichnung) in m³/h		2,5	6	10
Größter Durchfluß	Q_{max} in m³/h	5	12	20
Druckverlust bei	Q_{max} in bar	0,51	0,85	0,75
Durchfluß bei	1 bar in m³/h	7	13	23
Übergangsdurchfluß	Q_t in l/h	120	280	600
Kleinster Durchfluß	Q_{min} in l/h	20	25	30
Zulässige Höchstbelastung		beliebig entsprechend der Druckverhältnisse		

Die bei Q_t und Q_{min} genannten Werte sind SPX-Leistungsdaten, die die Anforderungen gemäß Eichordnung metrolog. Klasse B wesentlich übertreffen.

Tafel **6.4** Belastungsbereichsgrenzen für Kaltwasserzähler
(Auszug aus der Eichordnung [125])

Bereich Q_m in m³/h	Größe Neue Kennzeichnung Q_n in m³/h	$Q_{max} = 2 Q_n$ in m³/h	Klasse A		Klasse B		Seitherige Kennzeichnung
			$Q_{min} = 0,04 Q_n$ in l/h	$Q_t = 0,1 Q_n$ in l/h	$Q_{min} = 0,02 Q_n$ in l/h	$Q_t = 0,08 Q_n$ in l/h	
Einstrahlzähler[1]	1,5	3	60	150	30	120	3
Mehrzahl-	2,5	5	100	250	50	200	3,3/ 5,5
zähler[2]	6	12	240	600	120	480	7,7/10 10,
< 15	10	20	400	1000	200	800	20
	Neue Kennzeichnung Q_n in m³	$Q_{max} = 2 Q_n$ in m³/h	$Q_{min} = 0,08 Q_n$ in m³/h	$Q_t = 0,3 Q_n$ in m³/h	$Q_{min} = 0,03 Q_n$ in m³/h	$Q_t = 0,2 Q_n$ in m³/h	DN (NW)
Groß-	15	30	1,2	4,5	0,45	3	50
wasser-	40	80	3,2	12	1,2	8	80
zähler	60	120	4,8	18	1,8	12	100
≥ 15	150	300	12	45	4.5	30	150
	250	500	20	75	7,5	50	200
	400	800	32	120	12	80	250
	600	1200	48	180	18	120	300
	1000	2000	80	300	30	200	400
	1500	3000	120	450	45	300	500

[1] Wohnungswasserzähler
[2] Hauswasserzähler

Mehrstrahlzähler (Hausbereich) und Großwasserzähler (Großverbraucher) angegeben. Für Großverbraucher, Wasserwerkszähler, Brunnenwasserzähler etc. hat sich der Woltmannzähler bewährt. Bei der Zählerauswahl sind die entsprechenden Betriebsdrücke, Druckverluste und Einbaulagen zu beachten. Die Rohrleitungsführung ist so zu wählen, daß das Zählwerk stets vollständig gefüllt ist und vor dem Zähler eine störungsfreie gerade Rohrstrecke von 3facher Nennweite vorhanden ist [125].

Werden sehr unterschiedliche Wassermengen gemessen, z. B. Tag- und Nachtschicht in einem Industriebetrieb, so haben sich Verbundwasserzähler bewährt (**6.28**). Sie bestehen aus einem kombinierten Woltmannzähler (Hauptzähler) und

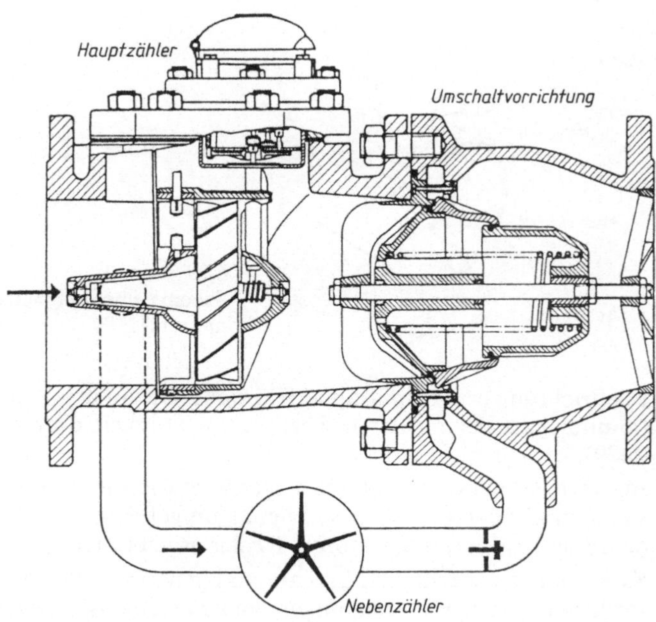

6.28 Verbundwasserzähler für Kaltwasser [125]

einem Flügelradzähler (Nebenzähler), die durch eine Umschaltvorrichtung geschaltet werden. Hierfür ist ein gewisser Umschaltdruck erforderlich (nach DIN maximal 0,2 bar). Beim Einbau in Hochbehältern wird die erforderliche Druckdifferenz nicht immer erreicht. Für die Messung in Pumpwerken steht außer dem Woltmannzähler noch die Ultraschall-, die Venturi- und die Induktiv-Durchflußmessung zur Verfügung.

Die Ultraschallmessung beruht auf dem Prinzip, daß sich die Geschwindigkeit einer im fließenden Wasser fortpflanzenden Schallwelle mit der Fließgeschwindigkeit verändert. In Strömungsrichtung ist die Laufzeit des Schalls kürzer als im Gegenstrom. Diese Differenz der Schall-Laufzeit-Impulse wird für die Messung benutzt.

Der Venturimesser (Wirkdruckmesser oder Differenzmanometer) mißt die Druckunterschiede, die beim Durchfluß von Wasser durch ein Rohr mit verschieden großen Querschnitten (Venturirohr) entstehen. Im verengten Querschnitt ist die Geschwindigkeit größer, der Druck kleiner als im ursprünglichen Querschnitt. Die Druckdifferenz ist eine Funktion der Durchflußgeschwindigkeit; aus ihr ergibt sich die durchflossene Wassermenge in der Zeiteinheit.

Der Magnetisch-induktive Durchflußmesser arbeitet auf der Grundlage des Faradayschen Induktionsgesetzes.

Wird in ein zeitlich verändertes Magnetfeld eine Leiterschleife gebracht, so wird in ihr eine Spannung induziert. Bei der gerätetechnischen Ausnutzung dieses Meßprinzips fließt der Meßstoff (Wasser) durch ein Rohr, in dem senkrecht zur Fließrichtung ein Magnetfeld erzeugt wird. In dem Rohr sind zwei Elektroden diametral so angeordnet, daß ihre gedachte Verbindungslinie senkrecht zur

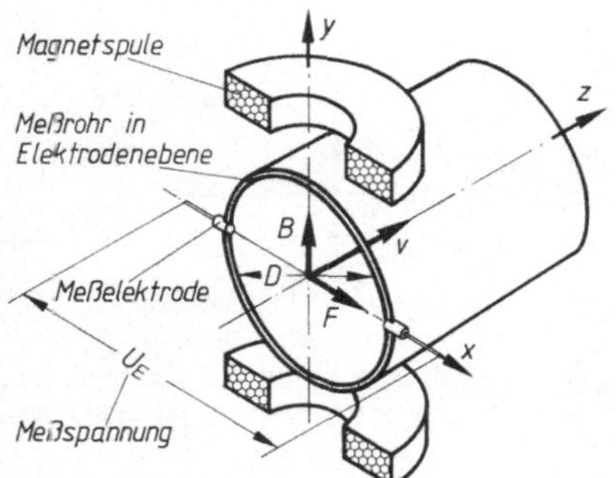

6.29
Schema eines magnetisch-induktiven Durchfluß-
messers [117]

Fließrichtung und zum Magnetfeld steht. Die an den Elektroden induzierte Meßspannung ist der mittleren Fließgeschwindigkeit proportional: $U_E = B \cdot D \cdot v$
(**6.**29).

Im nachgeschalteten Meßumformer wird die Meßspannung in ein Gleichstrom-
signal und/oder ein Frequenzsignal umgeformt. Mit diesen Signalen können
Schreiber, Zähler, Integratoren, Regler usw. betrieben werden.

Konstruktionsmerkmale: Lineare und genaue Durchflußmessung, keine Druckverluste durch Rohrverengungen, keine mechanisch bewegten Teile, große Meß-
bereichsbreite, hohe Meßgenauigkeit.

7 Speichern des Wassers

Man unterscheidet folgende Speicherarten:

Hochbehälter, als Erdbehälter oder Wasserturm, gleichen Verbrauchsschwankungen aus und sorgen für einen gleichmäßigen Versorgungsdruck. Ferner ermöglichen sie einen gleichmäßigen Pumpbetrieb. Das Speichervermögen gibt Sicherheit gegen betriebliche Störungen wie Stromausfall, Maschinenschaden und Rohrbruch und ermöglicht die ständige Bereitstellung einer Löschwasserreserve, unabhängig von menschlichem oder maschinellem Einsatz.

Tiefbehälter haben ähnliche Aufgaben, jedoch muß der Versorgungsdruck erst durch Pumpanlagen erzeugt werden, da der Wasserspiegel im Tiefbehälter unter dem Niveau des Versorgungsdrucks liegt. Die Störanfälligkeit gegen Maschinenschaden ist demnach größer.

Talsperren der Trinkwasserversorgung sind Großspeicher, die wegen ihres Fassungsvermögens einen Ausgleich zwischen Dargebot der Natur und Verbrauch über große Zeiträume hinweg schaffen.

Druckbehälter (früher Druckwindkessel) sind Speicheranlagen mit kleinstem Fassungsraum. Dieser hat nur die Aufgabe, die Schalthäufigkeit von Pumpanlagen ohne Wasserspeicher zu vermindern. Druckbehälter-Anlagen sind besonders empfindlich gegen Ausfall der Förderpumpen, da die im Kessel gespeicherte Wassermenge nur für kürzeste Zeiträume ausreicht.

Löschwasserspeicher werden meist in Form unter- oder oberirdischer künstlicher Behälter oder als Teiche angelegt und mit Oberflächenwasser gespeist.

7.1 Hochbehälter

7.1.1 Lage

Eine Lage in der Nähe des Versorgungsschwerpunkts ist anzustreben, weil sich dadurch eine Reihe von Vorteilen ergibt:

1. Der Druckverlust und damit der Unterschied zwischen hydrostatischem Druck und Versorgungsdruck wird gering gehalten.
2. Der Speicher braucht deshalb nicht so hoch gelegt zu werden.
3. Der hydrostatische Druck im Versorgungsnetz wird nicht so groß.
4. Die Störanfälligkeit durch Rohrbruchgefahr ist geringer, da sich die Zubringerleitung bald im Netz verästelt.

5. Die Zubringerleitung vom Pumpwerk zum Hochbehälter, die während der Pumpzeit gleichmäßig belastet wird und daher kleiner bemessen werden kann, wird um das Maß länger, um das die Leitung vom Hochbehälter zum Netz kürzer wird.

Die Höhenlage des Behälters ergibt sich aus dem erforderlichen Versorgungsdruck und den Druckverlusten in der Rohrleitung bis zum ungünstigsten Versorgungspunkt.

Der Höchstdruck, der für die obere Grenze der Höhenlage des Speichers maßgebend ist, entsteht in einem Netz im hydrostatischen Zustand, also wenn kein oder nahezu kein Wasser entnommen wird, d. h. nachts. Der hydrostatische Druck soll 6 bar nicht übersteigen, da sonst die Rohrverbindungen, Armaturen, Hausinstallationen usw. zu hoch beansprucht werden, die Rohrbruchgefahr wächst und die Wasserverluste durch Leckstellen, undichte Hähne usw. steigen. In Orten mit Höhenunterschieden > 50 m sind daher mehrere Hochbehälter anzuordnen, die entsprechend ihrer Höhenlage die Versorgung der einzelnen Druckzonen übernehmen (siehe auch Abschn. 8.2.1).

Folgende Lagen der Hochbehälter zum Versorgungsnetz sind möglich:

Durchgangsbehälter (7.1a). Der Hochbehälter liegt zwischen Wassergewinnung und Versorgungsgebiet. Die Förderhöhen für die Pumpen bleiben fast gleich, die Druckverhältnisse im Netz sind ausgeglichen. Gute Erneuerung des Wasservorrates.

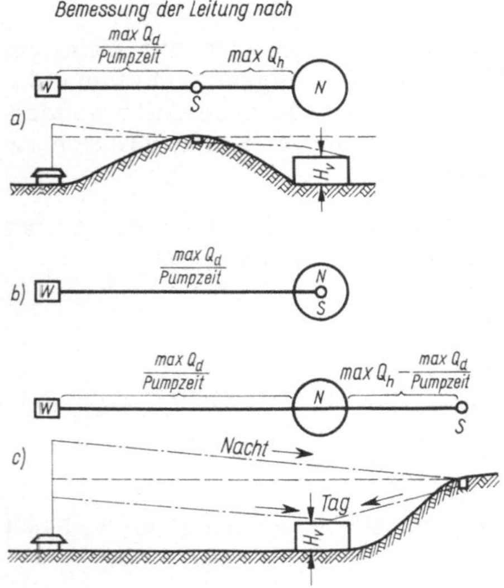

7.1
Lage der Hochbehälter zum Versorgungsgebiet
a) Durchgangsbehälter
b) Schwerpunktbehälter
c) Gegenbehälter
W Wasserwerk (Pumpen)
S Speicher
N Versorgungsnetz
H_v Versorgungsdruck
—·—·—·— hydraulische Drucklinie
– – – – hydrostatische Drucklinie

Schwerpunktbehälter (7.1b). Der Hochbehälter im Schwerpunkt des Versorgungsgebietes stellt die idealste Lage dar, ist aber eine rein theoretische Lösung.

Gegenbehälter (7.1c). Der Hochbehälter liegt so, daß das Versorgungsgebiet zwischen Wassererfassung und Behälter liegt. Es gelangt somit nur ein Teil des geförderten Wassers in den Speicher; der andere Teil fließt unmittelbar zum Verbraucher. Von Vorteil ist die zweiseitige Versorgung (vom Hochbehälter und vom Pumpwerk) besonders beim Spitzenverbrauch, da sich dann günstige hydraulische Verhältnisse ergeben. Andererseits ist die Erneuerung des Wassers im Hochbehälter weniger gut. Die Förderhöhen für die Pumpen sind unterschiedlich und schwankend.

7.1.2   Speicherbemessung

Die Bewirtschaftung der örtlichen Wasserbehälter erfolgt im Regelfall über den Tagesausgleich. Zur Festlegung der fluktuierenden Wassermenge ist die Tagesverbrauchslinie (2.4) wichtig, mit deren Hilfe die Verbrauchssummenlinie ermittelt werden kann. Sofern keine eigenen Messungen vorliegen, findet man in W 315 in Anlage 1 Verbrauchssummenlinien für Wohn- und Mischgebiete (7.2).

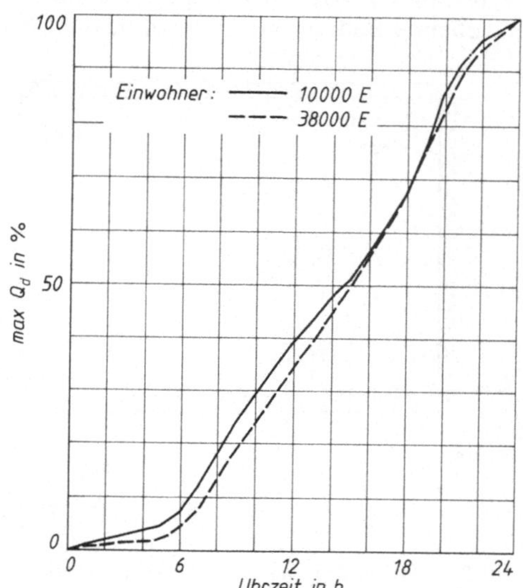

7.2
Verbrauchssummenlinie für 10 000 und 38 000 Einwohner (W 315)

Der erforderliche Nutzinhalt ist das Bereitstellungsvolumen am Tage des Höchstbedarfs. Der Planungszeitraum sollte maximal 20 Jahre betragen, da sonst die Wasserbedarfsermittlung zu unsicher wird (W 311). Es ist vorteilhaft, für spätere Erweiterungen bereits in der ersten Baustufe Reserveflächen für weitere Wasserkammern vorzusehen. Ob noch eine Betriebsreserve für Störfälle, Filterspülung etc. vorzusehen ist, hängt vom Gesamtsystem ab. Dies wird u. a. von der (den) Zubringerleitung(en) und der Leistung und Störanfälligkeit der Wasserversorgungsanlagen bestimmt. Handelt es sich um ein Verbundsystem mit mehreren Behältern, so ist die gesamte fluktuierende Wassermenge zu betrachten. Bis zu einer höchsten Tagesmenge von $\approx 2000\ m^3$ (es handelt sich somit um kleine und mittelgroße Versorgungsanlagen) wird der Nutzinhalt für den höchsten Tagesbedarf bemessen. Für Tagesmengen $> 2000\ m^3$ sind Abminderungen üblich, z. B. $0{,}8 \max Q_d$. Für große Versorgungsanlagen mit $> 4000\ m^3$ liegt der Nutzinhalt zwischen 30 bis 80% des höchsten Tagesbedarfs.

Erfolgt die Löschwasserbereitstellung über die öffentliche Versorgung, so werden nach W 405 folgende Richtwerte empfohlen:

Dorf- und Wohngebiet	100 bis 200 m³
Kerngebiete, Gewerbe- und Industriegebiete	200 bis 400 m³

Bei einem höchsten Tagesbedarf > 2000 m³ wird kein Löschwasserzuschlag mehr vorgenommen. Da in Kleinsiedlungsgebieten die Löschwassermenge den Tagesverbrauch übersteigen kann, kommt es zu Stagnationen im Behälter. In diesen Fällen ist auf eine Versorgung mit Löschwasser aus dem öffentlichen Netz zu verzichten und eine Bereitstellung aus Teichen, Löschwasserbrunnen, Wasserläufen etc. anzustreben.

Der Speicherinhalt (7.3) setzt sich aus der fluktuierenden Wassermenge, der Betriebsreserve, der Löschwasserreserve und einem nicht nutzbaren Behälterinhalt zusammen. Als Nutzinhalt bezeichnet W 311 das zur Versorgung zur Verfügung stehende Behältervolumen ohne die Löschwasserreserve.

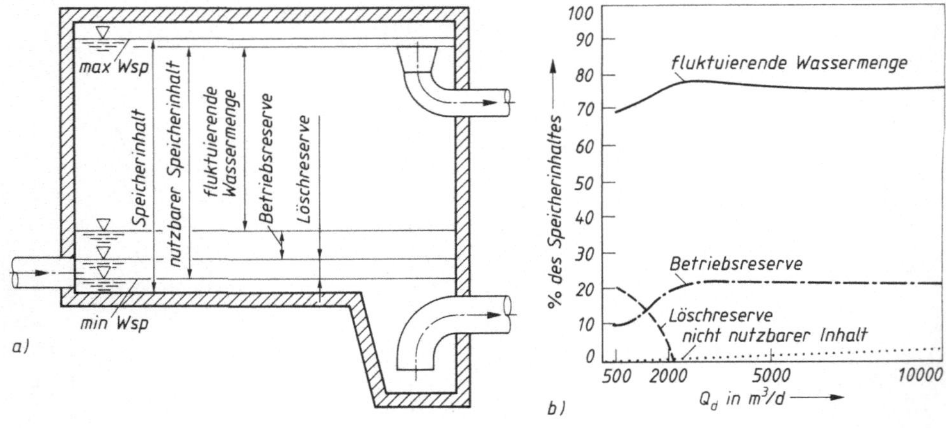

7.3   Aufteilung des Behältervolumens [19]
    a) Schema
    b) Aufteilung in Abhängigkeit von der täglichen Abgabe

Die Behälterbemessung erfolgt graphisch oder in Tabellenform. Es ist zweckmäßig, zunächst die Summenkurve aus der Tagesverbrauchskurve zu ermitteln und einen Fördermaßstab einzutragen. Man wählt hierzu einen 10-Stundenabschnitt der Abszisse x und erhält auf der Ordinate y bei 10% des Tagesverbrauchs die Neigung der Förderlinie für die einprozentige Förderung. Auf die gleiche Weise konstruiert man die Linien bis zur zehnprozentigen Förderung (s. Beispiel 1 in Abschn. 7.1.5). Die Wasserförderung kann durch Parallelverschiebung in die Verbrauchssummenlinie übertragen werden. Der erforderliche Behälterinhalt ist durch die Differenz der Ordinaten von Förderlinie und Summenkurve gegeben. Mit diesem Verfahren kann man sehr schnell die Behältergröße abschätzen.

Bei der Tabellenberechnung (Tafel 7.1) werden im Stundenabstand die Fördermenge und der Verbrauch berechnet und die Differenz in einer Spalte aufsummiert. Verbrauchs- und Fördersumme ergeben zur Kontrolle jeweils 100%. In der Spalte Σ $(F-V)$ werden die Beträge des größten positiven sowie negativen Wertes addiert. Dieser Summand ist der erforderliche Volumenprozentsatz für den erforderlichen Nutzinhalt.

7.1.3   Bauliche Grundsätze für Wasserbehälter

Als Behältergrundrisse haben sich die Rechteck- und die Kreisform bewährt. Damit bei der Reinigung und bei Reparaturen eine Kammer in Betrieb gehalten werden kann, sind Zweikammerbehälter zweckmäßig. Bis ca. 5000 m³ Speicherinhalt werden die bautechnisch einfachen Rechteckformen gebaut. Bei runden Behältern können die Wasserkammern in Brillenform oder konzentrisch angeordnet (7.4) und als erdüberdeckte, angeschüttete oder freistehende Behälter ausgeführt werden. Sofern nicht der Baugrund dies erschwert, z. B. bei felsigem Untergrund, hohem Grundwasserstand u. a., sollte ein erdüberdeckter Behälter mit einem Massenausgleich zwischen Aushub und Verfüllung angestrebt werden. Die Konstruktionselemente der Wasserkammern sind Decken, Wände, Sohlplatte und Stützen. Für die Pendelstützen hat sich bei einer Erdüberdeckung von

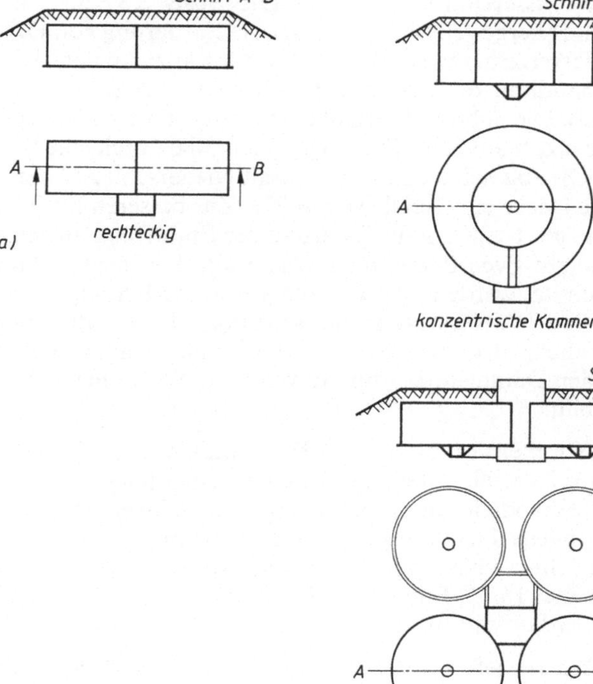

7.4   Grundformen von Hochbehältern

$\approx 1{,}0$ m ein Stützenraster von 5 bis 6 m als wirtschaftlich erwiesen (W 311). Auf Bewegungsfugen kann auch bei großen Abmessungen verzichtet werden. Werden Fugen vorgesehen, so ist bei der Auswahl der Fugenbänder die KTW-Empfehlung des Bundesgesundheitsamtes [29] und W 270 zu beachten. Dies gilt für die gesamten ausgewählten Baustoffe, da neben der hygienischen die mikrobiologische Unbedenklichkeit von großer Bedeutung ist. Falsch verwendete Baustoffe, z. B. zur Innenbeschichtung oder zur Auskleidung der Wasserkammern, können zu einer Verkeimung des Wassers führen. Ob ein Behälter mit einem Putz oder einem Anstrich zu versehen ist, eine Beschichtung, eine Folienauskleidung oder eine keramische Auskleidung erhält, ist unter Fachleuten nicht unumstritten [2] [100]. Eine glatte, gleichmäßig strukturierte und vor allen Dingen porenfreie Betonoberfläche kommt ohne weitere Zusatzmaßnahmen aus. Planung und Bau erfordern daher eine hohe Sorgfalt und setzen optimale Erfahrungen in der Betontechnologie voraus. So erhöhen z. B. Mehlkornanteil und Zementgehalt die spätere Zähigkeit, Trennmittel verstärken die Porenbildung. Betonzusätze wie Verflüssiger, Dichtungsmittel etc. sind hinsichtlich ihrer hygienischen Unbedenklichkeit zu untersuchen, wenn der Beton dem Wasser direkt ausgesetzt werden soll. Bei der Bauausführung ist eine kleine Steiggeschwindigkeit beim Betonieren (Schütthöhe $\approx 0{,}3$ bis $0{,}5$ m) und ein sorgfältiges Rütteln vorzunehmen. Die Mindestbetonüberdeckung muß 3,5 bis 4 cm betragen und durch Abstandshalter gesichert sein. Dies gilt auch für die Decken. Beton gilt als wasserundurchlässig, wenn die Wassereindringtiefe nach DIN 1048 < 5 cm ist. Es sollte grundsätzlich ein Beton II hergestellt werden. Über die Forderung von DIN 1045 hinausgehend ist ein Wasserzementwert (w/z-Wert) $< 0{,}5$ anzustreben (W 311). Wichtig ist eine Nachbehandlung des Betons, z. B. Abdeckung gegen rasches Austrocknen (nicht berieseln!). Die Sohlplatte erhält ein Gefälle von 1 bis 2% zur Entleerungseinrichtung. Sie lagert auf einer Drainageschicht, die durch eine $> 0{,}05$ m dicke Sauberkeitsschicht abgeschlossen wird. Damit Niederschläge abgeleitet werden können, erhält die Decke ein Gefälle von $\approx 2\%$. Zur besseren Entlüftung soll die Deckenunterseite glatt sein und in Richtung der Entlüftung ansteigen. Betonaußenteile, die mit aggressiven Böden oder Wässern in Berührung kommen, müssen besonders geschützt werden [56]. Um die Tauwasserbildung so gering wie möglich zu halten, sind Wärmeschutz und Lüftung sehr wichtig. Bewährt hat sich eine $\approx 1{,}0$ m dicke Erdüberschüttung. Es kommen aber auch Kombinationen mit künstlichen Dämmstoffen zur Anwendung. W 311 nennt beispielhaft den folgenden Aufbau:

- Massivdecke, Voranstrich mit Kaltbitumen ca. $0{,}3$ kg/m^3,
- 10 cm Wärmedämmung mit Schaumglasplatten,
- Bauwerksabdichtung (z. B. zweilagig mit Schweißbahnen),
- Trenn/Gleitschicht mit PE-Folie $2 \cdot 0{,}20$ mm,
- 5   cm Schutzschicht mit bewehrtem Estrich,
- 10 cm Kies 16/32, Filter-Vlies 150 g/m^2
- 50 cm Erdaufschüttung.

Da die Wassertiefe im Behälter Einfluß auf die Druckverhältnisse im Versorgungsnetz hat (bestimmte Mindest- und Höchstdrücke sind einzuhalten, s. Abschn. 8), darf die Schwankung zwischen max WSP und min WSP (7.3) nicht zu groß werden. Als Anhaltswerte nennt W 311 folgende Werte:

Nutzinhalt	Wassertiefe
bis 500 m^3	2,5 bis 3,5 m
500 bis 2000 m^3	3,0 bis 5,0 m
2000 bis 5000 m^3	4,5 bis 5,0 m
> 5000 m^3	5,0 bis 8,0 m

Neben den Wasserkammern ist das Bedienungshaus ein wesentliches Bauele-
ment. Von hier aus werden die Rohrleitungen in die Wasserkammern geführt. Es
enthält alle Meß- und Steuereinrichtungen des Wasserbehälters. Über das Bedienungshaus erfolgt auch der Zugang zu den Wasserbehältern. Auch bei kleinen
Behältern darf die Zugangsöffnung nicht über der Wasserfläche liegen. Der Zugang zu den Wasserkammern erfolgt auf der Ebene der Eingangstür zum Bedienungshaus. Liegt dieser auf der Sohlenhöhe des Behälters, ist eine Drucktür erforderlich. Liegt er über dem höchsten Wasserspiegel, wird die Kammersohle bei
kleinen Behältern über Leitern und bei großen über Treppen erreicht. Für Gelän-
der und Leiter wird die Anwendung von Edelstahl empfohlen. Bedienungshaus
und Wasserkammer sind voneinander zu trennen, da sonst die hohe Luftfeuch-
tigkeit der Wasserkammern an den Metallteilen der Betriebsräume Korrosionen
hervorruft. Das Betriebsgebäude kann mit einer Luftentfeuchtungsanlage ausge-
stattet werden. Damit die freie Wasserfläche der Kammern jederzeit eingesehen
werden kann, sind Isolierglasfenster vorteilhaft. Das Betriebsgebäude ist gegen
unbefugtes Betreten zu sichern. Am Ende der Baumaßnahme steht die Dichtheitsprüfung, über die ein Abnahmeprotokoll nach W 311 zu fertigen ist.

7.1.4 Einrichtungen der Wasserbehälter

Jede Wasserkammer erhält eine Zulauf-, Entnahme-, Überlauf- und Entleerungsleitung. Die Rohrleitungen und die erforderlichen Armaturen werden
in der Schieberkammer übersichtlich und gut zugänglich eingebaut. Der Zugang erfolgt über eine isolierte und gesicherte Stahl- oder Aluminium-Doppeltür.

Bei kleinen Behältern kann ein Einstieg von oben angeordnet werden; er darf jedoch niemals über dem Wasserspiegel liegen. Die Schachtabdeckung wird nach
DIN 1239 ausgeführt. Schieberkammern sind zu entwässern. Zum Abstieg in den
Rohrkeller dient eine Betontreppe, bei kleineren Behältern eine Stahl- oder
Aluminiumleiter. Der Rohrkeller wird vom Bedienungsteil, der Schieberkammer,
durch eine Stahlbetondecke getrennt, die eine abdeckbare Öffnung mit darüber
angeordneter Hebevorrichtung zum Befördern von schweren Armaturen, Rohren und Formstücken hat. Für den Einstieg in die Wasserkammern dienen
(herausnehmbare) Leitern oder bei großen Behältern Treppen.

Für die Belichtung ist eine elektrische Beleuchtung erforderlich. Werden
Außenfenster vorgesehen (sie sind i. d. R. zu vermeiden, da Außenfenster die Al-
genbildung ermöglichen), so sind diese mit gefärbtem Glas (grün, violett, gelb) zu
versehen. Holz ist als Baustoff nicht zu verwenden.

Da an den Rohrleitungen, Wänden und Türen leicht Schwitzwasser gebildet
wird, ist für eine gut funktionierende Be- und Entlüftung zu sorgen. Wasserkammern und Schieberkammer sind möglichst getrennt zu entlüften. Der durch

die Wasserspiegelschwankung bedingte Luftaustausch macht eine Entlüftung der Wasserkammern erforderlich. Die Lüftungsöffnungen sollen im Extremfall (Rohrbruch) eine Luftgeschwindigkeit < 10 m/s haben. Sie sind gegen Insektenzutritt und sonstige Verunreinigungen zu sichern. In **7.5** ist eine Möglichkeit zur Be- und Entlüftung einer Wasserkammer dargestellt. Weitere Beispiele, insbesondere um die Kondenswasserbildung an der Behälterdecke zu vermindern, sind in

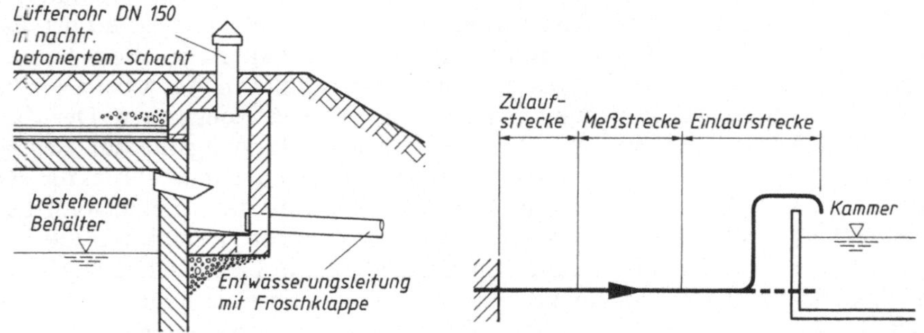

7.5 Belüftungsmöglichkeiten für eine Wasserkammer [2]

7.6 Prinzipieller Aufbau der Zuleitung eines Hochbehälters [18]

[2] und [88] dargestellt. Zur Aufnahme der Rohrleitungen und Armaturen muß die Schieberkammer genügend groß sein. Die Rohrdurchführungen in die Wasserkammern sind auf eine Mindestzahl zu beschränken. Die Wanddurchführung erfolgt mit einzubetonierenden Mauerflanschen oder Spezialrohrdurchführungen in starrer oder beweglicher Lagerung. Den prinzipiellen Aufbau der Zuleitung zeigt **7.6**. Für die Meßgeräte ist eine ausreichende Meßstreckenlänge vorzusehen. Der Zulauf kann über oder unter Wasser erfolgen (**7.7**). Bei einer Einleitung unter Wasser soll der Richtstrahl eine Eintrittsgeschwindigkeit von ca. 1 m/s haben. Die Einleitung über Wasser kann als „Schwanenhals", „Tulpe" oder Überlaufwehr ausgebildet werden [18]. Werden Mischwässer im Sinne von W 216 zusammengeführt, so ist eine Mischkammer beispielsweise mit einem

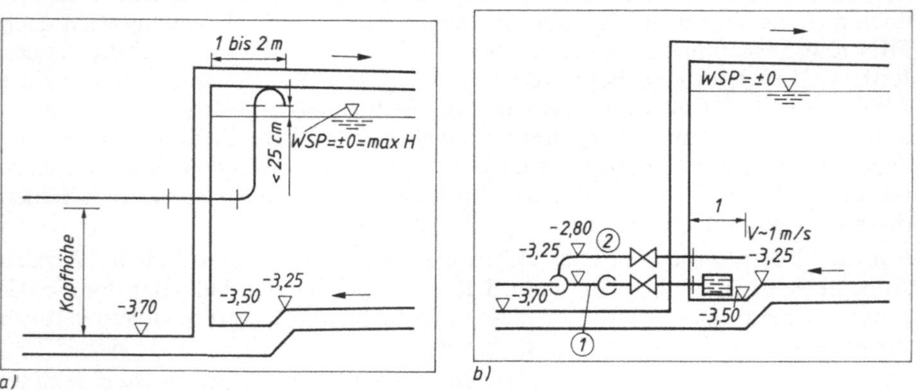

7.7 Zulaufvarianten für einen Wasserbehälter [18]
a) Einlauf über Wasser   b) Einlauf unter Wasser

Strahlapparat vorzusehen [2]. Bei einer Einleitung über Wasser ist zu beachten, daß Wässer, die sich im KKG befinden (s. Abschn. 4), durch die Belüftung im Gleichgewicht gestört werden können.

Die Entnahmeleitung und die darunter liegende Entleerungsleitung liegen am tiefsten Punkt jeder Kammer. Um ein Ansaugen von Luft zu vermeiden, ist ein Überstau zwischen Rohrscheitel und unterem Betriebswasserspiegel erforderlich. An Stelle des früher üblichen Seihers sind Halbschale, Aufweitung, Trichter mit Abdeckung und Rohrbogen (7.3) getreten (W 311). Um die Rohrdurchführungen zu beschränken, werden Brauch- und Feuerlöschwasser über die gleiche Entnahmeleitung entnommen.

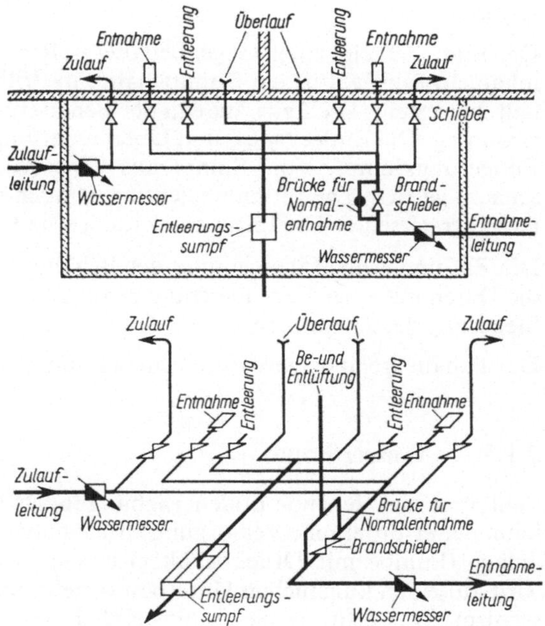

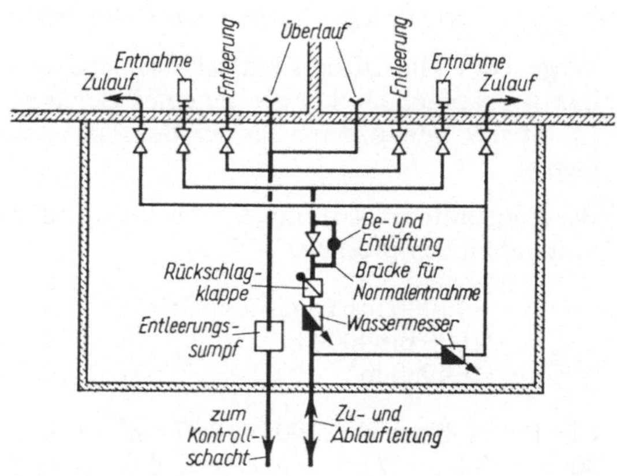

7.8
Schieberkammer-Rohrschema für einen Durchgangsbehälter

7.9
Schieberkammer-Rohrschema für einen Gegenbehälter

Der Löschwasservorrat wird dadurch sichergestellt, daß die Entnahmeleitung in einem Bogen bis zur Höhenlage der gewünschten Wasserreserve hochgeführt und belüftet wird, um die Entnahme der Reserve durch Heberwirkung unmöglich zu machen. Die Brandleitung überbrückt den Bogen und ist durch einen Schieber geschlossen, der nur im Brandfall geöffnet wird (**7.8**).

Beispiele für die Anordnung der Rohre und Armaturen von Durchgangs- und Gegenbehälter zeigen Bild **7.8** und **7.9**. Zum leichteren Ein- und Ausbau sind bewegliche Ansatzstücke hilfreich. Für die Entnahme von Wasserproben und zur Reinigung sind Zapfhähne vorzusehen. Die Rohrleitungen, Schieber und Armaturen können bei Hochbehältern für niedere Drücke (PN4, PN6) bemessen werden.

Das Bild **7.**10 zeigt einen Gegenbehälter in Rechteckform mit je $2 \cdot 1000$ m³ Nutzinhalt. In Bild **7.**11 ist ein Rundbehälter in Brillenform mit je $2 \cdot 200$ m³ Nutzinhalt dargestellt. Die Leitwände in der Behältermitte verhindern eine Kurzschlußströmung. Die Entleerungs- und Überlaufleitung münden in einem gemeinsamen Entleerungssumpf. Vom Sumpf aus wird das Wasser in den Entwässerungsschacht geleitet. Die Entnahmeleitung ist noch mit dem früher üblichen Entnahmeseiher versehen. Die Entnahmeleitung erhält eine Auslaufbruchsicherung.

Die Zu- und Ablaufmengen und der Behälterwasserstand werden gemessen und die Daten mit einer Fernübertragung zur Zentrale gemeldet. Sie ermöglichen die Steuerung der Zulaufmenge.

Das Behältergelände wird durch einen Zaun gesichert.

7.1.5   Wassertürme

Fehlt eine ausreichende Bodenerhebung in der Nähe des Versorgungsgebiets, so kann der erforderliche Versorgungsdruck entweder durch eine Druckerhöhungsanlage (Pumpe mit Druckbehälter) erzeugt werden, oder der Wasserbehälter wird auf einen künstlichen Unterbau gestellt; man spricht dann von einem Wasserturm. Wassertürme bieten hinsichtlich der Versorgung die gleichen Vorteile und Sicherheiten wie Erdbehälter. Architektonisch stellen sie besonders auffallende Objekte dar, die deshalb sorgfältig gestaltet werden müssen.

Wegen des künstlichen Unterbaues sind die Baukosten eines Wasserturms um das 3- bis 5fache höher als die eines gleich großen Erdbehälters. Daher muß der Inhalt sehr genau bemessen werden, und zwar nach der fluktuierenden Wassermenge.

Bei konstantem 24stündigem Zufluß werden ohne Löschwassermenge folgende Nutzinhalte empfohlen (W 315):

$$
\begin{array}{ll}
< 1000 \text{ m}^3 \text{ Tageshöchstbedarf} & I = 0{,}35 \cdot \max Q_d \\
1000 \text{ bis } 4000 \text{ m}^3 & I = 0{,}25 \cdot \max Q_d \\
> 4000 \text{ m}^3 & I = 0{,}20 \cdot \max Q_d
\end{array}
$$

Für Nutzinhalte von 100 bis 3000 m³ beträgt die Wassertiefe 5,0 m und mehr als 3000 m³ 8,0 m. Die Kammersohle liegt etwa 20 bis 30 m über dem Gelände.

7.10 Rechteckbehälter 2 × 1000 m³ Nutzinhalt, erdüberdeckt, Ausführungsbeispiel

1 Zulaufleitung
2 Zulaufformstück für $v \approx 1$ m/s
3 Entnahmeleitung
4 Entnahme als Viertelkreisschale
5 Wasserstandsmessung mit Seilelektrode bzw.
6 Wasserstandsmessung mit Druckmeßdose
7 Überlauf
8 Überlaufleitung
9 Entleerungsleitung
10 Entleerungsrinne
11 Umführungsleitung
12 Entwässerungsschacht mit Anschluß an die Ablaufleitung
13 Behälterbe- und -entlüftung
14 Gitterrostbühne
15 Drucktür, Behälterzugang
16 Fenster, Behältereinblick
17 Zugang zum Bedienungshaus
18 Aussparung für Lüftung

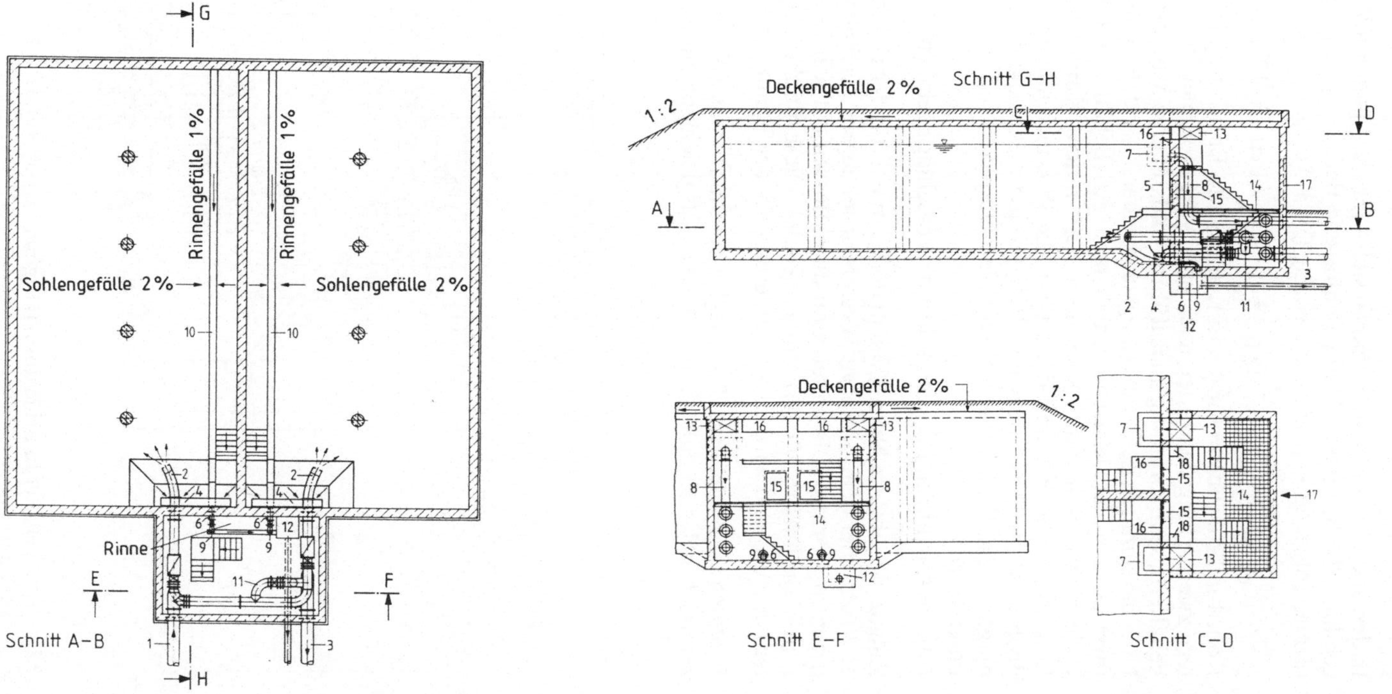

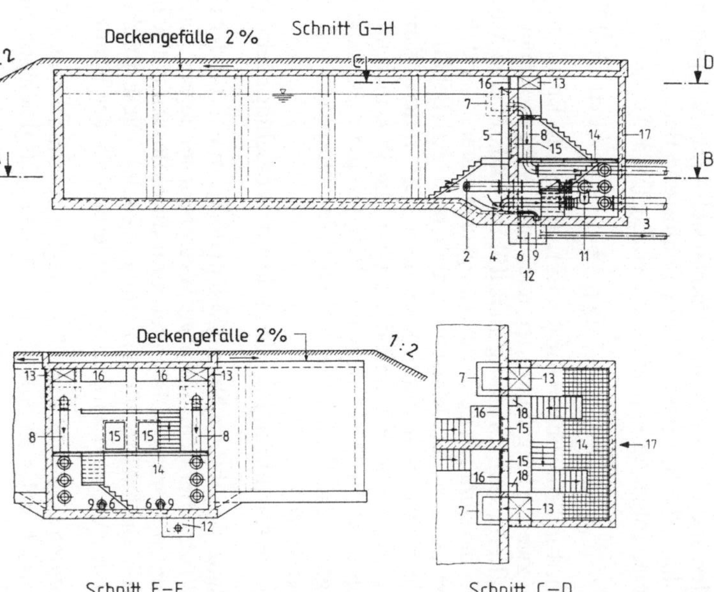

In den alten Bundesländern haben sich 4 Grundtypen von Wassertürmen herausgebildet (**7.12**). Eine 1979 abgeschlossene Befragung zeigt, daß bei 337 Wassertürmen folgende Typverteilung vorlag (W 315):

$$\text{Typ}\,1 \approx 67\% \qquad \text{Typ}\,2 \approx 17\% \qquad \text{Typ}\,3 \approx 12\% \qquad \text{Typ}\,4 \approx 4\%$$

Rohrdurchführungen für die Entnahme und Entleerung werden bei Turmbehältern zweckmäßig von unten nach oben vorgenommen. Sie sind, wie bei den Erdbehältern, sehr sorgfältig auszuführen und auf eine Mindestzahl zu beschränken. Um eine symmetrische Belastung zu erreichen, wird die Wasserkammer in Kreisform ausgebildet. Meist unterteilt man den Behälter durch eine konzentrische Zwischenwand in zwei Kammern. Die innere Kammer speichert i. allg. die Löschwasserreserve und die äußere die fluktuierende Brauchwassermenge. Jedoch muß für Reparatur- und Reinigungszwecke eine wechselseitige Benutzung möglich sein. Eine radial verlaufende Trennwand soll einen guten Wasserumlauf unterstützen.

Für die Ausführung werden folgende Vorschläge gemacht:

Zulauf. Er führt im Normalfall in die Kammer mit der Feuerlöschreserve und soll ≥ 20 cm über dem höchsten Wasserspiegel liegen. Nachdem das Wasser den inneren ringförmigen Behälterraum durchflossen hat, wird es durch ein Überlaufrohr in die äußere Wasserkammer geleitet. Diese durchfließt es nun in umgekehrter Richtung und wird auf der anderen Seite der Trennwand entnommen (**7.13**).

Sohlgefälle. Wenn auch der Ausgleichbeton für das Sohlgefälle den Wasserturm zentrisch belasten soll, dann sind die Ausgleichsschichten in den beiden Kam-

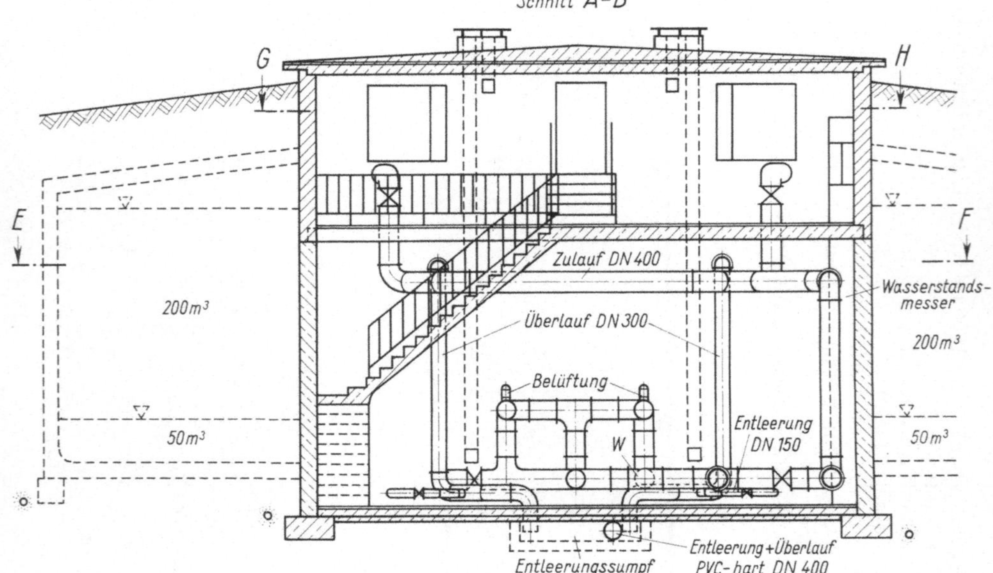

7.11 Rundbehälter in Brillenform (Original M 1:50; für den Druck vereinfacht und auf ⅓ verkleinert)

7 7.11 (Fortsetzung)

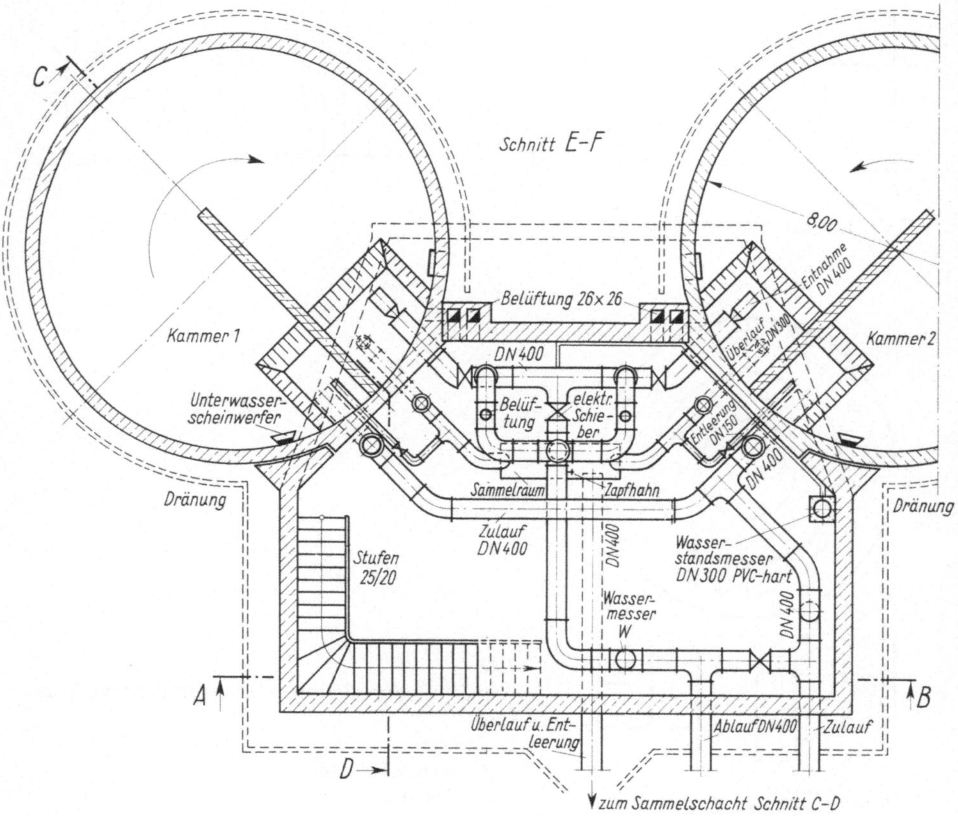

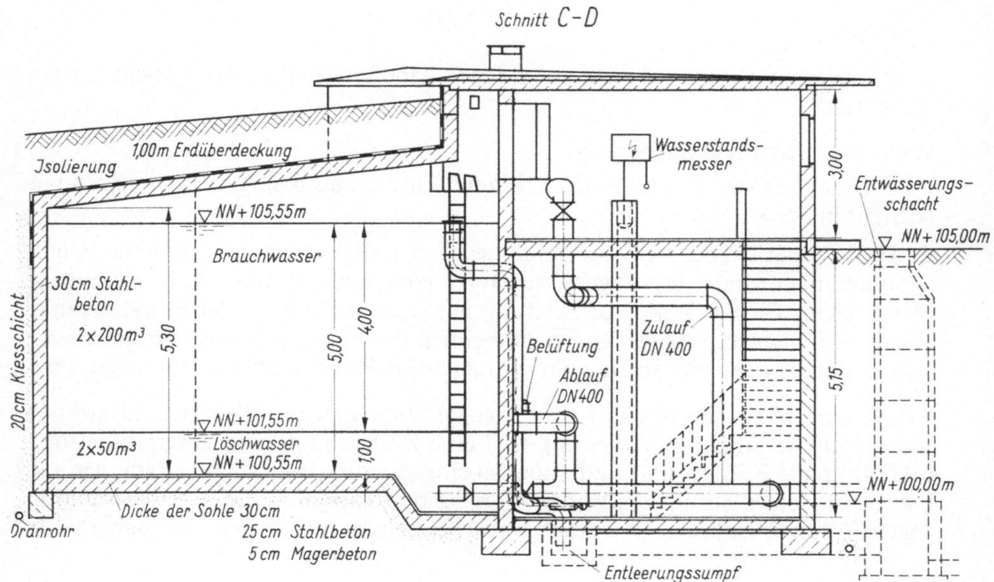

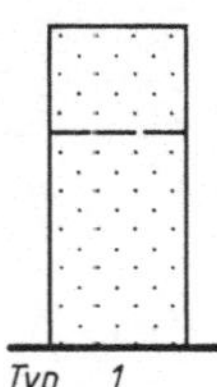 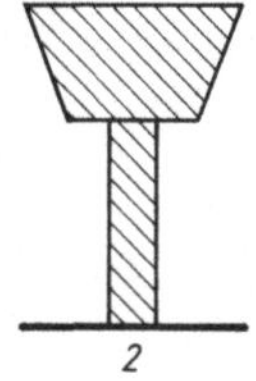 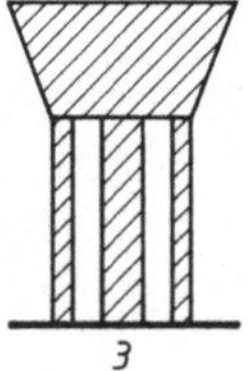 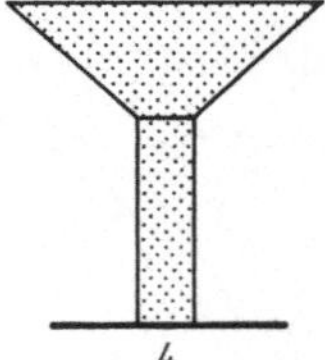

7.12   Grundtypen von Wassertürmen (W 315)

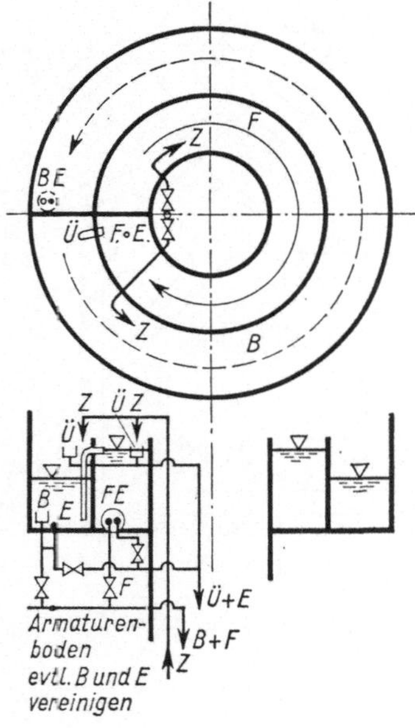

7.13
Armaturenanordnung im zweikammerigen Wasserturm
Z Zulauf
F Feuerlöschwasser
E Entleerung
B Brauchwasser
Ü Überlauf

mern derart zu verteilen, daß in jedem Radialstreifen des Behälters gleiche Lasten entstehen.

Wasserentnahme und Entleerung

Feuerlöschwasser. Zur Entnahme und Entleerung genügt ein gemeinsamer Auslauf in der Kammer.

Brauchwasser. Hier ist der Entnahmeseiher i. allg. etwas oberhalb der Behältersohle anzuordnen, um abgesetzte Stoffe vom Versorgungsnetz fernzuhalten. Der Auslauf für die Entleerungsleitung liegt unmittelbar an der Behältersohle. Wenn man nicht mit Absetzungen zu rechnen braucht, kann man die Entnahme und Entleerung gemeinsam anordnen und so eine Rohrdurchführung einsparen.

Rohrleitungen. Im Turmschaft sind drei Leitungen zu installieren, und zwar je eine Förderleitung, eine Falleitung und eine Entleerungs- und Überlaufleitung; u. U. kann die Förder- und Falleitung zu einer Leitung zusammengefaßt werden. Die Leitungen – bis auf die Entleerungs- und Überlaufleitung – sind sorgfältig gegen Frost zu isolieren; das sollte auch bei beheizten Türmen aus Sicherheits-

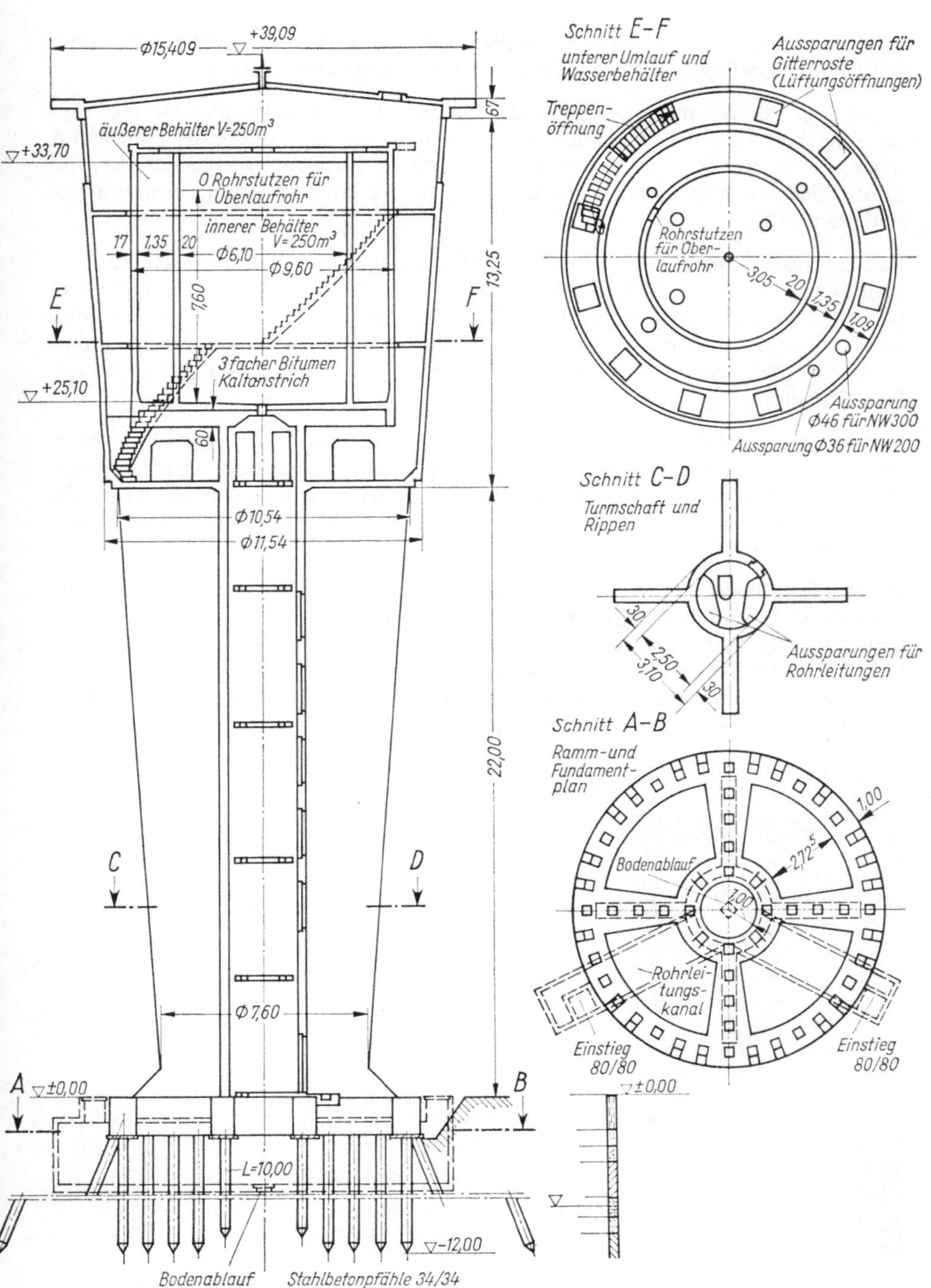

7.14   Wasserturm, Bhf. Hamburg-Altona (M 1:250; Grün & Bilfinger AG)

gründen erfolgen. Da die Rohre Temperaturschwankungen ausgesetzt sind, müssen Dehnungsstücke zur Vermeidung von Spannungen eingebaut werden.

Isolierung. Zur Wärmeisolierung und zur Kontrolle ist zweckmäßig ein begehbarer Zwischenraum zwischen Außenwand und Wasserkammer vorzusehen. Wenn das nicht möglich ist, muß wenigstens ein schmaler Luftraum verbleiben, der eine kontrollierbare Entwässerung haben muß, die an die Entleerungsleitung angeschlossen wird.

Behälterauskleidung. I. allg. kann bei sorgfältig hergestelltem Beton auf eine Auskleidung verzichtet werden. Auskleidung mit Fliesen ist nicht ratsam, da Kavernen entstehen, die die Keimbildung und -vermehrung begünstigen. Kunststoffbeschichtungen müssen sehr sorgfältig auf gut ausgetrocknetem Beton aufgebracht werden; andernfalls bilden sich Blasen, die ebenfalls die Keimbildung begünstigen.

Armaturen. Wie bei den Erdbehältern sind die Armaturen in einer besonderen Schieberkammer unterzubringen. Diese liegt beim Wasserturm unterhalb der Wasserkammer im sog. Tropfboden. Aus wärmetechnischen Gründen ist sie abzuteilen und klein zu halten. Eine thermostatgesteuerte Heizung und gute Belüftung sind erforderlich.

Be- und Entlüftung. Die Wasserkammern werden abgedeckt und die Einstiegsöffnungen in die Behälterkammern durch gußeiserne Abdeckungen mit Gummidichtungen verschlossen. Be- und Entlüftungshauben ermöglichen die Luftzirkulation beim Füllen und Leeren des Behälters. Ebenso ist der Dachraum zu belüften. Wenn die Wasserkammern nicht gesondert abgedeckt werden, sind die Ent- und Belüftungshauben oder -vorrichtungen im Dach vorzusehen (**7.14** und **7.15**).

7.15 Wasserturm (s. hierzu **7.14**)

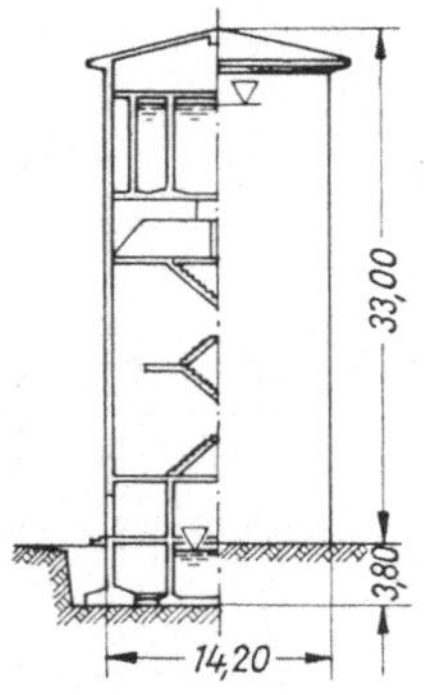

7.16 Wasserturm mit Tiefbehälter
     (M 1:1000; Grün & Bilfinger AG)

Tiefbehälter werden nach den gleichen Grundsätzen wie Hochbehälter ausgebildet. Hier muß jedoch eine Pumpanlage zum Fördern vorgesehen werden. In Kombination mit einem Wasserturm (**7.16**) und einer leistungsfähigen Pumpe kann die erforderliche Löschwassermenge von $< 150\,\mathrm{m}^3$ für die Turmwasserkammer entfallen.

Beispiel 1. Rechnerische und zeichnerische Ermittlung des Inhalts eines Speichers mit vereinfachtem Kostenvergleich.

Gegeben sind:

Einwohnerzahl	14 000
mittlerer Wasserverbrauch	$0{,}150\,\mathrm{m}^3/(\mathrm{E}\cdot\mathrm{d})$
Feuerlöschreserve	$150\,\mathrm{m}^3$
Rohrleitungslänge WW bis HB	1 700 m
geodätische Förderhöhe	55,0 m
1 m Rohr DN 350 GGG fertig verlegt	560,– DM
1 m Rohr DN 300 GGG fertig verlegt	500,– DM
1 m³ Speicherbehälter kostet	650,– DM
Grundtarif je installiertes kW	150,– DM/a
Tagstrom	0,20 DM/kWh
Nachtstrom	0,12 DM/kWh

Stündlicher Wasserverbrauch nach **7.17**

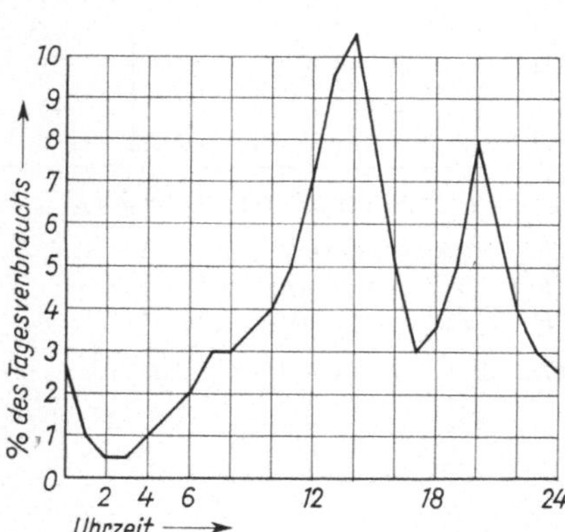

7.17 Tagesverbrauchskurve

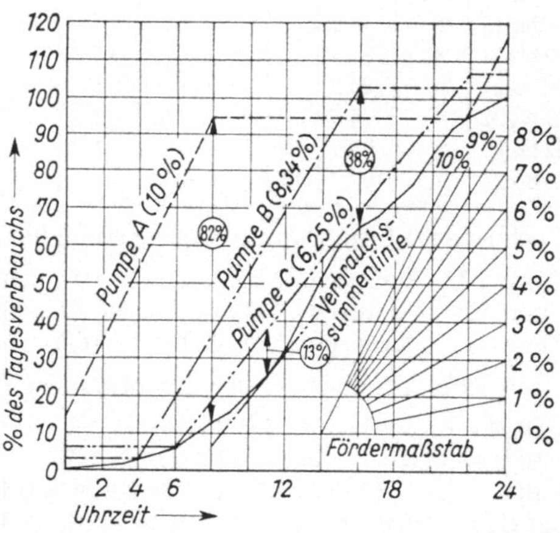

7.18 Graphische Ermittlung des Behälterinhaltes

Die Vergleichsrechnung erfolgt nach [54] und geht vom Bezugszeitpunkt im Nullpunkt der Kostenreihe aus, d.h. die Investitionskosten fallen punktförmig zum Zeitpunkt Null an. Die laufenden Kosten werden bei gleicher Nutzungsdauer für $n = 50$ Jahre (Tafel **1.1**) berechnet. Um das Beispiel übersichtlich zu halten, wird vereinfacht die Pumpenleistung während der gesamten Pumpzeit konstant angenommen, und die Pumpen werden nicht gesondert abgeschrieben.

Der reale Zinssatz ist von Bund und Ländern für Vergleichsrechnungen auf $i = 3\%$ p.a. als Standardwert festgelegt.

Tafel **7.1**   Wasserbedarf V je h, Fördermenge F je h, Förderüberschuß $F-V$ je h und Speicherinhalt $\Sigma(F-V)$; alle in % von max Q

Pumpe			A			B			C		
Uhrzeit	V	ΣV	F	$F-V$	$\Sigma(F-V)$	F	$F-V$	$\Sigma(F-V)$	F	$F-V$	$\Sigma(F-V)$
0 bis 1	1	1	10	9	9		-1	$-1,0$		-1	$-1,0$
1 bis 2	0,5	1,5	10	9,5	18,5		$-0,5$	$-1,5$		$-0,5$	$-1,5$
2 bis 3	0,5	2	10	9,5	28,0		$-0,5$	$-2,0$		$-0,5$	$-2,0$
3 bis 4	1	3	10	9	37,0		-1	$\boxed{-3,0}$		-1	$-3,0$
4 bis 5	1,5	4,5	10	8,5	45,5	8,34	6,84	3,84		$-1,5$	$-4,5$
5 bis 6	2	6,5	10	8	53,5	8,33	6,33	10,17		-2	$\boxed{-6,5}$
6 bis 7	3	9,5	10	7	60,5	8,33	5,33	15,5	6,25	3,25	$-3,25$
7 bis 8	3	12,5	10	7	$\boxed{67,5}$	8,34	5,34	20,84	6,25	3,25	0
8 bis 9	3,5	16		$-3,5$	64,0	8,33	4,83	25,67	6,25	2,75	2,75
9 bis 10	4	20		-4	60,0	8,33	4,33	30,0	6,25	2,25	5,0
10 bis 11	5	25		-5	55,0	8,34	3,34	33,34	6,25	1,25	$\boxed{6,25}$
11 bis 12	7	32		-7	48,0	8,33	1,33	34,67	6,25	$-0,75$	5,5
12 bis 13	9,5	41,5		$-9,5$	38,5	8,33	$-1,17$	33,5	6,25	$-3,25$	2,25
13 bis 14	10,5	52		$-10,5$	28,0	8,34	$-2,16$	31,34	6,25	$-4,25$	$-2,0$
14 bis 15	8	60		-8	20,0	8,33	0,33	31,67	6,25	$-1,75$	$-3,75$
15 bis 16	5	65		-5	15,0	8,33	3,33	$\boxed{35,0}$	6,25	1,25	$-2,50$
16 bis 17	3	68		-3	12,0		-3	32,0	6,25	3,25	0,75
17 bis 18	3,5	71,5		$-3,5$	8,5		$-3,5$	28,5	6,25	2,75	3,50
18 bis 19	5	76,5		-5	3,5		-5	23,5	6,25	1,25	4,75
19 bis 20	8	84,5		-8	$-4,5$		-8	15,5	6,25	$-1,75$	3,0
20 bis 21	6	90,5		-6	$-10,5$		-6	9,5	6,25	0,25	3,25
21 bis 22	4	94,5		-4	$\boxed{-14,5}$		-4	5,5	6,25	2,25	5,5
22 bis 23	3	97,5	10	7	$-7,5$		-3	2,5		-3	2,5
23 bis 24	2,5	100	10	7,5	0		$-2,5$	0		$-2,5$	0

Rechnerische Ermittlung des Speicherinhalts für verschiedene Pumpzeiten (Tafel **7.1**)

Pumpe A   Pumpzeit 22 bis 8 Uhr = 10 h   mit $F = 10\%$ von max Q_d je h
Pumpe B   Pumpzeit 4 bis 16 Uhr = 12 h   mit $F = 8,34\%$ von max Q_d je h
Pumpe C   Pumpzeit 6 bis 22 Uhr = 16 h   mit $F = 6,25\%$ von max Q_d je h

Nach Tafel **7.1** berechnet sich der forderliche Speicherinhalt in % von max Q_d für

Fall A $= 67,5 + |-14,5| = 82\%$ oder $0,82$
Fall B $= 35,0 + |- \;\;3,0| = 38\%$ oder $0,38$
Fall C $= |-6,5| + \;\;6,25 = 12,75\%$ oder $\approx 0,13$
mit $Q_d = 14\,000 \cdot 0,150 = 2100$ m^3 = mittlerer Tagesbedarf

Für die Speicherbemessung ist der größte Tagesbedarf max Q_d maßgebend. Die Löschwasserreserve ist hinzuzurechnen.

max $Q_d = 2100 \cdot 2,2 = 4620$ m^3 = größter Tagesbedarf

Fall A $0,82 \cdot 4620 + 150 \approx 3940$ m^3
Speicherinhalt gewählt   4000 m^3
Fall B $0,38 \cdot 4620 + 150 \approx 1910$ m^3
Speicherinhalt gewählt   2000 m^3
Fall C $0,13 \cdot 4620 + 150 \approx \;\;750$ m^3
Speicherinhalt gewählt   800 m^3

Der Speicherinhalt kann auch graphisch ermittelt werden (**7.18**).

Kostenermittlung:
Fall A: Pumpzeit 10 h; Speicher 4000 m³
Bemessung der Leitung nach max Q_d

$$\text{Fördermenge} = \frac{\max Q_d}{\text{Pumpzeit}} = \frac{4620 \cdot 1000}{10 \cdot 3600} = 128 \text{ l/s}$$

Gewählt DN 350 mm mit $I_r = 4,28$ m/km ($k_i = 0,1$ mm) s. Abschn. 8.

$$
\begin{aligned}
H_{geo} &= 55,0 \text{ m} \\
H_v &= l \cdot I_r = 1,7 \cdot 4,28 = 7,3 \text{ m} \\
H_A &= \text{Gesamtförderhöhe} \quad \overline{62,3 \text{ m}}
\end{aligned}
$$

Die Gesamtförderhöhe der Anlage ist für die Bemessung der Pumpe und den E-Motor maßgebend.

Wirkungsgrad der Kreiselpumpe $\eta_P = 0,65$; des E-Motors $\eta_M = 0,90$

Pumpe P_P nach Gl. (6.7)

$$P_P = \frac{\varrho \cdot g \cdot Q \cdot H}{1000 \cdot \eta}$$

$$P_P = \frac{1,0 \cdot 9,81 \cdot 128 \cdot 62,3}{1000 \cdot 0,65} = 120 \text{ kW}$$

Motorreserve mit 10% ergibt $P_M = (1,1 \cdot 120)/0,9 \approx 150$ kW (installierte Leistung).

Für den Stromverbrauch werden die Tagesmittelwerte eingesetzt

$$\text{Fördermenge} = \frac{Q_d}{\text{Pumpzeit}} = \frac{2100 \cdot 1000}{10 \cdot 3600} = 58,3 \text{ l/s}$$

Reibungsverluste bei 58,3 l/s

$$
\begin{aligned}
(I_r = 0,5 \text{ m/km}) &= \quad 1,7 \cdot 0,5 = 0,85 \text{ m} \\
H_{geo} &= 55,00 \text{ m} \\
\text{Gesamtförderhöhe der Anlage } H_A &= \overline{55,85 \text{ m}}
\end{aligned}
$$

mittlere Leistungsaufnahme P_{Mm}:

$$P_{Mm} = \frac{1,0 \cdot 9,81 \cdot 58,3 \cdot 55,85}{1000 \cdot 0,65 \cdot 0,90} = 55 \text{ kW}$$

Grundgebühr 150 kW · 150,– DM/kW	= 22 500,– DM/a
Nachtstrom 22 bis 6 Uhr = 8 h/d	
54,6 kW · 8 h/d · 0,12 DM/kWh · 365 d/a	= 19 132,– DM/a
Tagstrom 6 bis 8 Uhr = 2 h/d	
54,6 kW · 2 h/d · 0,20 DM/kWh · 365 d/a	= 7972,– DM/a
laufende Betriebskosten LK	= 49 604,– DM/a

Eine Zusammenstellung der Betriebskosten befindet sich in Tafel **7.**2.

Behälterkosten = Inhalt · 650,– DM

Fall A	= 4000 · 650,–	=	2 600 000,– DM
Fall B	= 2000 · 650,–	=	1 300 000,– DM
Fall C	= 800 · 650,–	=	520 000,– DM

Rohrleitung = Länge l · DM/m Rohr

Fall A	= 1700 · 560,–	=	952 000,– DM
Fall B und C	= 1700 · 500,–	=	850 000,– DM

Tafel 7.2   Zusammenstellung von Leistung, Betriebskosten usw.

Pumpe		A	B	C	Einheit
Pumpzeit		22 bis 8	4 bis 16	6 bis 22	Uhr
Pumpdauer		10	12	16	h
Tagstrom (6 bis 22 Uhr)		2	10	16	h
Nachtstrom (22 bis 6 Uhr)		8	2	–	h
Speicherinhalt		4000	2000	800	m³
$Q_d = 14000 \cdot 0,150$		2100	2100	2100	m³/d
$\max Q_d = 2100 \cdot 2,2$		4620	4620	4620	m³/d
mittl. Fördermenge $Q = Q_d/$Pumpzeit		58,3	48,6	36,5	l/s
max Fördermenge					
$\max Q = \max Q_d/$Pumpzeit		128	107	80,2	l/s
Leitung Wassergewinnung bis HB	DN	350	300	300	mm
Druckliniengefälle bei $\max Q$	$I_r =$	4,28	6,61	3,81	m/km
Reibungsverlust $h_r = I_r \cdot l\,(l = 1,700$ km$)$		7,3	11,2	6,5	m
max man. Förderhöhe $\max H = 55,0 + h_r$		62,3	66,2	61,5	m
Pumpe P_P		120	107	75	kW
Motor $P_M = \dfrac{P_P}{0,9} \cdot 1,1$ inst. Leistung		~ 150	~ 131	~ 92	kW
Druckliniengefälle bei Q	$I_r =$	0,5	1,5	0,85	m/km
Reibungsverlust $h_r\,(l = 1,700$ km$)$		0,85	2,55	1,45	m
mittl. man. Förderhöhe $H_m = 55,0 + h_r$		55,85	57,55	56,45	m
mittl. Leistungsaufnahme					
P_{Mm}		54,6	46,9	34,6	kW
Betriebskosten					
Grundgebühr $\quad P_M \cdot 150,-$ DM/kW		22 500,–	19 650,–	13 800,–	DM/a
Tagstrom $\quad$ Zeit $\cdot P_{Mm} \cdot 0,20 \cdot 365$		7972,–	34 237,–	40 413,–	DM/a
Nachtstrom $\quad$ Zeit $\cdot P_{Mm} \cdot 0,12 \cdot 365$		19 132,–	4 108,–	–	DM/a
Betriebskosten insgesamt		49 604,–	57 995,–	54 213,–	DM/a

Kostenvergleich:

Investitionskosten	*IK*
laufende Betriebskosten	*LK*
Projektkostenbarwert	*PKBW*
Jahreskosten	*JK*

Der *Diskontierungs-FAK*tor für gleichförmige Kosten-*R*eihen lautet:

$$DFAKR\,(i;n) = \frac{(1 + i)^n - 1}{i \cdot (1 + i)^n} \tag{7.1}$$

Die auf *n* Jahre verteilten Kapitalkosten errechnen sich aus den Investitionskosten durch Multiplikation mit dem *K*apitalwiedergewinnungs-*FAK*to*R*:

$$KFAKR\,(i;n) = \frac{i \cdot (1 + i)^n}{(1 + i)^n - 1} = \frac{(q - 1) \cdot q^n}{q^n - 1} \tag{7.2}$$

Für $i = 3\%$ (0,03) und $n = 50$ Jahre (a) ergibt sich für:

$$DFAKR\,(3;50) = 25,730$$
$$KFAKR\,(3;50) = \;\;0,0389$$

$$PKBW \;\; = \;\; IK + LK \cdot DFAKR = IK + LK \cdot 25,73$$
$$JK \quad\;\;\; = \;\; IK \cdot KFAKR + LK = IK \cdot 0,0389 + LK$$

Für Fall A:

$$PKBW = 3\,552\,000,- + 49\,604,- \cdot 25,73 = 4\,828\,311,- \text{ DM}$$
$$JK = 3\,552\,000,- \cdot 0,0389 + 49\,604,- = 138\,173,- \text{ DM}$$

Fall	A	B	C
Behälterkosten	2 600 000,–	1 300 000,–	520 000,–
Rohrkosten	952 000,–	850 000,–	850 000,–
Investitionskosten IK	3 552 000,–	2 150 000,–	1 370 000,–
laufende Kosten LK	49 604,–	57 995,–	54 213,–
Projektkostenbarwert			
$PKBW =$ IK	3 552 000,–	2 150 000,–	1 370 000,–
+ LK · 25,73	+ 1 276 311,–	+ 1 492 211,–	+ 1 394 900,–
Summe =	4 828 311,–	3 642 211,–	2 764 900,–
Jahreskosten			
$JK =$ IK · 0,0389	138 173,–	83 635,–	53 293,–
+ LK	+ 49 604,–	+ 57 995,–	+ 54 213,–
Summe Jahreskosten =	187 777,–	141 630,–	107 506,–

Die Differenz zwischen den Projektkostenbarwerten stellt den „Kapitalwert" dar, der während der Nutzungsdauer von 50 Jahren im Projekt anfällt. Die Differenz der Jahreskosten stellt die durchschnittliche jährliche Kostenersparnis dar. Die Rechengenauigkeit kann noch gesteigert werden, wenn die laufenden Kosten progressiv steigend angenommen werden und die Pumpen entsprechend (Tafel 1.1) in 15 bis 20 Jahren abgeschrieben werden. Für Einzelheiten wird auf [54] verwiesen.

Bei der Gesamtentscheidung müssen auch noch betriebliche Gesichtspunkte (Verfügbarkeit, Betriebssicherheit, Flexibilität etc.) mit berücksichtigt werden.

Beim Bau und Betrieb von Wasserbehältern können Schäden auftreten, z. B. Hohlräume an der Oberfläche, Risse, Ablösungen, Materialveränderungen und Belagsbildung. Ursachen und Maßnahmen zur Behebung zeigt W 312 auf. Wasserbehälter sind regelmäßig zu kontrollieren und zu reinigen. Die erforderlichen Maßnahmen sind in W 318 festgelegt, und die Prüfung sowie Beurteilung der Reinigungsmittel erfolgt nach W 319. Bei der Ableitung der Abwässer ist das Wasserhaushaltsgesetz (WHG) s. Abschn. 9.2 zu beachten.

7.2   Druckbehälter (DIN 4810)

Wenn der Bau von hochliegenden Wasserspeichern nicht möglich ist, kann die Versorgung mit dem erforderlichen Druck auch unmittelbar durch die Pumpen erfolgen. In sehr großen Netzen genügen die Druckschwankungen des in den Rohren gespeicherten Wasservorrates, um die Pumpen zu schalten. Die schnelle Betriebsbereitschaft der elektrisch angetriebenen Kreiselpumpen und ihr elastisches Verhalten bei Druckschwankungen erlauben es, auch bei kleinen Netzen auf einen Speicher zu verzichten. Jedoch muß die Schalthäufigkeit der Pumpen in Grenzen gehalten werden, da sonst die Schalter zu stark belastet werden, der Motor zu sehr erwärmt wird und der Stromverbrauch durch erhöhten Anlaufstrom steigt. Andererseits erfordern lange Schaltperioden große Druckbehälter. Das wirtschaftliche Optimum liegt bei $\approx$ 6 Schaltungen je h. Um diese Schaltzeiten einzuhalten, wird ein Druckbehälter als Druck- und Mengenausgleichsbehälter eingeschaltet, der für die Spitzenwassermenge zu bemessen ist. Zum besseren Verständnis der Arbeitsweise einer Druckbehälteranlage wird die Ableitung der Inhaltsberechnung gebracht.

7.2.1   Berechnung von Druckbehältern (7.19 und 7.20)

Wenn der kleinste zulässige Druck min $p = p_e$ erreicht ist, werden die Pumpen eingeschaltet. Bei gleichzeitiger Wasserentnahme geht ein Teil des geförderten Wassers in den Behälter, der andere Teil in das Netz. Die Füllzeit, d. h. die Zeit, bis der Behälter bis zum Ausschaltdruck max $p = p_a$ gefüllt ist, beträgt nach Bild

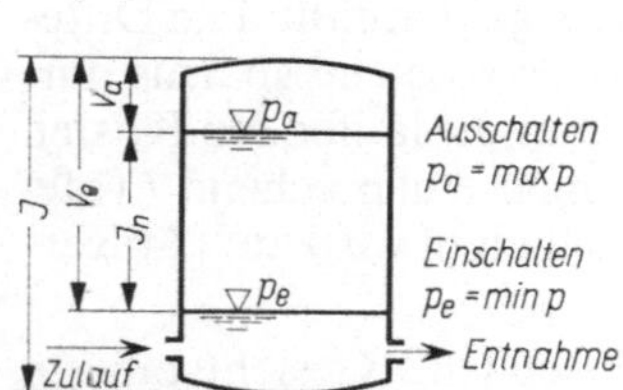

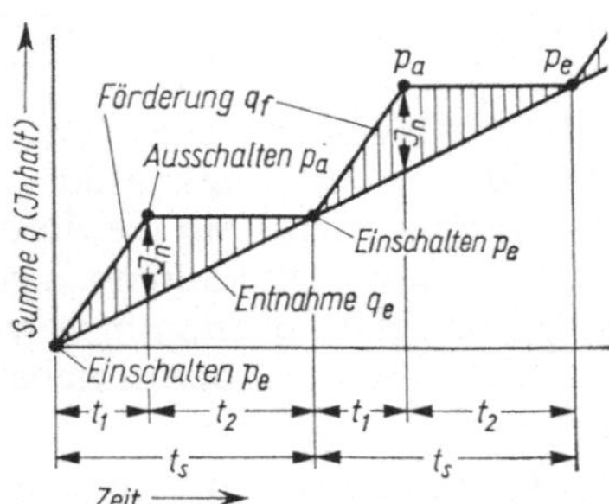

7.19 Druckbehälter

7.20 Zusammenhang zwischen Fördern, Entnehmen und Speichern

7.20 t_1 in s, die Entleerungszeit, d. h. die Zeit vom Ausschalten der Pumpe bis zur Entleerung des Behälters bis auf den Druck p_e, t_2 in s. Die Zeit vom Einschalten bis zum Wiedereinschalten (Schaltperiode) ist demnach

$$t_s = t_1 + t_2 \tag{7.3}$$

In der Zeit t_1 ist der Behälter gefüllt worden; die gespeicherte Wassermenge J_n entspricht der Förderung abzüglich der Entleerungszeit in der Zeit t_1

$$J_n = (q_f - q_e)\, t_1 \quad \text{oder} \quad t_1 = \frac{J_n}{q_f - q_e}$$

Ebenso ist während der Entleerungszeit t_2

$$J_n = q_e \cdot t_2 \quad \text{oder} \quad t_2 = \frac{J_n}{q_e}$$

In Gl. (7.3) eingesetzt erhält man

$$t_s = \frac{J_n}{q_f - q_e} + \frac{J_n}{q_e} = \frac{J_n \cdot q_e + J_n (q_f - q_e)}{(q_f - q_e) q_e} = J_n \cdot \frac{q_f}{q_f \cdot q_e - q_e^2}$$

und daraus

$$J_n = \frac{t_s}{q_f} (q_f \cdot q_e - q_e^2) \tag{7.4}$$

In dieser Gleichung sind die Schaltzeit t_s und die Fördermenge q_f gewählte feste Größen, die als Konstante angesehen werden können. Nur J_n und die Entnahmemenge q_e sind veränderlich. Es ist also zu untersuchen, für welche Entnahmemenge q_e der Wasserinhalt zu einem Maximum wird.

$$\frac{\mathrm{d}J_n}{\mathrm{d}q_e} = \frac{t_s}{q_f} (q_f - 2\,q_e) = 0$$

Im Zähler kann nur $q_f - 2\,q_e = 0$ werden. Daraus folgt $q_e = q_f/2$, d.h., der Wasserinhalt wird am größten, wenn die Entnahmemenge gleich der halben Fördermenge ist.

$$\left(\frac{\mathrm{d}^2 J_n}{\mathrm{d}q_e^2} = -\,\frac{2\,t_s}{q_f} \text{ (negativ); es liegt also tatsächlich ein Maximum vor} \right)$$

Setzt man $q_e = q_f/2$ in Gl. (7.4) ein, so wird

$$J_n = \max J = t_s \cdot \frac{q_f^2/2 - q_f^2/4}{q_f} = t_s \cdot \frac{q_f}{4} \tag{7.5}$$

Da nach dem Boyle-Mariotteschen Gesetz, welches besagt, daß das Produkt aus Gasdruck und Volumen bei gleicher Temperatur konstant ist, gilt

$$V_e \cdot p_e = V_a \cdot p_a \quad \text{oder} \quad V_a = \frac{V_e \cdot p_e}{p_a}$$

Nutzinhalt

$$J_n = \max J = V_e - V_a = V_e - \frac{V_e \cdot p_e}{p_a} = V_e \left(1 - \frac{p_e}{p_a} \right) \tag{7.6}$$

$J_n = \max J = t_s \cdot q_f/4$ nach Gl. (7.5). Die Gleichsetzung ergibt

$$V_e \left(1 - \frac{p_e}{p_a} \right) = t_s \cdot \frac{q_f}{4},$$

daraus folgt für den Behälterinhalt

$$V_e = t_s \cdot \frac{q_f}{4} \cdot \frac{1}{1 - p_e/p_a}$$

Durch Umformung erhält man mit $p_a - p_e = \Delta p$

$$V_e = t_s \cdot \frac{q_f}{4} \cdot \frac{p_a}{\Delta p} \tag{7.8}$$

Aus Sicherheitsgründen und wegen einer notwendigen Mindestfüllung wird der Behälterinhalt $\approx 30\%$ größer gewählt ($J = 1{,}3\, V_\mathrm{e}$).

Behälterinhalt

$$J = 1{,}3\, t_\mathrm{s} \cdot \frac{q_\mathrm{f}}{4} \cdot \frac{p_\mathrm{a}}{\Delta p} \;\text{in}\; 1 \tag{7.9}$$

mit t_s = Schaltzeit in s
$\quad\quad q_\mathrm{f}$ = Fördermenge in l/s $\geq$ max $q_\mathrm{e} \triangleq$ max Q_h
$\quad\quad p_\mathrm{a}$ = Ausschaltdruck in absolutem Druck $\mathrm{bar_{abs}}$
$\quad\quad \Delta p$ = Unterschied zwischen Ausschalt- und Einschaltdruck in bar

Wenn man die stündliche Schaltzahl $i = 3600/t_\mathrm{s}$ einführt, erhält man

$$J = 1{,}3 \cdot \frac{3600}{i} \cdot \frac{q_\mathrm{f}}{4} \cdot \frac{p_\mathrm{a}}{\Delta p} \approx 1200 \cdot \frac{q_\mathrm{f} \cdot p_\mathrm{a}}{i \cdot \Delta p} \;\text{in}\; 1 \tag{7.10}$$

Beispiel 2
Stündliche Schaltzahl i = 6 (t_s = 10 min = 600 s)
Fördermenge $\quad\quad q_\mathrm{f}$ = 4 l/s
Ausschaltdruck $\quad\; p_\mathrm{a}$ = 5 $\mathrm{bar_{abs}}$ $\Big\}$ Δp = 1 bar
Einschaltdruck $\quad\; p_\mathrm{e}$ = 4 $\mathrm{bar_{abs}}$

Absoluter Druck = Druck bezogen auf den luftleeren Raum; d. h.: Absoluter Druck ($\mathrm{bar_{abs}}$) = Überdruck + atmosphärischer Druck ($\approx$ 1 bar bei 0 mNN).

$$J = 1200 \cdot \frac{4 \cdot 5}{6 \cdot 1} = 4000\,1$$

Da die Druckbehälter bis 3000 l genormt sind, wählt man zweckmäßig zwei Behälter mit je 2000 l.

7.2.2   Automatisches Pumpwerk mit zwei Pumpen (7.21 und 7.22)

Es sollen zwei Pumpen mit gleicher Förderleistung verwendet werden. Die Spitzenentnahmemenge kann jedoch von einer Pumpe allein nicht gedeckt werden, d. h. max $q_\mathrm{e} > q_\mathrm{f1}$.

Gesamtfördermenge

$$q_\mathrm{f} = q_\mathrm{f1} + q_\mathrm{f2} \geq \text{max } q_\mathrm{e} \triangleq \text{max } Q_\mathrm{h} \quad\quad q_\mathrm{f1} = q_\mathrm{f2}$$
$$q_\mathrm{f} = 2\, q_\mathrm{f1} = 2\, q_\mathrm{f2}$$

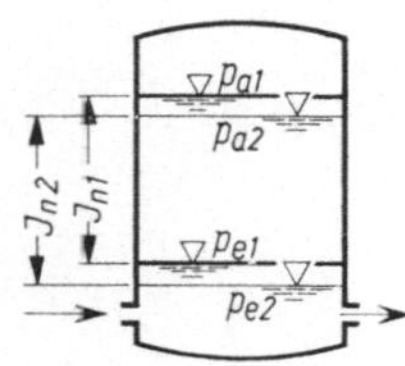

7.21   Druckbehälter mit zwei Pumpen

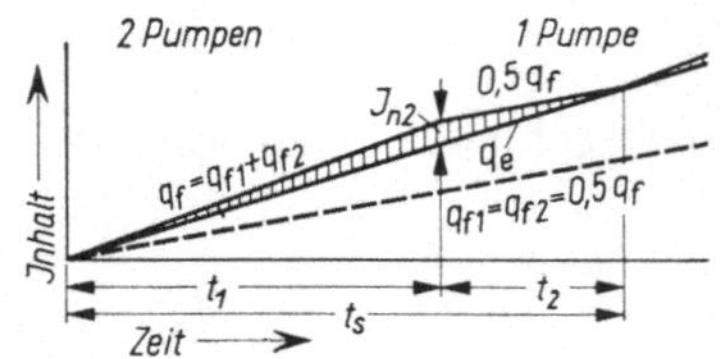

7.22   Zusammenhang zwischen Fördern, Entnehmen und Speichern bei zwei Pumpen

Nach Bild **7.**22 ist

$$t_1 \left(q_f - q_e\right) = J_{n2} \qquad t_2 \left(q_e - 0{,}5\,q_f\right) = J_{n2}$$

$$t_s = t_1 + t_2 = \frac{J_{n2}}{q_f - q_e} + \frac{J_{n2}}{q_e - 0{,}5\,q_f}$$

$$J_{n2} = \frac{t_s \left(1{,}5\,q_f \cdot q_e - 0{,}5\,q_f^2 - q_e^2\right)}{0{,}5\,q_f} = \frac{u}{v} \tag{7.11}$$

$$f'(q_e) = \frac{u' \cdot v - v' \cdot u}{v^2} = \frac{\mathrm{d}J_{n2}}{\mathrm{d}q_e}$$

$$u = t_s \left(1{,}5\,q_f \cdot q_e - 0{,}5\,q_f^2 - q_e^2\right) \qquad u' = t_s \left(1{,}5\,q_f - 2\,q_e\right)$$

$$v = 0{,}5\,q_f \qquad v' = 0 \qquad v^2 = 0{,}25\,q_f^2$$

$$\frac{\mathrm{d}J_{n2}}{\mathrm{d}q_e} = \frac{t_s \left(1{,}5\,q_f - 2\,q_e\right) 0{,}5\,q_f}{0{,}25\,q_f^2} = 0 \;\; (\text{Untersuchung auf Maximum})$$

Im Zähler kann nur $1{,}5\,q_f - 2\,q_e = 0$ werden; $q_e = 0{,}75\,q_f$. Eingesetzt in Gl. (7.11) erhält man

$$J_{n2} = t_s \cdot \frac{[1{,}5 \cdot 0{,}75\,q_f^2 - 0{,}5\,q_f^2 - (0{,}75\,q_f)^2]}{0{,}5\,q_f} = 0{,}125\,t_s \cdot q_f = t_s \cdot \frac{q_f}{8}$$

Da $q_f = 2\,q_{f1}$ ist, wird $J_{n2} = t_s \cdot \dfrac{q_{f1}}{4}$. $\qquad\qquad$ (7.12)

Der Inhalt ergibt sich wie in Gl. (7.5). Daraus kann geschlossen werden, daß für die Bemessung von Windkesselanlagen mit mehreren Pumpen gleicher Förderleistung nur eine Pumpe maßgebend ist.

Durch Wechselschaltung kann wahlweise die eine oder die andere Pumpe zuerst anlaufen. Bei mehreren Pumpen kann man den Druckbehälter kleiner vorsehen. Die Betriebsweise ist folgende: Wenn die erste Pumpe den Bedarf nicht decken kann, sinkt der Behälterinhalt, und die zweite Pumpe springt an. Diese füllt zusammen mit der ersten Pumpe den Behälter wieder auf und schaltet sich ab, sobald ihr Ausschaltdruck erreicht ist, während die erste Pumpe weiterläuft, weil

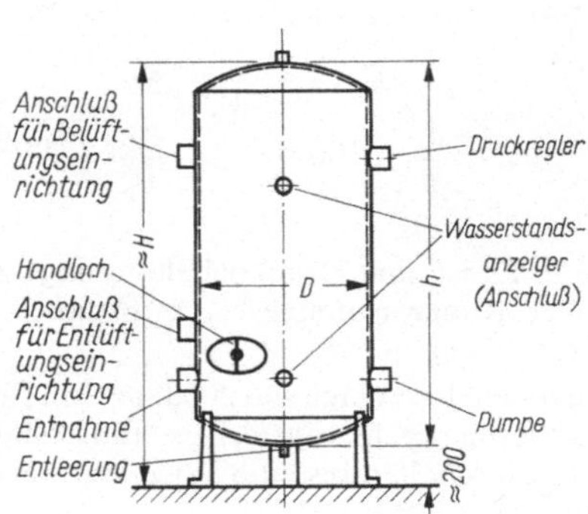

7.23 Druckbehälter nach DIN 4810

deren Ausschaltdruck nicht erreicht wird. Somit bestimmt nur die Schaltzeit der zweiten Pumpe den Behälterinhalt. Entsprechend ist das Zusammenspiel bei drei und mehr Pumpen. Durch Umschalten kann man die Reihenfolge beliebig verändern, so daß alle Pumpen mit gleichen Betriebsstunden gefahren werden.

Druckbehälter sind nach DIN 4810 für Betriebsüberdrücke von 4, 6 und 10 bar genormt (7.23).

Die Pumpen sind für den größten Wasserverbrauch auszulegen, damit mit Sicherheit das Leerlaufen des Behälters und des Netzes vermieden wird. Bei Stromausfall muß ein Notstromaggregat den Antrieb sicherstellen. Bei Einzelhaus-Wasserversorgungen wird man davon aus Kostengründen absehen.

Um das Luftpolster im Behälter erneuern zu können und um eine Vorpressung zu erzeugen, wird ein Kompressoranschluß vorgesehen. Die Kompression kann von Hand oder durch Kompressoren erfolgen. Bei Kleinanlagen können Schnüffelventile in der Zulaufleitung die durch das Wasser aus dem Druckbehälter mitgeführte Luft ersetzen.

Nutzbarer Behälterinhalt. Die Größe eines Druckbehälters hängt u.a. von dem Druckunterschied Δp ab. Der Behälterinhalt wird um so kleiner, je größer Δp wird (s. Gl. (7.10)), jedoch muß $\Delta p \leqq 2$ bis 3 bar_{abs} sein, weil sonst die Förderkosten infolge der schwankenden Förderhöhe erheblich zunehmen. Den Ausschaltdruck hält man klein, weil dadurch der Behälterinhalt kleiner bzw. besser ausgenutzt wird. Wenn möglich, wird man den Druckkessel erhöht aufstellen, damit ein Höhenunterschied gegenüber dem Netz die zusätzlich erforderliche Druckerhöhung verringert (s. Beispiel 3).

In Gl. (7.6) war der Nutzinhalt des Druckkessels

$$J_n = V_e \left(1 - \frac{p_e}{p_a}\right) = V_e \cdot \frac{\Delta p}{p_a}; \quad \text{daraus} \quad V_e = \frac{J_n \cdot p_a}{\Delta p}$$

und mit einem Sicherheitszuschlag von 30% wird dann der Gesamtinhalt

$$1{,}3\, V_e = J = 1{,}3 \cdot \frac{J_n \cdot p_a}{\Delta p}$$

Bildet man den Quotienten Nutzinhalt zu Gesamtinhalt und multipliziert mit 100, so erhält man den Ausnutzungskoeffizienten

$$a_n = \frac{J_n}{J} \cdot 100 = \frac{V_e \cdot \dfrac{\Delta p}{p_a}}{1{,}3 \cdot V_e} \cdot 100 = \frac{\Delta p}{1{,}3 \cdot p_a}\, 100 \quad \text{in \%}$$

Beispiel 3. Es ist eine Druckbehälteranlage zu bemessen. Das Gelände liegt auf 110,0 m üNN. Der Ruhewasserspiegel im Brunnen 101,0 m üNN. Es wird beim Pumpen auf 100,0 m üNN abgesenkt.

Die Druckbehälteranlage soll 200,0 m vom Brunnen entfernt aufgestellt werden. Die maximale Fördermenge beträgt 4,7 l/s. Einschaltdruck 4 bar_{abs}, Ausschaltdruck 5 bar_{abs}. Die Zeit vom Einschalten bis zum Wiedereinschalten darf 10 Minuten = 600 Sekunden nicht unterschreiten (7.24 und 7.25).

$$\text{erf } J = 1,3\, t_\mathrm{s} \cdot \frac{q_\mathrm{f}}{4} \cdot \frac{p_\mathrm{a}}{\Delta p} = 1,3 \cdot 600 \cdot \frac{4,7 \cdot 5}{4 \cdot 1} = 4580\,\mathrm{l}$$

$$t_\mathrm{s} = 600\,\mathrm{s} \quad q_\mathrm{f} = 4,7\,\mathrm{l/s} \quad \begin{matrix} p_\mathrm{a} = 5\,\mathrm{bar_{abs}} \\ p_\mathrm{e} = 4\,\mathrm{bar_{abs}} \end{matrix} \quad \Delta p = 1\,\mathrm{bar}$$

Da Druckbehälter nur bis zu 3000 l Inhalt genormt sind, werden zwei Behälter mit je 3000 l gewählt. Es kann auch ein Behälter mit 3000 l und ein zweiter mit 2000 l gewählt werden.

$$\text{Ausnutzung } a_\mathrm{n} = \frac{1}{1,3 \cdot 5} \cdot 100 = 15,4\%$$

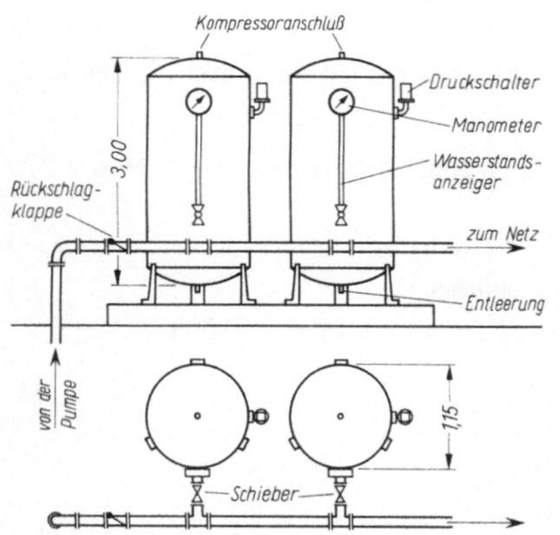

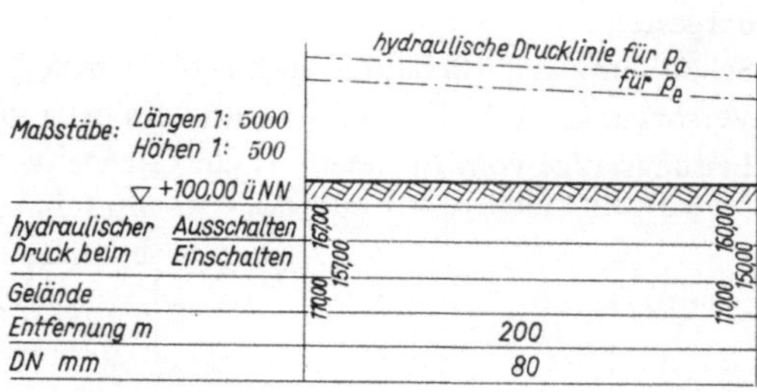

7.24   Druckbehälteranlage (M 1:200)   **7.25**   Drucklinien

Beispiel 4. Die Pumpe für eine Druckbehälteranlage ist zu bemessen. Gegeben sind

$$\begin{matrix} p_\mathrm{e} = 4\,\mathrm{bar_{abs}} \\ p_\mathrm{a} = 6\,\mathrm{bar_{abs}} \end{matrix} \quad \Delta p = 2\,\mathrm{bar}$$

QH- und η-Linie der Pumpe (7.26)   Rohrleitung DN 80 mit $l = 200$ m

Die Rohrkennlinien für verschiedene Wassermengen werden für $k_\mathrm{i} = 0,4$ mm (Tafel **8.4**) ermittelt.

Q in l/s	1,0	2,0	4,0	7,0	9,0
I_r in m/km	0,92	3,41	12,99	38,85	63,74
$h = I_\mathrm{r} \cdot l$ in m	0,18	0,68	2,60	7,77	12,75

7.26
Kennlinien für Kreiselpumpen bei Druckbehältern
Punkt a Einschalten
Punkt b Ausschalten

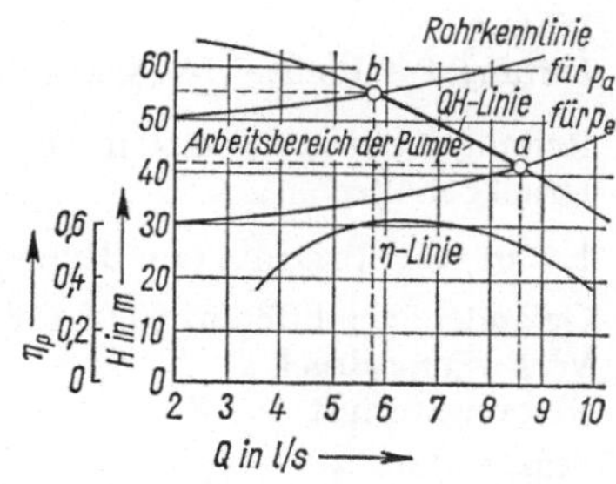

Diese Rohrkennlinien beginnen beim Ein- bzw. Ausschaltdruck (7.26). Der Schnittpunkt mit der Pumpenkennlinie gibt die zusammengehörigen Q- und H-Werte an.

Einschalten (**7.26** Punkt a) $Q = 8,65$ l/s $H = 42,0$ m $\eta_\mathrm{P} = 0,53$
Ausschalten (**7.26** Punkt b) $Q = 5,80$ l/s $H = 56,0$ m $\eta_\mathrm{P} = 0,62$

Bemessen des E-Motors einschließlich einer Kraftreserve von 20% (η_M = 0,9) s. Beispiel 2 Abschn. 6.1.3.

$$P_M = 1,2 \cdot \frac{9 \cdot 9 \cdot Q \cdot H}{1000 \cdot \eta_P \cdot \eta_M}$$

Einschalten $\quad 1,2 \cdot \dfrac{1,0 \cdot 9,81 \cdot 8,65 \cdot 42,0}{1000 \cdot 0,53 \cdot 0,9} = 8,96\ \text{kW}$

Ausschalten $\quad 1,2 \cdot \dfrac{1,0 \cdot 9,81 \cdot 5,8 \cdot 56,0}{1000 \cdot 0,62 \cdot 0,9} = 6,85\ \text{kW}$

Gewählt wird ein Motor mit 9,0 kW.

Maßgebend für die Bemessung des Motors ist stets die kleinste Förderhöhe mit der zugehörigen Wassermenge.

Beispiel 5. Bemessung einer Druckbehälteranlage. Die Höhenverhältnisse sind in Bild **7.27** dargestellt.

Schalthäufigkeit 6 Schaltungen/h $\triangleq$ 600 s; $\max Q = q_f = 840$ l/min.

Versorgungsdruck 25 mWS am Rand des Bebauungsgebietes.

Leitungslänge vom Brunnen bis zur Grenze des Bebauungsgebietes l = 2100 m; Asbestzementrohre mit k_i = 0,1 mm; $\eta_{ges} = \eta_P \cdot \eta_M$ = 0,53.

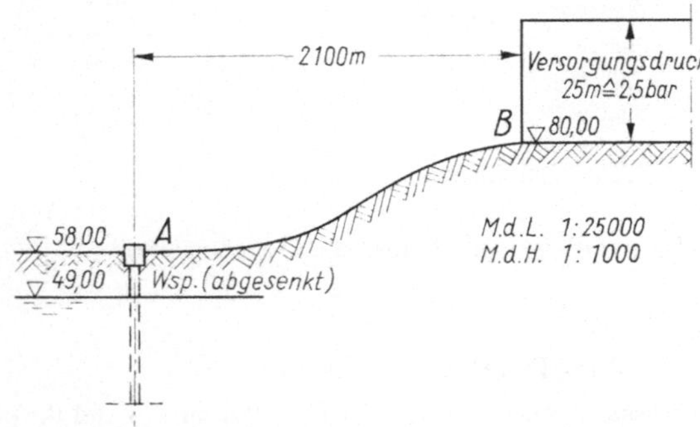

7.27 Darstellung zum Beispiel 5 (für den Druck auf ½ verkleinert)

Lösung
Leitung: 840 l/min = 14 l/s; gewählt DN 150 mm mit v = 0,80 m/s

Reibungsverlust: I_r = 4,50 m/km, damit $h_r = \dfrac{2100 \cdot 4,05}{1000} \approx 9,50$ m
Druckbehälter

1. Aufstellung in A (am Brunnen)

Geländehöhendifferenz 80,00 − 58,00	= 22,00 m	
Versorgungsdruck	25,00 m	
Reibungsverlust	9,50 m	
Einschaltdruck	p_e = 56,50 m	$\triangleq$ 6,65 bar$_{abs}$
Ausschaltdruck (gewählt)	p_a = 71,50 m	$\triangleq$ 8,15 bar$_{abs}$
	$\Delta p = p_a - p_e$ = 1,50 bar	

$$\text{Behälterinhalt } J = 1,3 \cdot 600 \cdot \frac{14}{4} \cdot \frac{8,15}{1,5} = 14833\ \text{l}$$

Es wären z. B. 5 Behälter mit je 3000 erforderlich.

$$\text{Ausnutzungskoeffizient } a_\mathrm{n} = \frac{1,5}{1,3 \cdot 8,15} \; 100 = 14,2\%$$

2. Aufstellung in B (am Rand des Versorgungsgebiets)

Einschaltdruck = Versorgungsdruck 25,00 m $\triangleq$ 3,5 bar$_\mathrm{abs}$
Ausschaltdruck (gewählt) p_a = 40,00 m $\triangleq$ 5,0 bar$_\mathrm{abs}$

$$\Delta p = p_\mathrm{a} - p_\mathrm{e} \qquad = 1,5 \text{ bar}$$

$$\text{Behälterinhalt } J = 1,3 \cdot 600 \cdot \frac{14}{4} \cdot \frac{5,0}{1,5} = 9100 \text{ l}$$

Es können genormte Druckkessel mit 4 bar Betriebsüberdruck nach DIN 4810, z. B. 3 Kessel mit je 3000 l Inhalt, gewählt werden.

$$\text{Ausnutzungskoeffizient } a_\mathrm{n} = \frac{1,5}{1,3 \cdot 5,0} \; 100 = 23,1\%$$

Die Aufstellung der Druckbehälter so hoch wie möglich bringt eine wesentlich bessere Ausnutzung mit sich. Außerdem ist das erforderliche Behältervolumen wesentlich kleiner. Weitere Ersparnisse sind durch die Verwendung genormter Druckbehälter möglich.

Unterwasserpumpe

geodät. Förderhöhe H_geod = 80,00 $-$ 49,00   = 31,00 m
max Druckhöhe im Kessel p_a = 40,00 m
Reibungsverlust (nur im Hauptrohr) h_r = 9,50 m
manometrische Förderhöhe H_man = 80,50 m

Leistungsaufnahme des E-Motors einschl. 15% Kraftreserve

$$P_\mathrm{M} = 1,15 \cdot \frac{1,0 \cdot 9,81 \cdot 14,0 \cdot 80,50}{1000 \cdot 0,53} = 23,99 \text{ kW}$$

Beim Einsatz einer Kolbenpumpe ist diese Bemessung ausreichend. Bei einer Kreiselpumpe ändert sich mit der Förderhöhe auch der Förderstrom. Hier wären sinngemäß die Größen des Betriebspunktes a in Bild **7.26** für die Leistungsaufnahme des E-Motors maßgebend.

7.2.3 **Dynamische Druckänderung in Wasserversorgungsanlagen** (W 303)

Aufgrund der Massenträgheit des Wassers bewirkt jede Durchflußänderung eine dynamische Druckveränderung. Druckstoßvorgänge lassen sich durch partielle Differentialgleichungen beschreiben. W 303 unterscheidet 4 Fälle für die Wasserversorgung

- Anlagen mit natürlichem Gefälle
- Gefälleleitung mit Drucksteigerungspumpwerken
- Anlagen mit Pumpwerken
- Rohrnetze

Druckstoßberechnungen sind sehr komplex und sollten nur einem Fachmann überlassen bleiben. Durch geeignete Auswahl der Absperr- und Drosselarmaturen, durch den Einbau von Be- und Entlüftungsarmaturen, den Einbau von Schwungmassen, Druckbehälter (**7.28**), Wasserschlössern etc. kann der Druckstoß in seiner Wirkung beeinflußt und gedämpft werden.

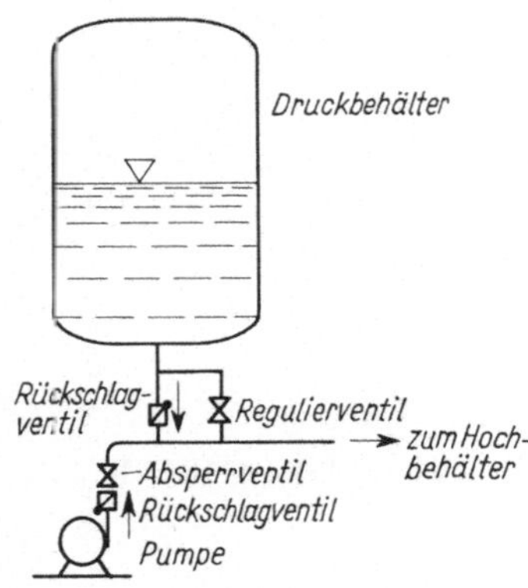

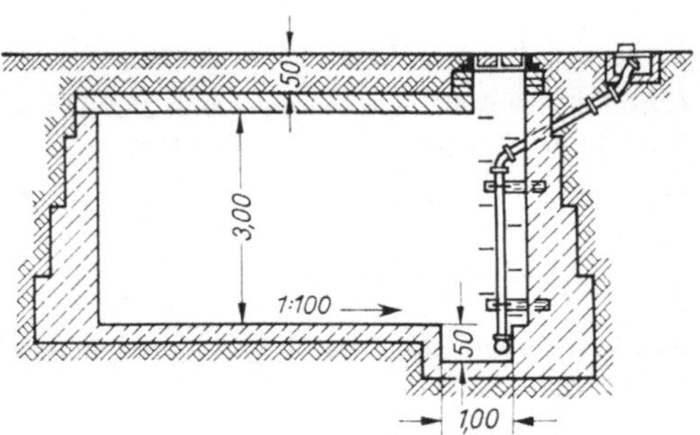

7.28 Druckbehälter zur Dämpfung des Druckstoßes

7.29 Löschwasserbehälter für 70 bis 500 m³

7.3   Löschwasserspeicher

Feuerlösch-Wasserbehälter oder -teiche sind anzulegen, wenn die Wasserversorgung für Feuerlöschzwecke nicht ausreicht und auch Oberflächen- oder Grundwasser nicht in genügender Menge zur Verfügung steht.

Löschwasserbehälter (7.29) sind unterirdische Behälter, die in den Städten meist unter Freiflächen, auf Plätzen oder Höfen angelegt werden. Sie sollen $\geq$ 70 m³ fassen. Mit 100 bis 150 m³ lassen sich größere Brände löschen. In sehr gefährdeter Gegend geht man bis zu 300 m³, selbst bis zu 500 m³. Die Behälter sollen mindestens Stehhöhe, also $\approx$ 2,0 m Höhe haben. Die Behältersohle muß wegen der Saughöhe der Pumpen $\leq$ 5,0 m unter der Straßenoberfläche liegen.

Die Wasserfüllung kann aus Leitungswasser, Oberflächenwasser aus Gräben, Regenwasser von Höfen und Dachflächen bestehen. Schlamm wird durch Schlammfänger zurückgehalten. Zur Entnahme $\leq$ 100 m³ genügt ein Saugrohr; für $\leq$ 300 m³ sind zwei, unter Umständen auch drei Saugrohre einzubauen. Das obere Ende des Saugrohres erhält eine genormte Festkupplung von 100 mm Weite; das untere ist als Saugkorb auszubilden und taucht in den Pumpensumpf, der 50 cm Tiefe und 1,0 m + 1,0 m lichte Weite hat. Die Decke erhält eine mit einer Schachtabdeckung (DIN 4271 T2 u. T3) abzuschließende Öffnung. Die Durchbrüche des Deckels genügen zum Ent- und Belüften des Behälters.

Die Behälter können in Beton oder Stahlbeton nach Art der Hochbehälter ausgeführt werden. Bei der statischen Berechnung ist neben der ständigen Last (Eigengewicht und Erdüberdeckung) eine Verkehrslast in ungünstigster Laststellung anzusetzen.

Die Sohle erhält $\approx$ 1:100 Gefälle zum Pumpensumpf. Die Wände sind innen wasserdicht zu putzen, außen mit einem Bitumenanstrich zu versehen. Die Erdüberdeckung des Behälters ist $\approx$ 0,50 m dick.

Feuerlöschteiche sind in der Nähe von Fluß- oder Bachläufen am Platze (7.30). Das Wasser ist meistens vorzuklären, am zweckmäßigsten durch einen Schlamm-

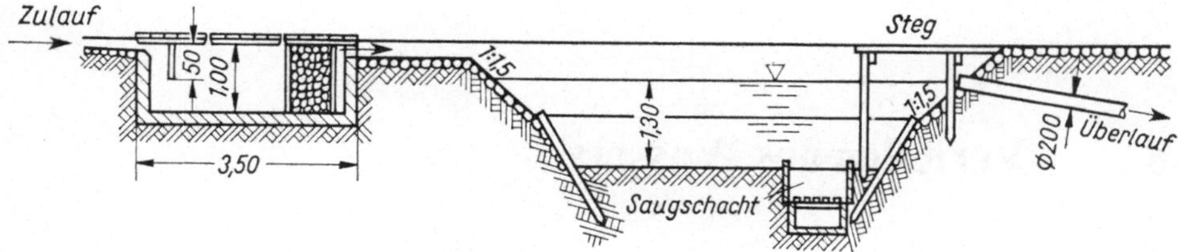

7.30   Feuerlöschteich für 45 bis 550 m³

fang, einem mit Steinbrocken oder Koks von 20 mm Korngröße gefüllten Kasten aus gelochten Brettern oder Blechen, in dem die Schwebestoffe zurückgehalten werden.

Wassertiefen von 1,30 bis 1,50 m sind zweckmäßig. Der Wasserstand wird durch ein Überlaufrohr von ∅ 200 mm gehalten. Bei Teichen über dem Grundwasserspiegel sind Sohle und Wandungen mit Ton oder Lehm zu dichten. Die oberen Böschungen werden gepflastert oder in Beton hergestellt. Zu dem Saugschacht wird der Schlauch über einen Steg geführt.

Die Anfahrt muß für Fahrzeuge der Feuerwehr befahrbar sind. Durch einen Zaun aus Maschendraht wird der Teich gesichert.

8 Verteilen des Wassers

8.1 Hydraulische Grundlagen

8.1.1 Reibungsverluste

Der Reibungsverlust (Druckabfall) in einem geraden Kreisrohr wird berechnet nach der Grundgleichung von Darcy-Weisbach

$$h_r = I_r \cdot l = \lambda \cdot \frac{l}{d} \cdot \frac{v^2}{2g} \quad \text{in m} \tag{8.1}$$

mit h_r = Druckabfall in m
         l = Rohrleitungslänge in m bzw. km
         I_r = Reibungsgefälle (bezogene Reibungsverlusthöhe)
            in m/m bzw. m/km (‰)
         λ = Reibungszahl (Widerstandsbeiwert)
         d = lichter Rohrdurchmesser (DN) in m
         g = Erdbeschleunigung in m/s^2
         v = mittlere Strömungsgeschwindigkeit in m/s

In Gl. (8.1) ist λ eine einheitenlose Größe, die von der Art der Strömung – laminar oder turbulent – abhängig ist. Die Strömungsart wird durch die einheitenlose Reynoldssche Zahl $Re = \dfrac{v \cdot d}{\nu}$ gekennzeichnet. Darin ist ν = kinematische Zähigkeit (Stoffeigenschaft des Mediums) in m^2/s. Re_{krit} = 2320 kennzeichnet den Umschlagpunkt vom laminaren in den turbulenten Bereich.

Beispiel   Wasser 10 °C mit $\nu = 1{,}31 \cdot 10^{-6}$ m^2/s, $v = 1$ m/s, $d = 0{,}10$ m

$$Re = \frac{1 \cdot 0{,}10}{1{,}31 \cdot 10^{-6}} = 76\,336 > 2320, \text{ d. h. turbulente Strömung}$$

Bei $v = \dfrac{Re \cdot \nu}{d} \leq \dfrac{2320 \cdot 1{,}31 \cdot 10^{-6}}{0{,}1} \leq 0{,}0304$ m/s wird die Strömung laminar.

Von einem Grenzbereich I (**8.**1) an tritt eine zusätzliche Abhängigkeit der Reibungszahl λ von der relativen Rauhigkeit k/d ein (Übergangsbereich). Ab Grenzbereich II besteht nur noch eine Abhängigkeit von k/d. k = absolute Rauhigkeit des Rohres in m.

In Bild **8.**1 sind die gesamten Strömungsverhältnisse in der Form λ bzw. $1/\sqrt{\lambda} = f(Re), f(Re, k/d)$ und $f(k/d)$ dargestellt. Danach gilt:

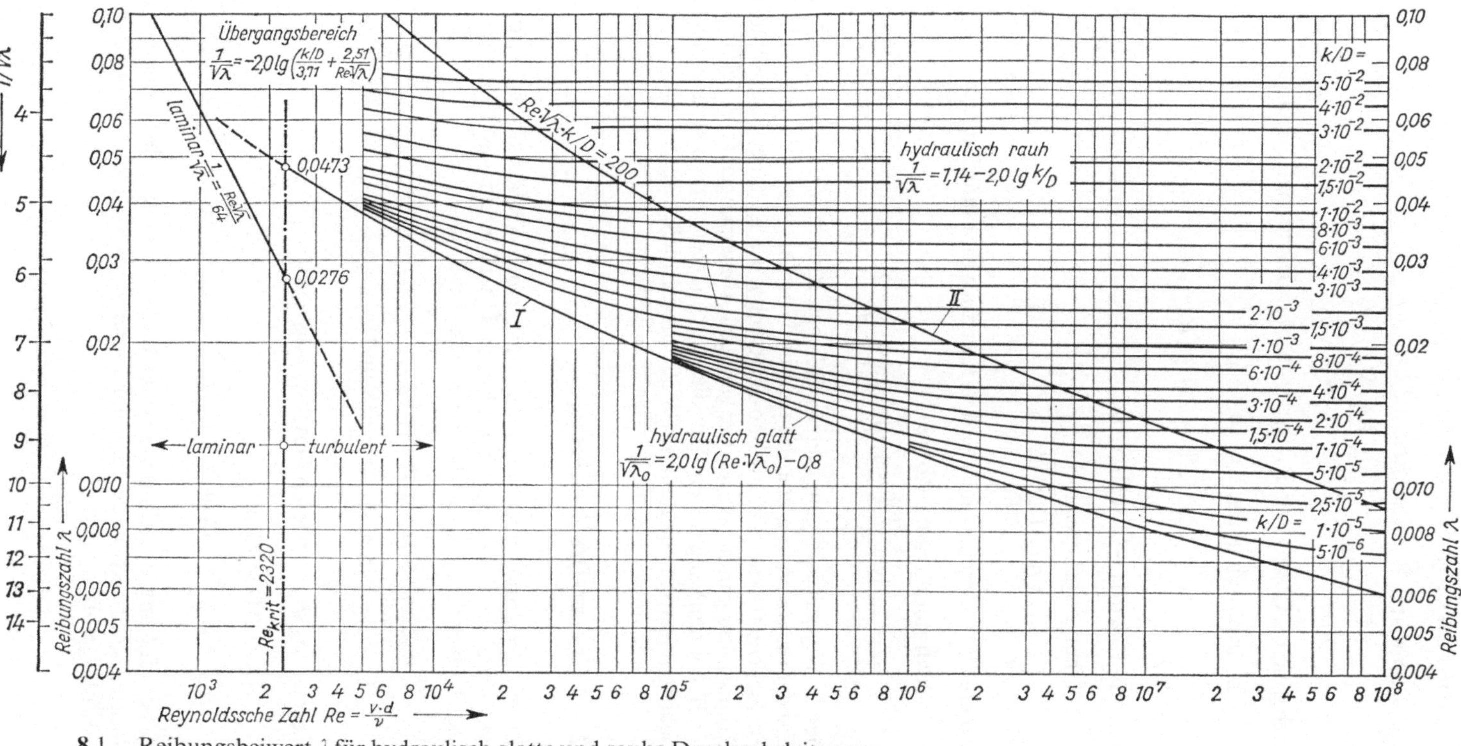

8.1 Reibungsbeiwert λ für hydraulisch glatte und rauhe Druckrohrleitungen

Gesetz von Hagen-Poisseulle:

laminarer Bereich ($Re \leq 2320$)

$$\lambda = \frac{64}{Re} \quad \text{bzw.} \quad \frac{1}{\sqrt{\lambda}} = \frac{Re \cdot \sqrt{\lambda}}{64} \tag{8.2}$$

Grenzbereich I; Gesetz von Prandtl-Kármán für glatte Rohre:

hydraulisch glatte Rohre

$$\frac{1}{\sqrt{\lambda_0}} = 2,0 \lg \frac{Re \cdot \sqrt{\lambda_0}}{2,51} = 2,0 \lg (Re \cdot \sqrt{\lambda_0}) - 0,8 \tag{8.3}$$

Gesetz von Prandtl-Colebrook:

Übergangsbereich

$$\frac{1}{\sqrt{\lambda}} = -2,0 \lg \left(\frac{2,51}{Re \cdot \sqrt{\lambda}} + \frac{k}{d} \cdot \frac{1}{3,71} \right) \tag{8.4}$$

Grenzbereich II; Gesetz von Prandtl-Kármán für rauhe Rohre:

hydraulisch rauhe Rohre

$$\frac{1}{\sqrt{\lambda}} = 2,0 \lg \frac{3,71\,d}{k} = 1,14 - 2,0 \lg \frac{k}{d} \tag{8.5}$$

Bei den in Wasserversorgungsnetzen üblichen Rohrdurchmessern und Geschwindig-keiten liegt die Strömung überwiegend im Übergangsbereich, und sie läßt sich nach der Formel von Prandtl-Colebrook berechnen. k ist dabei die absolute Rauhigkeit der Rohrwendung in m. Wegen der geringen Abmessungen (z. B. 0,0004 m) wird k in mm (z. B. 0,4 mm) angegeben. Um die Rechenarbeit mit dieser Formel technisch zu ermöglichen, wurden Diagramme (W 302) und Tabellen aufgestellt.

8.1.2   Gesamt-Druckverluste

Fließt Wasser durch eine Rohrleitung aus einem Gefäß aus, so wird zum Erzeu-gen der Fließgeschwindigkeit und zum Überwinden des Eintrittswiderstandes und der Rohrreibung Druckhöhe verbraucht (**8.2**).

Geschwindigkeitshöhe

$$h_\mathrm{v} = \frac{v^2}{2\,g} \quad \text{in m mit } v \text{ in m/s und } g \text{ in m/s}^2 \tag{8.6}$$

zur Erzeugung der mittleren Geschwindigkeit v

Eintrittsverlust

$$h_\mathrm{e} = \zeta_\mathrm{e} \cdot \frac{v^2}{2\,g} \quad \text{in m} \tag{8.7}$$

zur Überwindung des Eintrittswiderstandes (Reibung des Wassers an der Ein-laufkante, Kontraktion des Strahles). Der Beiwert ζ_e ist von der Form der Ein-trittsöffnung abhängig (**8.3**).

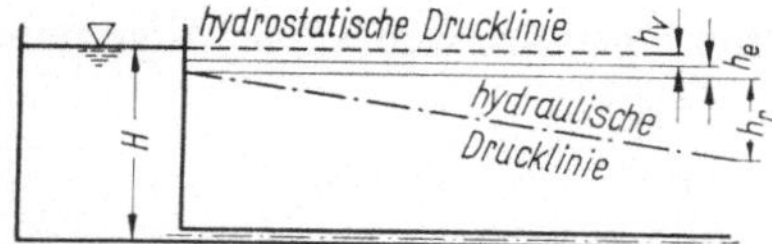

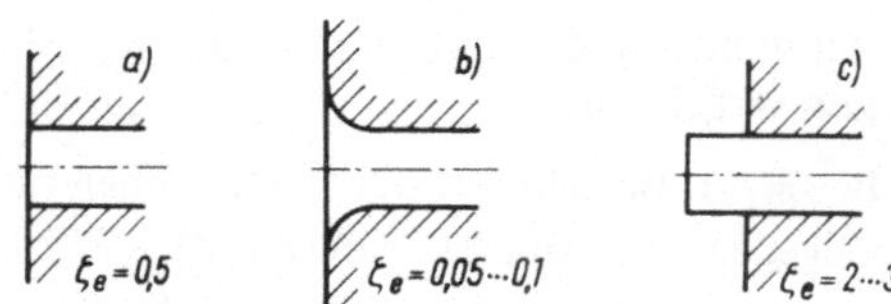

8.2 Druckhöhenverluste
  h_v Geschwindigkeitshöhe
  h_e Eintrittsverlust
  h_r Reibungsverlust

8.3 Einlaufverluste bei Öffnungen
  a) scharfkantig
  b) abgerundet
  c) vorstehend

Zu Reibungsverlust h_r und Leitungslänge l gehört das Reibungsgefälle $I_r = h_r/l$.

Reibungsverlust
$$h_r = I_r \cdot l \quad \text{in m mit } I_r \text{ in m/km und } l \text{ in km} \tag{8.8}$$

In einer Wasserleitung treten noch Verluste durch Einbauten, wie Krümmer, Schieber, Übergangsstücke usw., auf. Sie hängen ebenfalls von der Geschwindigkeit ab.

Krümmungsverlust
$$h_k = \zeta_k \cdot \frac{v^2}{2\,g} \tag{8.9}$$

Schieberverlust
$$h_s = \zeta_s \cdot \frac{v^2}{2\,g} \tag{8.10}$$

Weitere Beiwerte findet man in [3] [107].
Der Gesamtverlust in einer Rohrleitung wird

$$
\begin{aligned}
h_E &= h_v + h_e + h_r + h_k + h_s + \cdots \\[4pt]
&= \frac{v^2}{2\,g} + \zeta_e \cdot \frac{v^2}{2\,g} + I_r \cdot l + \zeta_k \cdot \frac{v^2}{2\,g} + \zeta_s \cdot \frac{v^2}{2\,g} + \cdots \\[4pt]
&= I_r \cdot l + \frac{v^2}{2\,g}\,(1 + \zeta_e + \zeta_k + \zeta_s + \cdots)
\end{aligned}
\tag{8.11}
$$

Die Formel zeigt, daß nur der Reibungsverlust proportional der Leitungslänge ist. Ferner ist die Wassergeschwindigkeit in Versorgungsleitungen meist < 1 m/s, das Quadrat von v also noch kleiner, und die ζ-Werte sind ebenfalls sehr klein. Damit werden die Verluste durch Formstücke, Eintritt und Fließgeschwindigkeit so klein, daß man sie vernachlässigen darf. Das vereinfacht die Rohrnetzberechnung bedeutend. Lediglich bei kurzen Leitungen, bei denen man auf große Genauigkeit der Druckverlustberechnung Wert legen muß, z. B. bei Saug- und Heberleitungen, werden alle Verluste genau ermittelt. Die Häufung von Krümmern, Abzweigen, Armaturen usw. in Ortsrohrnetzen wird durch Wahl eines größeren k-Wertes bei der Berechnung des Druckabfalls nach Prandtl-Colebrook berücksichtigt und als integraler k-Wert mit k_i bezeichnet ($k_i = 0{,}4$ mm in Ortsnetzen gegenüber $k_i = 0{,}1$ mm bei Fernleitungen und $k_i = 1{,}0$ mm für neue stark vermaschte Netze). Die Tafeln **8.3** bis **8.5** berücksichtigen somit schon Einbauten. Für glatte neue Rohre gelten die Werte der Tafel **8.6**. Diese Tafel gilt nur für Überschlagsrechnungen. Die genaue Berechnung erfolgt mit der EDV. Es ist bei

Anwendung der Tafeln zu beachten, daß der lichte Durchmesser ($\varnothing$) im allgemeinen $\neq$ DN ist.

Beispiel 1. Berechnung der Verlusthöhen für eine Saugleitung: DN = 150 mm
Gegeben: l = 10 m, I_r s. Tafel **8.6**, Q = 15,2 l/s, v = 0,85 m/s, ζ_e = 0,5

Geschwindigkeit $\quad h_v = \dfrac{v^2}{2\,g} = \dfrac{0,85^2}{2 \cdot 9,81}$ $\qquad\qquad$ = 0,037 m

Eintritt $\quad\quad\quad\quad h_e = \zeta_e \cdot \dfrac{v^2}{2\,g} = 0,5 \cdot 0,037$ $\qquad$ = 0,02 m

für $\dfrac{R}{\text{DN}} = \dfrac{250}{150} \approx 1,7$ ist nach Tafel **8.1** $\qquad \zeta_k = 0,26$

2 Krümmer $\quad\quad h_k = \zeta_k \cdot \dfrac{v^2}{2\,g} = (0,26 \cdot 0,037) \cdot 2$ $\qquad$ = 0,02 m

1 Schieber (Taf. **8.2**) $\quad h_s = \zeta_s \cdot \dfrac{v^2}{2\,g} = 0,265 \cdot 0,037$ $\qquad$ = 0,01 m

1 Saugkorb [3] $\quad\quad h_{sa} = \zeta \cdot \dfrac{v^2}{2\,g} = 2,5 \cdot 0,037$ $\qquad$ = 0,09 m

Reibung $\quad\quad\quad\quad h_r \sim I_r \cdot l = 4,4 \cdot 0,010$ $\qquad\qquad$ = 0,04 m
$$h_E = 0,22 \text{ m}$$

Tafel **8.1**   Beiwerte ζ_k für Rohrkrümmer (**8.4**)

φ	Krümmungsradius: Nennweite = R : DN				
	1	2	4	6	10
15°	0,03	0,03	0,03	0,03	0,03
22,5°	0,045	0,045	0,045	0,045	0,045
45°	0,14	0,09	0,08	0,075	0,07
60°	0,19	0,12	0,10	0,09	0,07
90°	0,21	0,14	0,11	0,09	0,08

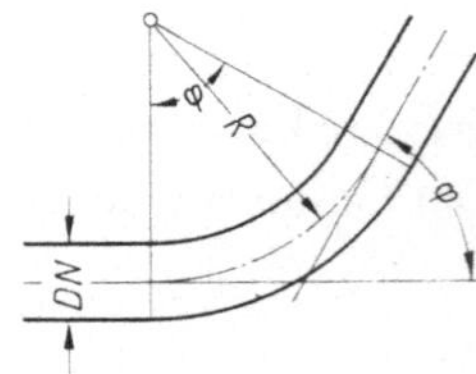

8.4   Rohrkrümmer

Tafel **8.2**   Beiwerte ζ_s für offene Schieber

DN	100	200	300	400	500
ζ_s	0,28	0,25	0,22	0,18	0,13

Beispiel 2. Berechnung der Verlusthöhen für eine Versorgungsleitung
Gegeben: l = 2660 m, DN = 200 mm, Q = 23,4 l/s, v = 0,75 m/s, ζ_e = 0,5, 10 Krümmer
22,5° mit ζ_k = 0,045, 6 Schieber mit ζ_s = 0,25, I_r s. Tafel **8.6**

Verluste	Geschwindigkeit	$\dfrac{0,75^2}{2 \cdot 9,81}$	$\approx$ 0,03 m
	Eintritt	$0,5 \cdot 0,03 = 0,015$	$\approx$ 0,02 m
	10 Krümmer	$10 \cdot 0,045 \cdot 0,03 = 0,0135$	$\approx$ 0,01 m
	6 Schieber	$6 \cdot 0,25 \cdot 0,03 = 0,045$	$\approx$ 0,04 m
	Reibungsverlust	$h_r \sim I_r \cdot l = 2,8 \cdot 2,660$	$\approx$ 7,45 m

$$h_E \approx 7,55 \text{ m}$$

Tafel **8.3**   Reibungsgefälle I_r, R a u h e i t k_i = 0,1 mm
Fernleitungen und Zubringerleitungen mit gestreckter Leitungsführung aus Stahl- oder Gußrohren mit Zement- bzw. Bitumenauskleidung sowie aus Spannbeton- oder Asbestzementrohren (Ausschnitt aus Tafel I DVGW W 302, v (m/s), $\varnothing$ = lichter Durchmesser in mm)

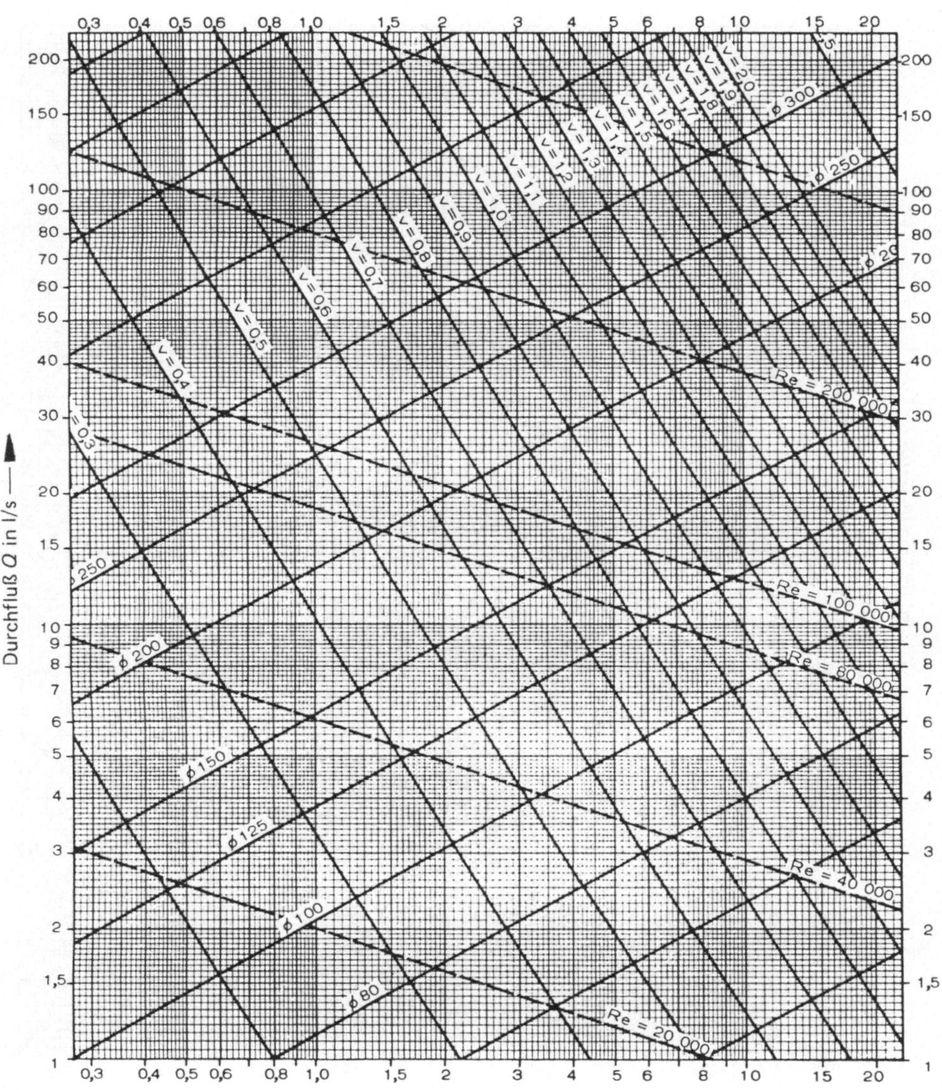

Tafel **8.4**   Reibungsgefälle I_r, R a u h e i t $k_i = 0{,}4$ mm
Hauptleitungen mit weitgehend gestreckter Leitungsführung aus denselben
Rohren, aber auch aus Stahl- und Gußrohren ohne Auskleidung, sofern Was-
sergüte und Betriebsweise nicht zu Ablagerungen führen (Ausschnitt aus Tafel
II DVGW W 302, v (m/s), $\varnothing$ = lichter Durchmesser in mm)

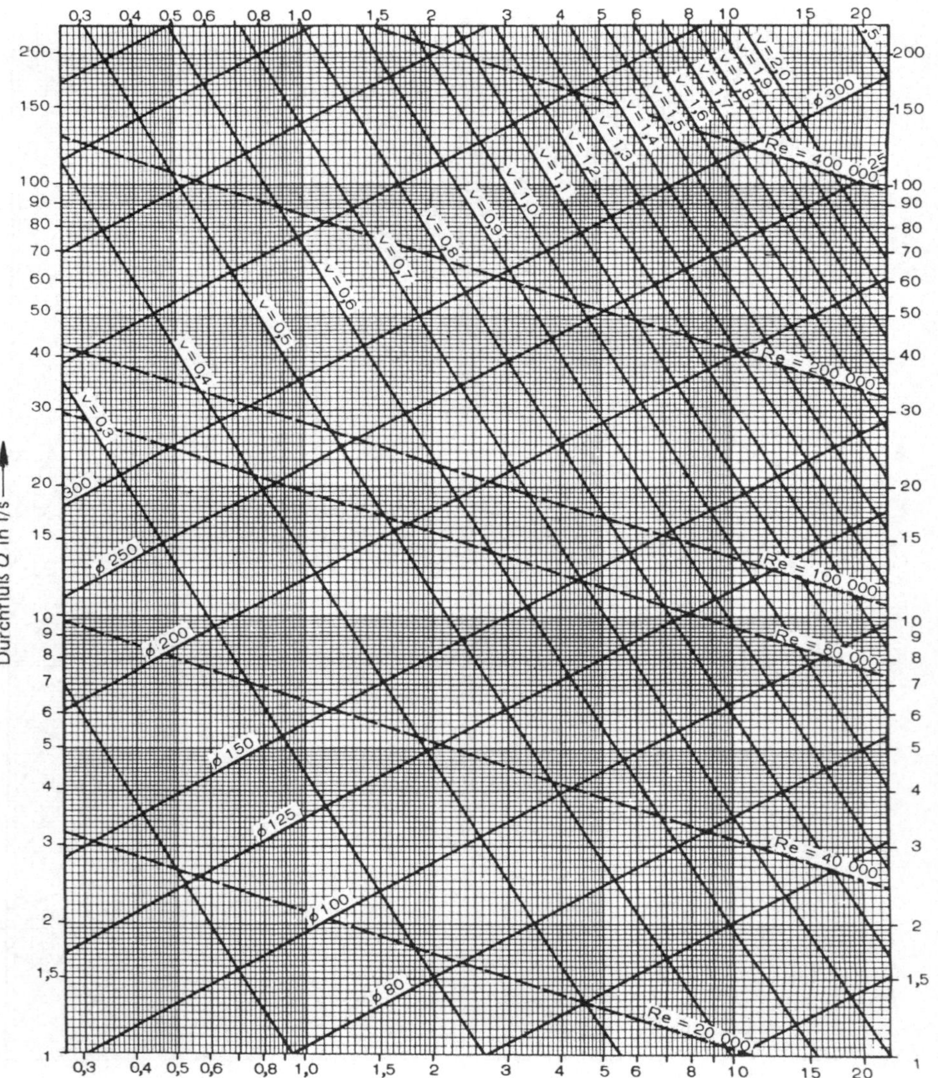

Tafel **8.**5   Reibungsgefälle I_r, R a u h e i t $k_i = 1,0$ mm
Neue Netze; durch den Übergang von $k_i = 0,4$ mm auf $k_i = 1,0$ mm wird der
Einfluß starker Vermaschung näherungsweise berücksichtigt (Ausschnitt aus
Tafel III DVGW W 302, v (m/s), $\varnothing$ = lichter Durchmesser in mm)

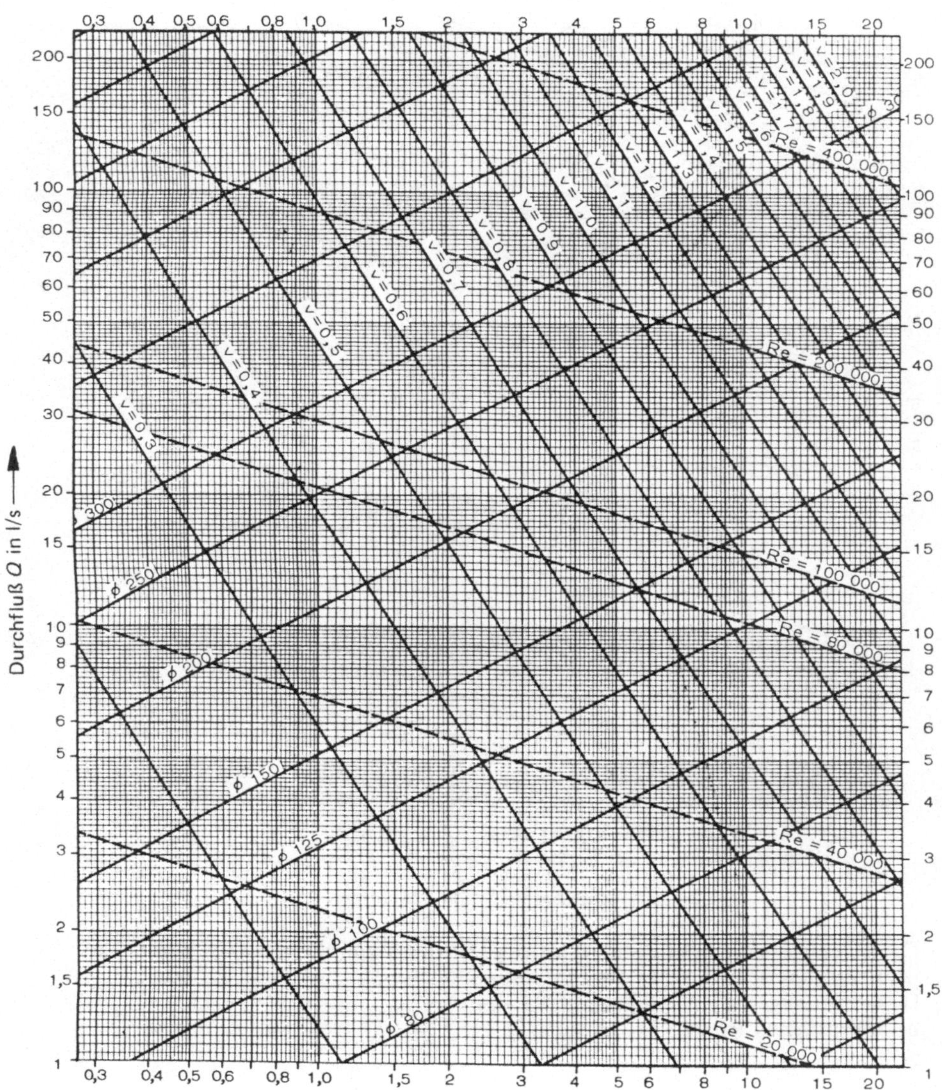

Tafel **8.6**   Reibungsgefälle in geraden neuen Graugußleitungen nach [115] abgeändert. $\emptyset$ = lichter Durchmesser in mm

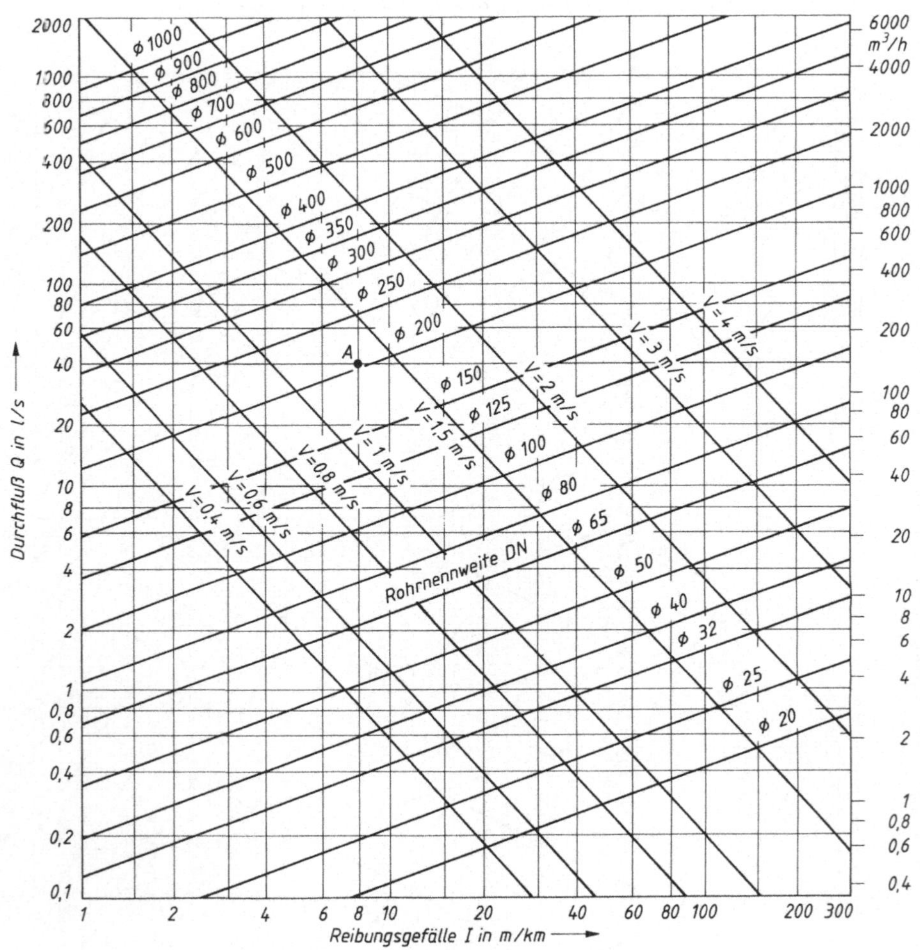

Die Reibungsverluste betragen bei neuen gewalzten Stahlrohren das 0,8 fache
bei neuen Kunststoffrohren das   0,8 fache
bei älteren angerosteten Gußrohren ca. das   1,25fache
bei inkrustierten Rohren bis ca. das   1,7 fache

Beispiel 3. Verteilungsleitung mit Q = 100 l/s und I_r = 2,0 m/km. Berechne den Rohrdurchmesser.

Bei v = 0,87 m/s liefert nach Tafel **8.4** (k_i = 0,4 mm) das Rohr DN 400 Q = 109 l/s; DN 300 mit v = 0,72 und Q = 51 l/s wäre zu klein.

Beispiel 4. Vom Hochbehälter A mit einem niedrigsten Wasserstand NN + 100 m soll durch eine Leitung aus duktilem Gußeisen ein Durchfluß Q = 15 l/s über l = 6,65 km dem Punkt B auf NN + 92 m in freiem Gefälle zugeführt werden (**8.5**).

Berechne den Rohrdurchmesser und die Geschwindigkeit im Rohr.

Reibungshöhe h_r = (NN + 100 m) − (NN + 92 m) = 8 m. $I_r = \dfrac{8}{6,65}$ = 1,2 m/km.

In Tafel **8.3** (Hauptleitung, k_i = 0,1 mm) wird für Q = 15,0 l/s und DN 200 mm I_r = 1,23 m/km bei v = 0,49 m/s.

Es wird hierbei $h_r = l \cdot I_r$ = 6,65 · 1,234 = 8,21 m.

Für I_r = 1,2 m/km wird Q = 14,8 l/s und v = 0,47 m/s.

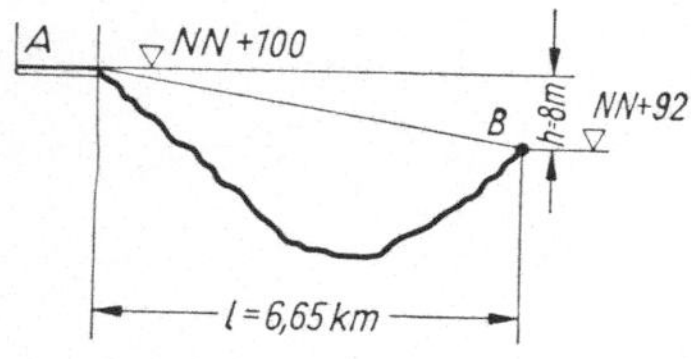

8.5 Hauptleitung

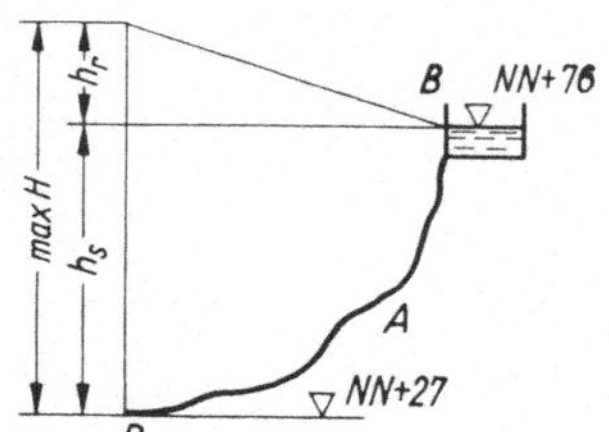

8.6 Verteilungsleitung

Beispiel 5. Die Pumpe P, Achsmitte auf NN + 27 m, soll 50 l/s durch eine Leitung aus duktilem Gußeisen zum Hochbehälter B mit dem höchsten Wasserspiegel auf NN + 76 m in eine Entfernung von l = 6,0 km fördern. Die Leitung führt durch die Ortslage A und dient gleichzeitig als Verteilungsleitung für das Ortsnetz (**8.6**). In der Berechnung muß zunächst von der wirtschaftlichen Geschwindigkeit $v \approx$ 0,8 m/s ausgegangen werden.

Aus Tafel **8.4** (k_i = 0,4 mm) ist für Q = 50 l/s und v = 0,71 m/s ein Durchmesser DN 300 mit I_r = 1,91 m/km abzulesen. Der Reibungsverlust wird $h_r = l \cdot I_r$ = 6,0 · 1,95 = 11,5 m.

Mit der statischen Druckhöhe h_s = (NN + 76 m) − (NN + 27 m) = 49 m ergibt sich eine Gesamthöhe von

$$\max H = h_r + h_s = 11,5 + 49,0 = 60,5 \text{ m} \triangleq 6,1 \text{ bar}$$

Beispiel 6. Gesucht ist DN einer Leitung für l = 1200 m. H = 28,50 m, Q = 41 l/s, k = 0,025 mm (k-Wert für glatte Rohre). Der Druck am Ende der Leitung soll 2 bar = 20 m WS betragen.

$$h_r = 28,50 - 20,00 = 8,50 \text{ m} \qquad I_r = \frac{h_r}{l} = \frac{8,50}{1,200} = 7,08 \text{ m/km}$$

In Tafel **8.6** findet man mit Q und I_r bei Punkt A das Rohr DN 200 mit $\max v$ = 1,30 m/s.

8.2 Rohrnetzarten und -berechnung

8.2.1 Versorgungsnetze

Vom Hochbehälter aus wird das Wasser durch das Versorgungsnetz im Ort verteilt. Man unterscheidet Verästelungs- oder Ringnetze. Je nach Lage der örtlichen Verhältnisse entstehen meistens gemischte Bauarten.

8.2.1.1   Netzarten

Verästelungsnetz (**8.**7). Von der Hauptleitung zweigen Nebenleitungen ab, die sich je nach Zahl und Lage der Straßen weiter verzweigen. Das Wasser kann stets nur in einer Richtung fließen. Die Grundlagen der Berechnung sind deshalb eindeutig bestimmt. Verästelungsnetze sind aber unwirtschaftlich und unsicher im Betrieb. Die Endstränge müssen häufig gespült werden und frieren in harten Wintern leicht ein. Bei Rohrbrüchen können empfindliche Störungen in der Versorgung auftreten. Sie sind deshalb nur auszuführen, wenn die örtlichen Verhältnisse ein Ringnetz nicht zulassen.

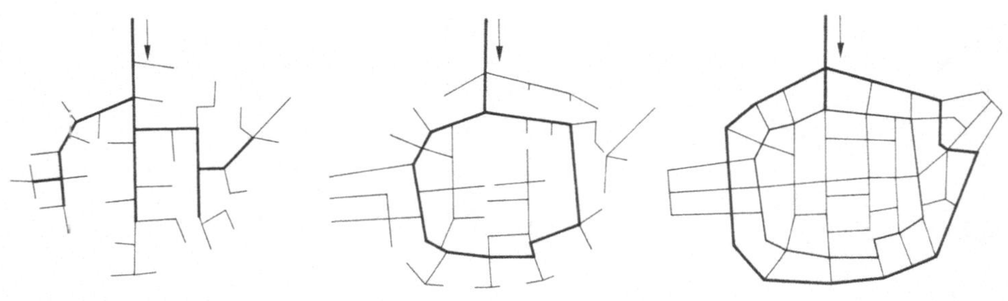

8.7   Verästelungsnetz   **8.**8   Ringnetz   **8.**9   Ringnetz mit Vermaschung

Ringnetz (**8.**8) und Ringnetz mit Vermaschung (**8.**9) ermöglichen eine Einspeisung von zwei Seiten. Hierdurch kann Löschwasser besser bereitgestellt werden, die Versorgungssicherheit nimmt zu und die Druckverteilung wird besser. Nachteilig sind die hohen Kosten und die Gefahr, daß durch die starke Vermaschung Stagnationszonen entstehen. Stark vermaschte Netze müssen mit der EDV berechnet werden.

8.2.1.2   Druckzonen

Gemeindegebiete mit starken Höhenunterschieden in der Ortslage werden in Druckzonen unterteilt. Dabei ist der Druck im Stadtnetz < 5 bar $= 50$ m WS zu halten, weil Hausinstallationen, Zapfhähne, Absperrhähne und Spülkasteneinrichtungen usw. bei Drücken darüber nur schwer dichtzuhalten sind.

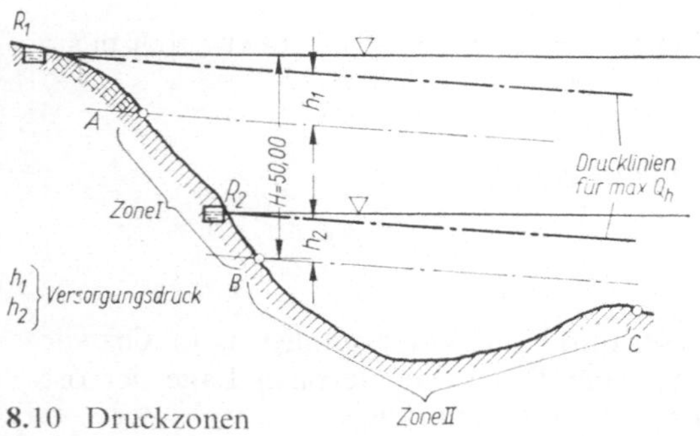

8.10   Druckzonen

Beispiel 7. Eine am Hang und im Tal liegende Ortschaft (**8.**10), die durch die Punkte A und C begrenzt wird, soll vom Hochbehälter R_1 aus versorgt werden. Der höchste Ortsteil bei A liegt > 50 m über der Talsohle.

Hochbehälter R_1 versorgt die Zone I und muß um die Höhe des Versorgungsdruckes h_1 über A liegen.

Zone II beginnt bei Punkt B mit $H = 50$ m unter dem Hochbehälter R_1 und wird durch den Zwischenbehälter R_2 versorgt. Dieser muß nun wiederum um den Versorgungsdruck h_2 höher als B liegen.

Die Zuleitung von R_1 nach R_2 ist so zu bemessen, daß sie den mittleren Stundenbedarf Q_h am Tage des Höchstverbrauchs der unteren Zone II zuführen kann, während die Schwankungen des Tages durch den Zwischenbehälter auszugleichen sind. Durch eine Schwimmersteuerung ist die Zuleitung nach R_2 zu schließen, wenn der Behälter voll ist.

8.2.1.3   Gruppenwasserversorgung

Gelegentlich sind aus technischen und wirtschaftlichen Gründen mehrere räumlich getrennt liegende Ortschaften oder Versorgungsgebiete aus einer gemeinsamen Gewinnungsstelle mit Wasser zu versorgen. Bei solchen Gruppenwasserversorgungen kann die örtliche Lage der Gemeinden dazu zwingen, mehrere Versorgungsgebiete von verschiedener Höhenlage durch eine gemeinsame Zuleitung zu versorgen.

Beispiel 8. Die Orte A und B und C (**8.**11) sollen gemeinsam von dem Hochbehälter R_1 versorgt werden.

Zwischen A und C ist der Höhenunterschied < 50 m. Ebenso ist der Höhenunterschied H_1 zwischen R_1 und dem tiefsten Punkt A sowie H_3 zwischen R_1 und dem tiefsten Punkt von C < 50 m, so daß die Versorgung unmittelbar durch eine Leitung möglich ist. Die tiefste Stelle von B liegt > 50 m unter R_1, so daß ein Zwischenbehälter R_2 eingeschaltet werden muß, der durch eine Zweigleitung von E ab zu speisen ist. R_2 ist oberhalb des Versorgungsdruckes der höchsten Stelle von B anzulegen. Er erhält eine Schwimmersteuerung, die die Zuleitung absperrt, wenn der Behälter gefüllt ist.

Die Leitung von R_1 nach A und C sowie die von R_2 nach B ist so zu bemessen, daß sie max Q_h am Tage des Höchstverbrauchs unter Einhalten des Versorgungsdruckes abgeben

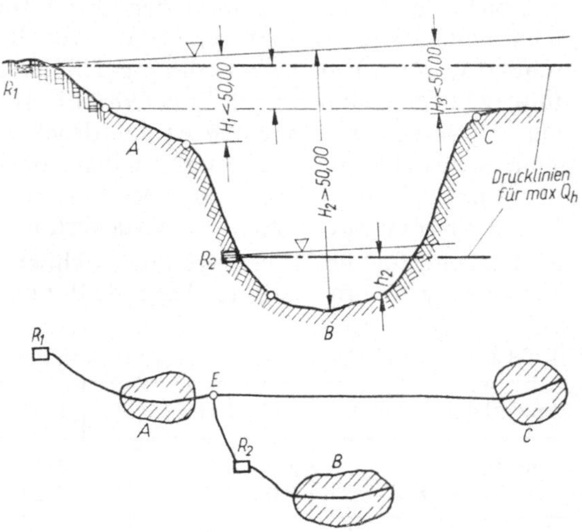

8.11 Gruppenwasserversorgung

kann, während die Zweigleitung von E nach R_2 für den mittleren Stundenverbrauch Q_h am Tage des Höchstverbrauchs berechnet werden muß. Die Tagesschwankungen werden durch R_2 ausgeglichen.

Bei der Leitungsführung von R_1 nach C ist aber zu beachten, daß bei sehr kleiner Wasserabnahme in C die Drucklinie nicht unter der Rohrleitung liegen darf. Diese Betriebszustände sind nicht zulässig. Weitere Hinweise zur Leitungsführung bei Zubringerleitungen siehe W 403.

8.2.2   Berechnung der Rohrnetze (W 403)

Aufgabe der Rohrnetzberechnung ist die Ermittlung der Nennweiten der Rohre (lichte Weite) und der Druckhöhenverhältnisse im Netz, mit deren Hilfe man die Speicher, Pumpen etc. auswählen kann.

Für die Nennweitenberechnung steht die Kontinuitätsgleichung $Q = v \cdot A$ zur Verfügung. Die Zusammenhänge zwischen Q, v, I_r und DN sind in Tabellen, Diagrammen (z. B. Tafel **8**.3) und Programmen angegeben.

Da nach Gl. (8.1) die Geschwindigkeit mit dem Quadrat die Reibungsverluste beeinflußt, steigen die Verluste bei Fließgeschwindigkeiten > 1 m/s stark an. Dies gilt insbesondere für kleine Nennweiten. Für die Wasserverteilung ergeben sich folgende Leitungstypen und deren empfohlene Geschwindigkeiten:

Fernleitungen ($L = > 25$ km, DN ≥ 500)	$v < 3$ m/s
Hausanschlußleitungen (AW) und	
Versorgungsleitungen	$v < 2$ m/s
Falleitungen (Druckleitung mit	
geod. Höhenunterschied)	$v = 1$ bis $1{,}5$ m/s
Falleitung mit Drucksteigerung	$v < 2$ m/s

Die Mindestgeschwindigkeit sollte 0,1 bis 0,3 m/s betragen.

Das Verteilungsnetz ist auf den Nenndruck PN 10 (10 bar) zu planen. Die Reserve für Druckstöße soll 2 bar betragen, somit muß der höchste Ruhedruck < 8 bar sein. Im Schwerpunkt der Druckzone wird ein Ruhedruck von 5 bis 6 bar empfohlen, sonst müssen die Verbrauchsanlagen durch Druckminderer geschützt werden. Für die Berechnung der Verteilungs-, Steig- und Stockwerksleitungen in den Gebäuden gilt DIN 1988 T1 bis T6. Für Berechnungsbeispiele wird auf [99] verwiesen. Um einen Auslaufdruck von ≈ 1 bar an der höchsten Zapfstelle (**8**.12) zu sichern, sind unmittelbar vor dem Wasserzähler (WZ) die Werte der Tafel **8**.7 anzustreben, die aber kurzfristig unterschritten werden können. Hochhäuser erhalten eine eigene Druckerhöhungsanlage.

Maßgebend für die Höhenlage des Hochbehälters (HB) ist deshalb der für die Versorgung am ungünstigsten liegende Punkt des Netzes (der vom Hochbehälter

Tafel **8**.7   Erforderlicher Versorgungsdruck in bar vor dem Wasserzähler (W 403)

Anzahl der Geschosse	EG	EG + 1. OG	EG + 2. OG	EG + 3. OG	EG + 4. OG
neue Netze	2,0	2,5	3,0	3,5	4,0
sonstige Netze	2,0	2,35	2,70	3,05	3,40

am weitesten entfernte Punkt oder ein Hochpunkt im Netz). Die erforderliche
Höhenlage des niedrigsten Wasserspiegels des Hochbehälters (meist Sohle) ergibt
sich wie folgt:

Normalverbrauch: Höhe OK Straße üNN (**8.**12)
+ Höhe der höchsten Zapfstelle im Haus
+ erforderlicher Auslaufdruck an der Zapfstelle
($\approx$ 1,0 bar)
+ Druckhöhenverlust im Wasserzähler (2 bis 6 m)
+ Druckhöhenverlust in den Hausleitungen
+ Druckhöhenverlust in der Leitung bis zum
Hochbehälter

Brandfall: Höhe OK Straße üNN
+ Sicherheitshöhe gegen Vakuumbildung durch die
Motorspritze der Feuerwehr ($\approx$ 1,5)
+ Druckhöhenverlust in der Leitung bis zum
Hochbehälter

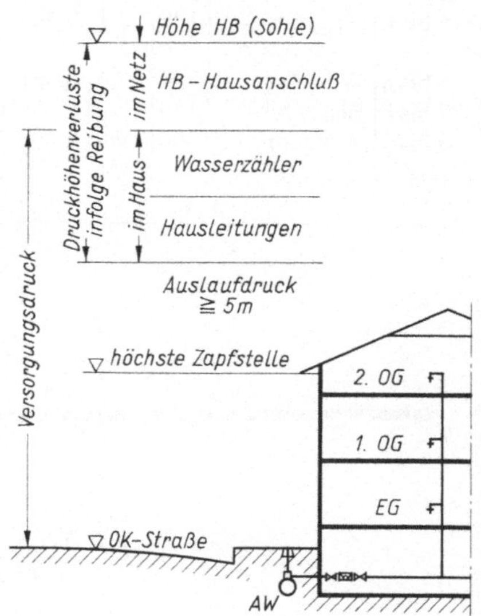

8.12   Druckhöhenverluste

Zur Vereinfachung werden die Höhe der höchsten Entnahmestelle, der Auslaufdruck sowie die Druckverluste im Wasserzähler und den Hausleitungen zum sog.
Versorgungsdruck zusammengefaßt (**8.**12).

8.2.2.1   Verästelungsnetz

Beim Verästelungsnetz beginnt man am entferntesten Punkt im Lageplan (**8.**13)
und ermittelt mit der Wassermenge Q, dem I_r-Wert und der Projektionslänge der
Rohrleitung die Reibungsverluste h_r. Die Summenbildung in Spalte 9 erfolgt von
unten nach oben. Die erforderliche HB-Sohle ergibt in Spalte 11 die Höhe von
252,62 m NN. Gewählt wird eine Höhe von 253,00 m NN.

Die Berechnung wird an Beispiel 9 erläutert. Der Drucklinienplan (**8**.14) zeigt den ungünstigsten Versorgungspunkt.

Beispiel 9. Versorgungsdruck 3,0 bar (30 m WS (s. Tafel **8**.7) ($k_i = 0,4$ mm)

1	2	3	4	5	6	7	8	9	10	11	12
von bis	Straße	l m	Q l/s	v m/s	DN mm	I_r m/km	$h_r =$ $I_r \cdot l$ m	Σh_r $\uparrow$ m	Versor- gungs- druck = Gelände + 30 m WS	Hochbe- hälter = Versor- gungs- druck + Σh_r	hydraul. Druck- linie o.L.W. m üNN
1 bis 3	Hindenburg-	200	3,0	0,39	100	2,36	0,47	3,04	244,00	247,04	249,96
2 bis 3	Hindenburg-	180	2,5	0,32	100	1,67	0,30	2,87	246,00	248,87	250,13
3 bis 6	Kampen-	250	7,5	0,42	150	1,71	0,43	2,57	245,00	247,57	250,43
4 bis 6	Wilhelm-	200	3,0	0,39	100	2,36	0,47	2,61	247,00	249,61	250,39
5 bis 6	Hagener	190	3,1	0,40	100	2,51	0,48	2,62	250,00	252,62	250,38
6 bis 8	Wilhelm-	300	17,6	0,56	200	2,03	0,61	2,14	245,00	247,14	250,86
7 bis 8	Bismarck-	150	2,2	0,28	100	1,31	0,20	1,73	248,00	249,73	251,27
8 bis 9	Wilhelm-	600	19,8	0,63	200	2,55	1,53	1,53	242,00	243,53	251,47
HB										gewählt:	253,00

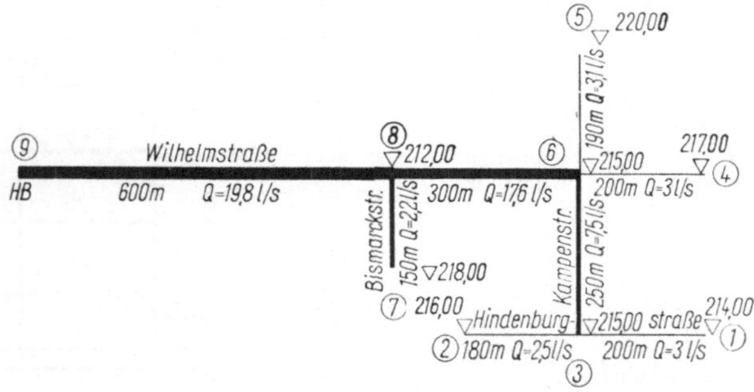

8.13   Lageplan zum Beispiel 9 (M 1:15 000)

8.2.2.2   Ringnetze

Zur Berechnung gibt es iterative Methoden, z.B. nach C r o s s , oder das Netz wird so „aufgeschnitten", daß ein Verästelungsnetz entsteht. Grundsatz für das „Aufschneiden": das Wasser nimmt den kürzesten Weg zur Schnittstelle. Es ist anzustreben, daß die „theoretischen Druckhöhen" an der Schnittstelle nicht wesentlich voneinander abweichen ($\pm$ 10%).

Für Neuanlagen geschlossener Siedlungsgebiete bestimmt man den Durchfluß mit Hilfe des M e t e r m e n g e n w e r t e s m, der angibt, wieviel Wasser einem Meter Rohrstrang entnommen wird.

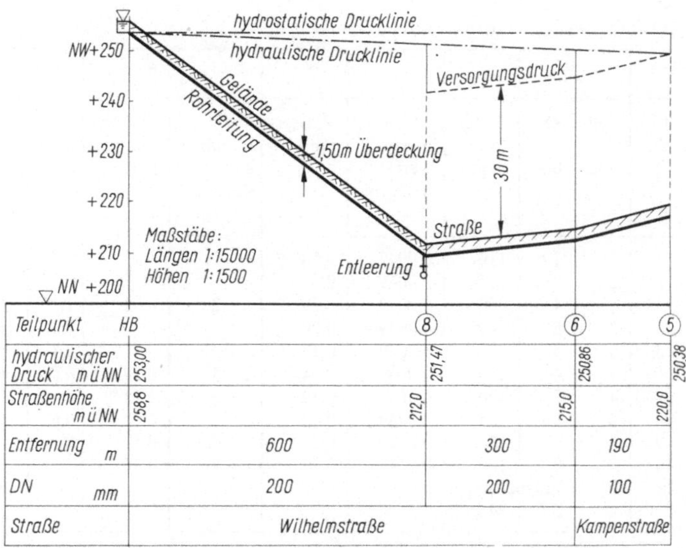

Teilpunkt	HB		⑧	⑥	⑤
hydraulischer Druck m ü NN	253,00		251,47	250,86	250,38
Straßenhöhe m ü NN	258,8		212,0	215,0	220,0
Entfernung m		600		300	190
DN mm		200		200	100
Straße		Wilhelmstraße			Kampenstraße

8.14   Drucklinienplan für den ungünstigsten Versorgungspunkt in Beispiel 9

$$m = \frac{A \cdot D}{\Sigma\,l} \cdot \frac{\max Q_h}{3600} \qquad \frac{1}{s \cdot m} = ha \cdot \frac{E}{ha} \cdot \frac{1}{m} \cdot \frac{l/h}{E \cdot s/h} \tag{8.12}$$

mit A = zu versorgende Fläche in ha
  D = Einwohnerdichte je ha
  $\Sigma\,l$ = Gesamtlänge der Versorgungsleitungen im Gebiet A
  $\max Q_h$ = größter Stundenverbrauch e i n e s Einwohners in l/E · h

Für das im Lageplan (**8.**15) dargestellte Ringnetz mit zwei Maschen wird eine Schnittstelle an den Punkten 6 und 2 eingeführt. Die Berechnung erfolgt dann als Verästelungsnetz in Beispiel 10.

Beispiel 10. In einem Wohngebiet mit ca. 735 E wird ein neues Netz verlegt (**8.**15). Die Mengenermittlung erfolgt nach Abschn. 2. Bemessen wird auf $\max Q_h$ für den Tagesdurchschnittswert und auf Löschwasser.

Der Metermengenwert $m = \dfrac{Q}{E \cdot l}$ errechnet sich zu:

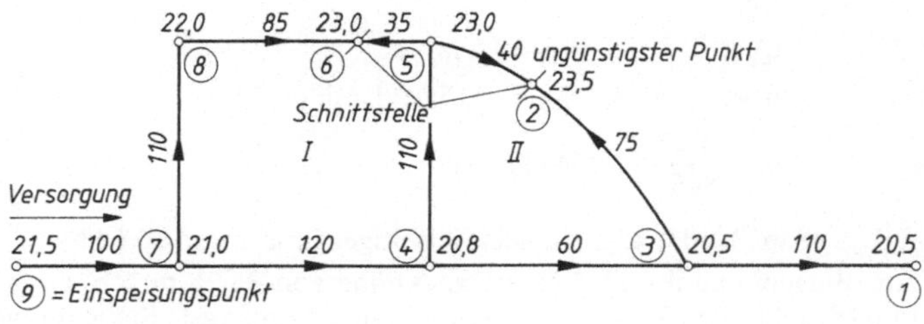

8.15   Lageplan zum Beispiel 10 [60]

zu Beispiel 10   Aufgeschnittenes Ringnetz

1	2		3	4	5	6	7	8	9	10	11
lfd. Nr.	Strecke		Länge l in m	Metermengenwert m in l/s·m	Wassermenge q in l/s	übernommen aus lfd. Nr.	Wassermenge q in l/s	Σq in l/s	Feuerlöschwasser LW in l/s	Gesamtwassermenge Q in l/s	Rohrmaterial
	von	bis									
1	1	3	110	0,0049	0,54	–		0,54	6,65	7,19	GGG
2	2	3	75	0,0049	0,37	–		0,37	6,65	7,02	GGG
3	3	4	60	0,0049	0,29	1 + 2	0,91	1,20	6,65	7,85	GGG
4	2	5	40	0,0049	0,20	–		0,20	6,65	6,85	GGG
5	6	5	35	0,0049	0,17	–		0,17	6,65	6,82	GGG
6	5	4	110	0,0049	0,54	4 + 5	0,37	0,91	6,65	7,56	GGG
7	4	7	120	0,0049	0,59	3 + 6	2,11	2,70	6,65	9,35	GGG
8	6	8	85	0,0049	0,42	–		0,42	6,65	7,07	GGG
9	8	7	110	0,0049	0,54	8	0,42	0,96	6,65	7,61	GGG
10	7	9	100	0,0049	0,49	7 + 9	3,66	4,15	13,3	17,45	GGG
11	9	Einspeisungspunkt							13,3		GGG
	Σl	845									

*) Schnittstelle ⑥

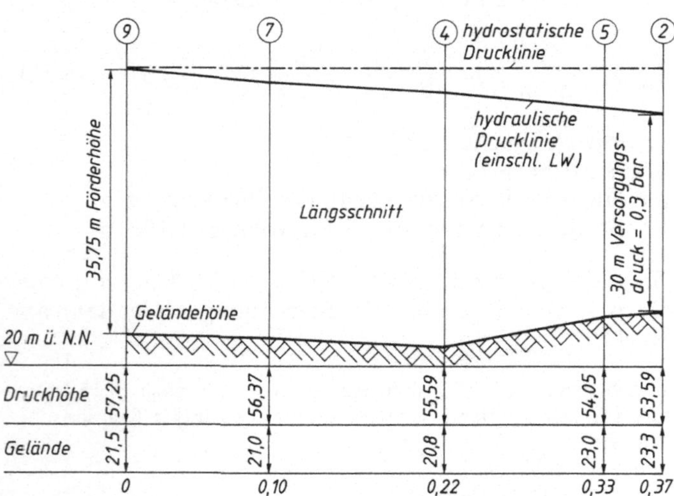

8.16   Längsschnitt zum Beispiel 10 [60]

$$Q_{\mathrm{d}} = 735 \cdot 0{,}120 = 88{,}2\ \mathrm{m^3/d}$$

$$\max Q_{\mathrm{h}} = 88{,}2 \cdot 0{,}17 = 15\ \mathrm{m^3/h}\ \text{oder}\ 4{,}2\ \mathrm{l/s}$$

$$m = \frac{4{,}2}{845} = 0{,}0049\ \mathrm{l/s \cdot m}$$

$LW = 48\ \mathrm{m^3/h}$ oder 13,3 l/s; bei zweiseitiger Einspeisung 6,65 l/s.

Am Einspeisepunkt wird eine Druckhöhe von 35,75 m NN vorgewählt, so daß die Anfangsdruckhöhe 57,25 m NN beträgt. Die ungünstigste Stelle im Netz befindet sich an der Stelle 2, wo der Versorgungsdruck bei $\approx$ 0,3 bar liegt (**8.**16).

12	13	14	15	16	17	18	19	20	21
k-Wert in mm	Rohr-durch-messer DN in mm	Rei-bungs-gefälle I_r in m/m	Fließ-geschwin-digkeit v in m/s	Rei-bungs-verlust h_r in m	$\Sigma\, h_r$ in m	Druck-höhe ü. NN H in m	Gelände-höhe ü. NN $H_{geod.}$ in m	Ver-sorgungs-druck ΔH in m	Be-mer-kun-gen
0,4	100	0,0135	1,0	1,49	4,05	53,20	+ 20,50	32,70	
0,4	100	0,0121	0,9	0,91	3,47	53,78	+ 23,50	30,28	
0,4	100	0,0150	1,0	0,90	2,56	54,69	+ 20,50	34,19	
0,4	100	0,0116	0,9	0,46	3,66	53,59	+ 23,50	30,09	
0,4	100	0,0115	0,9	0,40	3,60	53,65	+ 23,00	30,65	*)
0,4	100	0,0140	1,0	1,54	3,20	54,05	+ 23,00	31,05	
0,4	125	0,0065	0,8	0,78	1,66	55,59	+ 20,80	34,79	
0,4	100	0,0130	0,9	1,10	3,60	53,65	+ 23,00	30,65	*)
0,4	100	0,0147	1,0	1,62	2,50	54,75	+ 22,00	32,75	
0,4	150	0,0088	1,0	0,88	0,88	56,37	+ 21,00	35,37	
0,4					0	57,25	+ 21,50	35,75	

Iterationsverfahren nach Cross [60] [79] [105]. Das Verfahren geht von folgenden Grundlagen aus:

− Knotenbedingung: Summe der Zuflüsse gleich Summe der Abflüsse
  Zufluß (positiv) und Abfluß (negativ) (**8.**17)

$$\Sigma\, Q_n = 0$$

− Maschenbedingung: Summe der Reibungsverluste (Druckabfall) gleich Null
  Positive Richtung im Uhrzeigersinn (**8.**18)

$$\Sigma\, h_{vn} = 0$$

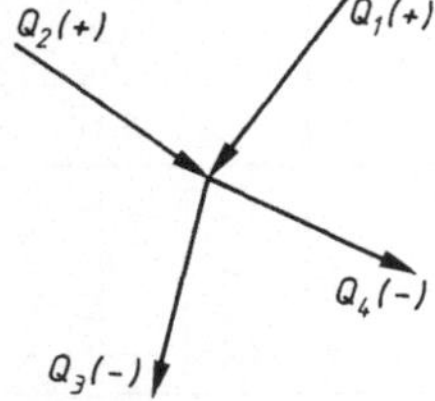

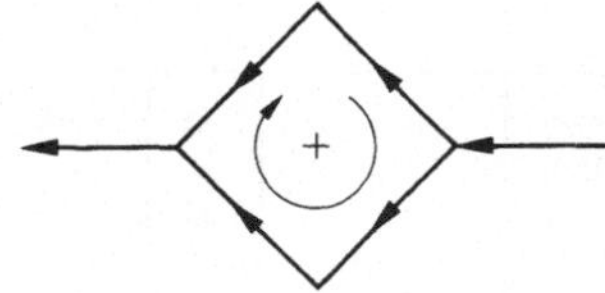

8.17 Knotenbedingung   **8.**18 Maschenbedingung

Für die Reibungsverluste lautet die Bedingung für eine Einzelmasche:

$$h_{r1} + h_{r2} = a_1\,(Q_1 + \Delta Q)^2 - a_2\,(Q_2 - \Delta Q)^2 = 0 \qquad (8.13)$$

h_{r1}, h_{r2} = Druckabfall → im Strang 1 bzw. 2
a_1, a_2 = Rohrkennzahlen für die Stränge 1 und 2
Q_1, Q_2 = geschätzter Durchfluß im Strang 1 und 2
ΔQ = Korrekturwert zur Durchflußverbesserung

Unter Vernachlässigung der Glieder höherer Ordnung und unter Anwendung der Druckverlusttafeln (Tafel **8**.3 bis **8**.6) errechnet sich $h_r = I_r \cdot l = a \cdot Q^2$ und damit der Korrekturwert zu:

$$\Delta Q = -\frac{\Sigma\, h_r}{2 \cdot \Sigma\, |\, h_r/Q\,|} \tag{8.14}$$

Die Iteration wird so lange fortgesetzt, bis für jede Masche die Bedingung $\Sigma\, h_r = 0$ mit hinreichender Genauigkeit erreicht ist. Für die Berechnung liegen EDV-Programme vor [79].

In Beispiel 11 erfolgt für eine Gruppenwasserversorgung eine Berechnung in Tabellenform [105].

Beispiel 11. Für eine Gruppenwasserversorgung (**8**.19) erfolgt für den Tagesspitzenbedarf eine Einspeisung von 180 l/s an der Stelle A. Der k_i-Wert wird mit 0,1 mm angenommen. Länge und Durchmesser der Rohrleitungen sind dem Lageplan zu entnehmen (**8**.19). In den einzelnen Ortschaften werden folgende Wassermengen entnommen.

Ort	A	B	C	D	E	F
max Q in l/s	38	45	20	34	15	28

zu Beispiel 11   Berechnung einer Gruppenwasserversorgung (**8**.19) nach C r o s s [105]
($k_1 = 0,1$ mm)

Nr.	Ring	Strang	DN in mm	Länge in m	Q_0 in l/s	I_{r0} in m/km	h_{r0} in m	$\dfrac{h_{r0}}{Q_0}$	ΔQ_0 in l/s	Q_1 in l/s	I_{r1} in m/km	h_{r1} in m	$\dfrac{h_{r1}}{Q_1}$
0	1	2	3	4	5	6	7	8	9	10	11	12	13
1	–	HB–A	500	3500	180	1,42	4,97						
2		A–B	300	3000	– 65	2,74	– 8,22	0,126	+ 1,66	– 63,34	2,61	– 7,83	0,124
3	I	B–D	100	3000	± 0	–	–	–	+ 1,66 – 2,07	– 0,41	0,07	– 0,21	0,512
4		D–A	300	2000	+ 77	3,74	+ 7,48	0,097	+ 1,66	+ 78,66	3,88	+ 7,76	0,099
							– 0,74	0,223				– 0,28	0,735
						$-\dfrac{-0,74}{2\cdot 0,223} = +1,66$					$-\dfrac{-0,28}{2\cdot 0,735} = +0,19$		
5		B–C	200	3000	– 20	2,32	– 6,96	0,348	+ 2,07	– 17,93	1,94	– 5,82	0,325
6	II	C–E	100	2500	± 0	–	–	–	+ 2,07	+ 2,07	1,21	+ 3,03	1,464
7		E–D	200	1500	+ 15	1,36	+ 2,04	0,136	+ 2,07 + 2,75	+ 19,82	2,28	+ 3,42	0,173
8		D–B	100	3000	± 0 – 1,66	0,65	– 1,95	1,174	+ 2,07	+ 0,41 – 0,19	0,05	+ 0,15	0,682
							– 6,87	1,658				+ 0,78	2,644
						$-\dfrac{-6,87}{2\cdot 1,658} = +2,07$					$=\dfrac{+0,78}{2\cdot 2,644} = -0,15$		
9		D–E	200	1500	– 15,0 – 2,07	1,74	– 2,61	0,152	– 2,75	– 19,82 + 0,15	+ 2,25	– 3,38	0,172
10	III	E–F	100	3500	± 0	–	–	–	– 2,75	– 2,75	+ 2,04	– 7,14	2,596
11		F–D	250	3000	+ 28	1,43	+ 4,29	0,153	– 2,75	+ 25,25	– 1,20	+ 3,60	0,143
							+ 1,68	0,305				– 6,92	2,911
						$-\dfrac{+1,68}{2\cdot 0,305} = -2,75$					$-\dfrac{-7,02}{2\cdot 2,913} = +1,21$		

In der Spalte 5 werden zunächst die Durchflüsse geschätzt und mit dem ΔQ-Wert nach Gl. (8.14) der Spalte 9 verbessert. Aufgrund der Vorzeichenregelung sind die ΔQ-Werte der Nachbarmasche mit umgekehrten Vorzeichen mit zu berücksichtigen. Bei Masche (Ring) I ist z. B. im ersten Iterationsschritt für den gemeinsamen Strang B−D, aus Masche II der Wert 2,07 l/s zu subtrahieren.

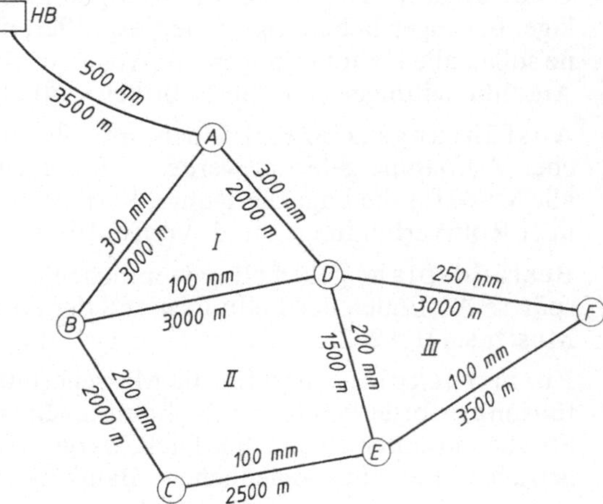

8.19   Lageplan zum Beispiel 11 [105]
Länge in m und Rohrdurchmesser in mm
Knoten A bis F und Maschen (Ringe) I bis III

ΔQ_1 in l/s	Q_2 in l/s	I_{r2} in m/km	h_{r2} in m	$\dfrac{h_{r2}}{Q_2}$	ΔQ_2 in l/s	Q_3 in l/s	I_{r3} in m/km	h_{r3} in m	$\dfrac{h_{r3}}{Q_3}$	ΔQ_3 in l/s	Q
14	15	16	17	18	19	20	21	22	23	24	25
											180,00
+ 0,19	− 63,15	2,59	− 7,77	0,123	− 0,12	− 63,27	2,60	− 7,80	0,123	+ 0,08	− 63,19
+ 0,19 + 0,15	− 0,07	0,01	− 0,03	0,428	− 0,12 − 0,01	− 0,20	0,05	− 0,15	0,750	+ 0,08 − 0,04	− 0,16
+ 0,19	+ 78,85	3,98	+ 7,96	0,101	− 0,12	+ 78,73	3,90	+ 7,80	0,099	+ 0,08	+ 78,81
			+ 0,16	0,652				− 0,15	0,972		
			$-\dfrac{+0,16}{2\cdot 0,652}=-0,12$					$-\dfrac{-0,15}{2\cdot 0,972}=+0,08$			
− 0,15	− 18,08	1,94	− 5,82	0,322	+ 0,01	− 18,07	1,94	− 5,82	0,322	+ 0,04	− 18,03
− 0,15	+ 1,92	1,03	+ 2,58	1,344	+ 0,01	+ 1,93	1,04	+ 2,60	1,347	+ 0,04	+ 1,97
− 0,15 − 1,21	+ 18,46	2,02	+ 3,03	0,164	+ 0,01 − 0,42	+ 18,05	1,93	+ 2,90	0,161	+ 0,04 − 0,12	+ 17,97
− 0,15	+ 0,07 + 0,12	0,05	+ 0,15	0,789	+ 0,01	+ 0,20 − 0,08	0,03	+ 0,09	0,750	+ 0,04	+ 0,16
			− 0,07	2,619				− 0,23	2,580		
			$-\dfrac{-0,07}{2\cdot 2,619}=+0,01$					$-\dfrac{-0,23}{2\cdot 2,580}=+0,04$			
+ 1,21	− 18,46 − 0,01	2,03	− 3,05	0,165	+ 0,42	− 18,05 − 0,04	1,95	− 2,93	0,162	+ 0,12	− 17,97
+ 1,21	− 1,54	0,70	− 2,45	1,591	+ 0,42	− 1,12	0,43	− 1,51	1,348	+ 0,12	− 1,00
+ 1,21	+ 26,46	1,30	+ 3,90	0,147	+ 0,42	+ 26,88	1,34	+ 4,02	0,150	+ 0,12	+ 27,00
			− 1,60	1,903				− 0,41	1,660		
			$-\dfrac{-1,60}{2\cdot 1,903}=+0,42$					$-\dfrac{-0,41}{2\cdot 1,660}=+0,12$			

8.2.3   Rohrnetzpläne

Maßgebend ist DIN 2425.

Übersichtspläne haben die topographische Grundkarte 1:5000 zur Grundlage. Bei enger Bebauung ist die Vergrößerung auf 1:2500 zu empfehlen. Die Pläne sollen alle Hauptleitungen mit Absperrorganen und Hydranten sowie wichtige Anschlußleitungen (z. B. für Fabriken) enthalten (Tafel **8**.15).

Ausführungsskizzen können unmaßstäblich sein und sollen nach der örtlichen Aufnahme gefertigt werden. Sie müssen sämtliche verlegten Leitungsteile, alle Maße für die Lage der Rohre, Verbindungen und Einbauteile sowie Angaben über Rohrverbindungen und Werkstoffe enthalten.

Bestandspläne geben alle wesentlichen Einzelheiten wieder und erleichtern das spätere Auffinden der Leitungen und der Armaturen. Maßstab 1:500 bis 1:1000; Muster s. DIN 2425.

Formstückpläne sind für die Massenermittlung, Ausschreibung und die Ausführung erforderlich (**8**.20). Rohrleitungen werden durch schwarze ausgezogene Striche mit unterschiedlicher Dicke dargestellt. Die Nennweite wird darüber eingetragen. Bei unterschiedlichem Baustoff der Rohre ist eine Kennzeichnung

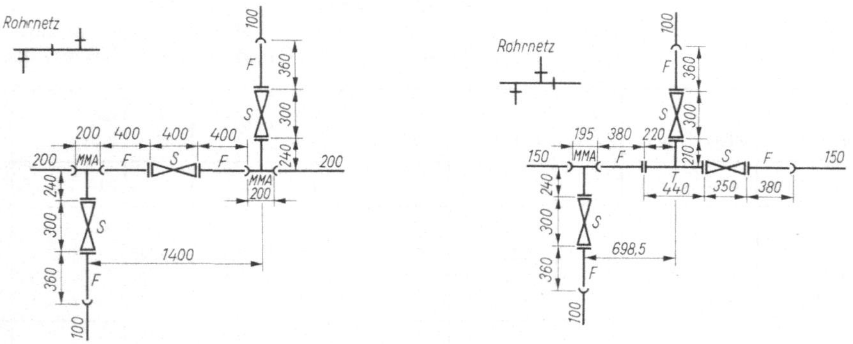

8.20   Formstückpläne (Sinnbilder nach DIN 28 622 bis 28 648)
    S   Schieber
    MMA Doppelmuffenstück mit Flanschstutzen
    F   Einflanschstück
    T   T-Stück

durch ein Kurzzeichen angebracht: z. B. GGG = duktiles Gußeisen, PVC = Polyvinylchlorid, Az = Asbestzement. Für die Leitungsart gilt z. B. ZW = Zubringerleitung, VW = Versorgungsleitung. Eine Versorgungsleitung aus PVC und DN 200 erhält z. B. die Bezeichnung VW 200 PVC.

An den Kreuzungspunkten werden die Leitungen zweckmäßig versetzt (**8**.20). Die Schieber sind so vorzusehen, daß möglichst nicht mehr als zwei Grundstücksfronten eines Häuserblocks ohne Wasser sind, wenn wegen Störungen die Leitung abgestellt werden muß.

8.2.4   Zubringerleitungen (ZW)

Als Zubringerleitung bezeichnet man die Wasserleitung zwischen Wasserwerk und Versorgungsgebiet. Bei Entfernungen > 25 km und ab DN 500 spricht man von Fernleitungen. Die Leitungen sollen möglichst gradlinig und mit eindeutigen Hoch- und Tiefpunkten verlegt werden. Sie müssen an geodätischen Hochpunkten Be- und Entlüftungseinrichtungen haben und an hydraulischen Hochpunkten entlüftbar sein. Damit sie an Tiefpunkten entleerbar sind, werden Entleerungsschächte eingebaut. Zubringerleitungen werden als Falleitung (dieses sind Druckleitungen, in denen das Wasser aufgrund des geodätischen Höhenunterschieds fließt) und seltener als Freispiegelleitung ausgeführt, oder es handelt sich um Pumpendruckleitungen. Ein Gefälle von 1:200 ist anzustreben. Bild **8**.21 zeigt eine Falleitung zwischen zwei Hochbehältern mit den entsprechenden Be- und Entlüftungspunkten, den Entleerungsstellen und den erforderlichen Rohrbruchsicherungen [19].

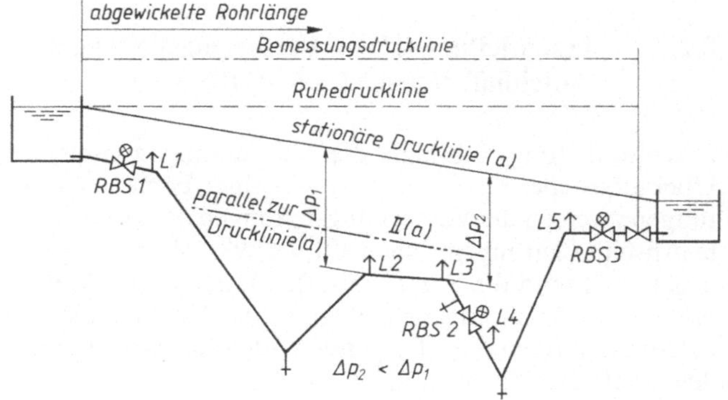

8.21   Falleitung zwischen zwei Hochbehältern
Entlüftungsventile in:
L2	geodätischer Hochpunkt
L1, L4, L5	vorübergehende Hochpunkte
L3	hydraulischer Hochpunkt
⊥	Entleerung

Sicherheitsarmaturen
RBS1	Auslaufrohrbruchsicherung
RBS2	Rohrbruchsicherung
RBS3	Sicherung gegen Überlauf und Rückfluß

Bei Zubringerleitungen ist die Ermittlung des wirtschaftlichen Rohrdurchmessers von großer Bedeutung. In Bild **8**.22 sind die Zusammenhänge zwischen Betriebs- und Kapitalkosten dargestellt. Während die Kapitalkosten fast linear steigen, fallen die Betriebskosten mit zunehmender Nennweite hyperbolisch. Der Kostenvergleich kann nach der LAWA-Richtlinie erfolgen (s. Abschn. 7.1.5). Die spezifischen Baukosten hängen stark vom Material, vom Korrosionsschutz, vom Baugelände etc. ab. Für PN 10 (PN 25 · Faktor 1,3) ergeben sich für 1991 die Ca.-Kosten aus Tafel **8**.8.

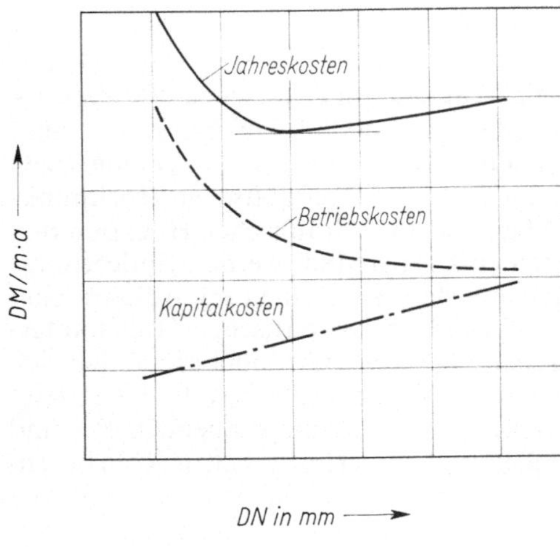

8.22
Kapital-, Betriebs- und Jahreskosten
in Abhängigkeit von DN

Tafel **8.8**   Kosten für den Rohrleitungsbau

DN	Ca.-Kosten DM/m
200	220,– bis 440,–
300	330,– bis 550,–
400	440,– bis 660,–
500	550,– bis 800,–

8.2.5   Hauptleitung (HW), Versorgungsleitungen (VW) und Anschlußleitungen (AW) (DIN 4046)

Anschlußleitungen bilden die Verbindung zwischen Versorgungsleitung und Übergabestelle, i. d. R. der Wasserzähler beim Verbraucher. Von den Hauptleitungen zweigen die Versorgungsleitungen ab. Hauptleitungen haben kaum direkte Anschlußleitungen. Nach DIN 1998 sollen Hauptleitungen in der Fahrbahn liegen, während die Versorgungsleitungen in den Gehwegen in einer Höhenzone von 1,0 bis 1,8 m angeordnet sind. Die Tiefenlage hängt von der Frostempfindlichkeit der Böden ab. Folgende Mindestüberdeckungen über Rohrscheitel werden empfohlen (Tafel **8.9**).

Ob bei breiten Fahrbahnen zwei Versorgungsleitungen zu verlegen sind, muß von Fall zu Fall entschieden werden, da mit den modernen Bodenraketen eine Straßenquerung ohne Straßenaufbruch möglich ist. Für eine Leitung DN 150 (GGG SM ZM) betragen die Gesamt-Baukosten 440,– DM/m. Der Rohrleitungsbau allein betrug 250,– DM/m bei einem Materialanteil von 60,– DM/m (Preisstand 1985) [77]. Im Kernbereich der Städte steigen die Kosten auf > 1000,– DM/m

Tafel **8.9**   Mindestüberdeckung für Rohrleitungen [78]

DN	frostbeständige Böden und ständiger Durchfluß	frostempfindliche Böden stagnierender Durchfluß
100	1,25	1,50
150	1,20	1,45
200	1,10	1,40
300	1,00	1,35
400	0,80	1,30
500	0,80	1,25
600	0,80	1,20
800	0,80	1,10

an, und die Rohrmaterialkosten treten in den Hintergrund. Die Versorgungsleitung sollte aber auf jeden Fall auf der Seite mit der größten Hausanschlußzahl liegen. Der Hausanschluß muß auf dem kürzesten Wege erfolgen.

Bau und Unterhaltung sind i. allg. Angelegenheit des Wasserwerkes, während die Installation im Haus Angelegenheit des Bauherrn (Architekt) ist (s. [99]). Der Anschluß erfolgt mit Hilfe eines Formstückes, oder er wird nachträglich ohne Betriebsunterbrechung mit einer Anbohrschelle (**8.**23 und **8.**24) hergestellt. Er endet im Kellerraum oder in einem Schacht mit dem Hauptventil und dem Wasserzähler, an den sich der Privatabsperrschieber mit dem Entleerungshahn anschließt. Wasserzähler können also ohne Entleeren der Hausleitungen ein- und ausgebaut werden. Ferner können die Hausleitungen bei Frostgefahr und Ausbesserungsarbeiten entleert werden (**8.**24).

Man verwendet heute i. allg. Rohre aus Polyäthylen (PE) oder verzinktes Stahlrohr (St), das zum besonderen Schutz außerhalb des Gebäudes mit Jute umwickelt und asphaltiert wird. Die Anschlußleitung erhält im Fußweg eine Absperrvorrichtung mit Gestänge und Straßenkappe mit Hinweisschild nach DIN 4067 (**8.**50). Das Druckrohr wird mit $\geq$ 1,25 m Überdeckung steigend zum Wasserzähler in das Gebäude eingeführt. Die Mauerdurchführung erfolgt nach Bild **8.**25.

Die Anschlußleitung darf nicht überbaut werden und muß $\geq$ 1,00 m von Grundstücksentwässerungsleitungen entfernt sein.

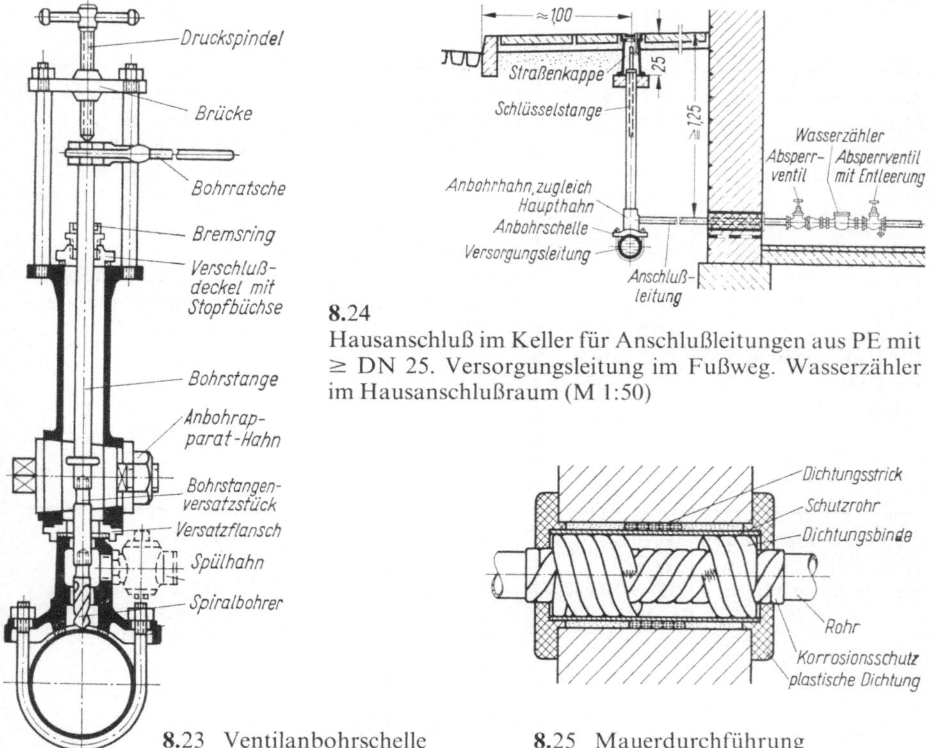

8.24
Hausanschluß im Keller für Anschlußleitungen aus PE mit $\geq$ DN 25. Versorgungsleitung im Fußweg. Wasserzähler im Hausanschlußraum (M 1:50)

8.23 Ventilanbohrschelle   **8.**25 Mauerdurchführung

Tafel **8**.10   Rohrmaterialien in der Wasserversorgung [60]

Material	Normen und Richtlinien	Nennweite DN in mm	Nenn- druck PN in bar	Verbindungen
Gußeiserne Rohre – duktiles Gußeisen (GGG) – Grauguß (GG)	DIN 28 600 DIN 28 610 DIN 28 614 DIN 28 500	80 bis 2000 (Normung bis 1200)	10 16 25 40	– V-Nahtschweißen (DIN 2470) – Stopfbuchsmuffen – Schraubmuffen – Flanschverbindung – Steckmuffen
Stahlrohre – nahtlose – geschweißte	DIN 2460 DIN 17 172	80 bis 500 80 bis 2000	10 16 25 40	– Stumpfschweißen – Schraubmuffen – Steckmuffen – Flanschverbindung
Spannbetonrohre	DIN 4035 DIN 4247 DIN 19 695	500 bis 2000	bis 16	– Glockenmuffe mit Rollgummidichtung
Asbestzementrohre (AZ)	DIN 19 800 DIN 4279/6	65 bis 600 DN > 600 möglich	16 20	– Überschiebemuffe mit Gummiring („Reka-Kupplung") – zugfeste Z-O-K-Kupplung mit Dicht-ring und Stahlseil
Polyäthylenrohre (PE) (PE-HD) (PE-LD) PE-HD (hohe Dichte) PE-LD (niedere Dichte)	W 320 W 323 DIN 19 533 DIN 8 072/ 8 074	≤ 300 ≤ 80	10 (16)	– Klemmverbindung – Schweißverbindung (GW 330/326)
Polyvinylchloridrohre (PVC-U) weichmacherfrei	W 323 W 320 DIN 19 532	≤ 400	10 (16)	– Klebemuffe – Steckmuffen – Flanschverbindung – Schweißverbindung (DIN 16 930)

Material	Beschichtungen und Korrosionsschutz	Bemerkungen
Gußeiserne Rohre – duktiles Gußeisen (GGG) – Grauguß (GG)	außen: Steinkohlenteerpech-überzug, Spritzverzinkung mit bitum. Überzug (DIN 30 674, Teil 3), Polyäthylen-, Zement-mörtel-, Folienumhüllung, Kathodenschutz (GW 12) innen: Zementmörtel-auskleidung	– relativ korrosionsbeständig (außer bei Moor- und Lehm-böden durch Bildung einer graphithaltigen Deckschicht bei Grauguß – hohe Zugfestigkeit und Formänderungsvermögen – Grauguß wird nicht mehr verwendet
Stahlrohre – nahtlose – geschweißte	außen: PE-weich-Beschichtung, Kathodenschutz (GW 12) DIN 30 670 innen: Zementmörtelausklei-dung W 342, 343, 344	– evtl. Transport- und Schweißschäden an den Isolie-rungen müssen nachgebessert werden – Korrosionsschutzmaßnah-men
Spannbetonrohre	Korrosionsanstriche auf Bitu-men-, Teer- oder Kunststoff-basis	– nur für Fernleitungen
Asbestzementrohre (AZ)	i. d. R. nicht erforderlich	– Grundstoffe sind Asbest und Zement – bei Leitungen mit geringem Anteil an Formstücken und Armaturen (ländliche Versor-gungsnetze, Fernleitungen)
Polyäthylenrohre (PE) (PE-HD) (PE-LD) PE-HD (hohe Dichte) PE-LD (niedere Dichte)	nicht erforderlich	– Verwendung als Haus-anschlußleitung – schnelles Verlegen – Einspülen von endlosen PE-Rohrleitungen nach dem „Vibro-Einspülverfahren" als Dükerleitungen – geringe Temperatur-beständigkeit
Polyvinylchloridrohre (PVC-U) weichmacherfrei	nicht erforderlich	– hohe Korrosionsbeständig-keit – Verwendung als Rohwasser-leitung zwischen Wasserge-winnung und -aufbereitung; in ländlichen Gebieten als Ver-sorgungs- und Transport-leitung bei Nennweiten ≤ 400 mm

8.3   Baustoffe in der Wasserverteilung

8.3.1   Rohre

Die Rohre werden den verschiedenen Drücken angepaßt, die sich aus dem Drucklinienplan ergeben. Im Versorgungsgebiet soll selbst bei Drücken < 10 bar die Rohrleitung mit Nenndruck (PN) 10 vorgesehen werden. DIN 2401 legt die Druckstufen für Rohrleitungen fest. Übliche Nenndrücke in der Wasserversorgung sind 4, 6, 10, 16, 25 und 40 bar.

Nach DIN 4046 versteht man unter:

Nenndruck (PN) ist der zulässige Betriebsüberdruck in bar bei 20 °C.

Betriebsüberdruck (p_e) ist der im Rohrnetz auftretende Innenüberdruck (Netzdruck) in bar.

Prüfdruck (p_{eP}) ist der Innenüberdruck in bar bei der Dichtheitsprüfung der verlegten Rohrleitung.

Nennweite (DN) ist der ungefähre lichte Durchmesser.

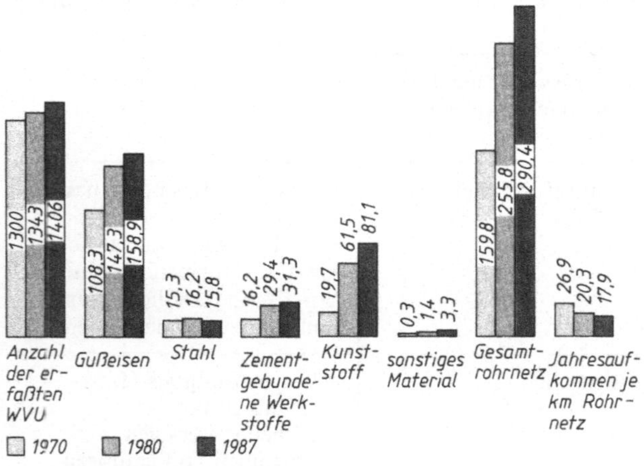

8.26   Rohrnetzentwicklung von 1970 bis 1987. Längenangabe in 1000 km und Materialangabe für die alten Bundesländer [102]

Die Rohrnetzlänge und die verwendeten Materialien im Gebiet der alten Bundesländer zeigt Bild **8.**26.

Einen Überblick über Nennweiten, Verbindungen, Einsatzgebiete und eine Auswahl der Normen und Richtlinien gibt Tafel **8.**10.

8.3.1.1   Druckrohre aus duktilem Gußeisen (GGG)

Duktiles Gußeisen, dessen Graphitanteil kugelige Form hat, zeichnet sich durch beachtliches Formänderungsvermögen (Duktilität) und durch hohe Festigkeit aus. Die Rohre werden hauptsächlich im Schleudergußverfahren hergestellt.

Tafel **8.**11   Kurzbezeichnung für GGG-Rohre [35]

Kurzzeichen		für	
Ste A B C		Steckmuffe Form A, B oder C nach DIN 28603	Ausführung der Muffen
Schr		Schraubmuffe nach DIN 28601 T. 1 bis T. 3	
Stb		Stopfbuchsenmuffe nach DIN 28602 T. 1 bis T. 3	
FFG		angegossen nach DIN 28614	Ausführung der Flansche
FFS		nicht angegossen nach DIN 28615	
PE		Polyäthylen nach DIN 30674 T. 1	Umhüllungen
ZM		Zementmörtel nach DIN 30674 T. 2	
Zn		Zink-Überzug mit Deckbeschichtung nach DIN 30674 T. 3	
Bt		Beschichtung mit Bitumen nach DIN 30674 T. 4	
L5, L6, L7, L8		Baulänge 5000 mm bis 8000 mm	Längen
K7, K8, K9, K10, K14		Klassen	Wanddicken- reihen

Gußrohre bekommen für die Bestellung eine Kurzbezeichnung nach DIN 28610. Diese Kurzbezeichnung gibt Auskunft über die Ausführung der Muffen bzw. Flansche, der Umhüllung gegen Außenkorrosion, der Baulänge und der Wanddickenreihe. Einen Überblick für die Kurzzeichen gibt Tafel **8.**11.

So bedeutet z. B. die Bezeichnung Rohr DIN 28610-T1 SteA 500 L6 K10 Bt: es handelt sich um ein Rohr mit Steckmuffe Form A (SteA), der Nennweite DN 500 (500), der Baulänge $l = 6000$ mm (L6), Klasse K10 (K10) und einer bituminösen Außenbeschichtung (Bt). Die Wanddickenklasse berücksichtigt den Innenüberdruck und äußere Belastungen. So berücksichtigt K10 eine Überdeckungshöhe von 0,6 bis 10 m und als Verkehrslast nach DIN 1072 einen SLW 60. Die Wanddicke errechnet sich in diesem Fall dann zu $s_1 = K \cdot (0,5 + 0,001\ DN)$ in mm, jedoch mindestens 6 mm [35]. Für den Schutz gegen Innenkorrosion hat sich die Zementmörtel-Auskleidung durchgesetzt. Die Masse in kg/m ist für einzelne Rohrarten in Tafel **8.**12 zusammengestellt. Einzelheiten sind in DIN 2614 (W 342, W 343, W 344) festgelegt.

Tafel **8.12**   Masse in kg/m für GGG-Rohre [35]

Nenn-weite DN	Masse in kg						
	für 1 m Rohr mit Muffenanteil				für 1 m Rohr mit		
	Guß				Zement-mörtel-Ausklei-dung	Poly-ethylen-Umhül-lung	Zement-mörtel-Umhül-lung
	K 10	K 9	K 8	K 7			
80	12,8	12,8	12,8	–	1,7	–	3,2
100	15,6	15,6	15,6	15,6	2,1	0,63	3,9
125	19,9	19,3	19,3	19,3	2,7	–	4,7
150	24,5	23	23	23	3,2	1	5,5
200	35	32	30,5	30,5	4,2	1,3	7,1
250	46,5	42,5	38	38	5,2	1,6	8,8
300	59,5	54	48,5	45,5	6,3	2,1	10,4
(350)	73,5	67,5	60	–	12,3	2,4	12
400	89	80,5	72,5	64	14	2,8	13,6
500	123	112	100	89	17,5	3,9	16,9
600	162	147	132	117	20,9	4,6	20,1
700	206	187	168	149	29,3	5,4	23,3
800	256	233	209	185	33,4	7,4	26,6
900	311	282	254	225	37,6	8,3	29,8
1000	371	337	303	269	41,7	9,2	33,1
1200	–	460	414	368	50	11	–
1400	–	595	534	474	87,6	12,8	–
1600	–	754	678	602	100,1	–	–
1800	–	933	840	746	112,5	–	–
2000	–	1133	1020	906	125	–	–

Rohrverbindungen

Schraubmuffe nach DIN 28 601 (**8.27**). Als Dichtung wird ein alterungs-beständiger Gummiring mit harter Gummikante mit einem Schraubring in den konischen Muffengrund gepreßt. Der konische Muffengrund gestattet Winkel-abweichungen der Rohrachsen von $\leqq 3°$. Auch axiale Verschiebungen $\leqq 14$ mm werden aufgenommen, bei der vorwiegend in Bergbaugebieten verwendeten Schraublangmuffe sogar $\leqq 70$ mm. Anwendungsbereich von DN 80 bis 400.

Stopfbuchsenmuffe nach DIN 28 602 (**8.28**). Mit dem Stopfbuchsenring wird der Dichtring in den Muffengrund gepreßt. Schrauben und Muttern werden nach dem Verlegen asphaltiert, um sie gegen Rost zu schützen. Der konische Muffen-

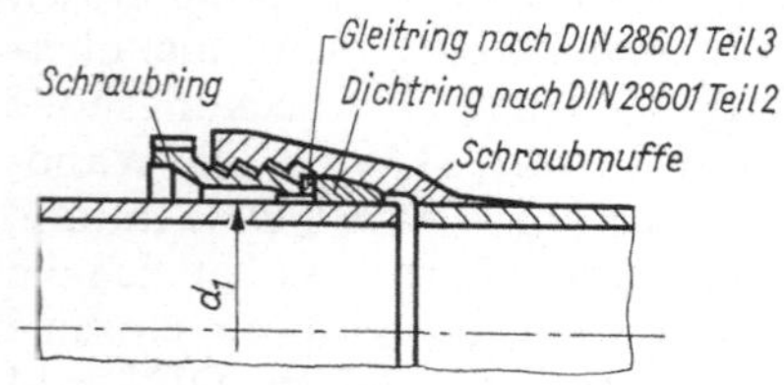

8.27 Schraubmuffe

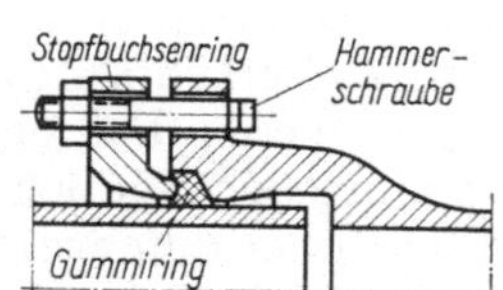

8.28 Stopfbuchsenmuffe

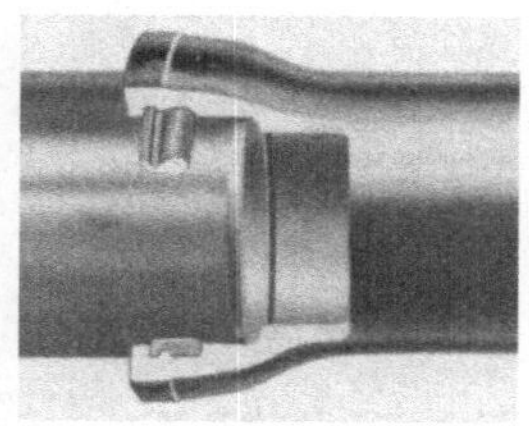 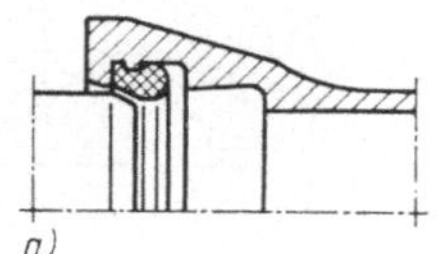 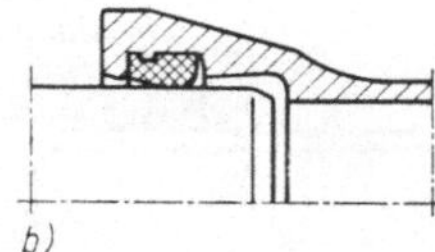

8.29 TYTON-Verbindung
a) vor, b) nach Einschieben des Spitzendes

grund ermöglicht eine große Seitenbeweglichkeit, die große Muffentiefe gute Längsbeweglichkeit. Anwendung für DN 500 bis 1200.

Tyton-Verbindungs-Steckmuffenverbindung DIN 28 603 (**8.**29). In einer Nut der Überschiebmuffe liegt ein Gummidichtring, der aus einem harten und einem weichen Teil besteht. Seine Haltekralle verankert ihn in der Haltenut, so daß er beim Einschieben des Rohrspitzendes seine Lage in der Muffe nicht verändern kann. Der wulstförmige, aus Weichgummi bestehende Teil des Ringes verformt sich in Richtung der Einschubbewegung, wodurch die Dichtigkeit hergestellt wird. Mit zunehmendem Druck wird der Dichtungsring fester eingepreßt und damit eine wachsende Abdichtung erzielt. Die Muffe erlaubt Abwinklungen von 3 bis 5° und axiale Verschiebungen zwischen 60 und 110 mm.

Die Tyton-Verbindung ist einfach zu verlegen und dicht bis zum Berstdruck der Rohre. Anwendung DN 80 bis 1200.

Bei allen beweglichen Verbindungen soll zwischen Muffengrund und Rohrende ein vorgeschriebener Zwischenraum verbleiben. Hierzu sind die Verlegevorschriften der Herstellungsfirma zu beachten.

Zugfeste Muffenverbindungen. Erdverlegte Rohrleitungen aus duktilem Gußeisen haben i. allg. nicht längskraftschlüssige Muffenverbindungen. Wenn diese Leitungen unter Druck stehen, müssen die auftretenden Schubkräfte entweder von Betonwiderlagern oder direkt von zugfesten Muffenverbindungen aufgenommen werden. Letzteres wird erforderlich, wenn instabile Böden vorhanden sind oder wenn z. B. Düker verlegt werden. Es werden zwei Möglichkeiten aufgezeigt:

1. Der TYTON-SIT-Ring besteht aus einem üblichen TYTON-Gummiring, in den Edelstahlkrallen einvulkanisiert sind. Die Zahl der Krallen nimmt mit der Nennweite zu. Die Verbindung läßt sich in gewohnter Weise herstellen. Wenn in der Leitung Innendruck herrscht, hindern die Edelstahlkrallen das Auseinanderschieben der Rohre (**8.**30).

Anwendung für 10 bar bis DN 300, für 16 bar bis DN 200.

Die Anzahl der zu sichernden Verbindungen richtet sich nach GW 368.

2. Für Nennweiten bis DN 1000 hat sich eine Schubsicherung nach Bild **8.**31 bewährt.

Flanschverbindungen (**8.**32) aus duktilem Gußeisen sind nach DIN 28 604 bis 28 607 genormt. Die Flanschverbindung mit glatten Dichtleisten wird für Gußrohrleitungen i. a. angewendet. Flanschverbindungen wählt man dort, wo

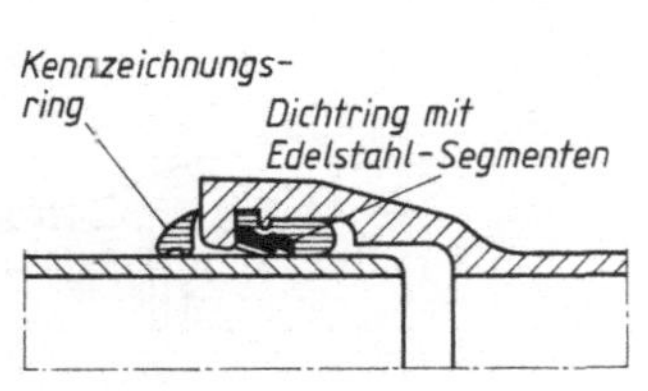

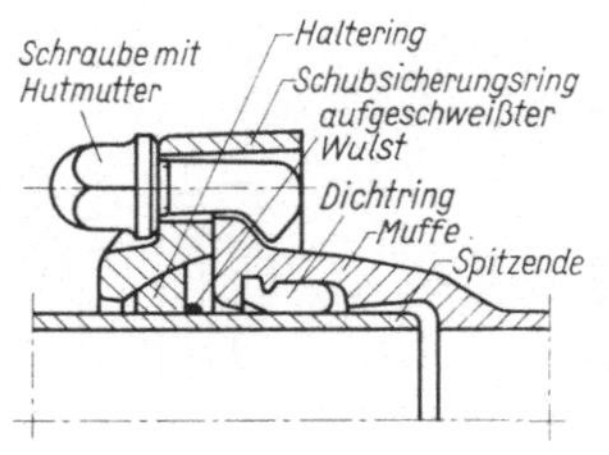

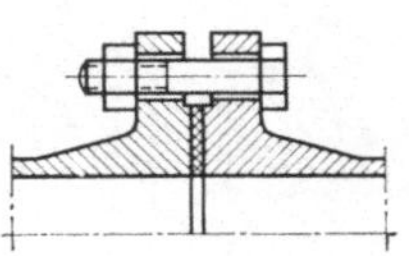

8.30   Schubsicherung
TYTON-SIT [35]

8.31   TYTON-Verbindung
mit Schubsicherung TYS

8.32   Flansch-
verbindung

die Verbindung leicht lösbar sein muß, z. B. beim Anschluß von Armaturen, in Pumpwerken, Hochbehältern usw. Flanschverbindungen sind zugfest und starr.

8.3.1.2   Stahlrohre (DIN 2460)

Stahlrohre zeichnen sich durch hohe Festigkeit und große Bruchdehnung aus. Sie werden bevorzugt bei hohen Innendrücken und bei der Gefahr von Druckstößen eingesetzt, sie kommen daher für Fern- und Zubringerleitungen in Betracht. Ein Nachteil ist ihre Anfälligkeit gegen Korrosion. Hinsichtlich der Beurteilung des Korrosionsverhaltens von Böden auf erdverlegte Rohrleitungen wird auf GW 9 verwiesen. Es werden Bewertungszahlen eingeführt, die die Böden in Bodenklassen (Ia bis III) − Bodenaggressivität von praktisch nicht aggressiv bis stark aggressiv − einteilen. Für den Außenkorrosionsschutz gelten die DIN-Vorschriften 30 670 bis 30 673. Überwiegend wird eine Kunststoffumhüllung, insbesondere die Polyethylen(PE)-Umhüllung, angewendet. Die Schweißverbindungen werden durch Schrumpffolien geschützt. Bei Anwendung des kathodischen Korrosionsschutzes (hier verhindert ein Schutzstrom und das hierdurch entstehende Schutzpotential eine Korrosion) gilt die DIN 30676 und das DVGW-Arbeitsblatt GW 12. Für den Innenschutz hat sich die Zementmörtelauskleidung durchgesetzt (W 342, W 343, W 344 und DIN 2614). Stahlrohre werden als nahtlose Stahlrohre mit den Nennweiten DN 80 bis 500 und geschweißt mit DN 80 bis 2000 geliefert.

Rohrverbindungen. Neben Einsteckmuffenverbindungen mit Dichtringen wie in DIN 28 617, die bevorzugt von DN 100 bis DN 600 verwendet werden, kommen seltener Flansch- oder Schraubverbindungen zur Anwendung. Diese werden ähnlich wie bei Gußrohren für Schieber, Armaturen etc. verwendet. Am ge-

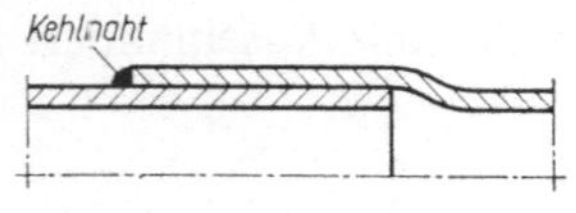

8.33   Einsteckschweißmuffe

8.34   Stumpfschweißung

bräuchlichsten sind aber Schweißverbindungen. Kehlnähte (**8.**33) sind gegenüber den Stumpfnähten (**8.**34) stark zurückgetreten [47]. Es liegen auch gute Erfahrungen mit der Stumpfschweißung für Stahlrohre ab DN 80 mit Zementmörtelauskleidung vor [19] [100].

8.3.1.3 Faserzementrohre

Faserzementrohre (Asbestzementrohre nach DIN 19800) enthalten bisher noch einen Asbestfaseranteil von ca. 10 Gew.-%. Hierdurch entsteht bei der Verarbeitung durch Feinstäube eine Gesundheitsgefahr, die durch sachgerechte Werkzeuge vermieden werden kann. Eine Gefahr für die Trinkwasserversorgung ist von mehreren Stellen verneint worden [1] [50], dennoch haben sich die Hersteller dieser Rohre entschlossen, die Asbestfaser durch neue Kunststoffprodukte zu ersetzen, da die Kritik an diesem Baustoff nicht verstummt. Asbestzementrohre (AZ-Rohre) sind sehr beständig gegen Innen- und Außenkorrosion. Vorsicht ist nur bei sehr sauren Böden geboten. Für den Innenschutz ist der Delta-pH-Wert der TVO einzuhalten. Auf einen Innenschutzanstrich ist zu verzichten. AZ-Rohre werden bevorzugt in ländlichen Gebieten in den Nennweiten bis DN 600 eingesetzt. Für Nennweiten > DN 600 sind für die Wanddicken gesonderte Berechnungen erforderlich. Die üblichen Rohrlängen betragen 4 bis 5 m.

Rohrverbindungen [17]. Die Reka-Kupplung der Firma Eternit AG (**8.35**) aus Asbestzement hat zwei konische Kammern, in die zwei gleich-konische gezahnte Gummidichtringe eingelegt sind. Beim Durchgang einer Druckwelle werden die Dichtringe tiefer in die Kammern gepreßt. Die Folge davon sind eine Erweiterung des Leitungsvolumens und eine entsprechende Dämpfung des Stoßes. Durch das Zusammenpressen des Gummis wird ferner die Dichtigkeit der Kupplung bei hohen Drücken größer. Durch die Doppelgelenkigkeit lassen sich kleine Rohre bis zu 6° und größere 4° (DN 400) bis 1° (DN 1800) abwinkeln. Verlegen ist auch bei ungünstigen Bodenverhältnissen einfach. Formstücke und Schieber mit Spitzenden können direkt angeschlossen werden.

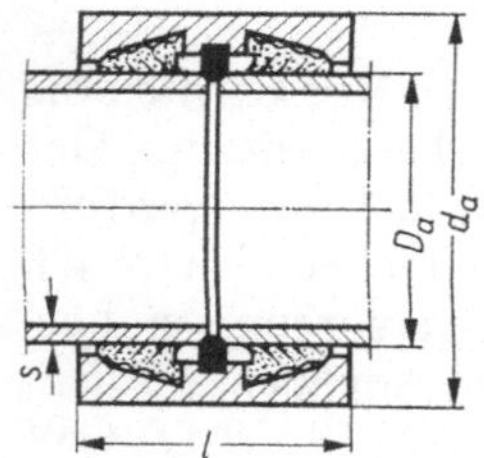

8.35 Reka-Kupplung

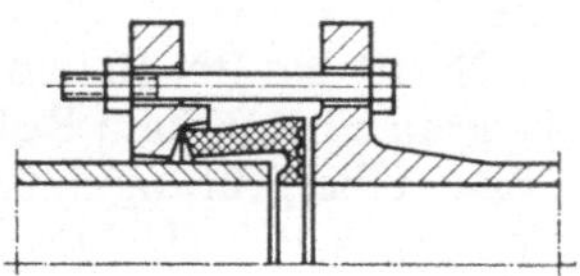

8.36 Flanschverbindung

Die Flanschkupplung (**8.36**) läßt den direkten Anschluß von Flanschformstücken zu und kann mit einem Blindflansch versehen auch als Endverschluß verwendet werden.

Die zugfeste Z-O-K-Kupplung wird bevorzugt beim Bau von Brunnen und Unterwasserleitungen (Düker, Seeleitungen) angewendet. Rohre ab DN 150 lassen sich in einfacher Weise längskraftschlüssig verbinden.

8.3.1.4 Rohre aus Spannbeton und Stahlbeton (W 341)

Spannbetonrohre werden je nach Art der Beanspruchung so vorgespannt, daß im Gebrauchszustand keine Zugspannungen im Beton auftreten. Dies geschieht durch Umwickelung oder durch Aufweitung. Rohre aus Stahlbeton erhalten eine schlaffe Ring- und Längsbewährung. Nach den Herstellungsverfahren wird nach folgenden Kriterien unterschieden:

- Rüttelbetonrohre
- Schleuderbetonrohre
- Walzbetonrohre

Auch Kombinationen sind möglich. Spannbetonrohre werden in DN 400 bis DN 4000 hergestellt. Sie kommen bevorzugt als Fern- und Zubringerleitung zum Einsatz und werden in PN 6 bis PN 16 geliefert.

Stahlbetonrohre werden bis PN 2,5 in den Nennweiten DN 250 bis 4000 hergestellt. Der Korrosionsschutz erfolgt außen mit Bitumen, Kunstharz oder Kunststoffen. Auf einen Innenschutz wird i. allg. verzichtet. Sofern ein Innenschutz

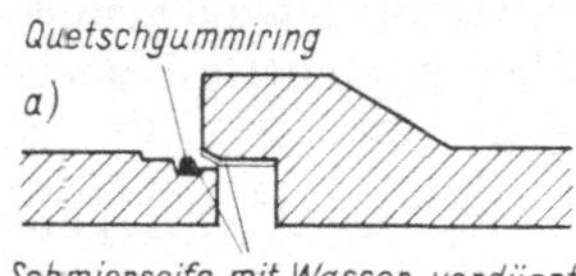

8.37
Quetschgummidichtung bei Glockenmuffenrohren
a) vor dem, b) nach dem Zusammenfahren

vorgesehen wird, sind W 270 und die KTW-Empfehlung zu beachten. Häufig werden Glockenmuffenrohre verwendet, die mit Roll- oder Gleitringen gedichtet werden. In **8.**37 ist eine Glockenmuffe mit entsprechender Gummidichtung dargestellt [108].

8.3.1.5   Kunststoffrohre

Für Kunststoffrohre gelten neben den in Tafel **8.**13 genannten Vorschriften die DIN 19 532 und 19 533 sowie W 320 mit Ergänzung (z. Z. in Überarbeitung). Das weichmacherfreie PVC-U (früher PCV-hart) – „U" = unplasticised – wird für die Druckstufen PN 10 und PN 16 und die Nenndurchmesser DN 80 bis DN 400 geliefert. Für die grau eingefärbten Rohre in der Trinkwasserversorgung sind bei der Bestellung bzw. Überprüfung auf der Baustelle folgende Angaben auf dem Rohr wichtig: WAWIN PVC-U DN 100 PN 10 110 · 5,3 DIN 19 532 DVGW K 027 230 191.

Dies Rohr wurde von der Firma WAWIN am 23. 1. 1991 hergestellt, hat die

Tafel **8.**13   Kunststoffrohr-Übersicht

Rohrtyp	Grundstoff	DIN	Längen in m	Dichte in kg/dm³	Innendruck bis 20 °C in bar				
PVC hart	Polyvenyl-chlorid	8061 bis 8063	5 bis 12	~ 1,4			4	6	**10**	**16**
PE weich	Polyäthylen	8072/73	Rollen 0 bis	0,9 bis 1,0	2,5			6	**10**	
PE hart	Polyäthylen	8074/75	5 bis 12		2,5	3,2	4	6	**10**	

Tafel **8.**14   Abmessungen von Kunststoffrohren (Auszug) d = Außendurchmesser,
s = Wanddicke

| | PVC hart DIN 8062 und 19 532 | | | | | PE hart DIN 8074 und 19 533 | | |
| | | PN 10 | | | PN 16 | | | PN 10 | |
DN in mm	d in mm	s in mm	Gewicht in kg/m	s in mm	Gewicht in kg/m	d in mm	s in mm	Gewicht in kg/m
80	90	4,3	1,75	6,7	2,61	90	8,2	2,12
100	110	5,3	2,61	8,2	3,90	125	11,4	4,08
125	140	6,7	4,18	10,4	6,27	160	14,6	6,67
150	160	7,7	5,47	11,9	8,17	180	16,4	8,42
200	225	10,8	10,8	16,7	16,1	250	22,8	16,2
250	280	13,4	16,6	20,8	24,9	315	28,7	25,7
300	315	15,0	20,9	23,4	31,5	355	32,3	32,6
400	450	21,5	42,7	–	–	–	–	–

DVGW-Prüfnummer K 027, besitzt die Nennweite DN 100 und hat den Nenndruck PN 10. Der Außendurchmesser und die Wanddicke nach DIN 19 532 betragen 110 bzw. 5,3 mm (Tafel **8.**14).

Neben dem PVC werden Rohre aus Polyethylen mit hoher und niederer Dichte verwendet. PE-HD (alt HDPE) und PE-LD (alt LDPE) werden als schwarz gefärbte Rohre in der Trinkwasserversorgung eingesetzt, die PE-HD-Rohre mit geringer Elastizität vornehmlich als DN 100 bis DN 300 für Verteilungsleitungen, die PE-LD-Rohre als sehr elastische Rohre fast ausschließlich für Hausanschlußleitungen. Für beide Kunststoffe wird vor Gasdiffusionen und damit verbundenen Geschmacksbeeinträchtigungen gewarnt [10].

Rohrverbindungen. Die DIN 19 532 sieht für PVC-U-Rohre Klebe-, Steck-, Flansch- und Gewindeverbindungen vor. Die lösbaren Steckmuffenverbindungen (**8.**38) werden sowohl mit baustellenseitigem Dichtringeinbau als auch mit werksseitig geliefertem Dichtring montiert [61]. Bei den werksseitig gelieferten Ringen traten anfänglich Probleme auf [77]. Bei den Klebeverbindungen zeigten sich Spannungsrisse, und von der Verwendung wird daher abgeraten (W 403 und [77]).

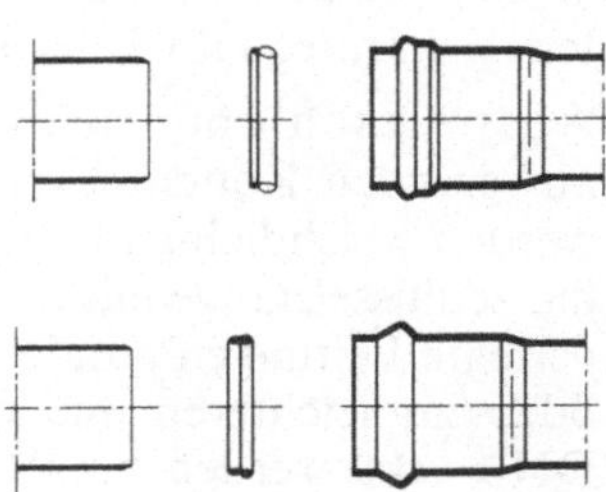

8.38   Steckverbindung für Kunststoffrohre [97]

Bei den PE-Rohren kommen nach DIN 19 533 Klemm-, Schweiß- und Bundflanschverbindungen zur Anwendung. Während die Klemmverbindungen (DIN E 8076/3) überwiegend für PE-LD-Rohre Anwendung finden, kommen bei den

PE-HD-Rohren überwiegend die nachfolgenden Schweißverbindungen zur Anwendung [28] [72] [109]:

- Heizelementmuffenschweißung
- Heizelementstumpfschweißung
- Heizwendelschweißen

Die Heizelementmuffenschweißung, die mit einem Fitting arbeitet und mit dem Heizstutzen und der Heizbüchse ein Anschmelzen der Oberfläche erreicht, hat sich als zu aufwendiges Verfahren nicht durchgesetzt.

Bei der Stumpfschweißung werden die zu verbindenden Teile mit einem Schweißspiegel erwärmt und zusammengepreßt. Hierdurch entsteht ein kleiner Wandversatz (**8.39**). Das Verfahren wird daher ab DN 100 verwendet.

Bei der Heizwendelschweißung werden Rohr und Fitting über Widerstandsdrähte erwärmt und miteinander verbunden (**8.40**). Dieses Verfahren wird vornehmlich bis DN 100 eingesetzt. Eine zerstörungsfreie exakte Prüfung des Schweißvorganges ist leider nicht möglich [28] [77] [78]. Es muß daher großer Wert auf geschultes Personal gelegt werden.

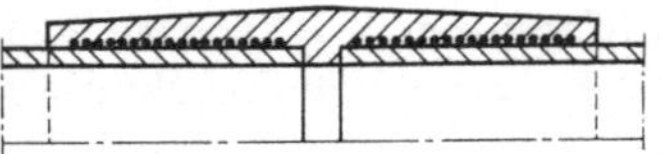

8.39 Stumpfschweißverbindung (DIN 19 533)

8.40 Elektroschweißmuffe (DIN 19 533)

Formstücke. Für den Übergang von Rohren auf andere Lichtweiten, für Abzweige, für den Anschluß von Armaturen, für Krümmer etc. werden Formstücke benötigt. Die Formstücke werden durch vereinfachte Sinnbilder dargestellt und in Formstückplänen (**8.**20) für das Rohrnetz verwendet. Für die Rohrmaterialien sind die Formstücke in DIN-Vorschriften genormt. So z.B. für duktiles Gußeisen (GGG) für Flansche in DIN 28 604 bis 28 607 und Formstücke von 28 622 bis 28 648. Einen Überblick über die verwendeten Sinnbilder gibt Tafel **8.**15.

Armaturen. Armaturen werden im Versorgungssystem benötigt, um z.B. Rohrleitungsabschnitte abzusperren, den Durchfluß zu regeln, die Löschwasserentnahme zu sichern, die Rohrleitung zu entlüften etc. Das DVGW-Arbeitsblatt W 332 wird zur Zeit überarbeitet, es sind aber auch wesentliche Hinweise in W 403 enthalten. Einen Überblick über die in der Wasserversorgung verwendeten Armaturen gibt Tafel **8.**16.

Absperrschieber sind in den Versorgungsleitungen an Abzweigen (**8.**20) und auf geraden Rohrstrecken im Abstand von < 500 m einzubauen. Bis DN 200 werden weichdichtende Schieber nach Bild **8.**41 eingesetzt. Die Spindel ist über die Schlüsselstange mit der Straßenkappe verbunden (**8.**42), wenn es sich um erdverlegte Leitungen handelt. Bei freiem Zugang erhält der Schieber ein Handrad oder zur leichteren und eventuellen Fernbedienung einen Elektroantrieb. Bei DN > 200 werden bis PN 25 häufig weichdichtende Klappen eingesetzt. Sie werden bei erdverlegten Leitungen wie der Schieber in Bild **8.**42 mit einer Schlüsselstange mit der Straßenkappe verbunden. Auch Klappen können mit einem Elektroantrieb versehen werden (**8.**43). Bei allen Antriebsarten ist darauf zu achten, daß eine zu schnelle Verschlußzeit unterbleibt. Nur so können Druckstöße vermieden werden. Neben Schiebern und Klappen kommen noch Kugelhähne, Ringkolbenventile, Membranabsperrarmaturen etc. zur Anwendung (s. W 332).

Rückflußverhinderer lassen das Wasser nur in einer Richtung fließen. Sie werden als Rückschlagklappen (**8.44**) oder Rückschlagventile gebaut. Zu schnell schließende Armaturen führen zu Druckstößen. Dies gilt auch für Rohrbruchsicherungen in Form von Absperrklappen, Kugelhähnen oder Ringkolbenventilen, die bei einer bestimmten Durchflußmenge oder bei einer vorgegebenen Durchflußdifferenz und meist ohne Fremdenergie die Rohrleitung absperren.

Tafel **8.**15   Sinnbilder für Wasserleitungen. Auswahl aus DIN 2425 Planwerke für die Versorgungswirtschaft, Wasserwirtschaft und Fernleitungen. Rohrnetzpläne der öffentlichen Gas- und Wasserversorgung

	T. 1	T. 3
Rohrleitung		
Rohrverbindung		
Flanschverbindung		
Muffenverbindung		
Schraubverbindung		
Leitungsabschluß (Blindflansch)		
Absperrorgan (allgemein)		
Schieber im Abzweig		
Ventil Durchgangsventil		
Hahn (Durchgangshahn)		
Klappe		
Absperrklappe		
Drosselklappe		
Rückschlagklappe		
Fußklappe		
Längenausgleicher (Stopfbuchse)		
Entleerung mit Schieber		
Be- und Entlüftung		

Unterflurhydrant auf dem Rohr
        neben dem Rohr
        seitlich des Rohres		

Überflurhydrant		

Tafel **8**.16   Armaturen in der Wasserversorgung (W 403)

	Schieber weich-dichtend	Schieber metallisch dichtend	Klappen weich-dichtend	Kugel-hähne	Hydranten für	
					Oberflur	Unterflur
Bauart-normen	DIN 3352, T. 4	DIN 3352, T. 2	DIN 3354, T. 2 DIN 3354, T. 3	DIN 3357	DIN 3222	DIN 3221
Anmer-kungen	Für Absperr-armaturen im Rohrnetz: bevorzugt anzuwenden	Für Entlee-rungs- und Spülarmatu-ren: bevorzugt anzuwenden	Ab etwa DN 200 günstiger als Schieber	Aufwendig, hohes Gewicht	Für Sonder-fälle vgl. W 331	Im Regelfall bevorzugt anzuwenden W 331
	Anbohr-armaturen	Rückfluß-verhinderer	Ringkolben-ventile	Druck-minderer	Rohrbruch-sicherung	Be- und Ent-lüftungs-Armaturen
Bauart-normen	DIN 3543, T. 2	keine	keine	keine	keine	keine
Anmer-kungen	vgl. GW 333 (in Vorbe-reitung)	Ventil-bauarten bevorzugt anzuwenden	Ausführung: mit und ohne Hilfs-energie	Ausführung: mit und ohne Hilfs-energie	Armaturen-kombinatio-nen je nach Anforderung	

8.41   Schnittbild eines Absperr-schiebers mit weicher Dich-tung [124]

8.42
Schieber mit Straßenkappe
[124]
1   Hülsrohrdeckel
2   Straßenkappe
3   Vierkantschoner
4   Schlüsselstange
5   Hülsrohr
6   Rundschoner
7   Zylinderstift

H y d r a n t e n dienen zur Entnahme von Löschwasser, zum Straßensprengen, zur Rohrnetz- und Kanalspülung und zum Entlüften der Leitung. Der Abstand liegt in Abhängigkeit zur Bebauung zwischen 80 und 140 m (W 331).

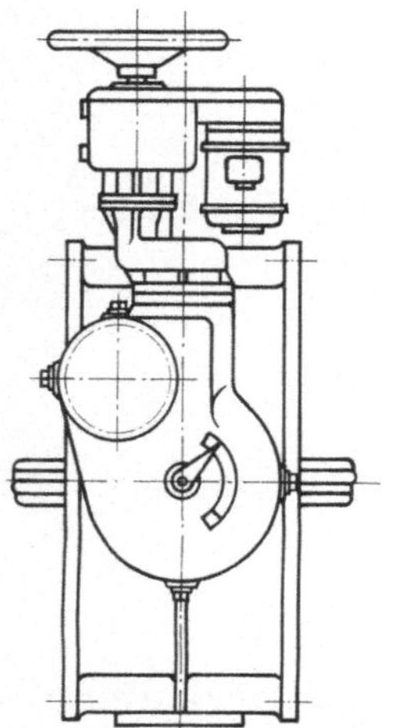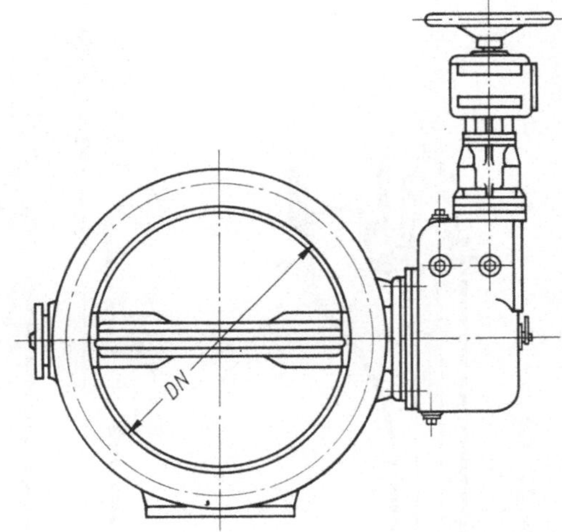

8.43 Abdichtklappe mit Elektroantrieb

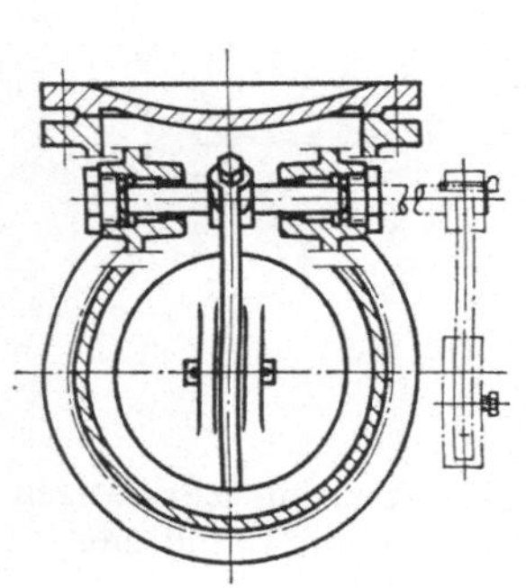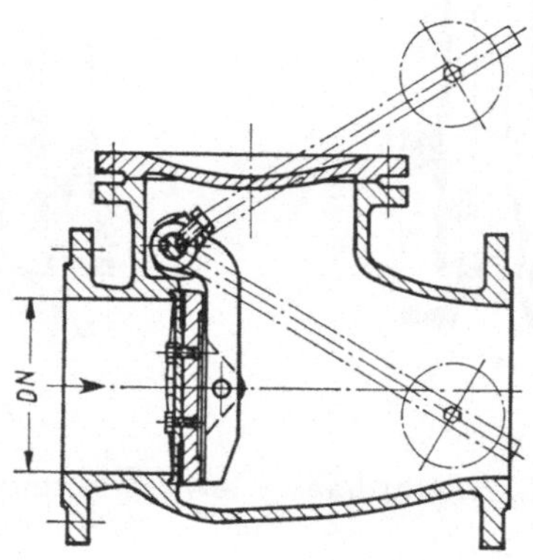

8.44 Rückschlagklappe (VAG)

Der Unterflurhydrant (DIN 3221) (**8.**45) stört den Straßenverkehr nicht. Weil er bei Schneewetter schlecht aufzufinden ist, sind Hinweisschilder nach DIN 4066 gut sichtbar anzubringen (**8.**51). Unterflurhydranten werden in Abständen von 80 bis 140 m entweder unmittelbar auf der Leitung oder besser seitlich angeordnet. Von DN 200 an aufwärts wird zweckmäßig hinter dem Abgang ein Schieber eingebaut, damit bei Ausbesserungen die Leitung nicht abgestellt zu werden braucht.

Zur Wasserentnahme wird zunächst das Standrohr auf die Klaue aufgesetzt und durch Rechtsdrehung fest angezogen. Dann wird der Hydrant mit einem Hydrantenschlüssel geöffnet. Nach dem Schließen des Hydranten fließt das in ihm enthaltene Wasser durch die selbsttätige Entleerung aus. Damit es schnell abfließen kann, ist die Umgebung der Entleerungsöffnung mit Steinbrocken (Sickerpackung) zu füllen.

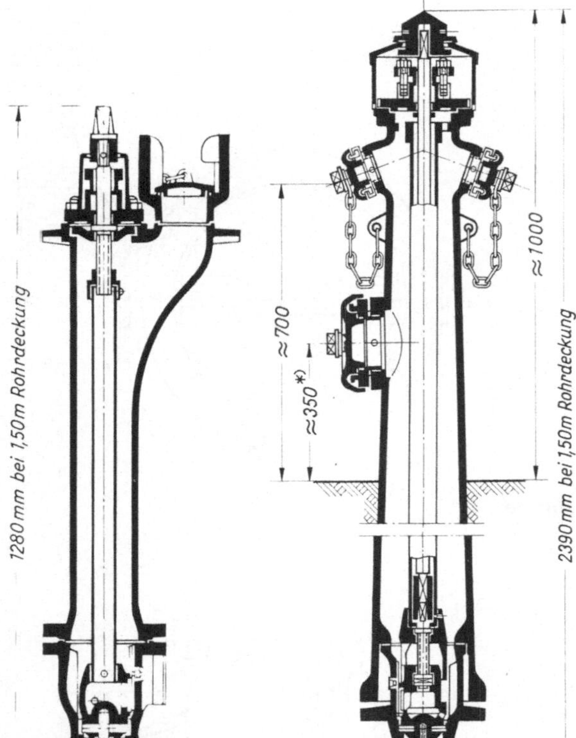

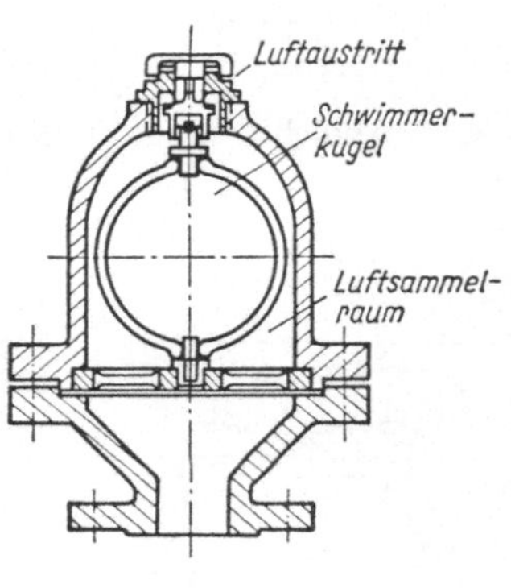

8.45 Unterflurhydrant   **8.**46 Überflurhydrant   **8.**47 Ventil zur selbsttätigen
                              *) 90° versetzt gezeichnet   Be- und Entlüftung

Überflurhydranten (**8.**46) (DIN 3222) mit Anschlußweiten von 80 und 100 mm können angewendet werden, wo sie nicht verkehrsstörend sind. Da sie leicht auffindbar sind, eignen sie sich besonders für schneereiche Gegenden.

Ein Standrohr wird nicht benötigt, der Schlauch der Motorspritze wird unmittelbar angeschlossen.

Unterflurhydranten werden für 1,00, 1,25 und 1,50 m Rohrdeckung, Überflurhydranten für 1,25 und 1,50 m Rohrdeckung angefertigt. Zur Anpassung an die Straßenhöhe werden Flanschzwischenstücke von 100 bis 250 mm Länge, steigend um je 50 mm, und von 300 bis 500 mm Länge, steigend um je 100 mm, von 80 bzw. 100 DN eingebaut. Überflurhydranten der Firma Erhard/Heidenheim sind mit einer Sollbruchstelle in Erdhöhe versehen, die bei Unfall die Zerstörung des Hydranten vermeidet.

Be- und Entlüftungsventile sind an geodätischen oder hydraulischen Hochpunkten erforderlich (**8.**21), sofern keine Selbstentlüftung stattfindet. Die Selbstentlüftung ist von der Fließgeschwindigkeit und dem Rohrdurchmesser abhän-

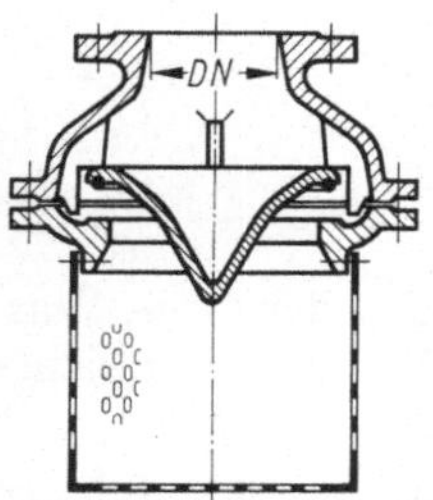

8.48 Einlaufseiher mit
      Fußventil (VAG)

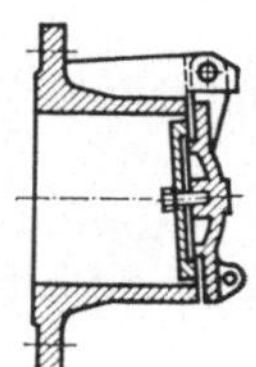

8.49 Abdichtklappe
      (Froschklappe)

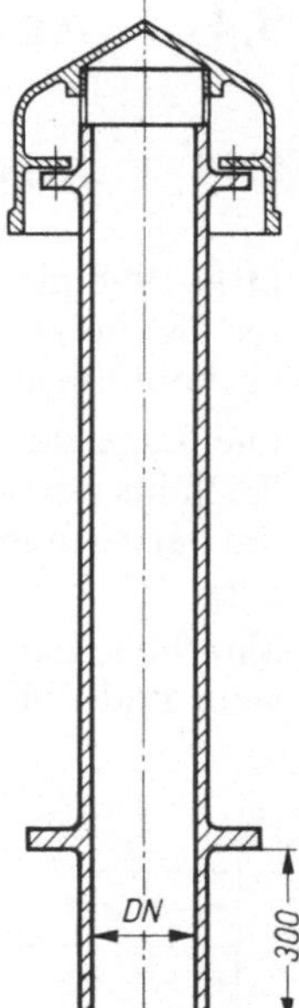

8.50 Schieberhin-
      weisschild

8.51 Hinweisschild für
      Unterflurhydrant

8.52 Entlüftungsrohr

gig. Ein Bemessungsdiagramm befindet sich in W 403. Die Be- und Entlüftung erfolgt i. d. R. über selbsttätige Ventile (**8.**47). Im Stadtnetz erfolgt die Entlüftung über die Wasserentnahme in den Häusern.

Einlaufseiher (**8.**48) sollen grobe Verunreinigungen zurückhalten. Sie werden als Flansch- oder Einsteckseiher hergestellt, letztere für Muffen- oder glatte Rohre. Wegen der geringen erforderlichen Höhenlage der Einsteckseiher bei Glattendrohren eignen sie sich besonders für Entleerungsleitungen. Um den Eintrittsverlust niedrig zu halten, soll der Gesamtquerschnitt der Lochungen das 2- bis 3fache des Rohrquerschnittes betragen. Einlaufseiher mit Fußventil sollen das Zurückfließen des Wassers verhindern (**8.**48).

Der Auslauf von Entleerungsleitungen soll gegen das Eindringen von Kleintieren mit einem Klappenverschluß, der sog. Froschklappe (**8.**49), gesichert werden.

Druckminderer werden bei zu hohen Drücken, z. B. in der Hausinstallation, oder zwischen unterschiedlichen Druckzonen eingebaut. Sie regeln von einem beliebigen Eingangsdruck auf einen festgelegten Ausgangsdruck.

Hinweisschilder (**8.**50 und **8.**51) nach DIN 4066 und 4067 dienen zum einfacheren Auffinden der Armaturen.

Entlüftungsrohre (**8.**52) dienen zur Be- und Entlüftung von Hochbehältern, Schächten, Sammelschächten usw. Um Insekten fernzuhalten und mutwilliges Verschmutzen zu verhindern, wird auf dem Entlüftungsrohr eine Haube angebracht, die mit innen liegenden Hammerschrauben befestigt ist. In der Haube befindet sich ein Messingsieb.

8.4   Ausführung der Rohrleitung

8.4.1   Lage im Straßenquerschnitt

DIN 1998 gibt Richtlinien für die Einordnung und Behandlung der Gas-, Wasser-, Kabel- und sonstigen Leitungen und Einbauten bei der Planung öffentlicher ausbaufähiger Straßen.

Die Lage der Wasserleitungsrohre im Straßenquerschnitt ist aus den Bildern **8.**53a bis c ersichtlich. Die Mindestüberdeckung von 1,50 m wird vorgeschrieben, um bei geringer Wasserbewegung und tiefer Temperatur ein Einfrieren zu verhindern.

Sämtliche Leitungen, die der Hausversorgung dienen, sowie die Kabel für Feuerwehr und Polizei liegen in der Gehbahn. Alle anderen Leitungen und Kabel, die

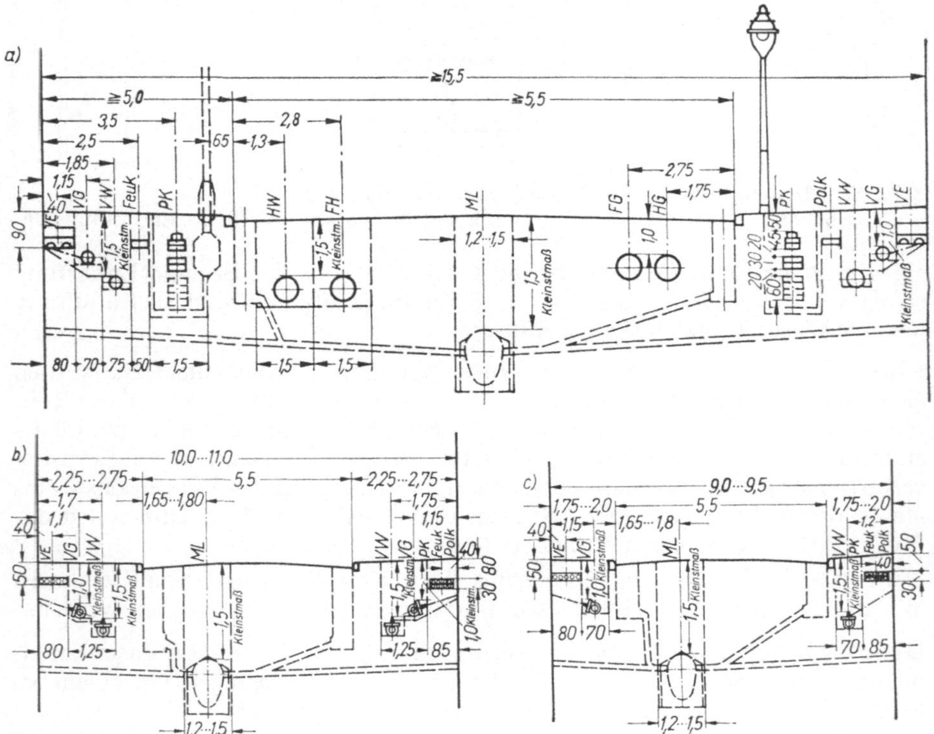

8.53   Straßenquerschnitt nach DIN 1998 bei Gehbahnen mit Breite:
     a) ≥ 5,00 m, b) 2,25 bis 2,75 m, c) 1,75 bis 2,00 m

VE	Stromleitung für die Hauptversorgung und Hauptspeisekabel	HW Hauptspeiseleitung für Wasser
VG	Gasleitung für die Hausversorgung	FH Fernheizleitung
HG	Hauptspeiseleitung für Gas	ML Mischwasserleitung für Entwässerung
FG	Ferngasleitung	FeuK Kabel für Feuerwehr
VW	Wasserleitung für die Hausversorgung	PolK Kabel für Polizei
		PK Postkabel und Postkabelanlagen

für die Fernversorgung bestimmt sind, werden in der Fahrbahn verlegt. Eine Ausnahme bildet das Hauptspeisekabel der Stromversorgung. Dieses wird zusammen mit der Stromleitung für die Hausversorgung in der Gehbahn untergebracht.

Bei Straßen ≤ 15 m Gesamtbreite genügt meistens eine Versorgungsleitung, bei > 15 m Breite auf jeder Seite ein Rohr.

Wasser- und Gasrohrleitungen sollen nicht zu dicht nebeneinanderliegen. Bei Zerstörung von Wasserleitungen bricht auch leicht das Gasrohr; dadurch kann die Gasversorgung empfindlich gestört werden (Explosionsgefahr).

Werden Bäume im Trassenbereich gepflanzt, so werden Trennwände empfohlen. Bei der Verlegung im Wurzelbereich vorhandener Bäume sollten die Leitungen in Schutzrohren verlegt werden. Das DVGW-Arbeitsblatt GW 125 enthält weitere Einzelheiten.

8.4.2 Verlegung der Leitung

Für die Herstellung der Baugrube gelten die VGB 37 [93] sowie DIN 4124. Die Rohrgrabenerstellung erfolgt mit oder ohne Verbau:

- waagerechte und senkrechte Holzbohlen
- Kanaldielen
- heute sehr häufig mit großflächigen Stahlverbauelementen
- mit Abböschung

Die Arbeitsbreite B wird bestimmt durch das Verlegeverfahren, z. B. Aushub mit einem Löffelbagger oder Grabenfräse und anschließende Rohrverlegung mit einem zweiten Bagger oder Kran (**8**.54), oder mit der Methode der Vor-Kopf-Verlegung. Hierbei hebt der Bagger den Rohrgraben auf etwa eine Rohrlänge aus und senkt anschließend das seitlich gelagerte Rohr ab. Die Rohrlage wird mit einem Laser festgelegt. Der Böschungswinkel β wird durch die Bodenart bestimmt und beträgt für nichtbindige oder weiche bindige Böden 45° (1:1), für steife oder halbfeste bindige Böden 60° (≈ 1:0,6) und für Fels 80° (1:0,18) [19] [75]. Böschungen > 5 m erfordern einen gesonderten rechnerischen Nachweis. Die Sohlbreite beträgt s = Rohrdurchmesser + 0,40 m und muß mindestens 0,60 m

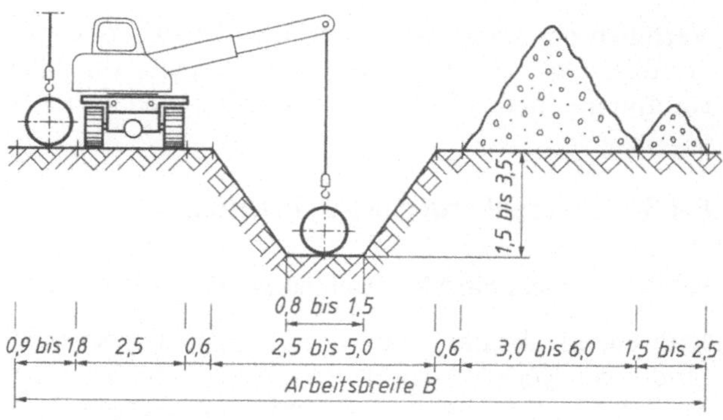

8.54 Rohrverlegetechnik [35]

betragen. Für steifen bindigen Boden kann bis zu einer Grabentiefe von 1,25 m eine senkrechte Ausschachtung ohne Verbau erfolgen und bis zu einer Tiefe von 1,75 m mit einem teilabgeböschten oberen 0,50-m-Bereich ($\beta < 45°$) oder einem Teilverbau gearbeitet werden (**8.**55). An den Rändern der Gräben ist ein > 0,60 m breiter lastfreier Schutzstreifen freizuhalten. Für die Rohrverlegung sind die jeweiligen Verlegevorschriften der Rohrhersteller zu beachten.

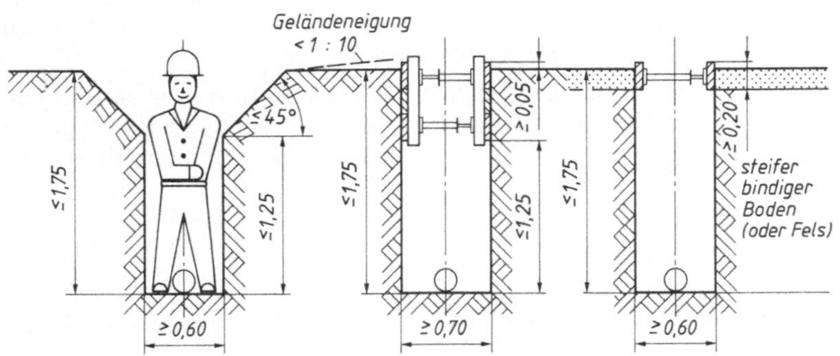

8.55 Möglichkeiten für den Rohrgrabenbau

Wasserdruckprobe erfolgt nach DIN 4279/1 bis 10 und GW 310 sowie GW 368. Nach dem Verlegen von mehreren hundert Metern Rohr ist die Druckprobe vorzunehmen. Zuvor ist der Rohrgraben bis $\geq$ 1,00 m über Rohroberkante, mit Ausnahme der Muffen, zu verfüllen und der Boden festzustampfen, damit der Rohrstrang unter dem Wasserdruck nicht ausweichen kann. Leitungen mit nicht längskraftschlüssigen Verbindungen sind an den Enden, Krümmern, Abzweigen usw. zu sichern.

Man läßt die Leitung voll Wasser laufen, wobei zu beachten ist, daß die Luft entweichen kann. Dann erhöht man den Druck mit einer Handpumpe. Ist der gewünschte Druck erreicht, so wird das Ventil in der Druckleitung der Handpumpe geschlossen. Zwischen dem abzudrückenden Strang und dem Ventil ist ein Druckmesser einzubauen.

Verfüllen der Baugrube. Nach der Druckprobe werden auch die Muffenlöcher verfüllt. Der Aushubboden ist in Lagen von 20 cm einzubringen und festzustampfen. Um das Rohr herum darf nur steinfreier Boden verwendet werden.

8.4.3   Verankerung der Rohrleitungen

8.4.3.1   Nicht längskraftschlüssige Rohrverbindungen

Rohrenden, -krümmer und -abzweige sind bei nicht längskraftschlüssigen Verbindungen gegen Ausweichen infolge Wasserinnendruckes zu sichern (s. auch Tafel **8.**17). Sie können dazu mit Beton gegen den gewachsenen Boden hinterstampft werden.

Tafel **8**.17 Auflagerkräfte für Rohrenden, -abzweige und -krümmer für p = 15 bar $\triangleq$ 1,5 MN/m² und σ_E = 0,1 MN/m² (GGG-Rohre)

| DN in mm | Rohr | | Auflagerfläche A_A in m² | | | | | |
	d_1 in m	A in m²	Endverschl. Abzweig	φ = 11,25°	22,5°	30°	45°	90°
80	0,098	0,0075	0,1131	0,0222	0,0441	0,0586	0,0866	0,1600
100	0,118	0,0109	0,1640	0,0322	0,0640	0,0849	0,1255	0,2320
150	0,170	0,0227	0,3405	0,0667	0,1328	0,1762	0,2606	0,4815
200	0,222	0,0387	0,5806	0,1138	0,2265	0,3005	0,4444	0,8211
250	0,274	0,0590	0,8845	0,1734	0,3451	0,4578	0,6769	1,2508
300	0,326	0,0835	1,2520	0,2454	0,4885	0,6481	0,9583	1,7706
400	0,429	0,1445	2,1682	0,4250	0,8460	1,1223	1,6595	3,0663
500	0,532	0,2223	3,3343	0,6536	1,3010	1,7260	2,5520	4,7154

Zur Umrechnung auf andere Werte p_1 und σ_{E1} werden die Tafelwerte mit $\dfrac{p_1 \cdot 0{,}1}{1{,}5 \cdot \sigma_{E1}}$ multipliziert.

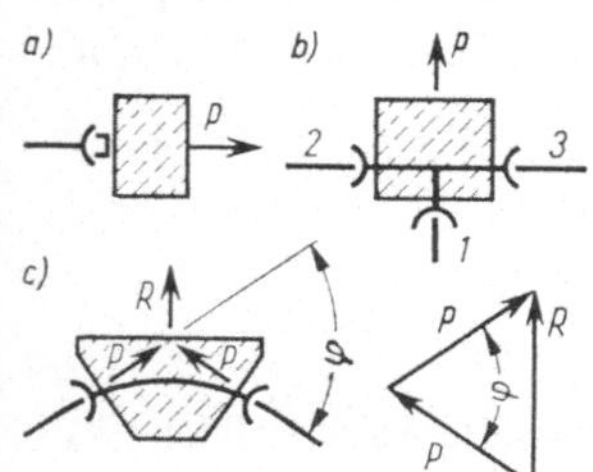

8.56
Kraftwirkung bei
Druckrohren
a) Rohrende
b) Abzweig
c) Krümmer

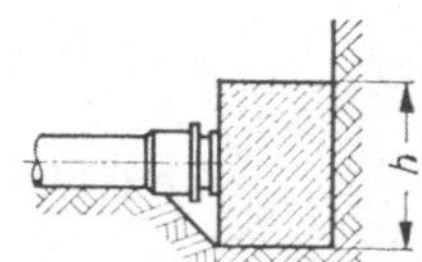

8.57 Endsicherung

Kraftwirkungen (**8**.56)
a) Endsicherung (**8**.57)

$$P = A \cdot p \qquad \mathrm{MN} = \mathrm{m}^2 \cdot \frac{\mathrm{MN}}{\mathrm{m}^2}$$

A = Querschnittsfläche des Rohres (Außendurchmesser) in m²
p = Prüfdruck in MN/m²

b) Abzweigsicherung (**8**.58)

$$P = A \cdot p \qquad \mathrm{MN} = \mathrm{m}^2 \cdot \frac{\mathrm{MN}}{\mathrm{m}^2}$$

A = Querschnitt des abzweigenden Rohres

c) Krümmersicherung (**8**.59)

$$R = 2\,P \cdot \sin\frac{\varphi}{2} \quad (\text{s. }\textbf{8}.56c)$$

mit $\qquad P = A \cdot p \qquad \mathrm{MN} = \mathrm{m}^2 \cdot \frac{\mathrm{MN}}{\mathrm{m}^2}$

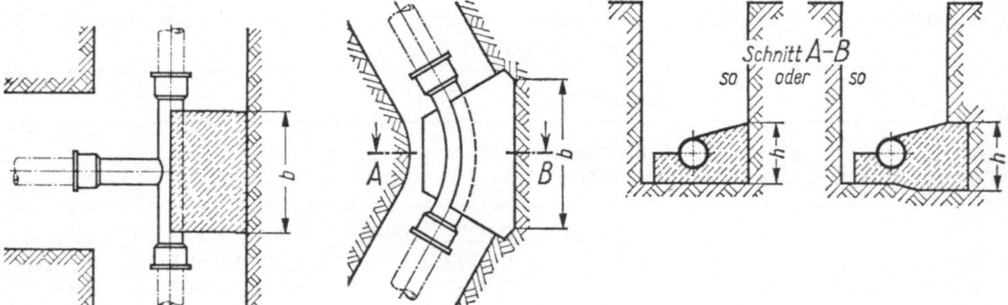

8.58 Abzweigsicherung   **8.59** Krümmersicherung

Ist die zulässige Bodenpressung σ_E MN/m², so wird die erforderliche Auflager-druckfläche

$$A_A = b \cdot h = \frac{P}{\sigma_E} \quad \text{bzw.} \quad \frac{R}{\sigma_E}$$

Beispiel 12. Die Verankerung für ein Rohrende ist zu berechnen. DN 400 mit Rohr-außendurchmesser d_1 = 429 mm, Prüfdruck (PP) = p = 15 bar $\triangleq$ 1,5 MN/m², σ_E = 0,1 MN/m².

$$A = \frac{\pi d_1^2}{4} = \frac{\pi \cdot 0,429^2}{4} = 0,145 \, \text{m}^2$$

$$P = 0,145 \, \text{m}^2 \cdot 1,5 \, \text{MN/m}^2 = 0,217 \, \text{MN}$$

A_A = 0,217/0,1 = 2,168 m² somit $b \cdot h$ = 1,50 · 1,45 = 2,175 m² gewählte Auflagerfläche A_A.

Beispiel 13. Berechnung für einen Rohrkrümmer mit φ = 45°, DN 300 (d_1 = 326 mm); p = 1,5 MN/m² und σ_E = 0,1 MN/m².

$$\text{Resultierende } R = 2\frac{\pi \cdot 0,326^2}{4} \, 1,5 \cdot \sin\frac{45°}{2} = 0,0958 \, \text{MN}$$

$$\text{Auflagerfläche } A_A = \frac{R}{\sigma_E} = \frac{0,0958}{0,1} = 0,9583 \, \text{m}^2 \approx 1,00 \cdot 0,96 \, \text{m}^2$$

Beispiel 14. Wie groß ist die erforderliche Auflagerfläche A_A für einen Rohrkrümmer DN 300, φ = 22,5°, σ_{E1} = 0,08 MN/m² und p_1 = 2,0 MN/m²?

$$A_A = 0,4885 \cdot \frac{2,0 \cdot 0,1}{1,5 \cdot 0,08} = 0,8142 \, \text{m}^2 \approx 1,00 \cdot 0,82 \, \text{m}^2$$

8.4.3.2   Längskraftschlüssige Rohrverbindungen

Die ermittelten Schubkräfte können mit Betonwiderlagern abgefangen werden. Wenn dieses z. B. aus Platzgründen oder wegen mangelnder Bodenfestigkeit nicht möglich ist, können die Kräfte durch längskraftschlüssige Verbindungen auf nachfolgende Rohre übertragen und in den Boden abgeleitet werden.

Längskraftschlüssige Verbindungen sind z. B. Flanschen- und Schweißverbin-dungen.

Muffenverbindungen, die i.a. bei erdverlegten Druckwasserrohren Verwendung finden, müssen durch besondere Maßnahmen längskraftschlüssig gemacht werden, z. B.:

- GGG-Rohre: TYTON-Verbindung mit Schubsicherung TYS (Bild **8.**31)
              TYTON-SIT-Verbindung (Bild **8.**30)
- AZ-Rohre: Z-O-K-Kupplung

Die im Arbeitsblatt GW 368 gegebenen Hinweise beziehen sich auf Rohrleitungen aus duktilem Gußeisen nach DIN 28600 und 28610 für Rohrlängen von 6,00 m. Sie sind sinngemäß auch auf Rohrleitungen anderer Baustoffe anwendbar.

Vor der Druckprüfung muß die Rohrabdeckung auf 2/3 der gesicherten Rohrlängen (4,00 m) mindestens 1,00 m betragen. Der Boden ist sorgfältig zu verdichten (Bild **8.**60), und es darf kein Wasser im Rohrgraben stehen. Die Muffenverbindungen liegen frei.

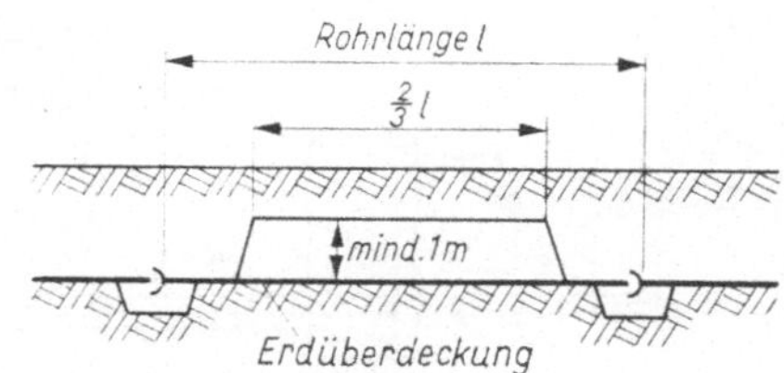

8.60 Rohrüberdeckung

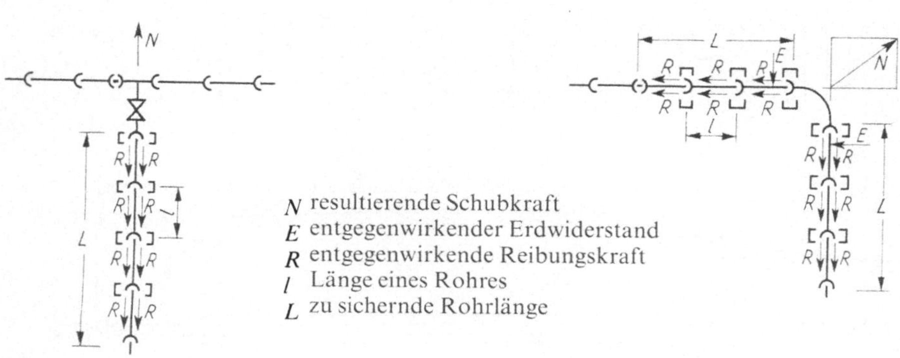

N resultierende Schubkraft
E entgegenwirkender Erdwiderstand
R entgegenwirkende Reibungskraft
l Länge eines Rohres
L zu sichernde Rohrlänge

8.61 Abzweig   **8.**62 Krümmer

Die Rohrlänge muß mindestens 6,00 m betragen, kürzere Rohre bleiben unberücksichtigt.

Die an der Rohrleitung auftretende Schubkraft wird durch den Erdwiderstand und die Reibungskräfte aus Erdwiderstand, Erdauflast, Wasserfüllung und Rohrgewicht auf den Boden übertragen (Bild **8.**61 und **8.**62).

8.4.4   Kreuzungen und Überführungen (W 305)

Bahnkreuzungen. Die Betriebssicherheit der Eisenbahn verlangt, daß Wasser-druck-Rohrleitungen durch Bahndämme oder unter Eisenbahnbrücken in ein Schutzrohr oder in einen Stollen verlegt werden, damit bei Undichtigkeiten das Wasser abfließen kann und Unterspülungen nicht eintreten. Die Abschlußdeckel der Schächte von Schutzrohren und Stollen müssen deshalb genügend große Öffnungen erhalten. Außerdem muß die Wasserleitung zu beiden Seiten des Dammes durch Schieber abstellbar sein (**8.**63).

Wenn die Leitung durch ein Schutzrohr gezogen werden muß, sind Rohre mit längskraftschlüssigen Verbindungen zu wählen. Ab DN 500 verlegt man das Rohr am besten in einem Stollen aus Beton oder Stahlbeton (**8.**64). Neben dem Rohr ist auf der einen Seite ein Arbeitsraum von 0,50 m, auf der anderen von 0,30 m erwünscht. 1,50 m Höhe wird i. allg. genügen. Bei kleinen Rohren ist es

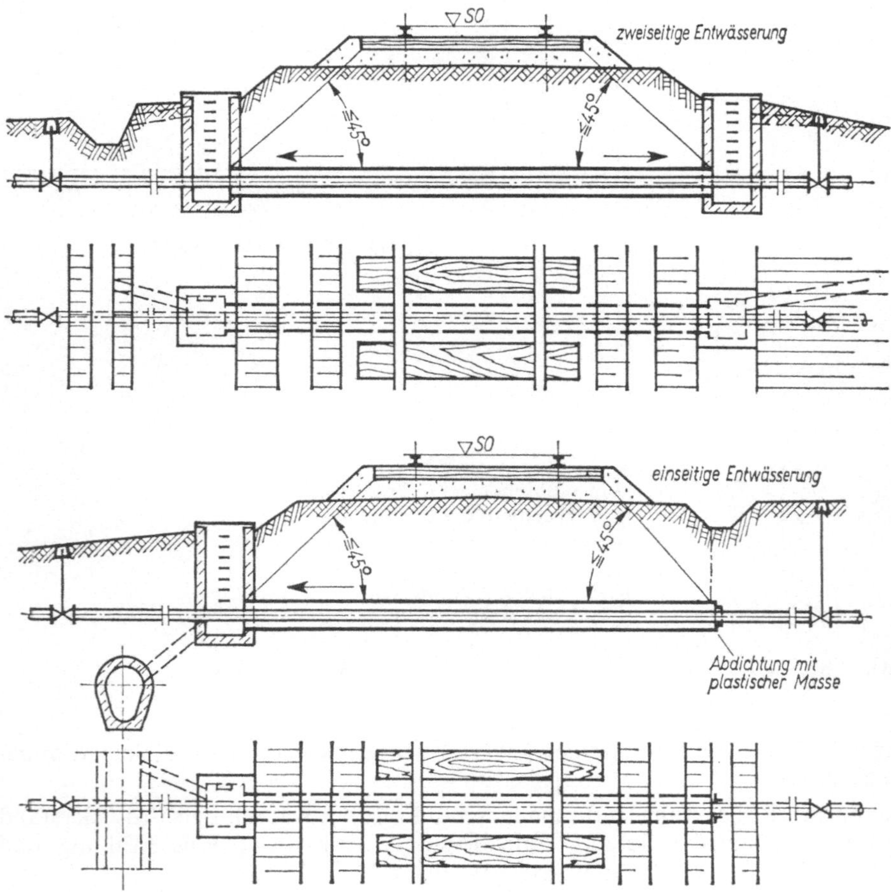

8.63   Kreuzung zwischen Wasserleitung und Schiene (W 305)

vorteilhaft, ein Stahlrohr in offener Baugrube zu verlegen oder bei geeignetem Boden mit hydraulischen Pressen durch den Bahndamm zu drücken. Das Wasserleitungsrohr wird dann durch das Schutzrohr geschoben und gezogen (**8.**65).

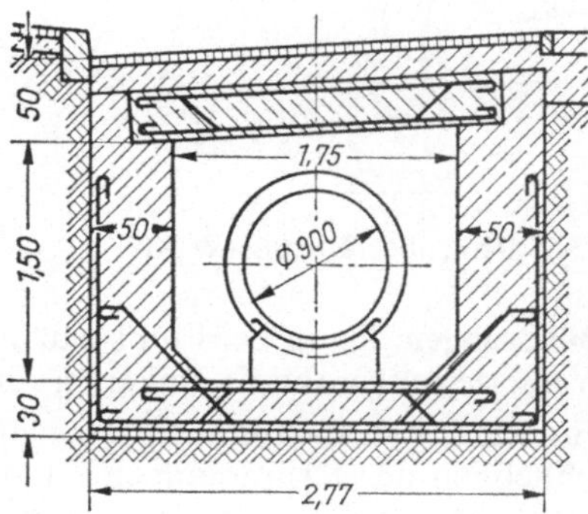

8.64 Wasserleitungsstollen

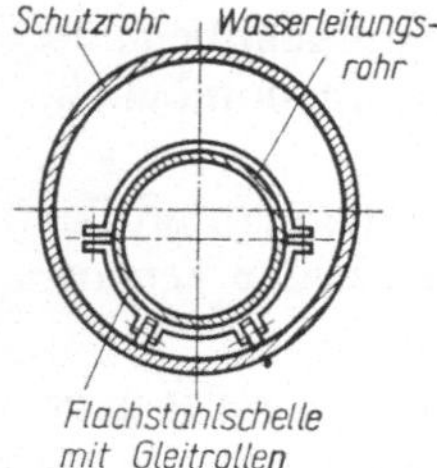

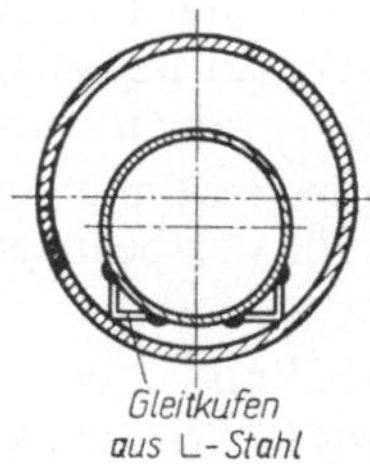

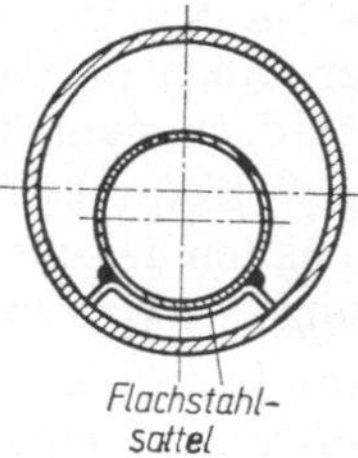

8.65 Rohrauflager in Schutzrohren (W 305)

Bei Straßenunterführungen kann auch ein Schutzrohr aus zwei Betonschalen verwendet werden. Nach Einbau der unteren Schalenhälfte wird das Wasserleitungsrohr auf Betonblöcken verlegt, die obere Schalenhälfte überdeckt und seitlich Beton zur Versteifung der Betonschalen angebracht. Bei Undichtigkeiten kann man leichter an das Rohr herankommen, als wenn es in Stahl-Schutzrohren verlegt wird.

Überführungen in Brücken. Unter den Fußwegen der Brücken sind meistens Öffnungen für Wasserleitungen vorhanden. Die Rohre werden an Bügeln aufgehängt oder auf die Stahlprofile gelegt (**8.**66). Unterlagshölzer aus Eichenholz sind zu empfehlen. Durch Zwischenlagen aus Asphaltpappe o.ä. ist die richtige Höhenlage herzustellen.

Am Hochpunkt muß eine Entlüftung angebracht werden. Das ganze Rohr ist gegen Frost mit wärmedämmendem Material zu schützen. Damit bei Temperaturänderungen keine Undichtigkeiten auftreten, sind Dehnungsstücke, ähnlich den Stopfbuchsen, einzubauen. Sofern die Brücke keinen Erschütterungen ausgesetzt ist, kann man statt der Stahlflanschrohre auch Muffenrohre aus duktilem Gußeisen mit Steckmuffen System TYTON verwenden, deren Verbindungen bei Temperaturschwankungen nachgeben.

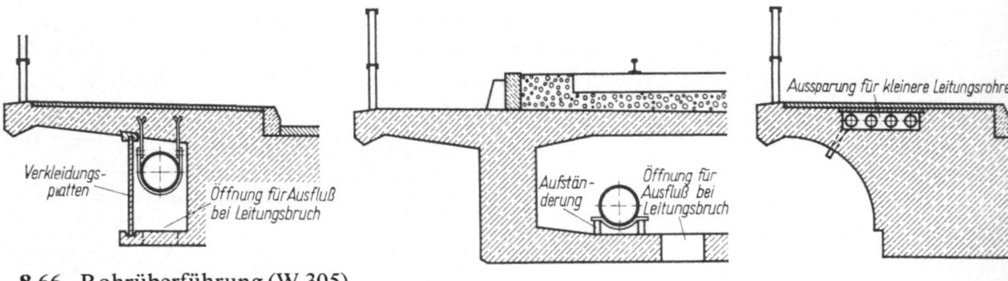

8.66   Rohrüberführung (W 305)

Dükerungen. Kann bei Flußkreuzungen keine Brücke benutzt werden, so ist das Wasserleitungsrohr als Düker zu verlegen.

Für kleinere Bachkreuzungen wird der Düker entweder aus Stahlrohren einschließlich der Krümmungen im Werk fertig hergestellt oder auf der Baustelle aus Rohren und Krümmern zusammengesetzt. Für das letztere Verfahren eignen sich Rohrmaterialien, mit denen sich zugfeste Verbindungen herstellen lassen, wie z. B. GGG-Rohre mit TYTON-SIT-Verbindungen oder AZ-Rohre mit Z-O-K-Kupplungen. Das Wasser wird umgeleitet, die Baugrube ausgehoben und der Düker in zwei Flaschenzüge gehängt und abgesenkt. Wenn irgendmöglich, überdeckt man ihn $\approx$ 30 bis 40 cm mit grobem Kies.

Bei Wasserläufen von > 1,50 m baggert man eine Rinne aus, die man größer zu halten hat, als das Rohr an und für sich beansprucht, da eine gewisse Versandung zu erwarten ist.

Man kann nach den örtlichen Verhältnissen den Düker auf einem Gerüst über Wasser zusammensetzen und ihn mit Flaschenzügen unter Einpumpen von Wasserballast versenken oder ihn auf dem Lande zusammenbauen, an den beiden Enden verschließen und ihn schwimmend auf die Baustelle fahren.

Da das Absenken von Dükern zu den schwierigen Arbeiten des Tiefbaues gehört und Ausbesserungen an Dükern kaum vorgenommen werden können, wird man breite Flußläufe möglichst auf Brücken kreuzen.

Flußläufe jeder Breite sowie Schelfgebiete werden durch eingespülte Kunststoffleitungen (PE) gekreuzt, sofern sich der Boden dafür eignet (z. B. keine Findlinge). Dabei werden die Rohre von Schiffen aus nach einem Spezialverfahren mit Druckwasser eingespült (Fa. Harmstorf, Hamburg-Altona).

8.5   Rohrnetzüberwachung und -betrieb

Das weitverzweigte Rohrnetz ist in seiner Funktionstüchtigkeit durch den schweren Straßenverkehr, durch Bodenverschiebung (Bergsenkungsgelände), durch Bodenkorrosion, Einfrieren in strengen Wintern etc. stark gefährdet. Da Undichtigkeiten und Brüche erhebliche Wasserverluste und damit Kosten verursachen, weiterhin hierdurch die Trinkwassergüte gefährdet sein kann, ist eine frühzeitige Erkennung und Schadensabwendung für einen geordneten Betrieb unabdingbar.

Hierfür sind geschulte und erfahrene Fachkräfte erforderlich, die nach einem festgelegten Organisationssystem das Verteilungsnetz regelmäßig überwachen. Eine wesentliche Hilfe hierfür ist W 390.

Für eine Überwachung sind Bestandspläne unerläßlich. Um die Unterlagen auf dem neuesten Stand zu halten, wird hier zunehmend die EDV eingesetzt. Über eine EDV-Rohrnetzkartei kann eine Schadensstatistik erstellt werden, die eine gezielte Überwachung erlaubt.

Hauptaufgaben der Überwachung sind die Prüfung auf Zugänglichkeit der Leitungstrassen und deren Armaturen, die Prüfung auf Dichtigkeit sowie die Funktionsfähigkeit der Anlagenteile. Besondere Vorsicht ist geboten, wenn Tiefbauarbeiten im Trassenverlauf vorgenommen werden. Hinsichtlich der Trinkwassergüte sind nach der TVO jährlich mindestens eine chemische Probe und in Abhängigkeit von der Wasserabgabe regelmäßige bakteriologische Proben zu nehmen.

Wichtige Rohrnetzteile, Fern- und Zubringerleitungen und die Hochbehälter sollten laufend über Fernwirkanlagen überwacht werden. Über Nachtverbrauchskontrollen findet man größere Undichtigkeiten, und mit PC gesteuerter Lecksuche können die Wasserverluste erheblich gesenkt werden (s. Abschn. 2.1). Für Be- und Entlüfter, Druckminderer, Rohrbruchsicherungen und wichtige Absperrarmaturen sind Überwachungszeiträume < 1 Jahr zu empfehlen (W 390). Für Hydranten kann z. B. die Überwachung auf die freiwillige Feuerwehr übertragen werden.

9 Wasserrecht

Neben der Sicherstellung der Finanzierung für das geplante Wasserversorgungsprojekt und der optimalen technischen Planung nach den „allgemeinen anerkannten Regeln der Technik" (aaRdT) ist die rechtliche Absicherung des Vorhabens von ausschlaggebender Bedeutung. Daher sind die für die Wasserversorgung wesentlichen rechtlichen Belange, der Verwaltungsaufbau und die Mittel zur Durchführung der Verwaltungsaufgaben sowie die möglichen Rechtsformen der Wasserversorgungsunternehmen (WVU) wichtig für eine Gesamtplanung.

9.1 Rechtskompetenzen und Rechtsformen

Deutschland ist ein Bundesstaat. Die Staatsgewalt ist auf drei Organe verteilt: die Gesetzgebung erfolgt durch die Parlamente, die vollziehende Gewalt durch die Regierung und deren Verwaltungen und die Rechtsprüfung durch die Gerichte.

Im Grundgesetz (GG) ist festgelegt, welche Gesetze der Bund allein, unter Ausschluß der Länder, erlassen kann (Art. 73 GG), welche konkurrierend mit den Ländern (Art. 74 GG) und welche als Rahmengesetze (Art. 75 GG) zu erlassen sind. Bei konkurrierenden Gesetzen haben die Länder so lange das Recht der Gesetzgebung, bis der Bund eine einheitliche Regelung trifft, Rahmengesetze erlauben den Ländern noch einen wesentlichen Gestaltungs- und Ergänzungsrahmen.

EG-Mitglieder haben zum einheitlichen Schutz der Umwelt Kompetenzen an die Europäische Gemeinschaft (EG) abgegeben. Diese erläßt EG-Richtlinien, die in nationales Recht umgesetzt werden müssen.

Die Rechtsquellen für die Wasserversorgung sind EG-Richtlinien [24], Bundesgesetze wie z. B. das Bundes-Seuchengesetz (BSeuchG) als ausschließliches Gesetz des Bundes und Rahmengesetze wie z. B. das Wasserhaushaltsgesetz (WHG), das am 27. 7. 1957 (BGBl. I, S. 110) erlassen und zuletzt am 23. 9. 1986 novelliert wurde (BGBl. I, S. 1529). Die das WHG betreffenden Länderwassergesetze wie z. B. das Niedersächsische Wassergesetz (NWG) in seiner Neufassung vom 20. 8. 1990 (Nds. GVBl. S. 371) füllen dieses Rahmengesetz aus.

Weiterhin gibt es abgeleitete Rechtsquellen in Form von Verordnungen und Satzungen wie z. B. die Trinkwasserverordnung (TrinkwV) [98] oder die Wasserverbandssatzung nach dem Wasserverbandsrecht. Rechtsverordnungen enthalten allgemeinverbindliche Rechtsnormen und Vollzugshinweise. Im zugehörigen Gesetz erhalten die Verwaltungsbehörden die Ermächtigung zum Erlassen dieser Verordnungen.

Teilweise gelten noch alte Reichsgesetze, die im Reichsgesetzblatt (RGBl) veröffentlicht sind. Nach all diesen Rechtsquellen handelt die Regierung und die ihr unterstellte Verwaltung.

9.2 Wasserhaushaltsgesetz, landesrechtliche Umsetzung und Verwaltungshandeln

Das Wasserhaushaltsgesetz (WHG) soll in seinen wesentlichen Teilen an Hand des Niedersächsischen Wassergesetzes (NWG) erläutert werden, denn das Niedersächsische Wassergesetz weist gegenüber den anderen Ländergesetzen eine Besonderheit auf: es wiederholt die allgemeinverbindlichen Vorschriften des WHG wörtlich, hierdurch liegt ein im Zusammenhang verständliches Gesamtgesetz vor.

Das Gesetz gliedert sich in elf Teile mit Unterkapiteln. Hier werden lediglich die für die Wasserversorgung wesentlichen Teile ausführlicher behandelt, die weiteren Gesetzesteile werden nur mit ihren Überschriften erwähnt.

In den §§ 1 und 2 sind einleitende Bestimmungen und Grundsätze zusammengefaßt:

Nach § 1 gilt das Gesetz

1. für folgende Gewässer:

– a) das ständig oder zeitweilig in Betten fließende oder stehende oder aus Quellen wild abfließende Wasser (oberirdische Gewässer)

– b) das Meer zwischen der Küstenlinie bei mittlerem Hochwasser oder der seewärtigen Begrenzung des Küstenmeeres (ca. 3 Seemeilen)

– c) das Grundwasser

2. für das nicht aus Quellen wild abfließende Wasser

Nach § 2 sind die Gewässer so zu bewirtschaften, daß das Wohl der Allgemeinheit sichergestellt ist und jede vermeidbare Beeinträchtigung unterbleibt.

Als Wohl der Allgemeinheit wird insbesondere benannt, daß

– nutzbares Wasser in ausreichender Menge und Güte zur Verfügung steht und die öffentliche Wasserversorgung nicht gefährdet wird

– Hochwasserschäden und schädliches Abschwemmen von Boden verhütet werden

– landwirtschaftliche und anders genutzte Flächen entwässert werden können

– die Gewässer einschließlich des Meeres vor Verunreinigungen geschützt werden

– die Bedeutung der Gewässer und ihrer Uferbereiche als Lebensstätte für Pflanzen und Tiere und ihre Bedeutung für das Bild der Landschaft berücksichtigt werden

– das Wasserrückhaltevermögen und die Selbstreinigungskraft der Gewässer gesichert und, soweit erforderlich, wiederhergestellt und verbessert werden.

Erster Teil – Gemeinsame Bestimmungen

Kap. I *Benutzung der Gewässer*

In Abschnitt 1 werden **Erlaubnis** (§ 10) und **Bewilligung** (§ 13) geregelt.

Jede Benutzung, wie die Entnahme und das Ableiten von Wasser aus oberirdischen Gewässern, das Einbringen und Einleiten von Stoffen in oberirdische Gewässer oder das Entnehmen, Zutagefördern, Zutageleiten und Ableiten von Grundwasser (§ 4) bedürfen einer Erlaubnis oder Bewilligung. Diese erfolgt unter Auflagen und legt Benutzungsbedingungen fest (§ 5), enthält Vorbehalte (§ 7) oder kann versagt werden (§ 8).

In Abschnitt 2 sind die Verfahrensvorschriften geregelt.

Während die **Erlaubnis** ohne förmliches Verfahren (d. h. keine Auslegung der Unterlagen, Eingrenzung der Einwendungsmöglichkeiten der Betroffenen, kein öffentlicher Erörterungstermin etc.) erteilt werden kann (§ 29), gelten für die **Bewilligung** das Verwaltungsverfahrensgesetz und ergänzende Maßnahmen (§ 24).

Die hier gesetzten Fristen, Bekanntmachungsorte, Akteneinsichtsmöglichkeiten etc. sind streng zu beachten, da sie leicht zu Formfehlern führen können. Bewilligung und Erlaubnis erfordern einen Antrag nach § 23, der die erforderlichen Unterlagen (Zeichnungen, Beschreibungen und Nachweise) enthält, damit ein Dritter den Umfang und die Auswirkung der Benutzung beurteilen kann.

Über die Bewilligung ergeht ein Bewilligungsbescheid (§ 26), in dem u. a. das bewilligte Recht, die Dauer, die Entscheidung über Einwendungen, die Vorbehalte und Kosten des Verfahrens geregelt werden. Die Wasserbehörde kann auch eine **Beweissicherung** und Sicherheitsleistung fordern (§ 30).

In den Abschnitten 3 und 4 werden alte Rechte (z. B. nach der Preuß. Gesetzesammlung) und Befugnisse sowie deren Ausgleich geregelt.

Der Abschnitt 5 regelt die Rechte und Pflichten des Gewässerschutzbeauftragten.

Kap. II *Wasserschutzgebiete*

Soweit es das Wohl der Allgemeinheit erfordert, können Wasserschutzgebiete (§ 48 NWG) festgelegt werden. Dies geschieht zum Schutz für bestehende oder zukünftige öffentliche Wasserversorgungen, bei Grundwasseranreicherung oder um schädliche Einflüsse (z. B. Eintrag von Bodenteilchen, Dünge- und Pflanzenbehandlungsmittel etc.) vom Gewässer fernzuhalten.

Die Schutzgebiete werden als Verordnung von Amts wegen oder auf Antrag von der Wasserbehörde festgesetzt. Es ist eine Anhörung durchzuführen. Die Kosten trägt der Begünstigte. Ist das Verfahren nach § 48 noch nicht abgeschlossen, kann durch eine vorläufige Anordnung (§ 50) ein Schutz erfolgen. Die Schutzbestimmungen nach § 49 können

1. bestimmte Handlungen verbieten oder für beschränkt zulässig erklären und

2. Eigentümer, Nutzungsberechtigte von Grundstücken zur Duldung bestimmter Maßnahmen und zur Vornahme bestimmter Handlungen verpflichten

Der Fachminister kann durch Verordnung verbindliche Schutzbestimmungen erlassen. Das Schutzgebiet wird häufig in Zonen eingeteilt. Hinweise gibt das DVGW-Regelwerk (W 101 bis 104). Schutzgebietsanordnungen, die einer Enteignung gleichkommen, sind entschädigungspflichtig.

Sehr strittig in der Gesetzgebung ist § 19(4) WHG, der in § 51a(1) NWG seinen Niederschlag findet. Hiernach erhält der Landwirt in einem Schutzgebiet eine Ausgleichszahlung, wenn die ordnungsgemäße land- und forstwirtschaftliche Nutzung des Grundstückes nicht mehr möglich ist. Es ist immer noch sehr umstritten, was unter einer ordnungsgemäßen Landwirtschaft zu verstehen ist [13]. Kritisiert wird, daß hierdurch das Verursacherprinzip verlassen wird. Das WHG stellt es in das Ermessen der Länder, die Ausgleichszahlungen zu regeln. Einige Länder wählen den Weg des „Wasserpfennigs" – es wird ein allgemeines Wasserentnahmeentgelt erhoben –, und die Ausgleichszahlung erfolgt durch das Land (z. B. Baden-Württemberg). Die Landwirte müssen für die Ausgleichszahlung bestimmte Leistungen erbringen und nachweisen.

In Niedersachsen wie auch in anderen Ländern erfolgt eine Entschädigung – z. B. für das Verbot und die Beschränkungen für Pflanzenschutzmittel in Wasserschutzgebieten (Rd.Erl.d.MU vom 30. 4. 1991) – zwischen dem ausgleichspflichtigen Wasserversorgungsunternehmen und den ausgleichsberechtigten Landwirten direkt. Die Berechnungsgrundlagen sind schwierig und sehr komplex. Eine örtliche Pauschalierung aufgrund von Arbeitsgemeinschaften, in der alle Betroffenen vertreten sind, wird angestrebt.

Kap. III *Gewässerkundlicher Landesdienst*

Kap. IV/V/VI *Entschädigung/Gewässeraufsicht/Haftung*

Zweiter Teil – Bestimmungen für oberirdische Gewässer

Kap. I/II *Eigentum/Erlaubnisfreie Benutzung*

Kap. III *Stauanlagen*
In § 86 werden Talsperren und Wasserspeicher behandelt.

Kap. IV/V *Regelung des Wasserabflusses und Reinhaltung/Unterhaltung und Ausbau*

Dritter Teil – Bestimmungen für Küstengewässer

Vierter Teil – Bestimmungen für das Grundwasser, Heilquellenschutz

Kap. I *Erlaubnisfreie Benutzung*
Nach § 136 ist eine Erlaubnis oder Bewilligung nicht erforderlich für das Entnehmen, Zutagefördern, Zutageleiten oder Ableiten von Grundwasser für den Haushalt, landwirtschaftlichen Hofbetrieb, Viehtränken etc. (Gemeingebrauch).

Nach § 137 darf eine Erlaubnis für das Einleiten von Stoffen in das Grundwasser nur erteilt werden, wenn eine schädliche Verunreinigung oder eine sonstige nachteilige Veränderung seiner Eigenschaften nicht zu befürchten ist.

Kap. II *Heilquellenschutz*

Fünfter Teil – Wasserversorgung, Abwasserbeseitigung

Kap. I *Wasserversorgung*
Nach § 145 sind öffentliche Wasserversorgungsanlagen nach den allgemeinen anerkannten Regeln der Technik zu errichten und zu betreiben. „Allgemeine anerkannte Regeln der Technik" (aaRdT) stellen die herrschende Auffassung der technischen Praktiker dar. Zu den aaRdT zählt u.a. das Technische Regelwerk

von Fachverbänden (DVGW), die von den Trägern der Unfallversicherung verfaßten Sicherheitsregeln (UVV), die DIN-Vorschriften etc. Ein Verstoß gegen diese Regeln bedeutet in strafrechtlicher Hinsicht grobe Fahrlässigkeit. Wird als Maßstab der „Stand der Technik" (SdT) verlangt, so ist der Standard wesentlich höher. Beim SdT handelt es sich um einen Entwicklungsstand, der noch in die Pilotentwicklungsphase hineinreicht, aber eine gewisse Praxiserprobung erreicht hat, ohne allgemein anerkannt zu sein.

Nach § 147 sind die öffentlichen Wasserversorgungsunternehmen verpflichtet, das Rohwasser untersuchen zu lassen.

Kap. II *Abwasserbeseitigung*
Nach § 148 muß Abwasser so beseitigt werden, daß das Wohl der Allgemeinheit nicht beeinträchtigt wird.

Die Abwasserbeseitigung umfaßt das Sammeln, Fortleiten, Behandeln, Einleiten, Versickern, Verregnen und Verrieseln von Abwasser sowie das Entwässern von Klärschlamm im Zusammenhang mit der Abwasserbeseitigung.

Sechster Teil – Anlagen für wassergefährdende Stoffe

Kap. I/II *Rohrleitungsanlagen zum Befördern wassergefährdender Stoffe/Anlagen zum Umgang mit wassergefährdenden Stoffen*

Siebter Teil – Behörden, Zuständigkeit, Gefahrenabwehr

Kap. I *Allgemeine Vorschriften*
In § 168, § 169 und § 170 sind die Wasserbehörden sowie deren Aufgaben und Zuständigkeiten aufgeführt. Die Gliederung erfolgt nach Verwaltungsstufen:

1. Oberste Wasserbehörde ist das Fachministerium (Umweltminister).

2. Obere Wasserbehörden sind die Bezirksregierungen.

3. Untere Wasserbehörden sind Landkreise, kreisfreie Städte und große selbständige Städte.

Die „Staatlichen Ämter für Wasser und Abfall" (STAWA) sind technische Fachbehörden. Fast alle Länder haben Landesämter für den „Umweltschutz".

Das Handeln der Behörden tritt in Form von Verwaltungsmaßnahmen zutage. Erlasse des Fachministers oder Verfügungen der Bezirksregierung richten sich an nachgeordnete Behörden. Verordnungen, die aufgrund einer gesetzlichen Ermächtigung erlassen werden, richten sich als Rechtsnorm an die Allgemeinheit.

Eine häufige Willensäußerung der Behörde ist der Verwaltungsakt. Bei einem Verwaltungsakt regelt eine Behörde einen Einzelfall mit Rechtswirkung nach außen (z. B. die Erteilung einer Bewilligung zur Entnahme von Grundwasser).

Verwaltungsakte können angefochten werden, sie müssen daher eine Rechtsmittelbelehrung enthalten, die den Einspruchsweg und die einzuhaltenden Fristen aufzeigt. Formfehler machen ihn anfechtbar und können bis zur Nichtigkeit führen. Öffentlich-rechtliche Streitigkeiten werden durch die Verwaltungsgerichte geklärt.

Kap. II *Gefahrenabwehr*
Treten wassergefährdende Stoffe aus, so ist dies nach § 172 umgehend zu melden.

Achter Teil – Zwangsrechte

Nach § 176 kann unter Voraussetzung von § 175 und gegen Entschädigung die Durchleitung einer Wasserversorgungsleitung erreicht werden.

Neunter Teil – Wasserwirtschaftliche Planung, Wasserbuch

Mit Hilfe von Rahmen- und Bewirtschaftungsplänen kann der Wasserhaushalt geordnet werden. Die Pläne sind der Entwicklung fortlaufend anzupassen. Im Wasserbuch sind – allerdings ohne rechtliche Wirkung – Erlaubnisse, Bewilligungen, alte Rechte, Wasserschutzgebiete etc. eingetragen. Das Wasserbuch kann von jedermann eingesehen werden.

Zehnter/Elfter Teil – Bußgeldbestimmungen/Übergangs- und Schlußbestimmungen

In § 190 sind die Handlungen aufgeführt, die bei vorsätzlicher oder fahrlässiger Nichtbeachtung zu einer Ordnungswidrigkeit führen.

9.3   Weitere Rechtsquellen für die Wasserversorgung (Auswahl)

Neben dem WHG spielen in der Wasserversorgung weitere Rechtsquellen eine wichtige Rolle. Da das Trinkwasser ein Lebensmittel ist, muß es dem Lebensmittel- und Hygienerecht entsprechen. Die EG-Richtlinie über die Qualität von Wasser für den menschlichen Gebrauch [24] hat neben gesundheitlich relevanten Stoffen auch solche festgelegt, die nur geringe Relevanz für die Gesundheit haben.

Es werden dem Wasser auch Zusatzstoffe zur Erreichung eines bestimmten Aufbereitungszieles zugegeben (z. B. Flockungsmittel). Aus diesem Grund ist neben dem Bundes-Seuchengesetz (BSeuchG) auch das Lebensmittel- und Bedarfsgegenständegesetz (LMBG) wichtig. Aufgrund dieser beiden Rechtsgrundlagen wurde z. B. die Trinkwasserverordnung (TrinkwV – 1986 oder kurz TVO) erlassen. Für Zusatzstoffe galt zunächst die alte Trinkwasser-Aufbereitungs-VO (TAVO) in der letzten gültigen Fassung vom 13. 12. 1979. Mit der Verordnung zur Änderung der Trinkwasser-Verordnung und der Mineral- und Tafelwasser-Verordnung vom 5. 12. 1990 wurde die alte TAVO aufgehoben (BGBl. I, S. 2600). Die Neufassung der TrinkwV (BGBl. I 1990, S. 2612 und 1991, S. 227) regelt nun auch die Zusatzstoffzugabe. Für den Zweck der Verteidigung wurde das Wassersicherstellungsgesetz am 24. 8. 1965 erlassen (BGBl. I, S. 1225, 1817). Auf dieser Gesetzesquelle beruht auch die 1. und 2. Wassersicherstellungs-VO (WasSV).

Sind Bundeswasserstraßen betroffen, z. B. bei der Entnahme von Flußwasser, so gilt das Bundeswasserstraßengesetz (WaStrG) vom 2. 4. 1968 (BGBl. II, S. 173).

Die Abgabe von Trinkwasser ist durch die Verordnung über Allgemeine Bedingungen für die Versorgung mit Wasser (AVBWasserV) geregelt. Die Grundlage hierfür bildet das Gesetz zur Regelung des Rechts der Allgemeinen Geschäftsbedingungen (AGBG). Die AVBWasserV regelt Rechte zwischen Versorgungsunternehmen und Wasserkunden. Sie dient dem Verbraucherschutz und ist seit 1982 zwingend vorgeschrieben. Es dürfen nur Materialien und Geräte mit Prüfzeichen verwendet werden (z. B. DVGW-Zeichen).

9.4   Rechtsformen der WVU
   (Wasserversorgungsunternehmen)

Die Versorgung mit Trinkwasser gehört zu den Aufgaben der Daseinsvorsorge der Gemeinden. Gemeinden sind Gebietskörperschaften mit dem Recht auf Selbstverwaltung. Die Organe einer Gemeinde sind der Rat und die Verwaltung. Zur Regelung ihrer Angelegenheiten werden allgemein verbindliche Rechtsvorschriften in Form von Satzungen erlassen.

Wegen der überregionalen Bedeutung ist ein Regiebetrieb als Wasserversorgungsunternehmen zu vermeiden und ein Eigenbetrieb oder eine Eigengesellschaft anzustreben. Während ein Regiebetrieb unselbständig ist, bildet der Eigenbetrieb eine selbständige Abteilung in der Verwaltung.

Eigenbetriebe haben keine eigene Rechtspersönlichkeit, sondern sind integrierter Bestandteil der Gemeindeverwaltung und somit dem Rat der Gemeinde verantwortlich. Häufig wird ein Werkausschuß vom Rat bestimmt, der im Rahmen der Betriebssatzung eigenverantwortlich handeln kann. Die Eigenbetriebe werden nach der jeweiligen Länder-Eigenbetriebsverordnung (EigBetrVO) geführt. Sie müssen einen eigenen Vermögenshaushalt als Sondervermögen der Gemeinde nachweisen.

Eigengesellschaften sind Unternehmen mit eigener Rechtspersönlichkeit. Häufige Rechtsformen sind die Aktiengesellschaft (AG) oder Gesellschaft mit beschränkter Haftung (GmbH). Die AG und GmbH sind Handelsgesellschaften nach dem Handelsgesetzbuch (HGB). Es handelt sich um Kapitalgesellschaften, die nach dem Aktienrecht bzw. nach dem Gesellschaftsrecht geführt werden. Aktionär bzw. Gesellschafter ist die Gemeinde. Die Organe der AG sind der Vorstand als geschäftsführendes Organ, welches vom Aufsichtsrat kontrolliert wird. Als höchstes Beschlußorgan fungiert die Hauptversammlung. Bei der GmbH erfolgt die Geschäftsführung durch einen oder mehrere Geschäftsführer, die durch die Gesellschafterversammlung überwacht werden. Bei der AG oder GmbH ist eine direkte Einflußnahme durch den Gemeinderat nicht mehr möglich, vom Rat gewählte oder bestimmte Personen vertreten in den Organen die Interessen des Rates.

Wird eine überregionale Zusammenarbeit erforderlich, so werden häufig Wasserverbände gegründet. Dies geschieht entweder nach dem Zweckverbandsrecht des Landes oder nach dem Wasserverbandsrecht des Bundes.

Diese Zweck- oder Wasser- und Bodenverbände nehmen häufig Teilaufgaben der Wasserversorgung wahr, wie beispielsweise die Wassergewinnung und Aufbereitung, während die Verteilung bei den Gemeinden verbleibt. Es ist aber auch eine Gesamtübertragung möglich. Bei einem Verband senden die beteiligten Gemeinden Vertreter in die Verbandsversammlung, dieses oberste Organ wählt den Vorstand, der nach seiner Wahl einen Vorsteher wählt. Bei kleinen Verbänden wird nur ein Vorsteher gewählt. Für die Durchführung der Verbandsaufgaben ist eine hauptamtliche Geschäftsführung erforderlich. Der Geschäftsführer wird von der Verbandsversammlung oder vom Vorstand bestimmt. Bei großen Verbänden besteht die hauptamtliche Verwaltung aus Einzelabteilungen für den technischen und kaufmännischen Bereich. Der Verband wird vom Vorsteher nach außen vertreten, während der Geschäftsführer die laufenden Geschäfte vornimmt. Die Gesamtkosten des Verbandes werden anteilig auf die Gemeinden verteilt.

Literatur

[1]   Asbest, Asbestzement, Asbestzementrohre. AC Tiefbau **15** (1983) 22−24
[2]   Ausgewählte Kapitel zu Planung und Bau von Wasserbehältern. Seminar d. DVGW-Fachausschusses „Wasserbehälter" am 27. 10. 1982 in München und am 21. 4. 1983 in Dortmund. Eschborn 1983 (DVGW-Schriftenreihe Wasser. Nr. 33)
[3]   Auslegung von Kreiselpumpen. Hrsg. KSB. Ausg. 1. 3. 83
[4]   A x t, G.: Die Grundlagen der Wasserentsäuerung und ihre analytische Erfassung und Kontrolle. Veröffentlichungen d. Bereichs u. Lehrstuhls f. Wasserchemie d. TH Karlsruhe 1966. H. 1, 1−28
[5]   B e f o r t h, H.: Entsäuerung von Wasser − bewährte Verfahren mit neuen Perspektiven. bbr **35** (1984) H. 6
[6]   B e f o r t h, H.: Entsäuerung von Wasser − Überlegungen zur neuen TVO. bbr **38** (1987) H. 2
[7]   Berechnungen zum Kalk-Kohlensäure-Gleichgewicht. Werkstandards d. VEB Projektierung Wasserwirtschaft. Halle 1986 (WAPRO. 1.44)
[8]   Betriebssicherheit und Instandhaltung von Rohrnetzen. 2. Rohrleitungssymposium im Rahmen der Wasser Berlin '89 am 12. 4. und 13. 4. 1989
[9]   B i s c h o f, W.: Abwassertechnik. 9. Aufl. Stuttgart 1989
[10] B o g e r, G. A.; H e i n z m a n n, H.; O t t o, H.; R a d s c h e i t, W.: Kommentar zu DIN 1988, T. 1−8: Technische Regeln für Trinkwasser-Installationen (TRWI). Berlin u. a. 1989 (Beuth-Kommentare)
[11] Bundes-Seuchengesetz in der Fassung vom 18. 12. 1979, BGBl. I, S. 2262ff; letzte Änderung vom 27. 6. 1985, BGBl. I, S. 1254
[12] C o r d - L a n d w e h r, K. u.a.: Gutachterliche Untersuchung zur Festsetzung eines Wasserschutzgebietes für die Wasserwerke Alt-Wallmoden und Baddeckenstedt. Braunschweig 1988 [unveröff.]
[13] C o r d - L a n d w e h r, K.; S c h w e r d t f e g e r, G.: Nitratbelastung im Grundwasser am Beispiel des Wasserwerks Holdorf. Wasser und Boden **42** (1990) H. 4, 216−220
[14] Daten zur Umwelt 1988/89. Hrsg. Umweltbundesamt. Berlin 1989
[15] D e h n i n g, A.: EDV-Berechnung des Gleichgewichtssystems der Kohlesäure und ihrer Ionen (Kalk-Kohlensäure-Gleichgewicht). Suderburg 1989 [Diplomarbeit]
[16] Denitrifikationsverfahren in der Trinkwasseraufbereitung. Techn. Mitteilung Nr. 14 der FIGAWA. bbr **40** (1989) H. 3, 144−167
[17] Druckrohre und Formstücke. Hrsg. Eternit. 7. Aufl. Berlin 1975
[18] Durchströmung (Wasseraustausch) in Wasserbehältern. Forschungsberichte. Eschborn 1981 (DVGW-Schriftenreihe Wasser. Nr. 27)
[19] DVGW-Fortbildungskurse Wasserversorgungstechnik für Ingenieure und Naturwissenschaftler. Kurs 2: Wasserverteilung. T. 1 und 2. Eschborn 1985 (DVGW-Schriftenreihe Wasser. Nr. 202)
[20] DVGW-Fortbildungskurse Wasserversorgungstechnik für Ingenieure und Naturwissenschaftler. Kurs 5: Wasserchemie für Ingenieure. Eschborn 1989 (DVGW-Schriftenreihe Wasser. Nr. 205)
[21] DVGW-Fortbildungskurse Wasserversorgungstechnik für Ingenieure und Naturwissenschaftler. Kurs 6: Wasseraufbereitungstechnik für Ingenieure. Eschborn 1980 (DVGW-Schriftenreihe Wasser. Nr. 206)

[22] DVGW-Fortbildungskurse Wasserversorgungstechnik für Ingenieure und Naturwissenschaftler. Kurs 6: Wasseraufbereitungstechnik für Ingenieure. 3. Aufl. Eschborn 1987 (DVGW-Schriftenreihe Wasser. Nr. 206)

[23] Eberle, S. H.: Die wasserchemische Berechnung der Kohlensäuregleichgewichte unter Berücksichtigung der Komplexierung von Calcium und Magnesium sowie der Anwesenheit von Phosphat, Ammonium und Borsäure. Hrsg. Kernforschungszentrum Karlsruhe. Karlsruhe 1986 (Kfk-Bericht 3930 UF)

[24] EG. Richtlinie des Rates über die Qualität von Wasser für den menschlichen Gebrauch vom 15. 7. 1980 (80/778/EWG). Amtsbl. d. Europ. Gemeinsch. (1980) Nr. L 229, 11−29

[25] Empfehlungen für Anordnungen an die Beschaffenheit, Untersuchung und Beurteilung von Trinkwasser. Guidelines for Drinking-water Quality. Vol. 1. Hrsg. World Health Organization. Genf 1984

[26] Exler, H. L.: Geophysikalische Bohrlochmessungen. gwf − Wasser, Abwasser **122** (1981) H. 1, 20−28

[27] Förstner, U.; Müller, G.: Schwermetalle in Flüssen und Seen als Ausdruck der Umweltverschmutzung. Berlin u. a. 1974

[28] Gerbener, H.-J.: Schweißverbindungen von PE-HD-Rohren in der Gas- und Wasserversorgung. bbr **41** (1990) H. 5, 259−263

[29] Gesundheitliche Beurteilung von Kunststoffen und anderen nicht-metallischen Werkstoffen im Rahmen des Lebensmittel- und Bedarfsgegenständegesetzes für den Trinkwasserbereich (KTW-Empfehlungen). Bundesgesundheitsblatt (1979) 10−13, 56−60, 124−129

[30] Grohmann, A.: Die Kohlensäure in den Deutschen Einheitsverfahren. II: Die Kalkaggressivität von Wasser. Vom Wasser **38** (1971) 97−118

[31] Grombach, P.; Haberer, K.; Trüeb, E. U.: Handbuch der Wasserversorgungstechnik. München u. a. 1985

[32] Grundwasser. Richtlinien f. Beobachtung u. Auswertung. T. 1: Grundwasserstand. Hrsg. Länderarbeitsgemeinschaft Wasser (LAWA). München 1982

[33] Grundwasserbericht 1990 für den Dienstbezirk des Staatlichen Amtes für Wasser und Abfall Braunschweig. Bearb. v. M. Eberle. Braunschweig 1991 [unveröff.]

[34] Hässelbarth, U.: Das Kalk-Kohlensäure-Gleichgewicht in natürlichen Wässern unter Berücksichtigung des Eigen- und Fremdelektrolyt-Einflusses. gwf − Wasser, Abwasser **104** (1963) H. 4, 89−93 u. H. 6, 157−160

[35] Handbuch Gußrohr-Technik. Hrsg. Fachgemeinschaft Gußeiserne Rohre. Köln 1983

[36] Handbuch Wasserversorgungs- und Abwassertechnik. 2. Ausg. Essen 1987

[37] Handbuch Wasserversorgungs- und Abwassertechnik. 3. Ausg. Essen 1989

[38] Heitmann, H.-G.; Marquardt, K.: Behandlung salzhaltiger Wässer. Vom Wasser **68** (1987)

[39] Heuser, E.-E.: Gefährdungspotentiale und Schutzstrategien für die Grundwasservorkommen in der Bundesrepublik Deutschland. Darmstadt 1985 (Schriftenreihe WAR. 27)

[40] Höll, K.: Wasser. 7. Aufl. Berlin u. a. 1986

[41] Höll, W. H.; Kretschmar, W.; Steeb, B.: Das CARIX-Verfahren zur Enthärtung von Trinkwasser. Fachgemeinschaft Gußeiserne Rohre − FGR-Informationen für das Gas- und Wasserfach (1987) H. 22, 36−42

[42] Hölzel, G.: Die Chemie des Kalk-Kohlensäure-Gleichgewichts. Bestimmung des Soll-pH-Wertes. 1. Mülheimer Wassertechnisches Seminar am 25. 9. 1986. Mülheim 1987 (Berichte aus d. Rhein.-Westf. Inst. f. Wasserchemie u. Wassertechnologie an d. Univ./Gesamthochschule Duisburg. 1, 57−73)

[43] Holluta, J.; Eberhardt, M.: Über geschlossene Enteisenung durch Schnellfiltration. Vom Wasser **24** (1957) 93

[44]   Holluta, J.; Velten, S.: Untersuchungen über die Enteisenung. Vom Wasser **29** (1962) 58

[45]   Kaschke, W.; Schulte, P.: Verfahren zur Desinfektion von Trinkwasser mit Chlordioxid (ClO_2). Wasser und Boden **42** (1990) H. 4, 231–244

[46]   Kittner, H.; Starke, W.; Wissel, D.: Wasserversorgung. 5. Aufl. Berlin 1985

[47]   Köhler, R.: Schweißarbeiten auf Rohrleitungsbaustellen für Stahl, Gußeisen und Kunststoff. 3 R International **25** (1986) H. 10

[48]   Kruse, C.-L.: Zur Einschätzung der Notwendigkeit der Entsäuerung aus Gründen des Korrosionsschutzes. 1. Mülheimer Wassertechnisches Seminar am 25. 9. 1986. Mülheim 1987. (Berichte aus d. Rhein.-Westf. Inst. f. Wasserchemie u. Wassertechnologie an d. Univ./Gesamthochschule Duisburg. 1, 47–56)

[49]   KSB-Kreiselpumpenlexikon. 2. Aufl. Frankenthal 1980

[50]   Kylau, H.-J.: Asbest im Trinkwasser, ein Problem unserer Gesellschaft. Wasser und Boden **41** (1989) H. 5, 317–318

[51]   Lebensdauer von Bakterien und Viren in Grundwasserleitern. Hrsg. Umweltbundesamt. Berlin 1985. (UBA-Materialien. 2/85)

[52]   Lebensmittel- und Bedarfsgegenständegesetz vom 15. 8. 1974, BGBl I, S. 1945 ff

[53]   Lehrbrief Fachhochschulstudium. Hrsg. Ingenieurschule für Wasserwirtschaft. Wasserversorgung. T. 3.1: Wasseraufbereitung. Bearb. D. Nowe u. a. Magdeburg 1979

[54]   Leitlinien zur Durchführung von Kostenvergleichsrechnungen. Hrsg. Länderarbeitsgemeinschaft Wasser (LAWA). München 1986

[55]   Löffler, H.; Böhler, E.; Krätschmar, H.; Hartmann, D.: Hochleistungsverfahren Mehrschichtfiltration. Hrsg. Forschungszentrum Wassertechnik Dresden. Dresden [um 1980]

[56]   Lufsky, K.: Bauwerksabdichtung. 4. Aufl. Stuttgart 1983

[57]   Mattheß, G. u. a.: Der Stofftransport im Grundwasser und die Wasserschutzgebietsrichtlinie W 101. Berlin 1985 (UBA-Bericht. 7/85)

[58]   Menk, H.: Versorgungstechnische Einrichtungen in Wassertürmen. Wasser und Boden **22** (1970) H. 5, 111–113

[59]   Möhle, K. A.: Möglichkeiten und Grenzen der rationellen Verwendung von Trinkwasser. In: Wasserbedarf, Wasserbedarfsentwicklung, rationelle Verwendung von Trinkwasser, Seminar der Univ. Hannover, Fachgebiet Wasserversorgung am 14. 9. 1983

[60]   Möhle, K. A.: Wasserversorgung (Siedlungswasserwirtschaft II.) Vorlesungsumdrucke d. Univ. Hannover, Inst. f. Siedlungswasserwirtschaft u. Abfalltechnik. Hannover 1989 [unveröff.]

[61]   Mühlenberg, E.: Relining mit Polyethylen-hart-Rohren (HDPE-Rohren) ist eine Sanierungsmethode für defekte Rohrleitungen. krv-Nachrichten (1985) H. 1, 2–4

[62]   Müller, J.: Wasserwirtschaftliche Rahmenplanung. Hannover 1974 [unveröff.]

[63]   Müller, J.: Wasserbedarfsprognose Niedersachsen. [Nach 1982 unveröff.]

[64]   Nagel, G.: Belüftungsverfahren in der Trinkwasseraufbereitung. In: Wasseraufbereitung. 6. Wassertechnisches Seminar der TU München. München 1982 (Berichte aus Wassergütewirtschaft u. Gesundheitsingenieurwesen. 36, 41–70)

[65]   Neuere Erkenntnisse beim Bau und Betrieb von Vertikalfilterbrunnen. 12. Wassertechnisches Seminar an d. TH Darmstadt am 14. 5. 1987. Darmstadt 1987 (Schriftenreihe WAR. 32)

[66]   Niedersachsen – Wasserwirtschaft in Zahlen. Hrsg. Nieders. Min. f. Ernährung, Landwirtschaft u. Forsten. Hannover 1984

[67]   Nold-Brunnenfilterbuch. 6. Aufl. Stockstadt/Rhein 1989

[68]   Ozontechnik deutscher Industrieunternehmen. bbr **36** (1985) H. 3

[69]   Ozontechnik in der Wasseraufbereitung. Techn. Mitteilungen Nr. 12 u. 13 d. FIGAWA. bbr **38** (1987) H. 7 und H. 8

[70] Pflanzenschutzmittel und Grundwasser. Bestandsaufnahme, Verhinderungs- u. Sanierungsstrategien. 6. Fachgespräch in Berlin am 30.5.–1.6.1988. Berlin 1989 (Schriftenreihe d. Vereins d. Wasser-, Boden- u. Lufthygiene. 79)

[71] Quentin, K.-E.: Trinkwasser. Berlin u.a. 1988

[72] Reiche, K.: Polyethylen-Schweißverfahren für Verbindungen druckführender Gas- und Wasserverteilnetze. bbr **41** (1990) H. 3, 129–135

[73] Reinhaltung der Gewässer in Niedersachsen – Grundwassergütemeßnetz. Hrsg. Nieders. Umweltmin. Hannover 1987

[74] Richtlinien für den Bäderbau, Koordinierungskreis Bäder. 2. Aufl. Nürnberg 1982

[75] Rieger, W.: Grabenverbau und Verbausysteme. Neue DELIWA-Zeitschrift (1989) H. 11, 594–595

[76] Roennefahrt, K. W.: Fallverdüsung und Fallverdüsungsfilter – ein wirtschaftliches Verfahren zur Entsäuerung, Enteisenung und Entmanganung von Brunnenwässern. bbr **26** (1975) H. 12

[77] Rohrleitungen und Armaturen in der Wasserversorgung. 10. Wassertechnisches Seminar an der TH Darmstadt am 24.4.1986. Darmstadt 1986 (Schriftenreihe WAR. Nr. 28)

[78] Rohrnetz und Rohrwerkstoffe. 9. Wassertechnisches Seminar an der TU München. München 1985 (Berichte aus Wassergütewirtschaft u. Gesundheitsingenieurwesen. Nr. 57)

[79] Roßmayer, M.: Berechnung von Rohrnetzen mit Hilfe von PC-Rechnern. Suderburg 1989 [Diplomarbeit]

[80] Salisko, W.: Aspekte zu Planung, Bau und Betrieb von Grundwassergewinnungsanlagen. Neue DELIWA-Zeitschrift (1986) H. 7

[81] Schleicher, F.: Taschenbuch für Bauingenieure. Bd. 1 und 2. 2. Aufl. Berlin u.a. 1955

[82] Sontheimer, H.: Der „Kalk-Kohlensäure-Mythos" und die instationäre Korrosion. Schriftenreihe d. Engler-Bunte-Instituts d. Univ. Karlsruhe, Bd. 29. 1989, 84–85

[83] Sontheimer, H.; Spindler, P.; Rohmann, U.: Wasserchemie für Ingenieure. Karlsruhe 1980

[84] Städtisches Wasserwerk Gifhorn. Entwurf. Ing.-Büro Dr.-Ing. Zander. Braunschweig [um 1980 unveröff.]

[85] Tillmans, J.: Über die kohlensauren Kalk angreifende Kohlensäure der natürlichen Wässer. Der Gesundheitsingenieur **35** (1912) H. 34, 669–677

[86] Tillmans, J.; Hirsch, P.; Heckmann, W. R.: Der Einfluß von höheren Temperaturen und Salzzusätzen auf das Kalk-Kohlensäure-Gleichgewicht im Wasser und die Kalk-Rost-Schutzschicht. gwf – Wasser, Abwasser **74** (1931), H. 1, 1–9

[87] Trinkwasser für Wolfenbüttel. Hrsg. Stadtwerke Wolfenbüttel. Wolfenbüttel 1983

[88] Trinkwasserbereitstellung – Speicherung und Förderung. 11. Wassertechn. Seminar an der TU München am 22.10.1986. München 1986 (Berichte aus Wassergütewirtschaft u. Gesundheitsingenieurwesen. Nr. 73)

[89] Die Trinkwasserverordnung. Einf. u. Erl. f. Wasserversorgungsunternehmen u. Überwachungsbehörden. Hrsg. K. Aurand u.a. 2. Aufl. Berlin 1987

[90] Trinkwasserverordnung/Grenzwerte für chemische Stoffe nach Anlage 2 Ziff 13a. Ausführungsbestimmungen d. Nieders. Sozialmin. vom Sept. 1989

[91] Truelsen, C.: Bohrbrunnen – Dimensionierung zur Verhinderung ihrer Verockerung und Verkrustung. gwf – Wasser, Abwasser **99** (1958) H. 8, 185–188

[92] Umkehrosmose in der Wasseraufbereitung. Techn. Mitteilungen Nr. 4 der FIGAWA. 3. Aufl. Sonderdruck aus: bbr **36** (1985) H. 4

[93] Unfallverhütungsvorschrift „Bauarbeiten (mit Durchführungsanweisungen zur VGB 37)" 04/85. UVV-VGB 37

[94] Unfallverhütungsvorschrift „Chlorung von Wasser" 24a/80. UVV-VGB 65

[95] UV-Bestrahlung in der Wasserausbereitung. Techn. Mitteilungen Nr. 11 der FIGAWA. 2. Aufl. Sonderdruck aus: bbr **36** (1985) H. 4 und **38** (1987) H. 5

[96] Veh, G. M.: Wasserversorgung 2000. Jahrbuch der Karl-Hillmer-Gesellschaft Suderburg, 1981/82, I–XXVIII

[97] Verlegeanleitung für Rohrleitungen aus PVC hart in der Trink- und Brauchwasserversorgung außerhalb von Gebäuden. Hrsg. Kunststoffverband. 5. Aufl. Essen 1982

[98] Verordnung über Trinkwasser und über Wasser für Lebensmittelbetriebe (Trinkwasserverordnung – TrinkwV) vom 22. 5. 1986, BGBl. I, 760–773
Neufassung vom 5. 12. 1990, BGBl. I, 2612–2629 und Berichtigung vom 23. 1. 1991, BGBl. I, 227

[99] Volger, K.; Laasch, E.: Haustechnik. 8. Aufl. Stuttgart 1989

[100] Wasserfachliche Aussprachetagung Berlin 1989: Wasserverteilung. Eschborn 1989 (DVGW-Schriftenreihe Wasser. Nr. 64)

[101] Wassereinsparprogramm Niedersachsen. Hrsg. Nieders. Umweltmin. Hannover 1989

[102] [100.] Wasserstatistik. Schleswig-Holstein, Niedersachsen, Berlin (West), Hamburg, Bremen. Berichtsjahr 1988. Hrsg. Bundesverband d. Dt. Gas- u. Wasserwirtschaft. Bonn 1988

[103] Wasserversorgung in Niedersachsen. Hrsg. Nieders. Umweltmin. Hannover 1988

[104] Wasserversorgung. 14. Fortbildungsveranstaltung d. Bundes d. Wasser- u. Kulturbauingenieure, Landesverband Niedersachsen, Berlin u. Bremen vom 3. 3.–5. 3. 1977 in Barsinghausen

[105] Wasserwirtschaft und Gesundheitsingenieurwesen. Hrsg. G. Müller-Neuhaus. Vorlesungsumdrucke d. Techn. Univ. München, Lehrstuhl u. Inst. f. Wasserwirtschaft u. Gesundheitsingenieurwesen München 1967 ff [unveröff.]

[106] Wechmann, A.: Hydraulik. Berlin 1955

[107] Wendehorst, R.: Bautechnische Zahlentafeln. 25. Aufl. Hrsg. v. W. Wetzell. Stuttgart 1991

[108] Wölfel, P.: Wissenschaftl. Zeitschrift d. Hochschule f. Architektur u. Bauwesen, Weimar (1966) H. 4

[109] Wunsch, O.: Formstücke für Kunststoffrohre und deren Verbindungen mit Übergängen zu anderen Werkstoffen. Neue DELIWA-Zeitschrift (1990) H. 6, 260–264

[110] Zweckverband Bodensee-Wasserversorgung. Jahresbericht 1986. Stuttgart 1987

Firmenprospekte und -kataloge

[111] Akdolit-Werk, Wülfrath
[112] Aquastream Engineering, Huglfing
[113] Berkefeld Filter-Anlagenbau, Celle
[114] Deutsche Terrazzo-Verkaufsstelle, Ulm
[115] EMU, Hof
[116] Erhard, Heidenheim
[117] Fischer u. Porter, Göttingen
[118] Grundfos, Wahlstedt
[119] Hager u. Elsässer, Stuttgart
[120] KSB, Frankenthal
[121] Lurgi, Frankfurt/Main
[122] Norddeutsche Seekabelwerke, Nordenham
[123] Preussag, Kunststoffe u. Armaturen, Peine
[124] Schmieding, Holzwickede (Dortm.)
[125] Spanner-Pollux, Ludwigshafen
[126] Subterra Methoden, Hannover
[127] VAG, Mannheim
[128] WABAG-Wassertechnische Anlagen, Kulmbach

Arbeitsblätter des DVGW

Hrsg. Dt. Verein d. Gas- und Wasserfaches. Eschborn [Auswahl]

DVGW-Regelwerk Wasser

Nr.	Ausgabe-datum	Titel
W 101	2. 75	Richtlinien für Trinkwasserschutzgebiete I. Teil: Schutzgebiete für Grundwasser
W 102	2. 75	Richtlinien für Trinkwasserschutzgebiete II. Teil: Schutzgebiete für Trinkwassertalsperren
W 103	2. 75	Richtlinien für Trinkwasserschutzgebiete III. Teil: Schutzgebiete für Seen
W 104	7. 89 E	Bodennutzung und Düngung in Wasserschutzgebieten
W 111	5. 75	Technische Regeln für die Ausführung von Pumpversuchen bei der Wassererschließung
W 113	2. 77	Ermittlung, Darstellung und Auswertung der Korngrößenverteilung wasserleitender Lockergesteine für geohydrologische Untersuchungen und für den Bau von Brunnen
W 115	2. 77	Bohrungen bei der Wassererschließung
W 117	12. 75	Entsanden und Entschlammen von Bohrbrunnen (Vertikalbrunnen) im Lockergestein und Verfahren zur Feststellung überhöhten Eintrittswiderstandes
W 119	2. 82	Über den Sandgehalt in Brunnenwasser; Bestimmung von Sandmengen im geförderten Wasser, Richtwerte für den Restsandgehalt
W 151	7. 75	Eignung von Oberflächenwasser als Rohstoff für die Trinkwasserversorgung
W 203	5. 78	Begriffe der Chlorung
W 210	8. 83	Filtration in der Wasseraufbereitung T. 1: Grundlagen
W 211	9. 87	Filtration in der Wasseraufbereitung T. 2: Planung und Betrieb von Filteranlagen
W 216	6. 83	Versorgung mit unterschiedlichen Wässern
W 217	9. 87	Flockung in der Wasseraufbereitung T. 1: Grundlagen
W 221	4. 86	Behandlung und Beseitigung von Schlämmen, schlammhaltigen Wässern, Abwässern und Abfällen aus Wasserversorgungsanlagen
W 224	4. 86	Chlordioxid in der Wasseraufbereitung
W 225	12. 87	Ozon in der Wasseraufbereitung; Begriffe, Reaktionen, Anwendungsmöglichkeiten
W 226	6. 90	Sauerstoff in der Wasseraufbereitung
W 253	9. 82	Trinkwasserversorgung und Radioaktivität
W 254	4. 88	Grundsätze für Rohwasseruntersuchungen

Nr.	Ausgabe-datum	Titel
W 270	1. 84	Vermehrung von Mikroorganismen auf Materialien für den Trinkwasserbereich; Prüfung und Bewertung
W 291	4. 86	Desinfektion von Wasserversorgungsanlagen
W 302	8. 81	Hydraulische Berechnung von Rohrleitungen und Rohrnetzen; Druckverlust-Tafeln für Rohrdurchmesser von 20 bis 2000 mm
W 303	2. 83	Dynamische Druckänderungen in Wasserversorgungsanlagen
W 305	8. 81	Kreuzungen von Wasserleitungen mit dem Gelände von Eisenbahnen
W 311	2. 88	Planung und Bau von Wasserbehältern; Grundlagen und Ausführungsbeispiele
W 312	8. 80	Wasserbehälter; Feststellung und Behebung von Schäden
W 315	2. 83	Bau von Wassertürmen; Grundlagen und Ausführungsbeispiele
W 318	2. 83	Wasserbehälter; Kontrolle und Reinigung
W 319	5. 90	Reinigungsmittel für Trinkwasserbehälter
W 320	9. 81	Herstellung, Gütesicherung und Prüfung von Rohren aus PVC hart (Polyvinylchlorid hart), HDPE (Polyethylen hart) und LDPE (Polyethylen weich) für die Wasserversorgung und Anforderungen an Rohrverbindungen und Rohrleitungsteile
W 331	2. 83	Hydranten
W 332	2. 68	Hinweise und Richtlinien für Absperr- und Regelarmaturen in der Wasserversorgung
W 341	7. 90	Rohre aus Spannbeton und Stahlbeton in der Trinkwasserversorgung
W 342	12. 78	Werkseitig hergestellte Zementmörtelauskleidungen für Guß- und Stahlrohre; Anforderungen und Prüfungen, Einsatzbereiche
W 343	12. 81	Zementmörtelauskleidung von erdverlegten Guß- und Stahlrohrleitungen; Einsatzbereiche, Anforderungen und Prüfungen
W 344	10. 86	Zementmörtelauskleidung von Guß- und Stahlrohren nach dem Verfahren des Anschleuderns an ein nicht rotierendes Rohr; Einsatzbereiche, Anforderungen und Prüfung
W 351	8. 79	Quellfassungen, Sammelschächte, Druckunterbrechungsschächte
W 390	2. 83	Überwachen von Trinkwasserrohrnetzen
W 391	10. 86	Wasserverluste in Wasserverteilungsanlagen; Feststellung und Beurteilung
W 403	1. 88	Planungsregeln für Wasserleitungen und Wasserrohrnetze
W 405	7. 78	Bereitstellung von Löschwasser durch die öffentliche Trinkwasserversorgung
W 410	4. 72	Wasserbedarfszahlen
W 610	5. 81	Förderanlagen; Bau und Betrieb
W 612	5. 89	Planung und Gestaltung von Förderanlagen
W 630	2. 82	Elektrische Antriebe in Wasserwerken
W 640	4. 86	Überwachungs-, Meß-, Steuer- und Regeleinrichtungen in Wasserwerken

DVGW-Regelwerk Gas/Wasser

Nr.	Ausgabe-datum	Titel
GW 9	3. 86	Beurteilung von Böden hinsichtlich ihres Korrosionsverhaltens auf erdverlegte Rohrleitungen und Behälter aus unlegierten und niedriglegierten Eisenwerkstoffen
GW 12	4. 84	Planung und Errichtung kathodischer Korrosionsschutzanlagen für erdverlegte Lagerbehälter und Stahlrohrleitungen
GW 110	12. 76	Einheiten im Gas- und Wasserfach
GW 125	3. 89	Baumpflanzungen im Bereich unterirdischer Versorgungsanlagen
GW 310/I	7. 71	Hinweise und Tabellen für die Bemessung von Betonwiderlagern an Bogen und Abzweigen mit nicht längskraftschlüssigen Verbindungen, T. I, mit Beilage „Kurzfassung"
GW 310/II	9. 73	Hinweise und Tabellen für die Bemessung von Betonwiderlagern an Bogen, Abzweigen und Reduzierstücken mit nicht längskraftschlüssigen Rohrverbindungen, T. II (ab NW 500)
GW 368	4. 73	Herstellung und Einbau von zugfesten Verbindungsteilen zur Sicherung nicht längskraftschlüssiger Rohrverbindungen

DIN-Normen zur Wasserversorgung (Auswahl)

DIN-Nr.	Ausgabe-datum	Titel
1045	7. 88	Beton und Stahlbeton
1048	2. 89	Prüfverfahren für Beton
1072	12. 85	Straßen- und Wegbrücken; Lastannahmen
1239	6. 63	Schachtabdeckungen für Brunnenschächte und Quellfassungen
1988, T. 1–8	12. 88	Technische Regeln für Trinkwasser-Installationen (TRWI)
1998	5. 78	Unterbringung von Leitungen und Anlagen in öffentlichen Flächen
2000	11. 73	Zentrale Trinkwasserversorgung
2001	2. 83	Eigen- und Einzeltrinkwasserversorgung
2401	2. 88	Druck- und Temperaturangaben
2425	8. 75	Planwerke für die Versorgungswirtschaft, die Wasserwirtschaft und für Fernleitungen
2460	6. 90	Stahlrohre für Wasserleitungen
2614	2. 90	Zementmörtelauskleidungen für Gußrohre, Stahlrohre und Formstücke
3221	1. 86	Unterflurhydranten PN 16
3222	1. 86	Überflurhydranten PN 16
3352	8. 88	Schieber
3354	6. 82	Klappen
3357	10. 89	Kugelhähne
3543	8. 84	Anbohrarmaturen
4023	3. 84	Baugrund- und Wasserbohrungen. Zeichnerische Darstellung der Ergebnisse
4034	9. 90	Schächte aus Beton- und Stahlbetonfertigteilen
4046	9. 83	Wasserversorgung. Begriffe – Techn. Regeln des DVGW
4049, T. 1	9. 79	Hydrologie. Begriffe, quantitativ
ISO 4064, T. 1	1. 81	Durchflußmessung von Wasser in geschlossenen Leitungen. Zähler für kaltes Trinkwasser, Spezifikation
4066	11. 84	Hinweisschilder für den Brandschutz
4067	11. 75	Hinweisschilder Wasser
4124	8. 81	Baugruben und Gräben, Böschungen, Arbeitsraumbreiten, Verbau
4271, T. 2	2. 89	Schachtabdeckungen. Klasse B 125, Rahmen
4271, T. 3	4. 90	Schachtabdeckungen. Klasse B 125, Deckel
4279	11. 75	Innendruckprüfung von Druckrohrleitungen für Wasser
4810	11. 89	Druckbehälter aus Stahl für Wasserversorgungsanlagen
4918	9. 89	Nahtlose Bohrrohre mit Gewindeverbindung für verrohrte Bohrungen
4920	7. 83	Stahlfilterrohre für Bohr- und Rammbrunnen
4922	2. 78	Stahlfilterrohre für Bohrbrunnen

DIN-Nr.	Ausgabe-datum	Titel
4923	7. 72	Drahtgewebe im Brunnenbau
4924	2. 72	Filtersande und Filterkiese
4925	11. 90	Filter- und Vollwandrohre aus weichmacherfreiem Polyvinylchlorid (PVC-U) für Bohrbrunnen
8061 Ändr. 1	4. 84 4. 91	Rohre aus weichmacherfreiem Polyvinylchlorid
8062	11. 88	Rohre aus weichmacherfreiem Polyvinylchlorid (PVC-U, PVC-HI); Maße
8074	9. 87	Rohre aus Polyethylen hoher Dichte (PE-HD)
19532	7. 79	Rohrleitungen aus weichmacherfreiem Polyvinylchlorid (PVC hart, PVC-U) für die Trinkwasserversorgung
19533	3. 76	Rohrleitungen aus PE-hart (Polyethylen hart) und PE weich (Polyethylen weich) für die Trinkwasserversorgung
19600	5. 87	Aluminiumsulfat zur Wasseraufbereitung
19603	5. 69	Aktivkohlen zur Wasseraufbereitung
19605	9. 75	Filter zur Wasseraufbereitung
19606	2. 83	Chlorgasdosieranlagen zur Wasseraufbereitung
19607	3. 87	Chlor zur Wasseraufbereitung
19608	6. 76	Natriumhypochlorit zur Wasseraufbereitung
19621	10. 73	Dolomitisches Filtermaterial zur Wasseraufbereitung
19622	12. 77	Polyacrylamide zur Wasseraufbereitung
19623	1. 78	Filtersande und Filterkiese für Wasserreinigungsfilter
19800	1. 73	Asbestzementrohre und -formstücke für Druckrohrleitungen
24255	11. 78	Kreiselpumpen mit axialem Eintritt PN 10 mit Lagerträger
24260	9. 86	Kreiselpumpen und Kreiselpumpenanlagen
28600	1. 83	Druckrohre und Formstücke aus duktilem Gußeisen für Gas- und Wasserleitungen
28601	3. 76	Schraubmuffen-Verbindungen
28602	3. 76	Stopfbuchsenmuffen-Verbindungen
28603	11. 82	Steckmuffen-Verbindungen
28604−28607	1. 90	Flansche PN 10 bis PN 40
28610	1. 83	Druckrohre aus duktilem Gußeisen mit Muffen
28614	1. 90	FFG-Rohre, Anwendungsbereich, Maße u. Masse
28615	1. 90	FFS-Rohre
28617	5. 76	Dichtringe für Druckrohre und Formstücke aus Gußeisen für Wasserleitungen
28622−28648	1. 90	Formstücke aus duktilem Gußeisen für Gas- und Wasserleitungen
E 30670	11. 88	Umhüllung von Stahlrohren und -formstücken mit Polyethylen
E 30671	1. 91	Umhüllung (Außenbeschichtung) von erdverlegten Stahlrohren mit Duroplasten
E 30672	8. 79	Umhüllungen aus Korrosionsschutzbinden und Schrumpfschläuchen für erdverlegte Rohrleitungen
30673	12. 86	Umhüllung und Auskleidung von Stahlrohren, -formstücken und -behältern mit Bitumen
30674, T. 1−5 bis	9. 82 3. 85	Umhüllung von Rohren aus duktilem Gußeisen

DIN-Nr.	Ausgabe-datum	Titel
30676	10. 85	Planung und Anwendung des kathodischen Korrosions-schutzes für den Außenschutz
E 30404	11. 89	Physikalische und physikalisch-chemische Kenngrößen (Gruppe C). Calciumcarbonatsättigung eines Wassers (C 10)
50930, T. 1 − 5	12. 80	Korrosionsverhalten von metallischen Werkstoffen gegen-über Wasser

DIN-Taschenbuch Bd. 12: Wasserversorgung 1
Normen über Wassergewinnung, Wasseruntersuchung, Wasseraufbereitung
8. Aufl. 1989
Bd. 62: Wasserversorgung 2
Normen über Rohre und Formstücke
4. Aufl. 1985
Bd. 63: Wasserversorgung 3
Normen über Rohrnetz und Zubehör
5. Aufl. 1989

Sachverzeichnis